室内装饰工程概预算与招投标报价

陈祖建　李光耀　陈月琴　编著

電子工業出版社
Publishing House of Electronics Industry
北京 · BEIJING

内容简介

本教材参考建筑装饰工程项目管理和工程造价管理及建筑装饰预算的基本原理，并结合建设部《建设工程工程量清单计价规范》（GB 50500—2013）和《房屋建筑与装饰工程计量规范》（GB 500854—2013），以及现行国家及地方关于装饰工程的费用规定文件精神等内容编写完成。全书分为 9 章，主要由三部分组成：第一部分主要介绍室内装饰工程项目管理和造价管理的内容；第二部分，主要介绍室内装饰工程预算与定额的概念、预算费用组成、工程量计算原理、工程量清单计价、招投标的发展等内容；第三部分主要通过具体的案例进行分析并简单介绍利用计算机编制预算的内容。本书语言简洁、通俗易懂，突出实用性和可操作性。

本教材可作为大中专院校开设室内设计、艺术设计专业的专用教材，也可作为高职高专、成人职大及社会团体开办室内设计师培训班的培训教材。

图书在版编目（CIP）数据

室内装饰工程概预算与招投标报价/陈祖建，李光耀，陈月琴编著. —北京：电子工业出版社，2016.1
ISBN 978-7-121-27518-0

Ⅰ. ①室…　Ⅱ. ①陈…②李…③陈…　Ⅲ. ①室内装饰—建筑概算定额—高等学校—教材②室内装饰—建筑预算定额—高等学校—教材③室内装饰—招标—高等学校—教材④室内装饰—投标—高等学校—教材　Ⅳ. ①T723.3

中国版本图书馆 CIP 数据核字(2015)第 263531 号

策划编辑：郭穗娟
责任编辑：郭穗娟　特约编辑：刘丽丽
印　　刷：三河市兴达印务有限公司
装　　订：三河市兴达印务有限公司
出版发行：电子工业出版社
　　　　　北京市海淀区万寿路 173 信箱　　邮编 100036
开　　本：787×1 092　1/16　印张：23.5　字数：610 千字
版　　次：2016 年 1 月第 1 版
印　　次：2021 年 11 月第 11 次印刷
定　　价：59.80 元

凡所购买电子工业出版社图书有缺损问题，请向购买书店调换。若书店售缺，请与本社发行部联系，联系及邮购电话：(010)88254888。

质量投诉请发邮件至 zlts@phei.com.cn，盗版侵权举报请发邮件至 dbqq@phei.com.cn。

服务热线：(010)88258888。

前　言

随着建筑装饰技术、材料的发展和国民生活水平的提高，人们对工作和居住环境的要求越来越高，建筑装饰装修行业呈现越来越强盛的生命力，具有无比广阔的产业发展前景，已逐步发展成国民经济的主要产业。产业急需大批优秀的室内设计人才、工程技术人才和工程项目管理人才。

建筑室内装饰装修产业的飞速发展，对建筑室内装饰装修业及其从业人员提出了新的要求：需要对多学科交叉的建筑装饰技术有更深刻的理解和认识；正确选用装饰材料；合理确定建筑装饰材料的施工方案与工艺；高水平的工程项目管理和预概算能力，等等。

本书参考建筑装饰工程项目管理和工程造价管理及建筑装饰预概算的基本原理，并结合建设部《建设工程工程量清单计价规范》（GB 50500—2013）和《房屋建筑与装饰工程计量规范》（GB 500854—2013），以及现行国家及地方关于装饰工程的费用规定文件精神等内容编写完成。全书分为 9 章，主要由三部分组成：第一部分介绍了室内装饰工程项目管理和造价管理的内容；第二部分介绍了室内装饰工程预算与定额的概念、预算费用组成、工程量计算原理、工程量清单计价、招投标的发展等内容；第三部分主要通过具体的案例进行分析并简单介绍利用计算机编制预算的内容。本书叙述简洁、通俗易懂，突出实用性和可操作性。

本书由福建农林大学艺术学院陈祖建教授主笔，福建农林大学陈月琴老师参与了部分章节的文字整理，浙江农林大学材料工程学院李光耀编写了第 8 章 8.4 节及第 9 章，厦门国家造价工程师陈清郁给本书提供了许多工程实践方面的宝贵信息资料，研究生刘威、吴素婷、郭布明、蓝婉仁和陈艳芸参与整理了本书的部分图表，在此一并表示感谢。同时，本书的出版得到了福建农林大学教材基金的资助。

本书可作为大中专院校开设室内设计、艺术设计的专用教材使用，也可作为高职高专、成人职大及社会团体开办室内设计师培训班的培训教材使用，同时也可为室内装饰企业和设计公司的专业工程技术与管理人员参考。

室内装饰工程预概算涉及面广、内容较为复杂而且计算量要求精细，加之作者水平有限，书中遗漏、欠妥之处在所难免，敬请广大读者批评指正。

编　者

2015 年 10 月

目　录

第1章

绪　论

教学目标

本章主要介绍室内装饰工程行业现状、室内装饰工程项目特点及划分，以及室内装饰工程预算结构及其学习方法。了解装饰的概念及装饰行业现状，熟悉室内装饰工程项目的划分，掌握室内装饰工程学习方法。

教学要求

知识要点	能力要求	相关知识
室内装饰业	（1）了解室内装饰和室内装饰工程概念； （2）掌握室内装饰业流程； （3）了解室内装饰业的发展概况； （4）了解建筑装饰等级和宾馆星级	（1）装饰、室内装饰工程； （2）工程估算、设计概算、施工图预算； （3）装饰业特点、装饰业管理； （4）建筑等级、宾馆星级
室内装饰工程项目划分	（1）熟悉项目的概念和特点； （2）掌握项目组成	（1）一次性、生命周期； （2）建设项目、单项工程、单位工程

基本概念

建筑等级、宾馆星级、一次性、生命周期、建设项目、单项工程、单位工程、分部工程、分项工程。

引例

当前，室内装饰工程具有相对的独立性，基本上已从建筑工程中剥离出来，但是与建筑工程有着千丝万缕的关系。因此，建筑工程预算的基本原理和理论，对室内装饰工程预算起着指导的作用。

室内装饰工程有哪些特点？作业流程如何？室内装饰业发展情况怎样，有什么特点？室内装饰工程项目是如何划分的？这些是本章要讲述的内容。

例如，某装饰装公司装修某大学食堂室内装修工程，则该室内装修工程的顶棚装修项目是（　　）。

A. 单项工程　　　　B. 单位工程

C. 分部工程　　　　D. 分项工程

例如，某装饰企业根据方案设计图估算工程大概所需的费用是（　　）。

A. 工程估价　　　B. 工程预算

C. 施工图预算　　D. 投资预算

室内装饰工程项目一般由单位工程、分部工程和分项工程等组成。

1.1 室内装饰业概述

1.1.1 室内装饰工程及作业流程

1. 装饰与室内装饰工程

装饰就是利用能使物体美观的各种要素的方法及其过程。建筑装饰是对建筑物、构造物的美化，是指使用装饰材料对建筑物、构筑物的外表和内部进行美化修饰处理的工程建筑活动。装饰对建筑物和构筑物具有保护主体、改善功能、美化空间和渲染环境的作用，各类城市建筑只有在经过各种装饰艺术处理之后，才能获得美化城市、渲染生活环境、展现时代风貌、宣扬民族风格的效果。

室内装饰是建筑装饰的重要组成部分，它以美学原理为依据，以各种现代装饰材料为基础，通过运用正确的施工工艺技巧和精工细作来实现的室内环境艺术。具有良好艺术效果的室内装饰工程，不仅取决于好的设计方案，还取决于优良的施工质量。为满足艺术造型与装饰效果的要求，室内装饰工程还涉及其结构构造、环境渲染、材料选用、工艺美术、声像效果和施工工艺等诸多问题。因此，从事室内装饰设计的人员，视野必须开阔、经验丰富、美术功底好、设计能力强，才能设计出好的室内装饰作品；从事室内装饰工程施工的人员，必须深刻领会设计意图，仔细阅读施工图样，精心制订施工方案，并认真付诸实施，确保工程质量，才能使室内装饰作品获得理想的装饰艺术效果。

装饰工程是指通过装饰设计、施工管理等一系列的建筑工程活动，对建筑工程项目的内部空间和外部环境进行美化艺术处理，从而获得理想的装饰艺术效果的工程全过程，即指建筑装饰项目从业务洽谈、方案设计到施工与管理直至交付业主使用等一系列的工作组合，包括对新建、扩建、改建的建筑室内外进行的装饰工程。

一项室内装饰工程的交付使用，既给人们创造了一个舒适实用的室内环境，又是一件融汇着美学的艺术作品。室内装饰的设计、施工与管理水平，不仅反映一个国家的经济发展水平，还反映这个国家的文化艺术和科学技术水平，同时还是民族风格、民族特色的集中体现。因此，建筑装饰工程设计与施工，既不是单纯的设计绘图，也不是简单的材料堆积，而是系统化的工程。

2. 室内装饰工程作业流程

室内装饰工程作业流程如图 1-1 所示，装饰工程流程包括以下主要工作内容。

（1）业务洽谈。装饰企业承接每一项装饰工程业务，从与业主（甲方）接触洽谈开始，就必须将业主（甲方）的意见与要求记录下来，并注意相互沟通信息和意见。洽谈记录的内容包括工程性质（如商场、写字楼、歌舞厅、餐厅、住宅等）、工程地点（某市某区某街某号）、经营方式（如自营、出租、零售、批发等），还包括业主有何爱好与要求、现场状况、方案设计完成的时间和下次约见的日期等。

（2）资料收集与现场勘查。在建筑装饰方案设计之前，首先应做好有关设计资料的收集和装饰现场的调查勘查等准备工作，其中包括业主（甲方）的经济实力、地位与背景、装饰工程所处的位置、交通是否方便、现有设施情况，以及向业主索取原建筑图样资料和业主的投资意向等。

（3）系统分析。系统分析又称为可行性分析，主要是对业主能否接受承接人的意见所做的具体分析，如按拟定的完工日期业主是否满意，交付使用日期定在什么时间才能达到业主的要求，装饰工程报价业主是否接受，以及根据设计要求如何选用施工队伍与人员等。

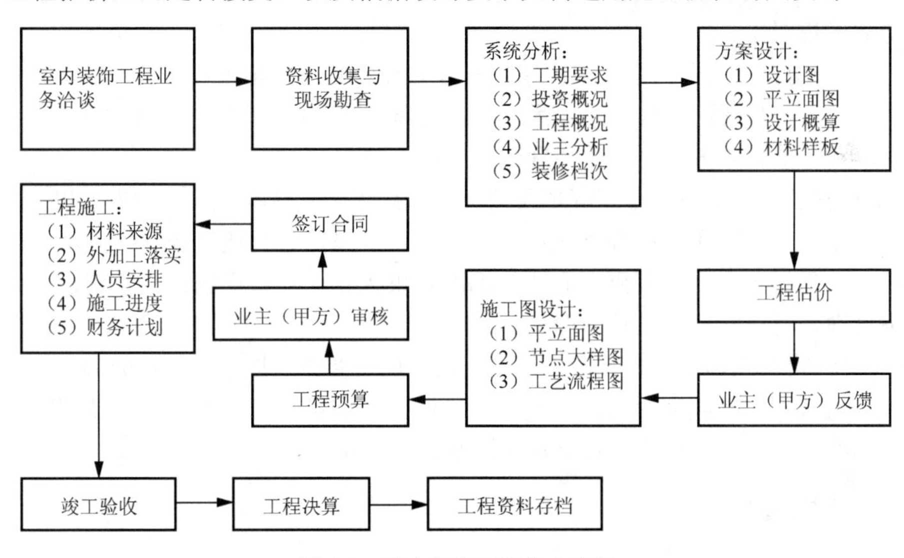

图 1-1 室内装饰工程作业流程

（4）方案设计。装饰方案设计，主要由设计人员根据业主（甲方）的意见和要求确定，如该工程的建筑面积、艺术造型、使用功能、投资大小、档次高低、材料选用等都是装饰设计的主要依据。施工图纸一般包括绘制分层平面图、顶棚仰视图、立面图和彩色效果图等。

（5）工程估价。装饰工程估价是指概算估价，即根据方案设计图估算工程大概所需的费用。装饰企业为了在投标报价中战胜对手，概算报价可以低一点，待中标后再进行调整。概算估价的计算方法：根据工程的难易程度及所用材料的面积乘以单价，加上所需人工费和按规定应收取的各项费用之和；也可以根据工程所用材料和装饰档次，估算出每平方米的造价，再乘以建筑装饰面积。

（6）业主反馈。在装饰方案设计与概算估价完成后，应及时交与业主审核，尽量向业主阐述自己的观点，并与业主交换意见。在听取业主意见与要求之后，对设计方案和概算估价做进一步的修改与完善，直到业主满意为止。

（7）施工图设计。施工图样是施工技术人员组织施工的主要依据，为了满足施工图设计的要求，设计人员绘制施工图样时，要注意图样中各种尺寸、标高、所用材料等必须标注清楚，要有节点和具体做法大样，使施工人员一目了然。

（8）工程预算。装饰工程预算是具体计算装饰工程造价，确定所需人工、材料等消耗数量的经济技术文件。它是与业主签订工程合同、结算工程价款的重要依据，也是装饰企业组织工程收入、核算工程成本、确定经营盈利的主要依据。因此，要求计算工程量要精细，套用定额要正确，按规定计取费用，不要漏项、错算和重算，以免造成不必要的经济损失。关于装饰工程预算的项目划分、工程量计算规则、取费标准、内容组成、编制原则依据、方法与步骤等将在后面的章节中做详细介绍。

编制装饰工程预算，要实事求是地计算工程造价，既不可多算，也不可少算。过多增加预算费用会使中标率降低，漏项少算会造成中标后难以增加补偿的费用。因此，在工程招投标时，招标文件中一般都有“以本标单为依据”的附加条款，不允许随意调整费用。

（9）业主审核。装饰工程预算和施工进度计划交给业主后，业主应及时组织专业人员进行审核。如有不同意见或发现较大出入时，业主应就其明细项目情况给以说明，便于及时修改，以免日后造成工程纠纷。

（10）签订合同。施工合同是业主和承包商双方针对某项装饰工程任务，经双方共同协商签订协议，共同遵守并具有法律效力的文本。合同内容主要包括合同依据、施工范围、施工期限、工程质量、取费标准、双方职责、奖惩规定及其他。

（11）工程施工。工程施工是工程项目装饰艺术加工的具体实施，要求做好以下几项工作：按施工进度要求认真组织施工；加强工程质量管理、质量监督与质量控制，凡不符合质量标准要求的项目，必须返工重做，直到达到质量标准要求为止；加强现场施工管理，主要包括人事管理、财务管理、材料管理和机具管理等。

（12）竣工验收及工程决算。装饰工程完工后，还需要做好以下工作：会同业主、质检部门检查工程质量及缺陷，并限期改正；清理现场，做到工完场清；试水试电；填写竣工报表；办理交工验收手续和计算工程成本及收益，并做好竣工决算等。

1.1.2 室内装饰业

1. 装饰行业特点

所谓装饰行业是指围绕装饰工程，从事设计、施工、管理、饰材制造、商业营销、中介服务等多种业务的综合性新型行业。

我国装饰行业，确切而言应称为现代装饰行业。“现代”两字是为了区别于过去传统的装饰行业，略去“现代”两字，简称为装饰行业，隶属该行业的企业称为装饰企业。根据我国国民经济行业分类国家标准（GB/T4754—1994），装修装饰业是建筑业的三个大类之一。就专业特点而言，装饰行业具有以下主要特点。

（1）装饰行业集文化、艺术、技术于一体，包括建筑工程六面体、空间和室内外环境的装饰艺术处理。

（2）装饰行业为智力、技术、管理密集型行业，它采用高新技术，倡导资源节约、环境保护、优质优价，实现和提高其产值及利润。它以创造性的室内设计为前提，以选择性更强的饰材为基础，通过高水准、精致化的装饰施工，使装饰作品具有显著的文化、艺术、技术内涵，且具有优良的质量、完善的功能、新颖的造型和稳定的性能，以弘扬中华民族文化精神，提高装饰工程作品的原值利润。

(3) 逐步形成主导产业特点的装饰行业，从行业上隶属建筑业，从产业上划分属第二产业。该行业既能为社会创造财富，为国家提供积累，又能促进消费结构的调整，美化环境，提高人民生活。同时，能带动建材、轻工、纺织、冶金、旅游、房地产、金融、贸易等50多个行业的发展。

我国房地产业，特别是旅游业、娱乐业、商业、饮食业的兴起与发展，也是建筑装饰行业启动与形成的直接动力；而人民物质和精神生活品质的不断提升，则是该行业发展繁荣的根本源泉。

2. 装饰行业管理

国家建设部（90）建设字第610号文规定，装饰设计是建筑工程设计的一个有机组成部分，是建筑、室内设计专业技术人员根据建筑物的功能及其环境的需要，为使建筑物室内、外空间达到一定的环境质量要求，运用建筑工程学、人体工程学、环境美学、材料学等知识而进行的一种综合性的设计活动。其内容主要包括建筑物室内空间布局、材料选择、色彩、家具、灯饰、陈设的设计或造型，以及与之相关的室外环境设计及工程概预算编制等。在建设部1993年制定的《民用建筑设计收费企业标准》中规定，装饰设计根据其复杂程度，共分三级收费，收费限额从3.8%～6.0%不等，允许在此限额上进行市场调节、上下浮动。

装饰施工企业资质分一、二、三级，一级资质由建设部审批，二、三级资质由各省、自治区、直辖市建筑施工主管部门审批，中央有关部委且在国家工商局注册的二级资质由建设部审批。装饰设计单位资格分甲、乙、丙三级，甲级由建设部审批，乙、丙级由各省、自治区、直辖市建筑设计主管部门审批，凡持有综合建筑工程设计证书的单位，可承担相同级别的装饰设计任务，不需另外申请装饰设计资格。

装饰施工企业的营业范围包括各种建筑物和构筑物的外表及内部装饰、装修、装潢，房屋建筑室内上下水、采暖、通风、照明设置及管线安装。一级企业可承包各种装饰工程的设计和施工，二级企业可承包造价在200万元以下的装饰工程的设计与施工，三级企业可承包造价在50万元以下的装饰工程的施工。

1.1.3 建筑装饰等级与标准

1. 建筑等级

房屋建筑等级，通常按建筑物的使用性质和耐久性等划分为一级、二级、三级和四级，如表1-1所示。

表 1-1　建筑等级

建筑等级	建筑物性质	耐久性
一级	有代表性、纪念性、历史性的建筑物，如国家大会堂，博物馆，纪念馆建筑	100 年以上
二级	重要公共建筑物，如国宾馆，国际航空港，城市火车站，大型体育馆，大剧院，图书馆建筑	50 年以上
三级	较重要的公共建筑和高级住宅，如外交公寓，高级住宅，高级商业服务建筑，医疗建筑，高等院校建筑	40～50 年
四级	普通建筑物，如居住建筑，交通、文化建筑等	15～40 年

2. 建筑装饰等级

一般来讲，建筑物的等级越高，装饰标准也越高。根据房屋的使用性质和耐久性要求确定的建筑等级，应作为确定建筑装饰标准的参考依据，因此，建筑装饰等级的划分是按照建筑等级并结合我国国情，根据不同类型的建筑物来确定的，如表 1-2 所示。

表 1-2　建筑装饰等级

建筑装饰等级	建筑物类型
一级	大型博览建筑，大型剧院，纪念性建筑，大型邮电、交通建筑，大型贸易建筑，大型体育馆，高级宾馆，高级住宅
二级	广播通信建筑，医疗建筑，商业建筑，普通博览建筑，邮电、交通、体育建筑，旅馆建筑，高教建筑，科研建筑
三级	居住建筑，生活服务性建筑，普通行政办公楼，中、小学建筑

3. 建筑装饰标准

根据不同的建筑装饰等级，建筑物的各部位所使用的材料和做法，按照不同类型的建筑来区分装饰标准。

建筑装饰等级为一级的建筑物，其门厅、走道、楼梯及房间的内、外装饰标准，如表 1-3 所示。

建筑装饰等级为二级的建筑物，其门厅、走道、楼梯及房间的内、外装饰标准，如表 1-4 所示。

建筑装饰等级为三级的建筑物，内墙面用混合砂浆、纸筋灰浆、内墙涂料，局部油漆墙裙；外墙面局部贴面砖，大部分用水刷石、干黏石、外墙涂料。楼地面局部为水磨石，大部分为水泥砂浆地面。除幼儿园、文体用房外，一般不用木地板、花岗岩石板、铝合金门窗、不贴墙纸等。

表 1-3　一级建筑的内外装饰标准

装饰部位	内装饰及材料	外装饰及材料
墙面	大理石，各种面砖，塑料墙纸（布），织物墙面，木墙裙，喷涂高级涂料	天然石材（花岗岩），饰面砖，装饰混凝土，高级涂料，玻璃幕墙
楼地面	彩色水磨石，大理石，木地板，塑料地板，地毯	

续表

装饰部位	内装饰及材料	外装饰及材料
天棚	铝合金装饰板，塑料装饰板，装饰吸音板，塑料墙纸（布），玻璃顶棚，喷涂高级涂料	外廊、雨篷底部参照天棚内装饰
门窗	铝合金门窗，一级木材门窗，高级五金配件，窗帘盒，窗台板，喷涂高级油漆	各种铝合金门窗，钢窗，遮阳板，卷帘门窗，电子感应门
设施	各种花饰，灯具，空调，自动扶梯，高档卫生洁具	

表 1-4　二级建筑的内外装饰标准

<table>
<tr><th colspan="2">装饰部位</th><th>内装饰及材料</th><th>外装饰及材料</th></tr>
<tr><td colspan="2">墙面</td><td>装饰抹灰，内墙涂料</td><td>各种面砖，外墙涂料，局部石材</td></tr>
<tr><td colspan="2">楼地面</td><td>水磨石，大理石，地毯，各种塑料地板</td><td></td></tr>
<tr><td colspan="2">天棚</td><td>胶合板，钙塑板，吸音板，各种涂料</td><td>外廊、雨篷底部参照天棚内装饰</td></tr>
<tr><td colspan="2">门窗</td><td>窗帘盒</td><td rowspan="5">普通钢、木门窗，主入口铝合金门</td></tr>
<tr><td rowspan="4">卫生间</td><td>墙面</td><td>水泥砂浆，瓷砖内墙裙</td></tr>
<tr><td>地面</td><td>水磨石，马赛克</td></tr>
<tr><td>天棚</td><td>混合砂浆，纸筋灰浆，涂料</td></tr>
<tr><td>门窗</td><td>普通钢木门窗</td></tr>
</table>

1.2 室内装饰工程项目的划分

建设项目是投资行为与建设行为相结合的投资项目，投资是项目建设的起点和保证，没有投资就没有建设；反之，没有建设行为，投资的目的就不可能实现。建设的过程就是投资项目的实现过程，是把投入的货币转换成资产的过程。

建设项目是投资项目中最重要的一类。一个建设项目就是一个固定资产投资项目，固定资产投资项目又包括基本建设项目（新建、扩建）和技术改造项目（以改进技术增加产品品种、提高产品质量、治理“三废”、节约资源为主要目的的项目）。前者属于固定资产外延、扩大再生产的范畴，后者属于固定资产内涵、扩大再生产的范畴，但也有设备更新的简单再生产及包括部分扩大再生产的成分。

总之，建设项目是指需要投入一定的资本、实物资产，有预期的经济社会目标，在一定的约束条件下，经过研究决策和实施（设计与施工）等一系列程序，形成固定资产的一次性事业。从管理的角度讲，一个建设项目是在一个总体设计及总体规划范围内，由若干个互相有内在联系的单项工程组成的，建设中实行统一核算、统一管理的一项建设工程。

1.2.1 室内装饰工程项目的概念和特点

1. 项目的概念

项目是在一定的约束条件下，具有特定目标的、一次性的任务。

项目各种各样，不同的项目有不同的内容，长江三峡水利枢纽工程、京九铁路、导弹卫星制造发射是大项目；对某酒店的二次室内装修、某办公楼的改扩建或某套房的改造工程等属于小项目。所有这些经济或社会活动都包含着策划、评估、计划、实施、控制、协调、结束等基本内容，都可以称为项目。

2. 项目的特性

1）一次性

这是项目与其他重复性劳动的最大区别，项目总是具有其独特性。研制一项产品，建造一栋楼房，甚至写一篇论文，都不会有完全相同的重复，即使类似的项目也会因地点、时间和外部环境不同而有差别。

一次性属性是项目的最重要的属性，其他属性都由此衍生而来。

2）有一定的约束条件

项目一般必须有限定的资源消耗、限定的时间、空间要求和相应的规定标准。例如，生日聚会就要限定具体的时间、地点，费用也要有一定的限额；又如，一项室内装饰工程，要有在特定的室内空间、某个时间段、额定的资金、达到约定的室内装饰的目的等约束条件。

3）具有确定的目标

作为一个项目，必须有确定的目标，包含成果性的目标及其他需要满足条件的目标。如建造一栋住宅，其目标就是在规定的时间里，用一定的资金，建造成质量上合乎标准、造型上合理美观、功能上满足使用要求的民用建筑物。

综上所述，项目可以定义为在一定的约束条件下，具有特定目标的、一次性的任务。项目是一个外延很广泛的概念，在企事业、机关、社会团体以至生活的方方面面都有项目和项目管理问题。可以说，室内装饰施工项目就是项目一般原理在室内装饰工程上的具体运用。

4）项目的生命周期和阶段性

项目的生命周期是指项目从开始到实现目标的全部时间。

项目是一次性的渐进过程，从项目的开始到结束可分成若干阶段，这些阶段构成了项目的整个生命周期。

不同的项目因目标不一、约束条件不同而划分为不同的阶段。如建设项目可以分为发起和可行性研究阶段、规划和设计阶段、制造与施工阶段、移交与投产阶段；工业品开发项目可以分为需求调研阶段、开发方案可行性论证阶段、设计与样品试制阶段、小批量试产阶段、批量生产阶段。

每一个项目阶段都以它的某种可交付成果的完成为标志，如建设项目的设计阶段要交付设计方案、初步设计和施工设计；工业品开发项目的样品试制阶段要交付合乎设计的样品等。通常前一阶段的交付成果经批准后，才可以开始下一阶段的工作，一方面是为了保证前一阶段成果符合阶段性目标，避免返工；另一方面是为了保证不同阶段，不致因人员流动和外部条件变化而衔接不上。

大多数项目的生命周期都可以归纳为启动、规划、实施、结尾几个阶段，其资源投入模式大致相同，即开始投入较低，逐步增高，当接近结束时迅速降低，如图 1-2 所示。

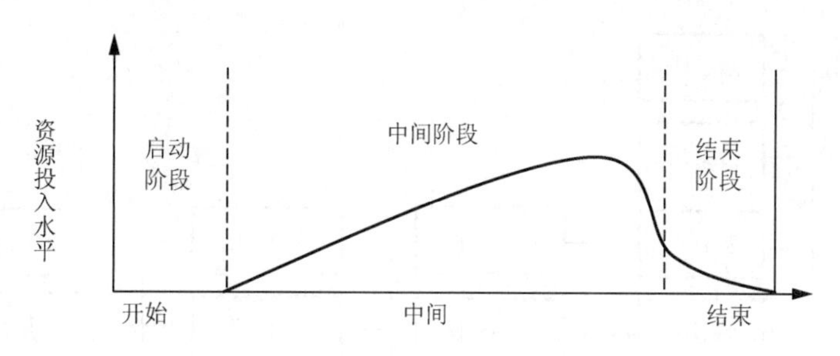

图 1-2 典型的项目生命周期资源投入模式

1.2.2 室内装饰工程项目的组成

一个室内装饰工程建设项目一般可由单项工程、单位工程、分部工程和分项工程组成，如图 1-3 所示。

1. 建设项目

建设项目是指在一个场地上或几个场地上，按照一个总体设计进行施工的各个工程项目的总体。建设项目可由一个工程项目或几个工程项目所构成。建设项目在经济上实行独立核算，在行政上具有独立的组织形式。在我国，建设项目的实施单位一般称为建设单位，实行项目法人责任制，如新建一个工厂、矿山、学校、农场，新建一个独立的水利工程或一条铁路等，由项目法人单位实行统一管理。

2. 单项工程

单项工程是建设项目的组成部分，也称为工程项目，指具有独立的设计文件、竣工后可以发挥生产能力或效益的工程。一个建设项目，可能是由一个单项工程所组成，也可能由若干个单项工程所组成。例如，工业建设项目中，各个独立的生产车间、实验大楼等；民用建设项目中，学校的教学楼、实验室、图书馆、宿舍楼等，这些都可以称为一个单项工程，其内容包括建筑工程、设备安装工程及设备、工具、仪器等的购置。

3. 单位工程

单位工程是单项工程的组成部分。凡是具有单独设计，可以独立施工，但完工后不能独立发挥生产能力或效益的工程，称为一个单位工程。一个单项工程一般都由若干个单位工程所组成，如一个车间，一般由土建工程、装饰工程、工业管道工程、设备安装工程、电气照明工程和给排水工程等单位工程组成。

4. 分部工程

组成单位工程的若干个分部称为分部工程。例如，一幢房屋的土建单位工程，按其结构或构造部位，可以划分为基础、主体、屋面，装饰等分部工程；按其工种工程可以划分为土石方工程、砌筑工程、钢筋混凝土工程、防水工程、装饰工程等；按其质量检验评定要求可以划分为地基与基础工程、主体工程、地面与楼面工程、门窗工程、装饰工程、屋面工程等。对于建筑装饰工程，其分部工程可以划分为墙面工程、柱面工程、楼地面工程、吊顶工程、铝合金工程、玻璃工程等。

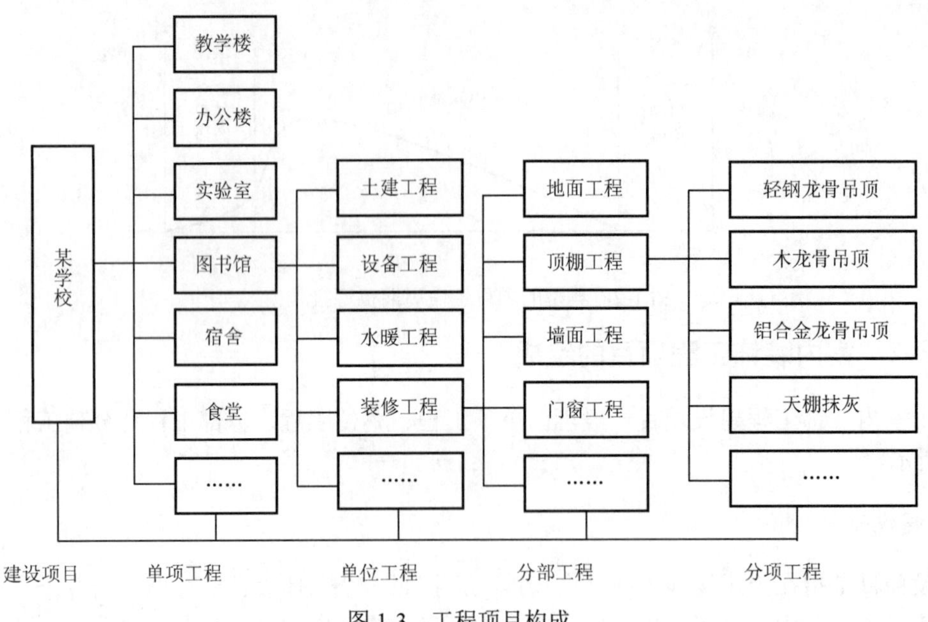

图 1-3　工程项目构成

5. 分项工程（又称为施工过程）

分项工程是分部工程的组成部分，它是将分部工程进一步细分为若干部分，即组成分部工程的若干个施工过程。装饰工程一般按照选用的施工方法、材料、结构构件和配件等的不同来划分，如轻钢龙骨吊顶、墙纸裱糊、地面镶贴花岗岩石板等。

分项工程是建筑安装工程的基本构成因素，它是为便于计算和确定单位工程造价而设想出来的一种产品。在施工管理中，编制预算、计划用料分析、编制施工作业计划、统计工程量完成情况、成本核算等方面都是不可缺少的。应当注意，分项工程与工程量清单中的分项是不同的，不可混淆。

一个建设项目是由一个或几个工程项目所组成的，一个单项工程是由几个单位工程组成的，一个单位工程又可划分为若干个分部、分项工程，而工程预算的编制工作就是从分项工程开始。建设项目的这种划分，既有利于编制概预算文件，也有利于项目的组织管理。

由此可知，为了有利于国家对基本建设项目计划价格的统一管理，便于编制建设预算文件和计划文件等，我国将工程建设项目进行科学的分析与分解，在实际的建设中，室内装饰工程可以是独立的单项工程、单位工程，也可以是单位工程中的分部或分项工程。

1.3 本书篇章结构及学习方法

装饰工程预算是室内装饰工程的重要文件，是装饰企业进行成本核算的依据，是设计企业进行估算的重要依据，也是室内设计人员、室内装修技术人员、管理人员所必须掌握的一门技术性和技巧性的课程。因此，认真学习室内装饰工程，对于提高相关人员的设计水平和室内装饰工程的管理水平等都具有重要的意义。

1.3.1 篇章结构

本书主要包括三个部分的内容：第一部分介绍了室内装饰工程项目管理和造价管理的内容；第二部分介绍了室内装饰工程预算与定额的概念、预算费用组成、工程量计算原理、工程量清单计价、招投标等内容；第三部分主要是通过具体的案例进行分析，并简单介绍利用计算机编制预算的内容。本书叙述简洁、通俗易懂，突出实用性和可操作性。具体结构如图 1-4 所示。

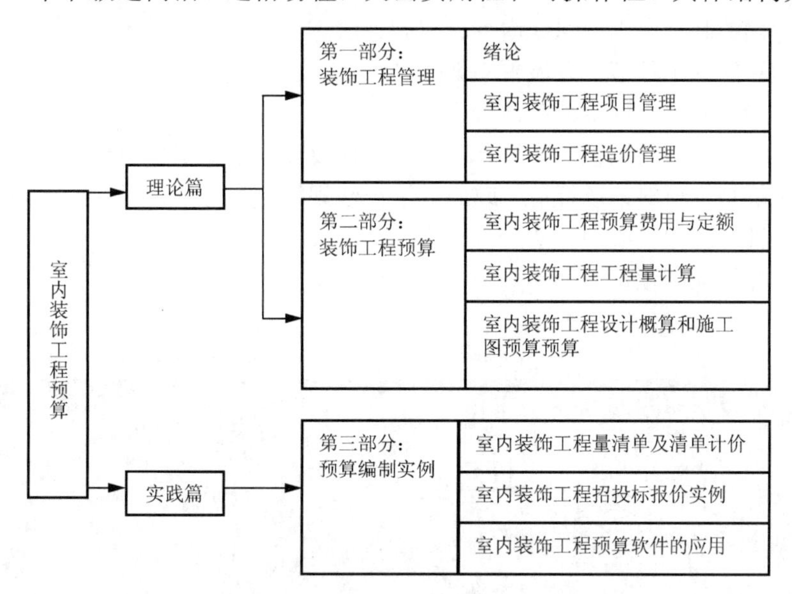

图 1-4 篇章结构图

1.3.2 学习本课程的意义

1. 课程内容概述

室内装饰是近年来新兴的一门学科，具有多学科、内容交叉等特点，它将技术和艺术、科学与文化融为一体，室内装饰工程预算应运而生，可以说它采纳了建筑装饰工程预算的法则和法规，但又具有相对的独立性。装饰工程预算理论充分体现了装饰工程技术的总体法律和法规准则，又体现了独立的经济法则运动规律。它反映了建设时期的生产力水平并随着生产技术的发展和经营管理的改革，其定额和预算的内容要做相应的调整。

室内装饰预算包括设计预算、施工图预算和施工预算等，是装饰设计文件的重要组成部分，是根据室内装饰工程不同设计阶段设计图样的具体内容和国家有关规定的定额、指标和各项计费标准，在装饰工程建设施工开始之前预先计算其工程建设费用的经济性文件。由此确定的每一个建设项目、单项工程或单位工程的建设费用，实质上就是相应工程的计划价格，是企业进行经济核算、成本控制、技术经济分析施工管理、制订计划，以及竣工结算的重要依据，也是设计管理的重要内容和环节。

2. 课程的地位和作用

室内装饰工程预算是室内设计组成的一部分，是装饰工程的一个重要内容，也是每一个室内设计人员、工程管理人员都必须掌握的专业内容。它是在室内装修工程和装饰材料的基础上，进一步学习室内装饰工程设计概算、施工图预算、施工预算及成本控制、费用管理、定额编制、工程结算等理论，为科学管理装饰工程、最大限度地提高企业经济效益打好基础。因此，它是装饰行业不可或缺的一门学科，必须认真、努力地学好这门课程，并把它应用到工程实践中去。

3. 课程的学习方法和要求

（1）熟悉室内装饰工程项目管理与造价管理。
（2）熟悉定额的制定原则、组成内容、编制方法。
（3）掌握预算的各个环节，并能独立地编制预算。
（4）熟悉装饰工程、工程量清单计价方法和原则。
（5）应具备相关学科的知识，如设计制图、室内设计、装饰工程与材料等。
（6）适时了解装饰材料市场行情、政府的法令法规等。
（7）了解装饰工程预算编制方法。
（8）掌握计算机编制预算。

小　结

装饰就是利用能使物体美观的各种要素的方法及其过程。建筑装饰是对建筑物、构造物的美化，是指使用装饰材料对建筑物、构筑物的外表和内部进行美化修饰处理的工程建筑活动。装饰对建筑物和构筑物具有保护主体、改善功能、美化空间和渲染环境的作用，各类城市建筑只有在经过各种装饰艺术处理之后，才能获得美化城市、渲染生活环境、展现时代风貌、宣扬民族风格的效果。

室内装饰是建筑装饰的重要组成部分，它以美学原理为依据，以各种现代装饰材料为基础，根据建筑及其装饰的等级并通过运用正确的施工工艺技巧和精工细作来实现的室内环境艺术。

室内装饰工程计价根据专业特点和发展的不同阶段而采用不同的计价方法，通常采用定额计价和工程量清单计价的方法；计价特点存在单件性、多阶段和综合计价等特点；根据工程造价计价特点提出学习室内装饰工程预算的方法。

习　题

一、选择题

1～10 题为单选题

1. 工程建设项目可根据其投资作用分为生产性建设项目和非生产性建设项目两类，下列属于生产性建设项目的是（　　）建设项目。

A. 企业管理机关的办公楼　　　　B. 广播电视楼

C．饮食、仓储业　　D．咨询服务业

2．按投资作用不同，工程建设项目可根据其投资作用分为生产性建设项目和非生产性建设项目两类，下列属于生产性建设项目的是（　）建设项目。

A．邮电、通信业　　B．渔业

C．综合技术服务事业　　D．咨询服务业

3．根据现行有关规定，下列项目中属于基本建设大中型项目或限额以上更新改造项目的是（　）。

A．能源部门投资额为4000万元的某生产性建设项目

B．投资额为4000万元的某公共事业建设项目

C．交通部门投资额为4000万元的某更新改造项目

D．原材料部门投资额为4000万元的某更新改造项目

4．基本建设项目按照建设性质划分，可以分为新建项目、扩建项目、迁建项目和恢复项目。其中，单位原有基础薄弱需要再兴建的项目，其新增加的固定资产价值超过原有全部固定资产价值（原值）的（　）倍以上时，才可算新建项目。

A．2　　B．3　　C．5　　D．10

5．现有企业、事业和行政单位的建设项目，只有新增加的固定资产价值超过原有全部固定资产价值（　）倍以上时，才能算新建项目。

A．1　　B．2　　C．3　　D．4

6．按现行规定，凡属政府投资的大中型建设项目的项目建议书，其审批权限在（　）。

A．国务院建设主管部门　　B．国务院投资主管部门

C．国务院　　D．行业主管部门

7．按照国家《建筑工程施工质量验收统一标准》（GB 50300—2001）规定，工程建设项目可分为单位工程、分部工程和分项工程。以下各项属于分项工程的是（　）。

A．地面与楼面工程　　B．装修工程

C．电梯安装工程　　D．混凝土工程

8．工程建设项目可按项目规模分类，下列关于划分项目等级原则的说明，不正确的是（　）。

A．凡生产单一产品的项目，一般按产品的设计生产能力划分

B．生产多种产品的项目，一般按其主要产品的设计生产能力划分

C．更新改造项目可按投资额划分，也可按生产能力划分

D．产品分类较多，难以按产品的设计能力划分时，可按投资总额划分

9．室内装饰工程作业流程中，设计阶段的预算称为（　）。

A．工程估算　　B．施工图预算　　C．施工预算　　D．投资估算

10．室内装饰工程作业流程中，在工程项目设计之前，下列哪个选项是你要考虑做的（　）。

A．施工图设计　　B．设计估算　　C．项目调研　　D．施工预算

11～15题为多选题

11．根据我国现行规定，下列关于建设项目分类原则的表述中正确的是（　）。

A．产品种类多的项目按其产品的折算设计生产能力划分

B．更新改造项目可根据投资额划分，也可按对生产能力的改善程度划分

C．对社会发展有特殊意义并已列入国家重点建设工程的，均按大中型项目管理
D．无论生产单一产品还是多种产品，均按投资总额划分
E．城市立交桥梁在国家统一下达的计划中，不作为大中型项目安排

12．根据现行规定，在国家统一下达的计划中，不作为大中型项目安排的有（　　）。
A．交通建设工程　　B．城市污水处理工程
C．新建水电工程　　D．城市道路
E．旅游饭店建设

13．工程建设项目按照行业性质和特点划分可分为（　　）。
A．竞争性项目　B．基础性项目　C．公益性项目
D．生产性项目　E．非生产性项目

14．下列关于工程建设项目表述中正确的有（　　）。
A．独立施工条件并能形成独立使用功能的建筑物及构筑物为一个单位工程
B．工程是建筑物按单位工程的部位、专业性质划分的
C．一般是按主要工种、材料、施工工艺、设备类别等进行划分的
D．工程较大或较复杂时，可按专业系统及类别等划分为若干分项工程
E．单位工程是计量工程用工用料和机械台班消耗的基本单元

15．申请建造师初始注册的人员应当具备的条件是（　　）。
A．经考核认定或者考试合格取得执业资格证书
B．受聘于一个单位
C．填写注册建造师初始注册申请表
D．达到继续教育的要求
E．没有明确规定不予注册的情形

二、思考题

1．室内装饰工程作业流程包括哪些内容？
2．建筑和建筑装饰等级有哪些？一级和二级建筑装饰的标准有哪些？
3．装饰行业的现状如何？
4．什么是工程项目？室内装饰工程项目是怎么划分的？举例说明。
5．区分单位工程和单项工程，分部工程、分部分项工程和装饰工程施工过程。

第2章

室内装饰工程项目管理

教学目标

本章主要介绍室内装饰工程施工进度管理、室内装饰工程施工技术管理、室内装饰工程施工质量管理、室内装饰工程施工成本管理等内容。了解室内装饰工程施工与组织内容，熟悉室内装饰工程技术管理和掌握室内装饰工程施工进度管理、质量管理、成本管理。

教学要求

知识要点	能力要求	相关知识
室内装饰工程项目管理概述	(1) 了解室内装饰工程管理概念； (2) 掌握室内装饰工程项目管理内容	(1) 项目管理任务、项目管理特点； (2) 室内设计管理、装饰工程施工管理
室内装饰工程施工进度管理	(1) 熟悉装饰工程进度管理概念； (2) 掌握室内装饰工程施工进度计划的编制与控制	(1) 进度控制、进度管理主要内容； (2) 施工程序、施工计划、施工天数、施工横道图、施工网络图
室内装饰工程施工技术管理	(1) 熟悉装饰工程技术管理概念； (2) 掌握室内装饰工程施工企业技术管理内容	技术管理、资料管理、施工现场技术管理、施工企业技术管理
室内装饰工程施工质量管理	(1) 熟悉装饰工程质量管理概念； (2) 掌握室内装饰工程全面质量管理内容	(1) 工程质量、实体质量、工作质量； (2) 质量管理基本观点、PDCA 循环、全面质量管理内容
室内装饰工程施工成本管理	(1) 熟悉装饰工程成本管理概念； (2) 掌握室内装饰成本管理环节和内容	(1) 计划成本、预算成本、实际成本； (2) 成本预测、成本控制、成本分析、项目不同阶段成本管理方法与内容

基本概念

施工程序、施工计划、施工天数、施工横道图、施工网络图、技术管理、资料管理、工程质量、实体质量、工作质量、计划成本、预算成本、实际成本、成本预测、成本控制、成本分析。

引例

建设工程项目的全寿命周期包括项目的决策阶段、实施阶段和使用阶段。建设工程项目管理的实践范畴是建设工程项目的实施阶段（包括设计前的准备阶段、设计阶段、施工阶段、动用准备阶段和保修阶段）。建设工程项目管理的内涵是自项目开始至项目完成（实施阶段），通过项目决策和项目控制，以便使项目的费用目标、进度目标和质量目标得以实现。建设工程项目管理的核心是目标控制，而往往业主方的项目管理是该项目的项目管理核心。

室内装饰工程项目管理的具体内涵如何，具体涉及哪些方面、包含哪些内容，又各个有什么样的特点，是本章所要阐述的重点内容。

例如，天海市交通局作为该局综合办公大楼项目的业主，通过设计竞赛和公开招标的方式，确定了该市的建筑设计研究院和第三建筑公司分别为本项目的设计单位和施工单位。

（1）作为项目业主，天海市交通局项目管理的任务当中最为重要的是(　　)。

A. 投资控制　　B. 进度控制

C. 安全管理　　D. 组织和协调

（2）天海市交通局项目管理的进度目标指的是(　　)。

A. 办公大楼启用的时间目标　　B. 办公大楼竣工的时间目标

C. 办公大楼立项的时间目标　　D. 办公大楼结算的时间目标

（3）天海市建筑设计研究院的项目管理目标除了服务于其自身的利益，还应服务于(　　)。

A. 招投标代理机构的利益　　B. 天海市第三建筑公司的利益

C. 项目的整体利益　　D. 天海市建设局的利益

（4）属于天海市第三建筑公司项目管理目标的是(　　)。

A. 施工的成本目标　　B. 设计的进度目标

C. 项目的投资目标　　D. 供货的质量目标

2.1 概　述

2.1.1 室内装饰工程项目管理的概念和特点

1. 装饰工程项目管理的概念

室内装饰工程项目管理属于工程项目管理，是指在项目的生命周期内，即从设计、组织工程施工，至竣工交付使用期间，用系统工程的理论、观点、方法，进行有效的规划、决策、组织、协调、控制等系统性的科学管理活动，从而按照装饰工程项目的质量、工期、造价圆满地实现目标。

2. 装饰工程项目管理的任务

根据项目招标要求，编制标书，中标后通过谈判，签订工程承包合同、预算书及主材认价等，并从人力、物力、空间三要素着手组织劳动力，抓好材料供应，加强专业协调，从时间上和空间上进行科学、合理的部署。时间上要求速度快、工期短；质量上要求精度高、效果好；经济上要求消耗少、成本低、利润高。

3. 装饰工程项目管理的特点

装饰工程项目是指在一定的约束条件下（主要是限定资源、限定时间），具有特定目标的一次性任务。与其他项目管理不同，其特点主要体现在以下几方面。

（1）装饰工程管理单件性的一次性。

工程项目的单件性特征，决定了工程项目管理的一次性特点，如建设一项工程，开发一项产品，它不同于其他工业产品的批量性，也不同于其他生产过程的重复性。工程项目的永久性特征，更加突出了工程项目建设的一次性管理的重要性，一旦在工程项目管理过程中出现失误，将很难纠正，也会受到严重损失。

由于工程项目具有单件性和永久性特征，所以工程项目管理的一次性成功是关键，这就使项目经理的选择、项目组成人员的配备和项目机构的设置，成为工程项目管理的首要问题。

（2）室内装饰工程全过程管理的综合性。

工程项目的单件性和过程的一次性，决定了工程项目的生命周期，即工程项目的时间限制。对工程项目的整个生命周期，又可划分为若干个阶段，每一阶段都有一定的时间要求和特定的目标要求，它是下一阶段能否顺利进行的前提，也是整个生命周期的敏感环节，对整个生命周期有决定性的影响。

工程项目的生命周期是一个有机的发展过程，它的各个阶段，既有一定的界限，又具有连续性，这就决定了工程项目管理必须是项目生命周期全过程的管理。如可行性研究、招投标、勘察、设计、施工等各个阶段的全过程管理，而每个阶段又都包括对成本、进度和质量的管理，因此，工程项目管理是全过程的综合性管理。

（3）室内装饰工程项目控制性管理的强约束性。

对工程项目的时间要求和特定目标要求，决定了工程项目具有目标管理的约束特点。工程项目管理具有明确的管理目标，即工程进度快、成本低和质量好；同时，也具有严格的限定条件，即限定的资源消耗、限定的时间要求和限定的质量标准，其约束条件的约束强度远高于其他的管理。可见，工程项目管理是强约束的控制性管理。

工程项目管理的约束条件，既是工程项目管理的必要条件，又是不可逾越的限制条件。工程项目管理的重要特点，就是工程项目的管理者，如何在一定的时间内，既善于去应用这些条件，又不能超越这些条件，以高效、低耗、优质地完成既定的任务，达到预期的目标。因此，工程项目管理是强约束的限定性管理。

由于工程项目管理具有强约束和限定性特征，因此，工程项目管理的有效性控制是工程项目管理的又一个关键。而工程项目管理的有效性控制，是建立在工程项目管理的计划最优化的基础上，这就使项目管理的计划最优化和实施控制，成为工程项目管理的核心问题。

室内装饰工程项目管理与施工管理和企业管理不同，不能把它们混为一谈。室内装饰工程项目管理的对象是具体的装饰工程项目，施工管理的对象虽然也是具体的工程项目，也具有一次性的特点，但管理的范围仅限于工程的施工阶段，而不是装饰工程的全过程。装饰工程项目管理与企业管理的区别在于后者的管理对象是整个企业，管理范围涉及企业生产经营活动的各个方面，一个工程项目仅是其中的一个组成部分，而且，企业管理是与企业本身共存亡的，它没有装饰工程项目管理所具有的一次性特点，装饰工程项目管理的重要特点在于工程项目管理者必须在一定的时间内，应用装饰项目的约束条件，而又要在不超越这些条件的前提下，完成既定任务，达到预期的目标。否则时间不再来，条件不再有，项目管理即告失败。其次，它具有一次性管理的特点。如装修一个星级酒店，它不同于其他工业产品的批量性，不同于其他生产过程的重复性等。所以在装饰工程项目管理的过程中，一旦出现差错，就难以纠正。

2.1.2 室内装饰工程项目管理的内容

根据管理的工作范围来分，室内装饰工程项目管理可分为建设全过程管理和阶段性管理两种类型。主要包括设计管理和施工管理两个部分；根据管理技术门类来划分，室内装饰工程项目管理可分为室内装饰工程施工进度管理、室内装饰工程技术管理、室内装饰工程质量管理、室内装饰工程成本管理和室内装饰工程施工安全管理。

1. 室内设计管理

设计管理就是对设计活动进行计划、组织、指挥、协调和控制等一系列设计管理活动的总称。在室内装饰工程项目中，特别是在国内装饰工程行业中，设计任务常常由装饰工程施工单位来担任。室内装饰工程设计管理的主要内容如下。

（1）明确业主对设计内容的要求和配合施工进度出图的时间要求，确定设计费用，签订设计合同。

（2）组成设计团队，与专业工程师签订专业设计分包合同。

（3）制定设计进度计划，并监督检查其实施情况，按时提供图样。

（4）编制工程设计概、预算，或编制标底控制造价。

2. 装饰工程施工管理

装饰工程项目管理是指以装饰工程项目为对象的系统管理方法，通过专业性的项目管理团队，对装饰工程项目进行高效率的计划、组织、指导和控制，以实现装饰项目全过程的动态管理和项目目标的综合协调与优化。主要包含以下内容。

（1）确定施工方案并做好施工准备。

① 施工方案的技术经济比较，选定最佳可行性方案。

② 选择适用的装修施工机具。

③ 设计装饰工程施工平面布置图。

④ 确定各工种工人、机具和材料的需要量。

（2）编制施工进度计划。

① 编制施工进度计划网络图。

② 建立检查进度计划的报表制度和计算机数据处理程序。
③ 施工图样供应情况的监督检查。
④ 物资供应情况的监督检查。
⑤ 劳动力调配的监督检查。
⑥ 工程质量管理。
（3）合同与造价管理。
① 编制投标报价方案。
② 与业主、分包商及设备、材料供应厂商签订合同。
③ 检查合同执行情况，处理索赔事项。
④ 工程中间验收及竣工验收，结算工程款。
⑤ 控制工程成本。
⑥ 月度结算和竣工决算及损益计算。

2.2 室内装饰工程施工进度管理

室内装饰工程项目能否在预定的时间内交付使用，直接关系到投资效益的发挥，也关系到施工企业的经济效益。实践证明，如果工程进度管理失控，必然造成人力、物力和财力的严重浪费，甚至可能影响工程质量、工程投资和施工安全。所以，对工程进度进行有效的管理与控制，使工程项目顺利达到预定的工期目标，是业主、监理工程师和承包商在进行工程项目管理中的中心任务，是工程项目在实施过程中的一项必不可少的重要环节。

2.2.1 室内装饰工程施工进度管理的概念和内容

1. 室内装饰工程施工进度管理的概念

室内装饰工程的进度管理，又称为施工进度控制，是指施工单位在施工过程中对室内装饰装修工程项目的进度管理，即在限定的工期内，编制出最佳的施工进度计划及进度控制措施。在执行该计划的施工过程中经常检查实际施工进度，收集、统计、整理施工现场的进度信息，并不断用实际进度与计划进度相比较，确定两者是否相符。若出现偏差，便及时分析产生偏差的原因和对后续工作的影响程度，采取必要的补救措施或调整修改进度计划及相关计划，并再次付诸实施。如此不断地循环，直至最终实现项目预计目标。

2. 室内装饰工程施工进度管理的主要内容

室内装饰工程施工进度管理内容主要包括以下几个方面。
1）施工前进度管理
（1）确定进度控制的工作内容和特点、控制方法和具体措施、进度目标实现的风险分析，以及还有哪些尚待解决的问题。
（2）编制施工组织总进度计划，对工程准备工作及各项任务做出时间上的安排。
（3）编制工程进度计划，重点考虑以下内容。

① 所动用的人力和施工设备是否能满足完成计划工程量的需要。

② 基本工作程序是否合理、实用。

③ 施工设备是否配套，规模和技术状态是否良好。

④ 如何规划运输通道。

⑤ 工人的工作能力如何。

⑥ 工作空间分析。

⑦ 预留足够的清理现场时间，材料、劳动力的供应计划是否符合进度计划的要求。

⑧ 分包工程计划。

⑨ 临时工程计划。

⑩ 竣工、验收计划。

⑪ 可能影响进度的施工环境和技术问题。

（4）编制年度、季度、月度工程计划。

2）施工过程中进度管理

（1）定期收集数据，预测施工进度的发展趋势，实行进度控制。进度控制的周期应根据计划的内容和管理目的来确定。

（2）随时掌握各施工过程持续时间的变化情况及设计变更等引起的施工内容的增减，施工内部条件与外部条件的变化等，及时分析研究，采取相应的措施。

（3）及时做好各项施工准备，加强作业管理和调度。在各施工过程开始之前，应对施工技术物资供应、施工环境等做好充分的准备，不断提高劳动生产率，减轻劳动强度，提高施工质量，节省费用，做好各项作业的技术培训与指导工作。

3）施工后进度控制

施工后进度控制是指完成工程后的进度控制工作，包括组织工程验收、处理工程索赔、工程进度资料整理、归类、编目和建档等。

2.2.2 室内装饰工程施工进度管理

1. 室内装饰工程施工程序

1）室内装饰工程概况及施工特点

（1）室内装饰工程概况。单位室内装饰工程施工组织设计中的工程概况，是对拟装饰工程的装饰特点、地点特征和施工条件所做的一个简明扼要、突出重点的文字介绍。

工程装饰概况，主要说明准备装饰工程的建设单位、工程名称、地点、性质、用途、工程投资额、设计单位、施工单位、监理单位、装饰设计图样情况及施工期限等；建筑物地点特征，应介绍准备装饰工程所在的位置、地形、地势、环境、气温、冬雨期施工时间、主导风向、风力大小等，如果本工程项目是整个建筑物的一部分，则应说明准备装饰工程所在的具体层、段；装饰施工现场及周围环境条件，装饰材料、成品、半成品、运输车辆、劳动力、技术装备和企业管理水平，以及施工供电、供水、临时设施等情况。

（2）室内装饰工程设计和施工特点。针对工程的装饰特点，结合施工现场的具体条件，找出关键性的问题加以简要说明，并对新材料、新技术、新工艺和施工重点、难点进行分析研究。

工程装饰设计特点，主要说明准备装饰工程的建筑装饰面积、单位装饰工程的范围、装饰标准，主要部位所用的装饰材料、装饰设计的风格，与装饰设计配套的水、电、暖、风等项目的设计情况；工程装饰施工特点，主要说明准备装饰工程施工的重点和难点，在施工中应着重注意和解决的问题，以便使施工重点突出，确保装饰工程施工能顺利进行。

2）室内装饰工程的施工对象

根据工程建设的性质不同，室内装饰工程的施工对象可以分为新建工程的建筑装饰施工和旧建筑物改造装饰施工两种。

（1）新建工程的室内装饰施工。新建工程的建筑装饰施工有以下两种施工方式。

① 建筑主体结构完成之后进行的装饰施工，它可以避免装饰施工与结构施工之间的相互交叉和干扰。建筑主体结构施工中的垂直运输设备、脚手架等设施，临时供电、供水、供暖管道可以被装饰施工利用，有利于保证装饰工程质量，但装饰施工交付使用的时间会被延长。

② 建筑主体结构施工阶段就插入装饰施工，这种施工方式多出现在高层建筑中，一般建筑装饰施工与结构施工应相差三个楼层以上。建筑装饰施工可以自第二层开始，自下向上进行或自上向下逐层进行。这种施工安排通常与结构施工立体交叉、平行流水，可以加快施工进度。但是，这种施工安排易造成两者相互干扰，施工管理难度较高，而且必须采取可靠的安全措施及防污染措施才能进行装饰施工，并且水、电、暖、卫的干管安装也必须与结构施工紧密配合。

（2）旧建筑物改造室内装饰施工。旧建筑物改造室内装饰施工，一般有以下三种情况。

① 不改动原有建筑的结构，只改变原来的建筑装饰，但原有的水、电、暖、卫设备管线等都可能发生变动。

② 为了满足建筑新的使用功能和装饰功能的要求，不仅要改变原有的建筑外貌，而且还要对原有建筑结构进行局部改动。

③ 完全改变原有建筑的功能用途，如办公楼或宿舍楼改为饭店、酒店、娱乐中心、商店等。

3）室内装饰工程施工程序

（1）确定施工程序。施工程序是指单位装饰工程中各分部工程或施工阶段的先后次序及其相互制约关系。不同施工阶段的不同工作内容，按其固有的、不可违背的先后次序向前开展，其间有着不可分割的联系，既不能相互代替，也不能随意跨越与颠倒。

建筑装饰工程的施工程序，一般有先室外后室内、先室内后室外和室内外同时进行三种情况。施工时应根据装饰工期、劳动力配备、气候条件、脚手架类型等因素综合考虑。

室内装饰施工的工序较多，一般先施工墙面及顶面，后施工地面、踢脚。室内外的墙面抹灰应在管线预埋后进行；吊顶工程应在设备安装完成后进行，客房、卫生间装饰应在施工完防水层、便器及浴盆后进行。首层地面一般放在最后施工。

（2）确定施工流向。施工流向是指单位装饰工程在平面或空间上施工的开始部位及流动方向。室内装饰工程的施工流向必须按各工种之间的先后顺序组织平行流水，颠倒或跨越工序就会影响工程质量和施工进度，甚至造成返工、污染、窝工而延误工期。确定施工流向主要考虑以下几个方面的内容。

① 建设单位要求。

② 装饰工程特点。

③ 施工阶段特点。

④ 施工工艺过程。

室内装饰工程施工工艺的一般规律是先预埋、后封闭、接着调试、再装饰。

预埋阶段施工对象顺序：通风→水暖管道→电气线路。

封闭阶段施工对象顺序：墙面→顶面→地面。

调试阶段施工对象顺序：电气→水暖→空调。

装饰阶段施工对象顺序：油漆→裱糊→面板。

（3）室内装饰工程流水方案。根据建筑装饰工程的施工程序和流水方案，对于外墙装饰可以采用自上而下的流向；对于内墙装饰，则可以用自上而下、自下而上及自中而下再自上而中三种流向。

① 自上而下的施工流水通常是指主体结构封顶，屋面防水层完成后，装饰由顶层开始逐层向下进行。一般有水平向下和垂直向下两种形式，如图 2-1 所示。这种流向的优点是主体结构完成后，有一定的沉降时间，沉降变化趋向稳定，这样可以保证室内装饰质量；屋面防水层做好后，可防止因雨水渗漏而影响装饰效果，同时，各工序之间交叉少，便于组织施工，从上而下清理垃圾也方便。

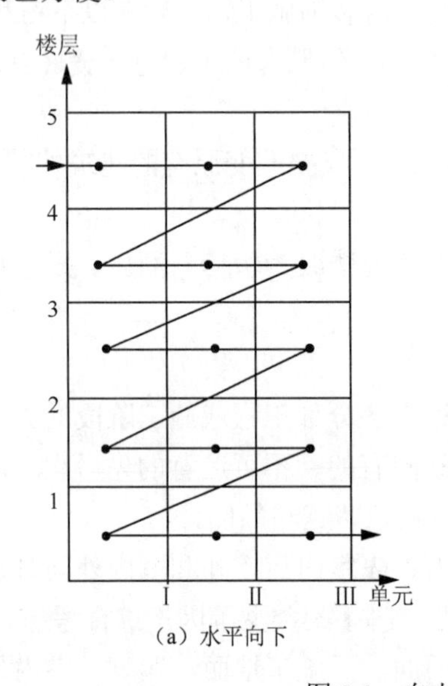

（a）水平向下

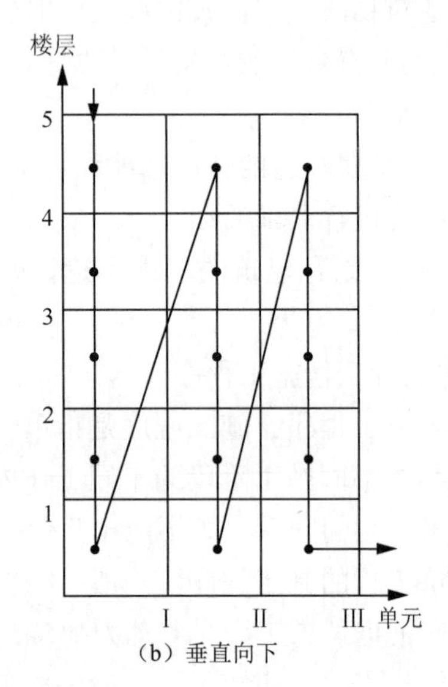

（b）垂直向下

图 2-1　自上而下的施工流水顺序

② 自下而上的施工流水方案指当主体结构施工到一定楼层后，装饰工程从最下一层开始，逐层向上的施工流向，一般与主体结构平行搭接施工，同样也有水平向上和垂直向上两种形式，如图 2-2 所示。为了防止雨水或施工用水从上层楼缝内渗漏而影响装饰质量，应先灌好上层楼板板缝混凝土及面层的抹灰，再进行本层墙面、顶棚、地面的施工。这种流向的优点是工期短，特别是高层与超高层建筑工程更为明显。其缺点是工序交叉多，需要采取可靠的安全措施和成品保护措施。

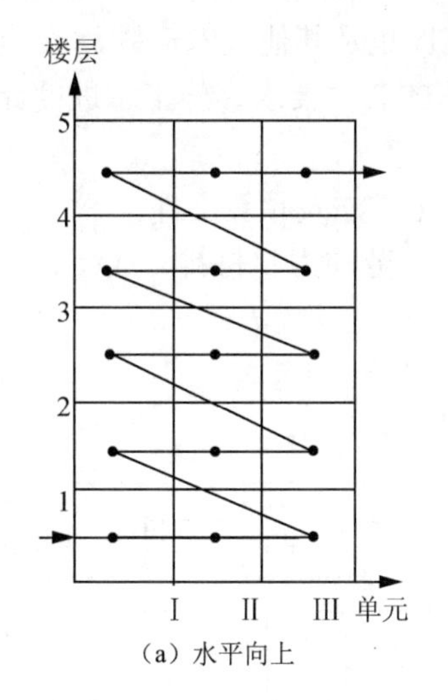

（a）水平向上

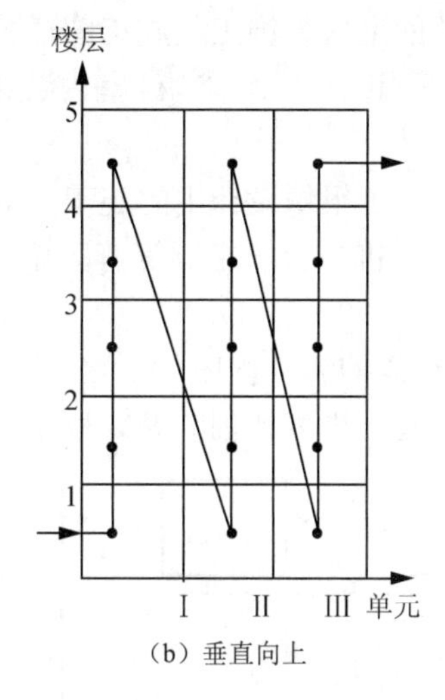

（b）垂直向上

图 2-2　自下而上的施工流水顺序

③ 自中而下再自上而中的施工流水方案，如图 2-3 所示，综合了上述两种流向的优缺点，适用于新建的高层建筑装饰工程施工。室外装饰工程一般采用自上而下的施工流向，但对湿作业石材外饰面施工及干挂石材外饰面施工，均采取自下而上的施工流水方案。

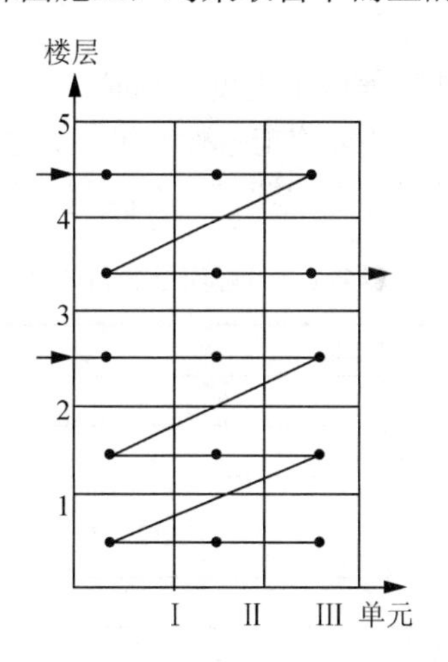

图 2-3　自中而下再自上而中的施工流水顺序

2. 室内装饰工程施工计划的编制

单位装饰工程施工进度计划是施工组织设计的重要组成部分，是控制各分部分项工程施工进度的主要依据，也是编制月、季施工计划及各项资源需用量计划的依据。安排室内装饰工程中各分部分项工程的施工进度，保证工程在规定工期内完成符合质量要求的装饰任务；确定室内装饰工程中各分部分项工程的施工顺序、持续时间，明确它们之间的相互衔接与合作配合关系；具体指导现场的施工安排，而且确定所需要的劳动力、装饰材料、机械设备等资源数量，可用横道图或网络图来表示，以达到用最少的人力、材料、资金的消耗取得最大的经济效益。

1）施工进度计划的编制依据

单位室内装饰工程施工进度计划的编制依据，主要包括以下几个方面。

（1）经过审核的室内装饰工程施工图样、标准图集及其他技术资料。

（2）施工组织总设计中对本单位室内装饰工程的有关要求、施工总进度计划、工程开工和竣工时间要求。

（3）相应装饰施工组织设计中的施工方案与施工方法及预算文件。

（4）劳动定额、机械台班定额等有关施工定额，劳动力、材料、成品、半成品、机械设备的供应条件等。

2）施工进度计划的编制程序

单位装饰工程施工进度计划的编制程序，如图 2-4 所示。

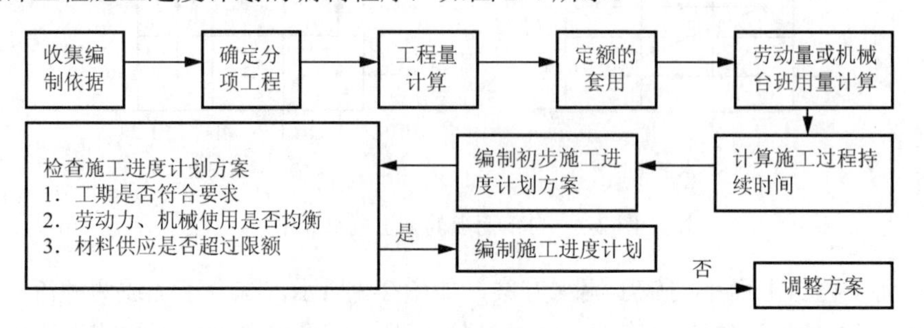

图 2-4　施工进度计划编制程序

3）施工进度计划的编制步骤

（1）确定工程项目。编制装饰工程施工进度计划时，首先应根据施工图样和施工顺序将准备装饰的工程各个施工过程列出，并结合施工条件、施工方法和劳动组织等因素，加以调整后，列入装饰施工进度计划表中，最后确定工程项目，并编制工程项目一览表，如表 2-1 所示。

表 2-1　工程项目的划分

序号	工 程 项 目	工　程　量
`1	铝合金门安装	16.85m^2
2	铝合金窗安装	35.2m^2
3	墙面钉木龙骨及胶合板	180.35m^2
4	墙面贴华丽板	180.35m^2
5	柱贴镜面	46.80m^2
6	贴瓷砖墙画	8.00m^2
7	铜丝网暖气罩	6.00m^2
8	踢脚线贴大理石	6.00m^2
9	轻钢龙骨石膏板吊顶	150.89m^2
10	天棚贴对花壁纸	150.89m^2
11	安灯具	60 套
12	地面贴大理石	145.80m^2

装饰施工过程划分的粗细程度，主要取决于装饰工程量的大小、复杂程度。一般情况下，在编制控制性施工进度计划时，可以划分得粗一些，分得太细，不宜掌握；分得太粗，则不利于总工序的交叉搭配。在编制实施性进度计划时，则应划分得细一些，特别是其中的主导施工过程和主要分部工程，应当尽量详细具体，做到不漏项，以便掌握进度，具体指导施工。对于

工期长、工程量大的工程，视具体情况而定，在总的施工组织下，可分为一、二期工程或者宾馆客房、厅堂部分等进行编制。

（2）计算装饰工程的工程量。工程量是编制工程施工进度计划的基础数据，应根据施工图样、有关计算规则及相应的施工方法进行计算。在编制施工进度计划时已有概算文件，当它采用的定额和项目的划分与施工进度计划一致时，可直接利用概算文件中的工程量，而不必再重复计算。详见第 5 章的室内装饰工程的工程量计算。

（3）劳动量和机械台班数量的确定。根据各分部分项工程的工程量、施工方法和消耗量定额标准，并结合施工企业的实际情况，计算各分部分项所需的劳动量和机械台班数量。一般可按下式计算，即

$$P_i=Q_i/S_i=Q_i\times H_i \quad (2\text{-}1)$$

式中　P_i——第 i 分部分项工程所需要的劳动量或机械台班数量；

Q_i——第 i 分部分项工程的工程量；

S_i——第 i 分部分项工程采用的人工产量定额或机械台班产量定额；

H_i——第 i 分部分项工程采用的时间定额。

室内装饰工程可套用地区建筑装饰工程消耗量定额。此外，企业也应该积累不同装饰工程的工时消耗资料，编制工时消耗定额，作为编制计划的依据。

（4）计算各分部分项工程施工天数。

各分部（分项）工程施工持续时间计算公式如下，即

$$t_i=P_i/R_i\times N_i \quad (2\text{-}2)$$

式中　t_i——完成第 i 分部分项工程的施工天数；

P_i——第 i 分部分项工程所需的劳动量或机械台班数量；

R_i——每班在第 i 分部分项工程中的劳动人数或机械台班数量；

N_i——第 i 分部分项工程中每天工作班数。

也可以根据总工期的要求和实际施工经验，首先拟定工作项目的施工天数。

（5）施工进度计划的安排、调整和优化。

编制室内装饰工程施工进度计划时，应首先确定主导分部分项工程的施工进度，使主导分部分项工程能尽可能地连续施工，其余施工过程应予以配合，具体方法如下。

① 确定主要分部工程并组织流水施工。

② 按照工艺的合理性，使施工过程期间尽量穿插、搭接，按流水施工要求或配合关系搭接起来，组成单位工程进度计划的初始方案。

③ 检查和调整施工进度计划的初始方案，绘制正式进度计划。检查和调整的目的在于使初始方案满足规定的目标，确定理想的施工进度计划。其内容如下。

a. 检查各装饰施工过程的施工时间和施工顺序安排是否合理。

b. 安排的工期是否满足合同工期。

c. 在施工顺序安排合理的情况下，劳动力、材料、机械是否满足需要，是否有不均衡现象。

经过检查，对不符合要求的部分应进行调整和优化，达到要求后，编制正式的装饰施工进度表。

3. 影响室内装饰工程进度管理的因素

1）设计的影响

若设计单位没有按时交图，就会导致拖延工期；若图样的设计质量不好（如装修设计破坏了建筑结构，设计不符合消防规定，各专业设计尺寸矛盾等），修改和变更图样也会影响施工进度计划，致使工程中途停止或重新返工。

2）物资供应的影响

施工中所需的装饰材料订货是否及时；种类、质量是否合乎设计要求；施工所需机具是否配备充足、质量如何，是否有专人保养维修，这些因素都会对施工进度产生影响。

3）资金因素的影响

在装饰施工的过程中，由于筹措资金遇到困难，资金不到位等会造成停工或影响施工工人的积极性进而影响工程施工进度。

4）技术的影响

若施工人员未能正确领会设计意图或施工人员本身技术水平不高，也会影响施工进度和质量，因此，施工人员的技术水平和素质高低是一个关键的因素。

5）施工组织的影响

如果施工单位组织或者管理不当，劳动力和施工机械的调配不当，不适应施工现场的变化，均可能影响装饰施工进度。

6）施工结构的影响

装饰工程的装饰结构的复杂性造成施工难度增加，从而影响装饰施工进度。

7）施工环境的影响

若施工现场出现停水停电、运输困难，或垃圾难以外运，都会影响施工进度。

8）施工配合的影响

在施工过程中，如果出现工序衔接不紧、交叉施工衔接不利、装修成品交叉破坏而返工等情况，必然会影响施工进度。

9）施工管理的影响

若施工单位计划管理差、劳动纪律松懈、施工工序颠倒，都将影响进度计划的实现。

10）自然因素的影响

若施工过程中出现不利的自然条件、自然灾害等，都将影响进度计划的实现。

4. 室内装饰工程进度控制

1）室内装饰工程施工进度控制的原理

室内装饰工程施工进度控制原理有动态控制、系统控制、信息反馈控制、弹性控制、循环控制和网络计划技术控制等基本原理。

（1）动态控制原理。施工项目进度控制是一个不断进行的动态控制过程。它是从装饰工程项目施工开始，实际进度就出现了运动的轨迹，也就是规划进行执行的动态。当实际进度按照规划进度进行时，两者相吻合；当实际进度与规划进度不一致时，两者便产生超前或落后的偏差。分析偏差的原因，采取相应的措施，调整原来的规划，使两者在新的起点上重合，继续进行施工活动，并且尽量发挥组织管理的作用，使实际工作按规划进行。但是在新的干扰因素作用下，又会产生新的偏差，然后再分析、再调整。所以施工进度控制就是一种动态控制的过程。

（2）系统控制原理。室内装饰项目施工进度控制本身是一个系统工程，它主要包括装饰工程项目施工进度规划系统和装饰工程项目施工进度实施系统两部分内容。项目部必须按照系统控制的原理，来强化室内装饰进度控制的整个过程。

① 施工进度规划系统。为做好施工进度控制工作，必须根据装饰工程项目施工进度控制的目标要求，制定出装饰项目施工进度规划系统，它包括建设项目、单项工程、单位工程、分部（项）工程施工进度规划和月（旬）施工作业规划等内容，这些项目进度规划由粗到细，并形成一个系统。在执行工程项目施工进度规划时，应以局部规划保证整体规划，最终达到施工进度控制的目标。

② 施工进度实施系统。为保证项目按进度顺利实施，不仅设计单位和承建单位必须按规划要求进行工作，而且设计、承建和物资供应单位也必须密切协作和配合，从而形成严密的项目施工进度实施系统，建立起包括统计方法、图表方法和岗位承包方法在内的项目施工进度实施体系，保证其在实施组织和实施方法上的协调性。

（3）信息反馈控制原理。信息反馈控制是施工进度控制的依据，施工的实际进度通过信息反馈给有关人员；在分工的职责范围内，经过其加工，再将信息逐级向上反馈，直到主控中心，主控中心整理统计各方面的信息，经比较分析做出决策，调整进度规划，使其符合预定总工期目标。如果不利用信息反馈控制原理，则无法进行规划控制。实际上施工项目进度控制的过程也就是信息反馈的过程。

（4）弹性原理。施工项目进度规划工期长、影响进度的因素多，其中有的已被人们掌握，可以根据统计经验估计出现的可能性及影响的程度，并在确定进度目标时，进行实现目标的风险分析。在规划编制者具备了这些知识和实践经验之后，编制施工项目进度规划时就会留有余地，使施工进度规划具有弹性。在进行施工进度控制时，便可以利用这些弹性，缩短有关工作的时间，或者改变它们之间的搭接关系，使之前拖延的工期，通过缩短剩余规划工期的方法，仍然达到预期的控制目标。这就是施工项目进度控制中对弹性原理的应用。

（5）循环控制原理。工程项目进度规划控制的全过程是规划、实施、检查、比较分析、确定调整措施、再规划的一个循环过程。从编制项目施工进度规划开始，经过实施过程中的跟踪检查，根据有关实际进度的信息，比较和分析实际进度与施工规划进度之间的偏差，找出产生原因和解决办法，确定调整措施，再修改原进度规划，形成一个循环系统。

（6）网络计划技术原理。在施工项目进度的控制中利用网络计划技术原理编制进度规划，根据收集的实际进度信息，比较和分析进度规划，利用网络计划的工期优化、工期与成本优化、资源优化的理论调整进度规划。网络计划技术原理是施工项目进度控制的完整的计划管理和分析计算理论基础。

2）室内装饰工程项目进度控制方法

（1）项目进度控制的流程如图 2-5 所示。

（2）项目进度控制的方法。室内装饰工程项目进度的控制方法主要是规划、控制和协调。

规划是指确定装饰施工项目总进度控制和分进度控制目标，并编制其进度计划；控制就是在施工项目实施的全过程中，跟踪检查实际进度，并与计划进行比较，发现偏差就及时采取措施，进行调整和纠正；协调就是协调与施工有关的各单位、部门和施工队之间的关系。

在上述的这些方法之中，规划即工程项目进度计划的编制是最根本的工作，是控制和协调的基础，有必要进行进一步的详细介绍。装饰装修工程的项目进度计划，从内容上来讲可以分为总进度计划、施工进度计划、作业进度计划三类。工程总进度计划项目，内容包括工程项目从开始一直到竣工为止的各个主要环节，供总监理工程师作为控制、协调总进度，以及其他监理工作之用，一般多用直线在时间坐标上用横道图（图 2-6）来表示，显示项目设计、施工、安装、竣工、验收等各个阶段的日历进度；工程项目施工进度计划，内容包括指导施工的各项具体工作，控制进度的主要依据，施工阶段各个环节（工序）的总体安排，必须报监理工程师审批，该计划以各种定额为准，根据每道工序所耗用的工时，以及计划投入的人力、工作班数、物资、设备供应情况，求出各分部分项的施工周期及单位工程的施工周期，然后按施工顺序及有关要求用横道图或者网络图来进行控制；作业进度计划是工程项目总进度计划的具体化，指导基层施工队伍的施工，可用横道图或网络图（图 2-7）对一个分部或分项工程作为控制对象进行控制。

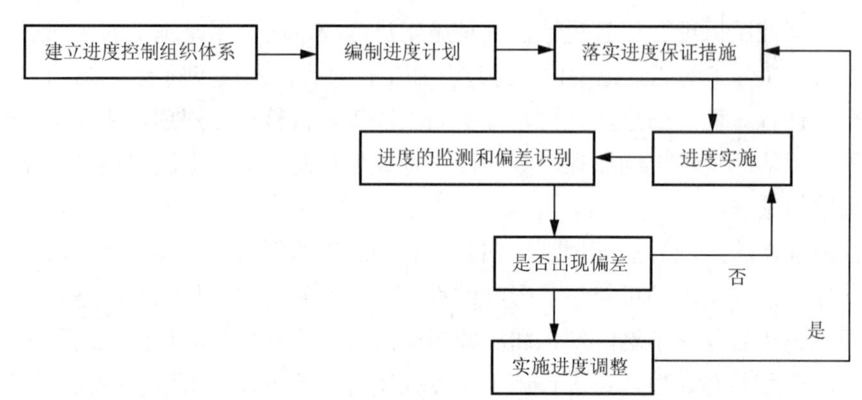

图 2-5　室内装饰工程项目进度控制流程图

工艺过程	工作天数	工作进度 1 2 3 4 5 6 7 8 9 10 11 12 13 14 15 16 17
A	5	
B	6.5	
C	5.5	
D	7	
E	6.5	
F	3	
G	4	
…		

注：图中细实线为计划时间，粗实线为实际发生时间

图 2-6　装饰工程施工横道图

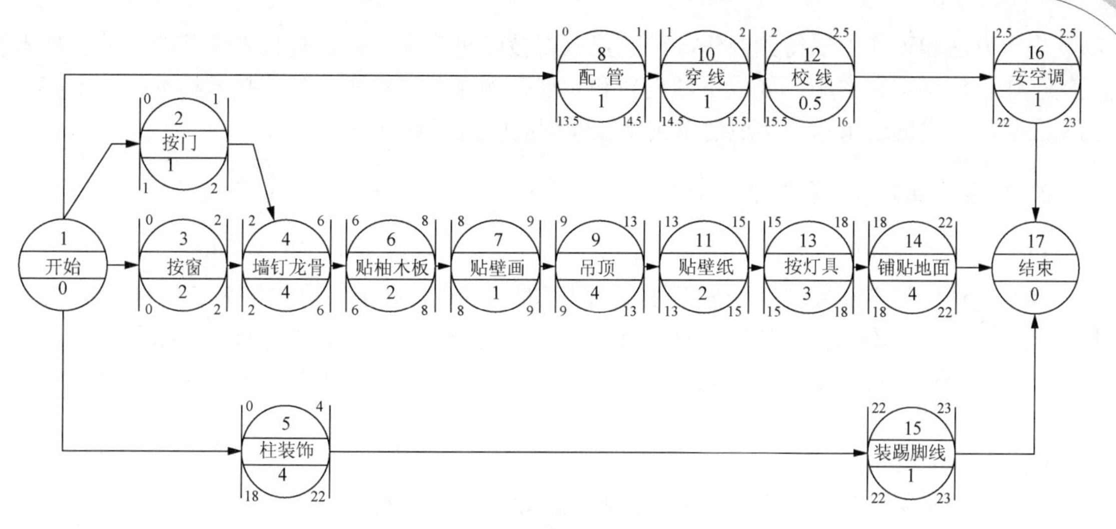

图 2-7　某宾馆门厅装饰工程施工网络图

2.3　室内装饰工程施工技术管理

技术管理是室内装饰企业管理的重要组成部分，内容涉及装饰施工企业生产经营活动的各个方面。技术管理工作所强调的是对技术工作的管理，即如何运用管理的职能去促进技术的发展。施工企业的技术管理，是指对施工企业中各项技术活动过程和技术工作的各种要素进行科学管理，各项技术活动归根结底要落实到各项工程及工程的各施工环节，确保施工作业的顺利进行，使室内装饰工程达到工期短、质量好、成本低的标准，适应人们日益增长的物质文化生活的需要，营造良好的建筑室内环境。

事实证明，现代企业本身综合实力的增长，不只是依靠财力和物力，更多的是依靠智慧与技术。因此，技术管理在建筑装饰企业经营管理中，具有非常重要的地位。

2.3.1　技术管理概述

1. 技术管理的定义

室内装饰施工企业的生产活动是在一定的技术要求、技术标准和技术方法的组织和控制下进行的。室内装饰施工企业的技术管理是指室内装饰企业在生产经营活动中，对各项技术活动过程和技术工作的各技术要素进行科学管理的总称。技术活动过程是指技术学习、技术运用、技术改造、技术开发、技术评价和科学研究的过程，主要包括图样会审、编制施工组织设计、技术交底工作、技术检验等施工技术准备工作；质量技术检查、技术核定、技术措施、技术处理、技术标准和规程的实施等施工过程中的技术工作；还有科学研究、技术革新、技术培训、新技术试验等技术开发工作。技术要素是指技术工作赖以进行的技术人才、技术装备、技术情报、技术文件、技术资料、技术文档、技术标准规程和技术责任制等。

室内装饰企业技术管理工作随着市场经济的发展而发展，不断地改进、完善管理方式和内容是技术管理的长久任务。通过技术管理使科技人员、技术人员和员工的质量意识和价值观，以及思想方法和工作方法得到升华，使企业取得技术进步和发展，是技术管理的目的。技术管理的工作目标制定和实施，要求不断创新和发展，为企业管理规范化、技术标准化、生产工厂化和经营规模化创造条件，实现建筑装饰企业的品牌战略目标。

2. 技术管理的任务和要求

（1）技术管理的任务。

技术管理的基本任务是：正确贯彻执行国家的技术政策和上级有关技术工作的指示与决定，科学地组织各项技术工作，建立良好的技术秩序，充分发挥技术人员和技术装备的作用，改进原有技术，采用先进技术，提高施工速度，保证工程质量，降低工程成本，推动企业的技术进步，提高经济效益。

（2）技术管理的要求。

技术管理必须按科学技术规律办事，要遵循以下三个原则。

① 贯彻国家技术政策的原则。国家的技术政策是根据国民经济、生产发展的要求和水平提出来的，如现行施工与验收规范或规程，是带有强制性、根本性和方向性的决定，在技术管理中必须正确地贯彻执行。

② 按照科学规律办事原则。技术管理工作一定要实事求是，采取科学的工作态度和工作方法，按科学规律组织和进行技术管理工作。对于新技术的开发和研究，应积极支持。但是，新技术的推广使用，应经试验和技术鉴定，在取得可靠数据并确实证明是技术可行、经济合理后，方可逐步推广使用。

③ 讲求工程经济效益原则。在技术管理中，应对每一种新的技术成果认真做好技术经济分析，考虑各种技术经济指标和生产技术条件，以及今后的发展等因素，全面评价它的经济效益。

2.3.2 技术管理内容

建筑室内装饰企业技术管理的内容，包括技术资料管理和工程现场技术管理两大部分。

1. 室内装饰工程技术资料管理

（1）室内装饰技术资料管理内容。

现代建筑室内装饰施工与建筑施工密不可分，在管理上，有许多相似之处，在技术资料管理方面同样可以借鉴建筑技术管理方法，室内装饰技术资料包括以下内容。

① 装饰工程施工组织方案与技术交底资料。
② 装饰材料及产品设备检验资料。
③ 装饰工程施工试验报告。
④ 装饰工程施工记录。
⑤ 预检记录。
⑥ 隐蔽工程检查记录。
⑦ 设备基础及改变结构记录。
⑧ 水暖及卫生设备安装记录。
⑨ 电气设备及灯饰安装记录。

⑩ 消防设备安装记录。

⑪ 空调设备安装记录。

⑫ 广播音响安装记录。

⑬ 其他专业设备安装记录。

⑭ 装饰工程质量检验评定资料。

⑮ 装饰工程竣工验收资料和检验签证记录。

⑯ 装饰工程设计变更、洽商记录、绘制竣工图。

⑰ 装饰工程质量监督签证记录。

⑱ 发生质量事故处理情况记录。

（2）对各项技术资料的具体要求。

① 施工组织方案应在组织施工前编制。工程量大、工期长的工程应根据设计图的具体情况在总的施工组织方案前提下，可分为第一期工程、第二期工程，技术复杂的工程由公司技术科负责编制，一般工程可由工程项目工程师负责编制。编制好的施工组织方案，应经过生产、劳保、质量、设计、劳动、人事等部门讨论，经公司总工程师批准方能生效。

在技术交底方面，对主要项目必须要有书面交底，其内容应结合本工程的实际，提出保证和达到设计要求、工艺标准等的措施，在执行前，交接双方签字。

② 材料及产品设备检验是保证工程质量的重要条件，必须严格按国家规范和验收标准进行验收。材料部门必须供应符合质量要求的材料和产品，并提供出厂合格证或试验单。不合格材料及产品设备不得使用到工程上，并要写明处理意见。

③ 装饰材料检查试验项目比较复杂，一般均有出厂检验证及出厂日期，但是有些产品尽管工厂有出厂证明，也不一定能保证质量，所以还是应该现场检验。

④ 施工试验报告。

⑤ 防水试水记录，有甲方验收签证。

⑥ 施工记录要记载质量事故及处理意见，冬季施工测温记录及其他有关记录。

⑦ 质量事故处理要记录事故调查过程，原因分析及处理结果，记录要真实，并要有项目负责人及甲方签证。

⑧ 预检记录要重点检查原结构情况，并做好详细记录。

⑨ 隐检记录。隐检是指为其他工序施工所隐蔽的工程项目，在隐蔽前必须进行隐蔽检查，并及时办理手续，不得后补。检查意见要写得具体明确，如需复查，应填写复查日期及复验人姓名，写明结论意见。

⑩ 水暖、空调安装记录。

⑪ 电气安装记录。

（3）装饰设计变更及洽商记录。

① 设计变更和洽商记录是设计施工图样的补充和修改，内容要求明确具体，应及时办理，不得任意涂改和后补，必要时要有附图。如图样修改过多，应另行出图。

② 洽商记录按签证日期的先后顺序编号，应认真、齐全。

③ 设计变更洽商记录应由设计单位、施工单位和建设单位三方代表签证；有关经济洽商记录可由施工单位和建设单位两方代表签证。

④ 建设单位若委托施工单位办理签证，需有书面委托手续，洽商记录可由设计单位、施工单位两方签证。

⑤ 洽商原件应存档，如相同工程合用一个洽商原件时，可用复印件存档，但三方要重新办理签证手续，并注明原件存放处。

⑥ 总包与分包的有关设计变更洽商记录统一由总包办理洽商手续，并分发到有关单位。

（4）装饰工程质量检验评定、竣工验收。

① 将装饰工程质量检验评定作为一个独立的工程项目来考核，分为几个分部工程，分部工程完成后应及时填写分部工程质量评定表，并由单位工程负责人签字。

② 分项工程质量评定完毕后应汇总，编写出统计资料及评定结论。

③ 单位工程评定和竣工验收应将表的内容填写齐全，由施工单位主要负责人审核并签认后，加盖单位印章，送质量监督部门进行核验，合格后签发验收单。

（5）装饰工程竣工图。

① 室内装饰工程竣工后应及时进行竣工图的整理。

② 竣工图一般可在原图上加文字说明，标注有关洽商记录及编号，并将该洽商记录的复印件附在上面。有特殊要求的，可重新绘制装饰工程竣工图。

（6）回访记录。

室内装饰工程完工后，在保修期内要有维护、保修回访记录，以保证用户满意，提高企业的信誉。质量监督部门也应进行回访，征求用户意见，以便改进工作。

（7）装饰工程质量监督记录。

装饰工程质量监督记录是指建设单位委托质量监督站（代表政府）进行的监督。如果建设单位不委托，则无须此项记录。

① 工程质量委托书是建设单位将质量监督任务委托给质量监督部门（政府）的一种手续。委托书内容包括监督形式、方法和监督项目及建设单位应提供的技术文件，经双方签认加盖单位印章即可生效，具有法律性，由建设单位归入技术资料档案。

② 监督工作开始前，要明确监督员根据设计意图、设计说明及建设单位要求、工程特点制定出工程质量的监督计划，交建设单位、设计单位和施工单位，也就是明确地告诉哪些部位是质量监督的重点，这些部位必须经过监督部门检查后方能进行下道工序的施工。经四方同意后履行签认手续，共同遵守。

③ 监督计划经监督实现后，由监督部门签证，竣工后由施工单位归入技术资料档案。

④ 监督每个工程的全过程所发生的质量问题及处理情况并做记录，进行整理后由监督部门交建设单位归入技术资料档案。

⑤ 每项工程竣工后，监督部门组织检验，签发核验五联单，由施工单位、建设单位归档。

⑥ 每项工程竣工后，监督部门整理全套监督技术资料，手续要齐全，存入档案保存备查。

2. 室内装饰施工现场技术管理

室内装饰施工涉及的装饰材料品种繁杂，规格多样，施工工艺与处理方法各不相同。因此，其施工现场的技术管理有自身的特殊性，一名合格的工程技术人员既要懂得施工技术，也要熟悉各种装饰材料及性能，还要具备美学知识，才能更好地理解设计意图，取得满意的施工效果。室内装饰工程现场技术管理主要包括以下几个方面。

（1）参与合同的起草以熟悉合同条款。

在施工过程中，经常会遇见业主提出变更或现场与图样不相符的情况，这时施工就需要做出相应的调整。这个调整既涉及图样，也必须在合同中有所体现，因为会导致工期与费用的变化。所以，整个施工过程都不能偏离施工合同，技术人员必须熟悉合同内容。

（2）参与设计交底和图样会审以熟悉施工图样。

装饰设计需要通过工程技术人员组织工人施工来实现，技术人员是把设计变为现实的桥梁，这就要求技术人员十分熟悉施工图样。只有熟悉了设计图样，掌握了设计的意图和风格，才能编制出切实可行的施工组织设计，才能有效地组织工程的实施。

（3）做好技术交底工作。

在各分部分项工程开工前应向施工班组和工人进行技术和安全交底工作，其目的是使操作人员明确各分部分项工程的设计意图和施工技术及安全要求，以保证工程严格按照设计图样、施工组织设计、安全操作规程和施工验收规范等要求进行施工，从而避免盲目作业。

（4）加强隐蔽工程的验收工作管理。

当上道工序会被下道工序或者下层的结构会被上层结构遮盖时，必须在做好自检的基础上，向监理工程师提出隐蔽工程验收要求，经其验收合格后方可进行下道工序，如防水层、防火涂料的涂刷和龙骨结构层等。这项工作必须严格执行。

（5）及时向监理或业主申报技术洽商和经济洽商。

在施工过程中，经常会遇见业主口头提出设计更改或实际情况无法满足设计要求的现象，这时施工单位应及时写出技术洽商并请监理和业主确认，以便安排施工。如果涉及原报价书未包含的费用，还应提出经济洽商以增加此项费用。

（6）负责编制主要材料的计划单并及时做好材料的报验工作。

对于主要材料，应随着施工进度安排提前编制计划，特别是异型材料更需要提前放样并交办材料部门抓紧订购，有些材料还需技术人员前往沟通确认，避免因材料出错或到货不及时影响施工进度。所有进场主材料都应有合格证和相应的原检测报告，并按规定向监理工程师报验，待批准后方可投入施工。

（7）施工过程中工程质量的检查。

由于室内装饰工程涉及范围广、类别杂、部位多、层次多，做法多样，而且对整个建筑工程能否评优起着关键作用，因而其质量要求很高。这就要求在施工中必须严把质量关，建立起专人自检、班组互检，下道工序检查上道工序，质检员复检，验收合格后进入下道工序的检验模式，做到及时发现问题，及时制定措施解决问题。

（8）技术资料的收集与整理。

技术资料是对工作可追溯性的保证，一旦出现问题，可根据资料进行追查分析，找出原因，明确责任方或责任人，使问题能够彻底解决，同时它也是工程决算的实际依据，是项目经营中不可缺少的环节。因而需配备专人负责，做好技术管理措施资料和质量保证资料。

（9）绘制竣工图。

装饰工程的图样通常只注重表面的设计，而对内部构造做法表达得不够全面和详细，因此，在实际施工中一般都根据常规做法和经验进行施工，另外在施工中还经常会有设计变更，这些情况在工程竣工后，都应全面真实地反映在竣工图样上（特别是隐蔽工程），以利于今后备查和便于维修，同时也是工程决算必不可少的重要依据。

（10）参与竣工决算的编制。

一项装饰工程完工后，竣工决算的编制工作变得非常重要，关系到工程的最终造价和项目的赢利水平。而现场技术人员熟悉施工情况，了解整个施工过程，他们必须和预算人员一起协作完成此项工作，只有这样才能更加全面翔实地编制竣工决算，避免漏项。

2.3.3 室内装饰企业技术管理

室内装饰企业的技术管理有其特殊性，即需要同时担负起施工与设计两方面的技术管理责任。此外，相对土建工程而言，装饰工程项目的施工周期更短，所以，施工组织设计的科学性、合理性和可操作性显得尤为重要。因此，技术管理的控制点和有效性是衡量企业技术发展和技术进步的重要标准，是企业可持续发展的技术保障。

1. 建立技术储备档案

对搜集到的有关资料，先按化工、建材、纺织、五金等大类分别存档，接着在大类中进行细分，如化工中的防火、防水、防腐材料，木材、钢材、块材等的黏合剂，各种内外墙的涂饰材料，各种木材、钢材的涂饰材料等分门别类地造册存档，便于日后检索和查找。同时要保持对档案的补充、修订，使之完善。

2. 推广与应用新技术及其成果

率先开发应用网络管理系统和CAD辅助设计，进一步加强网络化管理的深度，提高微型计算机应用的自动化水平，而推进行业进步要从推广与应用新技术、新工艺、新材料入手，对已掌握的安全、环保、高效、节能等方面的产品和技术，要优先利用；在前期谈判时就向业主介绍和推荐，设计时积极采用，从而形成企业优势。在这里还应看到，推广与应用新技术、新工艺、新材料一定要具有前瞻性；在某一时段或特定的经济环境中，这种推广与应用可能有阻力或不被业主认可，但这只是暂时现象，纵观时代的进步，优胜劣汰是发展的必然趋势。在这方面谁走在前面，谁将会有更多的机会和能力赢得市场。

3. 推广技术的更新改造

现代装饰技术与传统装饰技术是不可同日而语的，不同的材料、工艺、设备，必然导致技术的变革和更新改造。纳米技术的出现会对涂料工业注入新的活力，出现划时代的新型涂料产品，与之相关的施工工艺和技术也会出现变化。微型计算机内存配置的提高，新的管理和设计软件的开发应用，无疑会使管理与设计上一个新台阶，会使工作效率得到更大的提高，加工设备的更新改造，数控设备的应用，使半成品和加工件的质量和材料利用率得到提高。装饰技术的更新与改造的周期会越来越短，发展的速度会越来越快。

4. 培训相关人员应用新技术、新工艺、新材料的能力

随着新技术、新工艺、新材料的出现，将装饰施工过程中经过试验或比较得出的有关数据和操作经验编制成作业指导书，把使用的工具、施工工艺、技术要点、检验与验收标准列入其中，下发给相关的部门和操作人员，使管理、操作和检验人员熟悉自己的工作要点。在实际操作中，由工程技术员进行指导，以点带面地逐步展开，这种做法已被实践证明是快捷而又行之有效的。因此，人才专业结构的合理组合已成为企业人才发展规划的侧重点。就装饰企业而言，

设计与施工是两个重要的一线部门，对专业技术人员的要求相对较高，专业设置既全面又要有所侧重。人才的综合素质越高，企业的发展潜力和市场竞争力就会越大。人才发展规划要根据企业规模、实力和发展规划而制定，不能急功近利。因此，在企业发展的大目标下，要有计划、有侧重地逐步招聘、培养和合理使用人才，在不断调整、平衡、优化的过程中，使企业的人才资源配置合理，加快企业的发展步伐。

5. 参加或主持企业重大技术会议并解决技术疑难问题

及时解决建筑装饰工程和设计中发生的技术疑难问题，是技术管理工作的重中之重，无论是设计还是施工，这类问题不解决，将直接影响工程质量而造成无谓的浪费或经济损失。针对不同的问题召开专题会议，制订相对应的施工方案与技术要点，在实施过程中严格控制和检查，使问题相继得到解决。对已经出现的质量问题，经过分析找出原因，然后进行小范围试验，问题解决后，写成作业指导书进行推广。技术疑难问题会随着新技术、新工艺、新材料的不断采用而出现，要及时发现、及时解决。自己解决不了可以采用派出去、请进来的办法，咨询、请教相关专家，积累解决问题的经验和能力。

6. 参与合同评审并对合同中涉及的技术能力把关

在合同评审中经常会遇到专业或技术要求较高的单位工程，对其技术可行性评审论证后，确定自己的技术能力范围；对一些专业的单项工程或作业进行分承包，进而保证工程整体的施工质量和要求，其中包括一些新技术、新工艺、新材料的应用。

7. 主持重要的设计评审并最终审批图样

图样是室内装饰工程非常重要的技术文件，在工程施工前需要进行评审。重要工程的设计评审包括以下几个方面。

（1）图样设计是否满足了建设方的各方面要求，是否符合国家规范。

（2）图样设计是否科学合理又有先进性，总体风格及效果。

（3）图样设计的规范性、完整性和保证程度。

（4）图样设计材料的购置能力，施工的可行性。

（5）能够满足以上要求，由企业技术负责人审批。

8. 对设计的质量进行抽查与评定并审批设计更改

定期与不定期地进行图样设计抽查，对已竣工的图样设计分为优、良、合格、差四级评定，促进设计质量的提高，并将量化的统计结果发放至每一个设计人。审批由于业主、现场或设计需要所做的设计变更，汇总不同的变更原因，找出设计失误，这也是提高设计质量的又一手段。

9. 审批施工组织设计和工程技术交底

良好的施工组织设计和工程技术交底，是有效控制施工质量、进度、成本的先决条件，因此，对其科学合理和严密可行的要求很高，不同的环境、条件、技术含量和工期要求，以及不同的地区、季节等因素，都是施工组织设计和工程技术交底的依据。稍有疏漏将会出现失误，从而影响施工作业的顺利实施，因此，规范施工组织设计和技术交底已成为企业招投标与施工准备的重要运作环节。

10. 施工过程中技术资料和工程质量的检查

施工过程中技术资料是否齐备，工程质量是否达到合同规定的标准，是衡量企业和项目经理管理水平高低的关键，是质检部门评定质量的依据。因此，对于施工中技术资料和工程质量的检查十分必要，例如，施工组织设计实施的效果怎样，技术措施是否可行，分项工程的质量如何；质量评定记录，质量保证资料等是否齐备，通过经常性的检查而得到监督和修订，从而保证施工顺利展开，质量得到保证。各人自检、班组互检，下道工序检查上道工序，验收合格后进入下道工序的检验模式与班组长、质检员、项目经理和公司质安部质检工程师的检验模式相结合，做到及时发现问题，及时制定措施解决问题；公司质安部进行全过程跟踪，直到不合格得到纠正。通过有效的检查和奖罚，使操作人员真正懂得了“不是干了活就有工资，而是干好了才有工资，干坏了不但挣不到钱还要赔偿物料损失”，使管理人员懂得不但工程要按期交付，质量要好，技术资料还要完备，否则也要受到处罚；这种机制从另一方面扭转了传统的意识和价值观，使检查达到了目的。

11. 审查交付工程的竣工资料

审查交付工程的竣工资料是对工程可追溯性的保证，一旦出现问题，可根据资料进行追查分析，找出原因，明确责任方或责任人，使问题能够彻底解决。另一方面也是工程决算的依据，是建筑装饰工程不可缺少的环节。

12. 审查竣工图

竣工图审查包括以下几方面的内容。

（1）技术管理措施资料审查，包括施工组织设计、洽商记录、设计变更通知、施工日志、分项、单位工程质量评定记录、检查记录，隐蔽工程验收记录、工程验收记录、消防验收记录等。

（2）质量保证资料审查，包括各种产品的合格证或试验、检测报告等，审查中发现的问题要及时纠正，将完备的工程竣工资料存档保管。

（3）组织编写及审批企业的有关技术标准。

（4）界定有关的国家、省、市颁布的标准、规范、定额的使用，作为外部受控文件，编制企业标准、规范（各工序、工艺、材料的作业指导书），编制企业的标准图集。

2.4 室内装饰工程质量管理

室内装饰工程质量管理是项目管理的重要内容。室内装饰工程作为建设工程产品的工程项目，是契约型商品，所投资和耗费的人工、材料、能源都相当大，室内装饰工程质量的优劣，不但关系到建筑室内空间的适用性，而且还关系到人们生命财产的安全和社会安定。

室内装饰工程质量管理是一次性的动态管理和全面管理。一次性是指这次任务完成后不会有完全相同的任务和最终成果，即每个装饰工程合同所要完成的工作内容和最终成果是彼此不相同的；所谓动态管理过程，指的是施工项目质量管理的对象、内容和重点都随工程进展而变化，如装饰工程施工阶段管理的内容就不同，内墙饰面和外墙饰面的质量控制的对象、内容和重点都不同；所谓全面管理，是指施工企业从工程设计、工程准备工作、工程开始施工到工程竣工验收交付使用的全过程中，为保证和提高工程质量所进行的各项组织管理工作。其目的在于以最低的工程成本和最快的施工速度，生产出用户满意的建筑室内装饰产品。对室内施工项目经理或者项目建造师来说，必须把质量管理放在头等重要的位置。

2.4.1　室内装饰工程质量和质量管理的基本概念

1. 室内装饰工程质量

室内装饰工程质量的概念有广义和狭义之分。广义的室内装饰工程质量是指室内装饰工程项目的质量，它包括工程实体质量和工作质量两部分，其中工程实体质量包括分项工程质量、分部工程质量和单位工程质量，工作质量包括社会工作质量和生产过程质量两个方面。

狭义的室内装饰工程质量是指室内装饰工程产品质量，即工程实体质量或工程质量，是指反映实体满足明确和隐含需要能力的特性的总和。其中"实体"可以是产品或服务，也可以是活动或过程，组织体系和人，或是以上各项的任意组合；"明确需要"是指在标准、规范、图样、技术要求和其他文件中已经做出的明确规定的需要；"隐含需要"是指那些被人们公认的、不言而喻的，不必再进行明确的需要，如住宅应满足人们的最起码的居住功能，即属于"隐含需要"；"特性"是指实体特有的性质，它反映了实体满足需要的能力。

1）室内装饰工程质量特性

室内装饰工程质量特性可归纳为性能性、可靠性、安全性、经济性和时效性五个方面。

（1）性能性：指产品或工程满足使用要求所具备的各种功能，具体表现为力学性能、结构性能、使用性能和外观性能。

① 力学性能：如强度、刚度、硬度、弹性、冲击韧性和防渗、抗冻、耐磨、耐热、耐酸、耐碱、耐腐蚀、防火、抗风化等性能。

② 结构性能：如结构的稳定性和牢固性、柱网布局合理性、结构的安全性、工艺设备便于拆装、维修、保养等。

③ 使用性能：如平面布置合理、居住舒适、使用方便、操作灵活等。

④ 外观性能：如建筑装饰造型新颖、美观大方、表面平整垂直、色泽鲜艳、装饰效果好等。

（2）可靠性：工程的可靠性是指工程在规定的时间内和规定的使用条件下，完成规定功能能力的大小和程度。对于建筑装饰企业承建的工程，不仅要求在竣工验收时要达到规定的标准，而且在一定的时间内要保持应有的使用功能。

（3）安全性：工程的安全性是指工程在使用过程中的安全程度。任何建筑装饰工程都要考虑是否会造成使用或操作人员伤害，是否会产生公害、污染环境。如装饰工程中所用的装饰材料，对人的身体健康有无危害；各类建筑物在规范规定的荷载下，是否满足强度、刚度和稳定性的要求。

（4）经济性：工程的经济性是指工程寿命周期费用（包括建设成本和使用成本）的大小。建筑装饰工程的经济性要求：一是工程造价要低；二是维修费用要少。

（5）时效性：室内装饰工程时效是指在规定的使用条件下，能正常发挥其规定功能的总工作时间，也就是工程的设计或服役年限使用寿命期内质量要稳定。

以上工程质量的特性，有的可以通过仪器设备测定直接量化评定，如某种材料的力学性能，但多数很难进行量化评定，只能进行定性分析，即需要通过某些检测手段，确定必要的技术参数来间接反映其质量特性。把反映工程质量特性的技术参数明确规定下来，通过有关部门形成技术文件，作为工程质量施工和验收的规范，这就是通常所说的质量标准。符合质量标准的就是合格品，反之就是不合格品。

工程质量是具有相对性的，也就是质量标准并不是一成不变的。随着科学技术的发展和进步，生产条件和环境的改善，生产和生活水平的提高，质量标准也将会不断修改和提高。另外，工程的质量等级不同，用户的需求层次不同，对工程质量的要求也不同。施工单位的施工质量，既要满足施工验收规范和质量评定标准的要求，又要满足建设单位、设计单位提出的合理要求。

2）室内装饰工程实体质量

室内装饰工程实体质量是指工程适合一定的用途，具备满足使用要求的质量特征和使用性。在施工过程中表现为工序质量，即室内装饰施工人员在某一工作面上，借助于某些工具或施工机械，对一个或若干个劳动对象所完成的一切活动的综合。工序质量包括这些施工活动条件的质量和活动质量的效果，并由参与建设各方完成的工作质量和工序质量所决定。构成施工过程的基本单位是工序，虽然工程实体的复杂程度不同，生产过程也各不一样，但完成任何一个工程产品都有一个共同特点，即都必须通过一道一道工序加工出来，而每道工序的质量好坏，最终都直接或间接地影响工程实体（产品）的质量，所以工序质量是形成工程实体质量最基本的环节。

3）室内装饰工程工作质量

室内装饰工程工作质量是指参与室内装饰工程项目建设的各方，为了保证工程产品质量所做的组织管理工作和各项工作的水平及完善程度，建筑装饰企业的经营管理工作、技术工作、组织工作和后勤工作等达到和提高工程质量的保证程度。室内装饰工程的质量是规划、勘测、设计、施工等各项工作的综合反映，而不是单纯靠质量检验检查出来的。要保证室内装饰工程的质量，就要求参与室内装饰工程的各方有关人员，对影响室内装饰工程质量的所有因素进行控制，通过提高工作质量来保证和提高工程质量。工作质量可以概括为生产过程质量和社会工作质量两个方面。生产过程质量主要指思想政治工作质量、管理工作质量、技术工作质量、后勤工作质量等，最终还要反映在工序质量上，而工序质量受到人、设备、工艺、材料和环境五个因素的影响。社会工作质量主要是指社会调查、质量回访、市场预测、维修服务等方面的工作质量。

工作质量和工程质量是两个不同的概念，两者有区别又有紧密的联系。工程质量的保证和基础就是工作质量，而工程质量又是企业各方面工作质量的综合反映。工作质量不像工程质量那样直观、明显、具体，但它体现在整个施工企业的一切生产技术和经营活动中，并且通过工作效率、工作成果、工程质量和经济效益表现出来。所以，要保证和提高工程质量，不能孤立地、单纯地抓工程质量，而必须从提高工作质量入手，把工作质量作为质量管理的主要内容和工作重点。在实际工程施工中，人们往往只重视工程质量，看不到在工程质量背后掩盖了大量的工作质量问题。仔细分析出现的各种工程质量事故，都不难得出是由于多方面工作质量欠佳而造成的后果。所以，要保证和提高工程质量，必须保证工作质量的提高。

2. 室内装饰工程质量影响因素

影响室内装饰工程质量的主要因素是人、环境、机具、材料和方法，这五个因素之间是互相联系、互相制约的，是不可分割的有机整体。室内装饰工程质量管理的关键是处理好这五个因素，将“事后把关”转到“事前预防”，将施工中容易出现事故的各种因素控制起来，把管理工作放到生产的过程中去，具体地说，就是控制好施工过程中影响质量的五大因素。

1）人的因素

就室内装饰工程整体来说，人的因素是指企业各部门、各成员都关心工程质量管理，即通常所讲的“全员管理”和“全企业管理”。在室内装饰工程中，各分项工程主要是手工操作，操作人员的技能、体力、情绪等在生产过程中的变化直接影响到工程质量，在施工中容易造成操作误差的主要原因是质量意识差，操作时粗心大意，操作技能低，技术不熟练，质量与分配处理不当，操作者的积极性受损等。要强调“预防为主”，首先应强调人的主观能动性，应采取以下措施加以控制。

（1）树立“质量第一”的思想：要树立以优质求信誉、以优质求效益的指导思想，强化“质量第一，用户至上，下道工序是用户”的质量思想教育，提高广大职工保证工程质量的自觉性和责任感，当数量、进度、效益与质量发生矛盾时，必须坚持把质量放在首位。

（2）工程质量与施工者利益挂钩：在推行承包经营责任制中，要把工程质量列为重要的考核指标，将质量好坏与施工者的工资、奖金挂钩，定期检查，严格考核，奖惩分明，对为提高工程质量做出重大贡献的人员，要敢于重奖；对忽视质量，弄虚作假，违章操作，或者造成重大质量事故的，要严肃处理，绝不姑息。这样，充分体现奖勤罚懒，奖优罚劣，多劳多得，少劳少得，促使所有施工人员关心质量、重视质量，使装饰工程质量管理有强大的经济动力和群众基础。

（3）组织技术培训，提高职工的技术素质：组织操作技术练兵，培养操作技能，既掌握传统工艺，又掌握新材料、新技术和新工艺，关键岗位、重要工序的技术力量要注意保持相对稳定。只有组织施工人员技术培训，提高其技术素质，才能把施工质量的提高建立在坚实的技术基础之上。

（4）建立严格的检查制度：建立操作者自检、施工班组互检和上下道工序交接检的检查制度，即“三检制”。所谓自检，是指操作者自我把关，保证操作质量符合质量标准；所谓互检是指可由班组长组织在同工种的各班组之间进行，通过互检肯定成绩，找出差距，交流经验，共同提高；所谓交接检，是指一般工长或施工队长为了保证上道工序质量，在进行上、下道工序交接时的检查制度，是促进上道工序自我严格把关的重要手段。认真执行“三检制”是工程质量管理工作的重要环节，通过这样层层严格把关，促进自我改进和自我提高的能力，从而保证工程质量。

2）装饰材料的因素

装饰材料是装饰工程的物质基础，正确地选择、合理地使用材料是保证工程质量的重要条件之一。控制材料质量的措施有以下几点。

（1）必须按设计要求选用材料。因为装饰工程材料的品种多，颜色、花纹、图案又很繁杂，为了达到理想的装饰效果，所用材料必须符合设计要求。

（2）所用材料的质量必须符合现行有关材料标准的规定。供应部门要提供符合要求的材料，包括成品和半成品，严防“以次充好，以假代真”的现象，确保材料符合工程的实际需要，避免由于材料质量低劣而给工程质量造成严重损失。

（3）对进场材料加强验收。材料进场后应加强验收，验规格、验品种、验质量、验数量，在验收中发现数量短缺、损坏、质量不符合要求等情况，要立即查明原因，分清责任，及时处理；在使用过程中对材料质量发生怀疑时，应抽样检验，合格后方可使用。

（4）做好材料管理工作。材料进场后，要做好材料的管理，按施工总平面布置图和施工顺序就近合理堆放，减少倒垛和二次搬运；并应加强限额管理和发放，避免和减少材料损失，如装饰工程所用的砂浆、灰膏、玻璃、油漆、涂料等，应集中加工和配制，装饰材料、饰件及有饰面的构件，在运输、保管和施工过程中，必须采取措施，防止损坏和变质。

3）机具设备的因素

“工欲善其事，必先利其器”，自古以来，在建筑营造业方面，工匠对所用工具就十分讲究。如今装饰工程施工正向工业化、装配化发展，机具设备已经成为生产符合要求的工程质量的重要条件之一。

对于机具设备因素的控制，应按照工艺的需要，合理地选用先进机具；为了保证生产顺利进行，使用之前必须检查；在使用过程中，要加强维修保养，并定期检修；使用后，精心保管，建立健全管理制度，避免损坏，减少损失。

4）施工环境的因素

工作的环境，如施工的温度、湿度、风雨天气、环境污染及工序衔接等对装饰工程质量影响很大，要从以下几方面加以控制。

（1）施工温度与湿度的控制：温度的控制，如刷浆、饰面和花饰工程，以及高级抹灰、混色油漆工程不应低于5℃；中级和普通的抹灰、混色油漆工程，以及玻璃工程应在0℃以上；裱糊工程不应低于15℃；用胶黏剂粘贴的罩面板工程，不应低于10℃。湿度的控制，环境湿度对质量影响显著，如在砖墙面上抹灰，必须把墙面浇水润湿；水泥砂浆抹灰层，必须在湿润的条件下养护；油漆工程基层必须干燥，若是潮湿将会产生脱层。

（2）天气和环境清洁的控制：如油漆工程操作的地点要清理干净，环境清洁，并通风良好；雨雾天气不宜做罩面漆；室外使用涂料不得在雨天施工；六级大风不得进行干黏石的施工。

（3）工序衔接、安排合理为施工创造良好环境，有利于工程质量：如装饰工程应在基体或基层的质量检验合格后，方可施工；室外装饰一般应自上而下进行；高层建筑采取措施后，也可分段进行，室内装饰工程应等待屋面防水工程完工后，并在不致被后继工程所损坏和沾污的条件下进行。室内罩面板和花饰等工程，应等待易产生较大湿度的地（楼）面的垫层完工后再施工。室内抹灰如果在屋面防水完工前施工，必须采取防护措施。

5）施工方法的因素

装饰工程的各分项工程所用的机具、材料工作环境及施工部位不同，必须采用相应的正确操作方法，才能达到分项工程本身的使用功能、保护作用和装饰效果，采用错误的操作方法是难以达到质量标准的。将人、机具、材料和环境等各种因素，通过科学合理的施工方法使之有机地整合，预防可能出现的质量缺陷，从而保证工程质量。随着新材料、新技术不断涌现，各种新型黏结材料、膨胀螺栓和射钉枪等的广泛使用，操作方法也有了很大改进。

3. 室内装饰工程质量管理

（1）室内装饰工程质量管理的概念。

质量管理是指确定质量方针、目标和职责，并在质量体系中通过诸如质量策划、质量控制、质量保证和质量改进使其实施的全部管理职能的所有活动。

质量管理是组织全部管理职能的组成部分，其职能是质量方针、质量目标和质量职责的制定与实施。质量管理是有计划、有系统的活动，为实现质量管理需要建立质量体系，而质量体系又要通过质量策划、质量控制、质量保证和质量改进活动发挥其职能，可以说这四项活动是质量管理工作的四大支柱。

质量管理的目标是装饰施工总目标的重要内容，质量管理目标和责任应按级分解落实，各级管理者对目标的实现负有责任。虽然质量管理是各级管理者的职责，但必须由最高管理者领导，质量管理需要全员参与并承担相应的义务和责任。

（2）室内装饰工程质量管理的重要性。

“百年大计、质量第一”，质量管理工作已经越来越被人们所重视，高质量的产品和服务是市场竞争的有效手段，是争取用户、占领市场和发展企业的根本保证。国内的室内装饰行业发展历史不长，在室内装饰工程质量管理方面，我国的工程质量管理水平与国际先进水平相比仍有很大差距。

随着全球经济一体化进程的加快，特别是加入世贸组织后，给我国室内装饰业带来空前的发展机遇。近几年，我国大多数施工企业通过 ISO 9000 体系认证，标志着对工程质量管理的认识和实施提高到了一个更高的层次。因此，从发展战略的高度来认识工程质量，工程质量已关系到国家的命运、民族的未来，工程质量管理的水平已关系到企业的命运、行业的兴衰。

工程项目投资比较大，各种资源（材料、能源、人工等）消耗多，工程项目的重要性与其在生产、生活中发挥的巨大作用是相辅相成的。工程项目的一次性特点决定了工程项目只能成功不能失败，工程质量达不到要求，不但关系到工程的适用性，而且还关系到人的生命财产安全和社会安定。所以，在室内装饰工程的施工过程中，加强质量管理，确保人的生命财产安全是装饰施工项目的头等大事。

室内装饰工程质量的优劣，直接影响国家经济建设的速度。装饰工程施工质量差本身就是最大的浪费，低劣质量的工程一方面需要大幅度增加维修的费用，另一方面还将给用户增加使用过程中的维修、改造费用，有时还会带来工程的停工、效率降低等间接损失。因此，质量问题对我国经济建设的速度也有直接影响。

2.4.2 室内装饰工程全面质量管理

室内装饰工程全面质量管理是指室内装饰施工企业为了保证和提高室内环境质量，运用一整套的质量管理体系、手段和方法，所进行的全面的、系统的装饰工程管理活动。它是一种科学的现代质量管理方法。

1. 室内装饰工程全面质量管理的基本观点

全面质量管理继承了质量检验和统计质量控制的理论和方法，并在深度和广度上继续发展，归纳起来，它具有以下基本观点。

1）质量第一的观点

“百年大计、质量第一”是室内装饰工程推行全面质量管理的思想基础。室内装饰工程质量的好坏，不仅关系到国民经济的发展及人民生命财产的安全，而且直接关系到施工企业的信誉、经济效益及生存和发展。因此，施工企业树立“质量第一”的观点，这是工程全面质量的核心。

2）用户至上的观点

“用户至上”是室内装饰工程推行全面质量管理的精髓。国内外多数企业把用户摆在重要的位置上，把企业同用户的关系，比做鱼和水、作物和土壤。坚持用户至上的观点，并将其贯彻到装饰工程施工的全过程中，会促进装饰企业的蓬勃发展，背离了这个观点，企业就会失去存在的必要。

现代企业质量管理中“用户”的概念是广义的，包括两层含义：一是直接或间接使用室内装饰工程的单位或个人；二是装饰施工企业内部，在施工过程中上一道工序应对下一道工序负责，下一道工序则为上一道工序的用户。

3）预防为主的观点

室内装饰工程质量是设计、制造出来的，而不是检验出来的。检验只能发现工程质量是否符合质量标准，但不能保证工程质量。在室内装饰工程施工的过程中，每个工序、每个分部分项工程的质量，都会随时受到许多因素的影响，只要有一个因素发生变化，质量就会产生波动，不同程度地出现质量问题。全面质量管理强调将事后检验把关变成工序控制，从管质量结果变为管质量因素，防检结合，防患于未然，也就是在施工的全过程中，将影响质量的因素控制起来，发现质量波动就分析原因、制定对策，这就是“预防为主”的观点。

4）全面管理的观点

所谓全面管理，就是突出一个“全”字，即实行全员的、全企业的和全过程的管理。全员的管理，就是施工企业的全体人员，包括各级领导、管理人员、技术人员、政工人员、生产工人、后勤人员等都要参加到工程质量管理中来，人人关心工程质量，把提高工程质量和本职工作结合起来，使工程质量管理有扎实的群众基础。全企业的管理，就是强调质量管理工作不只是质量管理部门的事情，施工企业的各个部门都要参加质量管理，都要履行自己的职能。全过程的管理，就是把工程质量管理贯穿于工程的规划、设计、施工、使用的全过程；尤其在施工过程中，要贯穿于每个单位工程、分部工程、分项工程、各施工工序。

5）数据说话的观点

数据是实行科学管理的依据，没有数据或数据不准确，质量就无从谈起。室内装饰工程全面质量管理强调“一切用数据说话”，它以数理统计的方法为基本手段，而数据是应用数理统计方法的基础，这是区别于传统管理方法的重要一点。依靠实际的数据资料，运用数理统计的方法做出正确的判断，采取有力措施，进行室内装饰工程质量管理。

6）不断提高的观点

重视实践，坚持按照计划、实施、检查、处理的循环过程办事，经过一个循环后，对事物内在的客观规律就会有进一步的认识，从而制定出新的质量管理计划与措施，使质量管理工作及工程质量不断提高。

2. 室内装饰工程全面质量管理内容

1）室内装饰工程全面质量管理方法

室内装饰工程全面质量管理方法是应用了循环工作法（或简称PDCA法）。这种方法是由美国质量管理专家戴明博士于20世纪60年代提出的，直至今日仍然适用于室内装饰工程的质量管理中。PDCA循环工作法是把质量管理活动归纳为四个阶段，即计划阶段（Plan）、实施阶段（Do）、检查阶段（Check）和处理阶段（Action），包含八个步骤的内容。

（1）计划阶段（Plan）。在计划阶段中，首先要确定质量管理的方针和目标，并提出实现这一目标的具体措施和行动计划。在计划阶段主要包括四个具体的步骤。

① 分析工程质量的现状，找出存在的质量问题，以便进行针对性的调查研究。

② 分析影响工程质量的各种因素，找出在质量管理中的薄弱环节。

③ 在分析影响工程质量因素的基础上，找出其中主要的影响因素，作为质量管理。

④ 针对管理的重点，制定改进质量的措施，提出行动计划并预计达到的效果。

在计划阶段要反复考虑下列几个问题：

① 必要性（Why）：为什么要有计划？

② 目的（What）：计划要达到什么目的？

③ 地点（Where）：计划要落实到哪个部门？

④ 期限（When）：计划要什么时候完成？

⑤ 承担者（Who）：计划具体由谁来执行？

⑥ 方法（Way）：计划采用什么样的方法来完成？

（2）实施阶段（Do）。在实施阶段中，要按照既定的措施下达任务，并按措施去执行。这是PDCA循环工作法的第五个步骤。

（3）检查阶段（Check）。检查阶段的工作，是对措施执行的情况进行及时的检查，通过检查与原计划进行比较，找出成功的经验和失败的教训。这是PDCA循环工作法的第六个步骤。

（4）处理阶段（Action）。处理阶段的工作就是把检查之后的各种问题加以认真处理，主要分为两个步骤。

① 对于正确的要总结经验，巩固措施，制定标准，形成制度，遵照实行。

② 对于尚未解决的问题，转入下一个循环，再进行研究措施，制订计划，予以解决。

PDCA循环就像一个不断转动的车轮，重复不停地循环；管理工作做得越扎实，循环越有效，如图2-8（a）所示；PDCA循环的组成是大环套小环，大小环均不停地转动，但又环环相扣，如图2-8（b）所示；PDCA循环每转动一次，质量就有所提高，而不是在原来水平上的转动，每个循环所遗留的问题，再转入下一个循环继续解决，这样循环以后，工程质量就提高了一步，如图2-8（c）所示。

2）室内装饰工程全面质量管理内容

室内装饰工程全面质量管理，即贯穿全面质量管理的基本理念，运用装饰工程全面管理的基本方法在室内装饰施工的全过程进行循环管理，使室内装饰工程质量一步一步往前走。PDCA循环应用在室内装饰工程质量管理上，可把整个公司看成一个大的PDCA循环，企业各部门又有自己的（如施工队）小PDCA循环，依次有更小的PDCA循环（如班、组、工序等），小环嵌套在大环内循环转动，因而形象地表示了它们之间的内部关系，如图2-9所示。

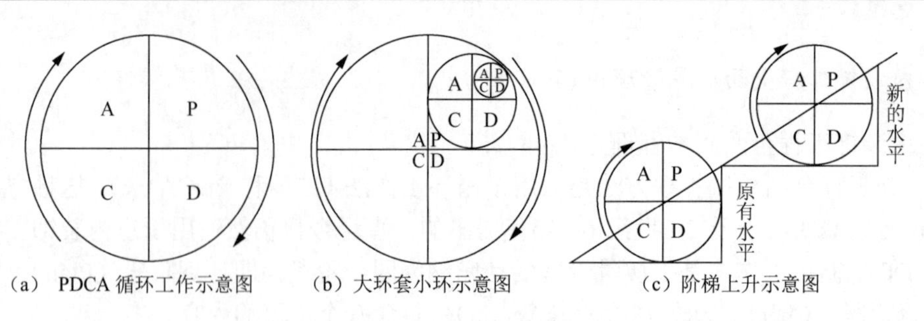

（a） PDCA 循环工作示意图　（b）大环套小环示意图　（c）阶梯上升示意图

图 2-8　PDCA 循环图

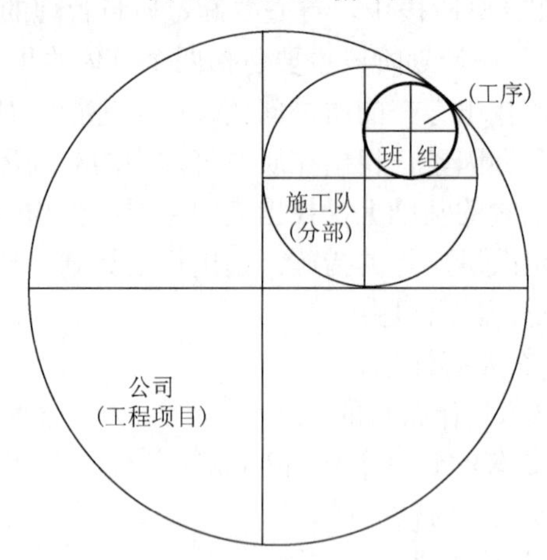

图 2-9　室内装饰工程 PDCA 循环应用图

（1）施工准备阶段的质量管理。

① 熟悉和严格审查施工图样。为了避免设计图样的差错给工程质量带来的影响，必须对图样进行认真审查。通过严格审查，及早发现图样上的错误，采取相应的措施加以纠正，以免在施工中造成损失。

② 编制好施工组织设计。在编制施工组织设计之前，要认真分析本企业在施工过程中存在的主要问题和薄弱环节，分析工程的特点、难点和重点，有针对性地提出保证质量的具体措施，编制出切实可行的施工组织设计，以便指导施工活动。

③ 做好技术交底工作。在下达施工任务时，必须向执行者进行全面的质量交底，使执行人员了解任务的质量特性、质量重点，做到心中有数，避免盲目行动。

④ 严格材料、构配件和其他半成品的检验工作。从原材料、构配件和半成品的进场开始，就严格把好质量关，为工程保证质量提供良好的物质基础。

⑤ 施工机械设备的检查维修工作。施工前要做好施工机械设备的检查维修工作，使机械设备经常保持良好的技术状态，不至于因为机械设备运转不正常，而影响工程质量。

（2）施工过程的质量管理。

室内装饰施工过程是室内装饰产品质量的形成过程，是控制室内装饰产品质量的重要阶段。在这个阶段的质量管理，主要有以下几项。

① 加强施工工艺管理。严格按照设计图样、施工组织设计、施工验收规范、施工操作规程进行施工，坚持质量标准，保证各分部分项工程的施工质量，从而确保整体工程质量。

② 加强施工质量的检查和验收。坚持质量检查和验收制度，按照质量标准和验收规范，对已完工的分部分项工程特别是隐蔽工程，及时进行检查和验收。不合格的工程一律不验收。该返工的工程必须进行返工，不留隐患。通过检查验收，促使操作人员重视质量问题，严把质量关。质量检查一般可采取自检、班组互检和专业检查相配合的方法。检查验收的项目主要包括保证项目、基本项目和允许偏差项目三部分；验收的质量等级标准分合格和优良两种。室内装饰工程质量检查可以用质量评定表的形式进行，如表 2-2 所示为室内装饰裱糊工程质量检验标准和方法，如表 2-3 所示为室内装饰壁纸裱糊分项工程质量评定表。

表 2-2　裱糊工程质量检验标准和方法

保证项目	质量要求				检验方法
	墙布、壁纸必须黏结牢固，无空鼓、翘边，皱折等缺陷				观察或用手轻触检查
基本项目	项次	项目	等级	质量要求	观察检查
	1	裱糊表面	合格	色泽一致，无斑污	
			优良	色泽一致，无斑污，无胶痕	
	2	各幅拼接	合格	横平竖直，图案端正，拼缝处图案、花纹基本吻合，阳角处无接缝	
			优良	横平竖直，图案端正，拼缝处图案、花纹吻合，距墙 1.5m 处正视不显拼缝，阴角处搭接顺光，阳角处无接缝	
	3	裱糊与挂镜线、踢脚线交接	合格	交接紧密，无漏贴，不糊盖需拆卸的活动件	
			优良	交接紧密，无缝隙，无漏贴和补贴，不糊盖需拆卸的活动件	

表 2-3　裱糊壁纸分项工程质量检验评定表

工程名称：　　　　　　　　　　　　　　　　　　单位：

	项目										质量情况
保证项目	1	材料的品种，颜色符合设计要求，质量必须符合有关标准规定									符合要求
	2										黏结牢固无缺陷
基本项目	项目		质量情况								等级
			1	2	3	4	5	6	7	8	
	1	表面	√	◎	◎	◎	√				合格
	2	排接	◎	√	◎	◎	◎				合格
	3	与挂镜线，踢脚线，贴脸等交接处	◎	◎	◎	◎	√				合格
检查结果	保证项目		查 2 项，材料符合要求，黏结牢固								
	基本项目		查 3 项，其中优良项，优良率（%）								
评定等级	工程负责人： 合格　工长： 班组长：				核定意见	合格 专职质检员：					

注：优良 √；合格◎；不合格×。

③ 通过质量分析，找出产生工程质量缺陷的原因，确定质量管理点，有效地控制室内装饰工程质量。质量分析可以采用因果分析图的方法进行，如图 2-10 所示。

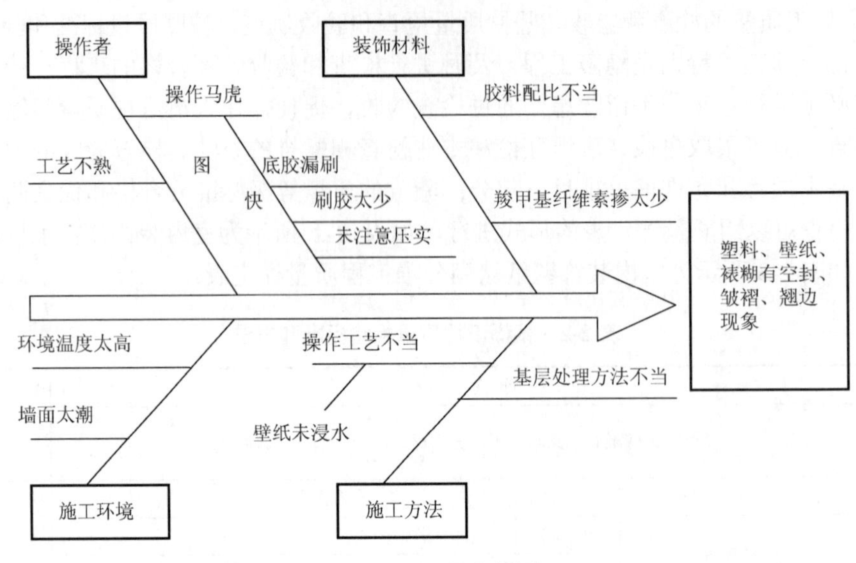

图 2-10　因果分析图

质量管理点应建立在装饰工程质量特征不稳定、容易出现问题的工序或者复杂部位、工艺需控制的工序及工作班组操作的薄弱环节上。一般通过建立工程质量管理卡，即为了检查装饰工程质量而建立的管理卡片。如表 2-4 所示为室内装饰裱糊工程的质量管理卡。

表 2-4　裱糊工程质量管理卡

管理点	管理内容，质量标准	技术实施对策			检查次救					责任者
		测定方法	测定时间	对策	1	2	3	4	5	
黏结	黏结牢固，无空鼓、皱折、翘边现象	观察	完活后及时检查	认真清理基层；胶料稀度适宜，涂刷均匀，及时用干净湿毛巾压实、擦净						操作者 工长
拼接	图案端正，拼缝处图案花纹吻合，1.5m 正视不显拼缝，阴角顺光搭接，阳角处无接缝	观察	边贴边检查	认真选料，预先试拼接缝，图案位置实地放线						操作者 工长
裱糊表面	色泽一致，无斑污，斜视无胶痕	观察	边贴边检查	认真选料，试拼、用干净湿毛巾将胶料擦净						操作者
细部处理	与凸出墙面物交接处紧密无缝隙，不糊盖需拆卸的活动件	观察	完活后及时检查	准确下料，需拆卸件尽可能先裱糊后安装						操作者

④ 掌握工程质量的动态。通过质量统计分析，从中找出影响质量的主要原因，总结室内装饰工程质量的变化规律。统计分析是全面质量管理的重要方法，是掌握质量动态的重要手段，针对质量波动的规律，采取相应的对策，防止质量事故的发生。

（3）使用过程的质量管理。

室内装饰产品的使用过程，是室内装饰产品质量经受考验的阶段。室内装饰企业必须保证用户在规定的使用期限内，正常地使用室内装饰产品。这个阶段主要包括两项质量管理工作。

① 及时回访。室内装饰工程交付使用后，企业要组织有关人员对用户进行调查回访，认真听取用户对施工质量的意见，收集有关质量方面的资料，并对用户反馈的信息进行分析，从中

发现施工质量问题，了解用户的要求，采取措施加以解决并为以后工程施工积累经验。

② 进行保修。对于因施工原因造成的质量问题，室内装饰企业应负责无偿装修，取得用户的信任。对于因设计原因或用户使用不当造成的质量问题，应当协助用户进行处理，提供必要的技术服务，保证用户的正常使用。

2.5 室内装饰工程成本管理

室内装饰企业的基本活动，就是根据业主的设计要求装修装饰室内空间环境。室内装饰工程施工的过程同时也是各种资源消耗的过程。在施工项目的施工中，既要消耗物化劳动，也要消耗活劳动。在社会主义市场制度下，仍然存在商品生产和商品交换，价值规律还在发生作用，所以资源消耗在室内装饰工程上的劳动，还需要表现为价值，即构成工程价值，工程价值包括已消耗的生产资料的价值和劳动者在施工中新创造的价值。本节介绍室内装饰工程的成本管理的基本概念和基本内容。

2.5.1 室内装饰工程成本管理概述

1. 室内装饰工程成本管理的基本概念

从经济学观点看，室内装饰施工项目成本就是用货币形式反映的生产资料价值和劳动者为自己劳动所创造的价值。换言之，施工项目成本，是指室内装饰施工企业以成本核算对象的施工过程中所耗费的生产资料转移价值、劳动者必要劳动所创造的价值的货币形式，或者是某一施工项目在施工过程中所发生的全部施工费用总和。

室内装饰工程施工项目成本具体包括消耗在室内装饰工程上的主要材料、构件、其他材料、周转材料的摊销费，施工机械的台班费或租赁费，支付给施工工人的工资、奖金，项目经理部（或其他施工管理组织）为组织和管理施工所发生的全部费用支出，其中不包括没有构成施工项目价值的一切非生产性支出，以及劳动者为社会创造的价值，如材料的盈亏和损失、罚款、违约金、赔偿金、滞纳金及流动资金的借款利息等。

室内装饰工程项目成本管理是指在施工过程中运用一定的技术和管理手段对生产经营所消耗的人力、物力和费用进行组织、监督、调节和限制，及时纠正将要发生和已经发生的偏差，把各项施工费用控制在计划成本的范围内，以保证成本目标实现的一个系统过程。从而使装饰企业在时间上达到速度快、工期短，在质量上达到精度高、效果好，在经济上达到消耗少、成本低、利润高。成本管理是施工管理的重要内容之一，经济合理的施工组织设计，是工程成本计划的依据。工程承包单位应以最经济合理的施工组织设计文件为依据，编制施工预算文件，作为工程的控制成本，保证在工程的实施中能以最少的消耗取得最大的效益。

2. 室内装饰工程成本管理的意义

室内装饰工程成本管理是反映装饰企业施工经营管理水平和施工技术水平的一个综合性指标。建立健全装饰施工企业的成本管理机构，配备强有力的成本管理人员，制定切实可行的成本管理实施性规章制度，调动广大职工的积极性，不仅可以使企业提高经济效益，还可以积累大量的扩大再生产资金，对于发展我国社会主义经济具有重大的意义。具体地说，室内装饰工程成本管理具有以下意义。

（1）室内装饰工程成本管理是现代化成本管理的中心环节。

成本管理现代化就是要求在企业现代化的总体设想下，为了适应现代化生产的需要，促进生产力的发展，积极采用现代化的科学方法，建立起具有中国特色的现代化成本管理体系，促使装饰企业不断降低成本，提高经济效益。

（2）室内装饰工程成本管理是提高施工经营管理水平的重要手段。

装饰工程成本由施工消耗和经营管理支出两部分组成，是反映施工项目各项施工技术经济活动的综合性指标。一切施工活动和经营管理水平，都将直接影响施工项目成本的升降。为了对施工项目成本进行有效控制，就必须对项目生产、技术、劳动工资、物资供应、财务会计等日常管理工作提出相应的要求，建立和健全各项控制标准和控制制度，提高施工企业的施工管理水平，保证施工项目成本控制目标的实现。

项目经理部是施工的基层单位，是实现施工项目成本目标的关键，它负责全面完成所承担的施工项目，必须对施工、技术、劳动工资、物资管理、设备利用、财务会计等方面的管理提出更加具体的要求，以便对各项费用严格控制，确保成本目标的真正实现。

（3）装饰工程成本管理是实行企业经济责任制的重要内容。

装饰企业实行成本管理责任制，要把成本管理责任制纳入企业经济责任制，作为它的一项重要内容。按照企业内部组织分工和岗位责任制，建立上下衔接、左右结合的全面成本管理责任制度，调动全体职工的积极性，保证工程质量，缩短工期，降低工程成本。

为了成本管理责任制的贯彻执行，必须实行成本控制，需要降低施工消耗和支出，实现降低工程成本的目标，具体落实到施工企业内部各部门和各管理环节，要求各单位、各环节对节约和降低成本承担经济责任，并把经济责任与经济利益有机地结合起来。因此，做好成本控制工作，可以调动全体职工的积极性，挖掘降低成本的一切潜力，把节约和降低成本的目标，变成广大职工的自觉行动，纳入企业经济责任制的考核范围。

（4）成本控制是提高经济效益、增强企业活力的主要途径。

装饰施工企业的经济效益如何，关系企业的生存和发展，每一个装饰施工企业都必须把提高经济效益当做头等大事来抓，因此，必须把企业各项工作都纳入到以提高经济效益为中心的轨道上来。室内装饰工程成本是反映施工企业经济效益高低的指标，它反映了装饰施工企业在一定时期内劳动力的占用和消耗水平，施工企业劳动生产率高低、材料消耗多少、费用开支是否合理、设备利用是否充分、资金占用有无浪费等，都能直接或间接地从工程成本上表现出来。因此，室内装饰企业要提高经济效益，必须加强成本控制。只有把成本控制在一个合理的水平上，才能既保证工程质量，又提高经济效益。

面对激烈的市场竞争，企业要生存、发展，必须具有自我改革和自我发展的能力，能够满足社会需要，要具有有效利用内部资源的能力，具有开拓市场和竞争的能力。目前，有些装饰企业缺乏生机和活力，主要表现在工期长、质量差、成本高、浪费大等方面。为此，装饰企业必须提高生产水平，提高劳动生产率和工程质量，加强成本控制。只有这样，才能生产出成本低、质量高的室内空间环境，才能增强企业的活力。

2.5.2 室内装饰工程成本管理内容

1. 室内装饰工程成本的主要形式

为了明确认识和掌握室内装饰工程成本的特性，做好成本管理，根据管理的需要，从不同的角度将成本划分为不同的成本形式。按照生产费用计入成本的方法，工程成本可以划分为直接成本和间接成本，直接成本是指直接用于并且能直接计入工程对象的费用；间接成本是指非直接用于也无法计入工程对象的费用，但是为进行工程施工所必须发生的费用，通常是按照直接成本的比例来计算的。按照生产费用和工程量关系可以将工程成本划分为固定成本和可变成本两种，固定成本是指在一定期间和一定工程量范围内，发生的成本额不受工程量增减影响而相对固定的成本；可变成本为发生总额随着工程量的增减而变动的成本。按照成本的发生时间可以将工程成本划分为预算成本、计划成本和实际成本。

1）预算成本

预算成本是室内装饰工程费用中的直接费，反映各地区室内装饰业的平均水平。它根据装饰施工图由全国统一的工程量计算规则计算出工程量，然后按照全国统一的装饰工程基础定额和各地的劳动力、材料价格，进行计算。预算成本构成装饰工程造价的主要内容，是室内装饰企业与建设单位签订承包合同的基础，一旦造价在合同中确定，预算成本即成为装饰施工企业进行成本管理的依据。因此，预算成本的计算是成本管理的基础。

2）计划成本

计划成本是指根据计划期的有关资料，在实际成本发生之前预先计算的成本。在预算成本的控制下，根据装饰企业的情况编制的施工预算，从而确定装饰工程所用的人工、材料、机械台班的消耗量，以及其他直接费、管理费等费用。计划成本是装饰企业指导施工的依据。

3）实际成本

实际成本是指施工项目在报告期内实际发生的各项生产费用的总和，是以一项工程为核算对象，通过成本核算计算施工过程中所发生的一切费用。实际成本可以用来检验计划成本的执行情况，确定工程的最终盈亏，准确反映各项施工费用的支出状况，从中可以发现工程各项费用支出是否合理，对于全面加强施工管理具有重要作用。

图 2-11 所示为预算成本、计划成本和实际成本三种成本之间的关系。

2. 室内装饰工程成本管理环节

室内装饰工程成本管理可分为成本管理准备阶段、成本管理执行阶段和成本管理考核阶段，具体包括成本预测、成本决策、成本计划、成本控制、成本核算、成本分析、成本考核七个环节。这七个环节关系密切、互为条件、相互促进，构成了现代室内装饰工程成本管理的全部过程，它们之间的相互关系如图 2-12 所示。

1）成本预测

成本预测是成本管理中实现科学管理的重要手段。要进行现代化成本管理，就必须着眼于未来，要求企业和项目经理部认真做好成本的预测工作，科学地预见未来成本水平的发展趋势，制定出适应发展的目标成本，然后在日常施工活动中，对成本指标加以有效地控制，努力实现制定的成本目标。

2）成本决策

成本决策是对企业未来成本进行计划和控制的一个重要步骤。它是根据成本的预测情况，由参与决策人员科学认真地分析研究而做出的决策。实践证明，正确的决策能够指导人们正确的行动，能够实现预定的成本目标，可以起到避免盲目性和减少风险性的导航作用。

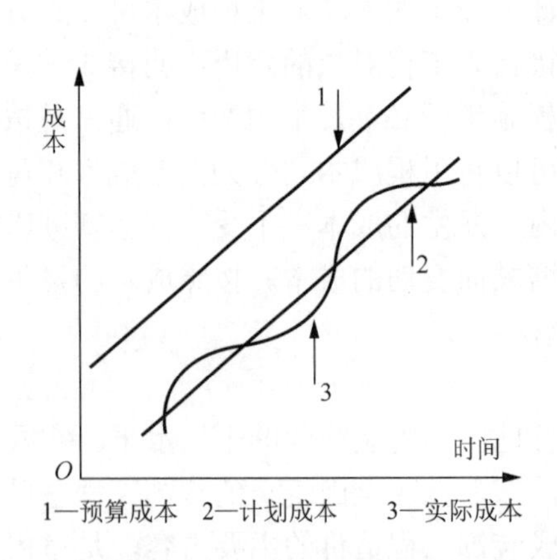

图 2-11 预算成本、计划成本和实际成本关系图

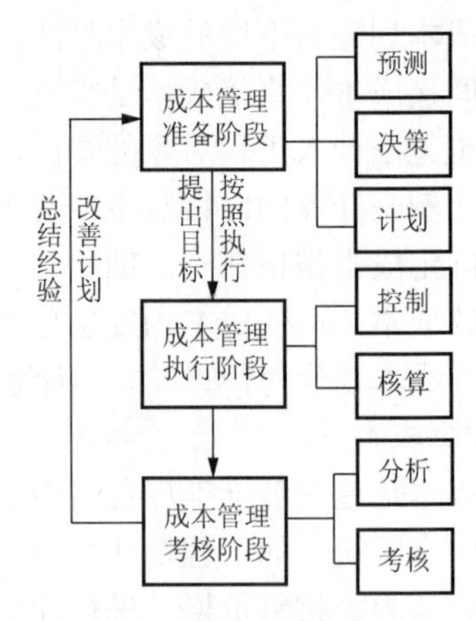

图 2-12 室内装饰工程成本管理各环节的相互关系图

3）成本计划

成本计划是对成本实现计划管理的重要环节，是以货币形式编制施工项目在计划期内的生产费用、成本水平、降低成本率和降低成本额所采取的主要措施和规划的方案，也是建立施工项目成本管理责任制、开展成本管理和成本核算的基础。成本计划指标应实事求是，从实际出发，并留有余地。成本计划一经批准，其各项指标就可以作为成本控制、成本分析和成本检查的依据。

4）成本控制

成本控制是加强成本管理，实现成本计划的重要手段。一个企业制定科学、先进的成本计划后，只有加强对成本的控制力度，才可能保证成本目标的实现；否则，只有成本计划，而在施工过程中控制不力，不能及时消除施工中的损失浪费，成本目标根本无法实现。施工项目成本控制，应当贯穿于从招标阶段开始，直至施工项目竣工验收的全过程。

5）成本核算

成本核算是对施工项目所发生的施工费用支出和工程成本形成的核算，这是成本管理的一个十分重要的环节。项目经理部的重要任务之一，就是要正确组织施工项目成本核算工作。它是施工项目管理中一个极其重要的子系统，也是项目管理的最根本标志和主要内容。成本核算可以为成本管理各环节提供可靠的资料，便于成本预测、决策、计划、分析和检查工作的进行。

6）成本分析

成本分析是对工程实际成本进行分析、评价，为今后的成本管理工作和降低成本指明努力方向，也是加强成本管理的重要环节。成本分析要贯穿于施工项目成本管理的全过程，要认真分析成本升降的主观因素和客观因素、内部因素和外部因素、有利因素和不利因素等，尤其要把成本执行中的各项不利因素找准、找全，以便抓住主要矛盾，采取有效措施，提高成本管理水平。

7）成本考核

成本考核是对成本计划执行情况的总结和评价。室内装饰企业应根据现代化管理的要求，建立健全成本考核制度，定期对企业各部门、项目经理部等完成成本计划指标的情况进行考核、评比，并把成本管理经济责任制和经济利益结合起来。通过成本考核，有效地调动每个职工努力完成成本目标的积极性，以降低施工项目成本，提高经济效益。

3. 室内装饰工程成本管理内容

室内装饰工程项目成本管理的内容包括监督全过程的成本核算；确定项目目标成本；掌握成本信息；执行成本控制；组织协调成本核算；进行成本分析等内容。

具体来讲，在室内装饰工程项目进行过程中，各阶段成本管理的内容如下。

1）方案设计阶段

对于规模和投资较大的室内装饰工程，装饰工程方案设计阶段成本控制的主要内容是制定各装饰装修方案的技术经济指标及估算，用来进行优选方案的比较和参考。在此阶段，应该客观、全面、综合地对各方案进行技术经济评价和成本估算，要以功能、经济效益、装饰装修质量、环境、消防等因素为优选原则。

2）设计阶段

在室内装饰工程项目的设计阶段，应该以确定的装饰装修方案为依据，全面、准确地制定出装饰装修工程概算书和综合概算书。

3）投标阶段

室内装饰工程投标阶段的成本管理，主要由公司发展经营开发部根据市场和投标情况确定工程报价，也就是投标决策阶段。主要内容是根据装饰装修工程施工图编制装饰装修工程施工图预算，使施工图预算控制在初步设计概算之内，并以此拟定招标文件、编制工程标底、评审投标书、提出决标意见。

4）施工前期准备阶段

室内装饰工程施工前期准备阶段为项目成本管理的收入分析、支出计划阶段的管理。工程确定中标后，在正式施工图样尚未到达时，可就草图展开分析，找出成本控制的难点和重点，为今后工作指明方向。

待施工图样到达后，企业经济管理部配合项目部计划、技术人员对整套图样做全面的分析，正式展开成本预测工作，在这个过程中，应根据合同的收入（收入情况在投标阶段已有所明确）分条列块，与施工图样当中的项目一一对比，查找不同点，以加强成本的分块控制工作。一般可以按照预算定额分部分项为模块分解，分解结构层次越多，基本子项也越细，计算也更准确。

5）施工阶段

施工阶段是室内装饰工程成本控制的重点阶段。这一阶段成本控制的任务是按设计要求进行项目的实施，使实际支出控制在施工图预算之内，做好进度款的发放和工程的竣工结算和决算。该阶段为项目成本管理的收入和支出的过程管理阶段。

（1）成本收入管理。成本收入管理是指室内装饰企业对室内装饰工程施工阶段的建造合同收入、销售产品或材料、提供作业或劳务等收入的管理。包括三个方面内容：重计量管理、索赔和反索赔及加强协调、提高工作效率。

① 重计量管理。在重计量的管理过程中重点应为工程量计算的准确性，在这方面，应做到计算的数量准确，不要有大的漏项。对计算底稿应认真核实，查漏补缺。同时将计算的结果与现场实际进场料单作对比，使计算结果具有可比性。

② 索赔和反索赔。在工程进行过程中，要及时、妥善地保存第一手资料，诸如投标文件、招标文件、变更洽商通知单，做好天气情况、项目上停电记录，以作为我方向甲方变更索赔的依据。

③ 加强协调、提高工作效率。在项目成本管理的过程中，注意提高工作效率，加快工期的进度，从而无形中降低了生产成本，提高了双方的收入，也达到了共赢的目的。在项目内部各科室之间，要加强横向联系和施工信息沟通与协调，在成本控制之内，在合理的施工技术指导下，材料部门能够保证材料的供给、满足质量的要求，后勤服务到位，劳务、分包队伍素质过硬，从而提高工作效率，缩短工期，以实现降低劳动成本增加收入。

（2）项目成本支出控制。项目成本支出控制是指按照既定的项目施工成本控制目标，对成本形成过程的一切人工、材料、机械、现场经费等各项费用开支，进行监督、调节和限制。这是一个动态的过程控制，它随着施工生产发展阶段及业主要求等各种外部环境的影响而变化，这就要求不断调整控制方案，揭示偏差，及时纠正，以保证计划目标的实现。成本控制最基本的原则是将各项费用严格控制在成本计划的预定目标内，以达到取得生产效益的目的。

① 临设费用的控制。通过成本测算，在不超过收入的前提下，可以对临时设施采用招投标形式，一次性总价包死，避免将来扯皮。这样既可以减少在这项工作上的精力，以便为以后的工作做更好的准备，同时成本也得到了有效的控制。

② 人工费控制。在项目与业主的总包合同签订后，根据合同收入的工日单价和总价情况，工程特点和施工范围，与分包单位签订劳务分包合同。在合同中，按定额工日单价或平米单价以包干的方式一次性包死，不留任何活口。在施工过程中严格按合同核定劳务分包费用，控制支出，并每月预结一次，发现超支现象及时分析原因，对于不合格的劳务队伍要尽快清退。

③ 材料费控制。材料费能占到项目成本费用的60%～70%，因此，材料费的控制将直接影响整个项目的成本控制。材料费的控制主要是控制材料的消耗量和材料的进场价格，所以对于消耗量的控制决不可以超过投标时的量，而对于价格的控制就应多方询价，综合企业内部各项目的经验，同时对所在地的市场情况应了如指掌。在室内装饰工程进行中，应根据施工进度计划编制材料需用量计划，对于技术室提交的材料计划严格把关，特别加强材料计划审核以做到保证材料供应得及时，品种、规格齐全，数量准确，质量有保证。材料领用控制实行限额领料制度，严格按照用量计划领用，避免浪费。同时，在工程管理中要求工程管理人员严格把关，做到一次施工准确，避免返修造成浪费。对于小材料，如铁钉、刷子、砂纸等难于管理和不好控制的材料，可根据定额和实际消耗包干。材料价格随着市场情况而有所波动，价格的这种动态特点，使得价格的采购工作也是一个动态的过程。在这个过程中应广泛收集价格信息，在保证工程质量的前提下使采购价格最低。

④ 机械费控制。对于大型机械一般采用租赁方式，在数量确定、价格合理的前提下，应严格控制机械的进、退场时间；在保证施工的同时使租赁时间最短。在平时的管理过程中应做好施工机械的使用考勤情况，在租赁期内应扣除超过合同约定的正常维修时间所花费的租赁费用。在机械进场时应严格把关，对于不能满足工程需要的机械应及时清退出场，避免耽误工期。对于小型施工机具，采用施工队包干的形式，有利于避免成本失控，同时也便于减轻工作量，提高工作效率。

⑤ 现场经费控制。通过提高个人业务素质，加强综合能力，提倡一专多能，采用一人兼数职的形式，精简项目机构，通过人员的减少来降低费用开支。对于项目日常费用的开支，如项目电话费支出，可以采用包干到个人的形式，特别是业务招待费，项目应作为重点控制在一定的计划成本之内。

⑥ 质量、安全、后勤管理。在室内装饰工程的建设过程中应该始终树立一种“以人为本”

的思想，在保证工程质量的前提下应高度重视安全问题。事故发生后不仅给项目带来如停工、善后处理等直接损失，更关系到公司的形象问题。

（3）成本过程控制核算。成本过程控制核算的目的是考核室内装饰施工过程中的工、料、机和其他现场管理费收支及经济合同执行情况，反映工程进度、产值、库存、资金等，找出成本节超原因，揭示偏差，制定有效的措施，使成本控制工作达到最有效的状态。

6）竣工结算阶段

室内装饰工程竣工结算阶段为项目成本管理的收入和支出明朗化阶段。工程竣工结算是指施工企业按照合同规定的内容全部完成所承包的工程，经验收质量合格，并符合合同要求之后，向发包单位进行的最终工程价款结算。作为总包单位同时应向其分包单位进行相应的结算。

2.5.3　室内装饰工程成本降低措施

1. 室内装饰工程设计阶段

（1）切实推行工程设计招标和方案竞选。实行设计招标和方案竞选，有利于择优选定设计方案和设计单位；有利于控制项目投资，降低工程造价，提高投资效益；有利于采用技术先进、经济适用、设计质量水平高的设计方案。

（2）推行限额设计。限额设计是按照批准的设计任务书及成本估算控制初步设计，按照批准的初步设计总概算控制施工图设计；同时各专业在保证达到使用功能的前提下，按分配的成本限额控制设计，严格控制技术设计和施工图设计的不合理变更，保证不超出总投资限额。

室内装饰工程项目限额设计的全过程实际上就是装饰工程项目在设计阶段的成本目标管理过程，即目标设置、目标管理、目标实施检查、信息反馈的控制循环过程。

（3）加强设计标准和标准设计的制定和应用。设计标准是国家的技术规范，是进行工程设计、施工和延伸的重要依据，是室内装饰工程项目管理的重要组成部分，与项目成本控制密切相关。标准设计也称为通用设计，是经政府主管部门批准的整套标准技术文件图样。按通用条件编制，能够较好地贯彻执行国家的技术经济政策，同时密切结合当地自然条件和技术发展水平，合理利用能源、资源和材料设备，采用设计规范可以降低成本，同时可以缩短工期。

2. 室内装饰工程项目施工阶段

1）认真审查图样并积极提出修改意见

在室内装饰工程项目的实施过程中，装饰施工单位应当按照装饰工程项目的设计图样进行施工建设。但当设计单位在设计中考虑不周全时，按设计的图样施工会给施工带来不便。因此，施工单位在认真审查设计图样和材料、工艺说明书的基础上，在保证装饰工程质量和满足用户使用功能要求的前提下，应结合项目施工的具体条件，提出积极的修改意见。施工单位提出的意见应该有利于加快装饰工程进度和保证工程质量，同时还能降低能源消耗、增加工程收入。在取得业主和施工单位的许可后，进行设计图样的修改，同时办理增减项目及其预算账目。

2）制订技术先进、经济合理的施工方案

装饰施工方案的制订应该以合同工期为依据，结合装饰装修工程项目的规模、性质、复杂程度、现场条件、装备情况、员工素质等因素综合考虑。施工方案主要包括施工方法的确定、施工机具的选择、施工顺序的安排和流水施工的组织四项内容，施工方案要具有先进性和可行性。

3）切实落实技术组织措施以降低装饰工程成本

落实技术组织措施，以技术优势来取得经济效益，是降低成本的一个重要方法。在室内装饰工程项目的实施过程中，通过推广新技术、新工艺、新材料都能够起到降低成本的目的。针对各个分部分项工程，编制切实可行的降低装饰成本的技术组织措施计划，并通过编制施工预算予以保证。另外，通过加强技术质量检验制度，减少返工带来的成本支出也能够有效地降低成本。为了保证技术组织措施的落实，并取得预期效益，必须实行以项目经理为首的责任制。由工程技术人员制定措施，材料负责人员供应材料，现场管理人员和生产班组负责执行，财务人员结算节约效果，最后由项目经理根据措施执行情况和节约效果对有关人员进行奖惩，形成落实技术组织措施的一条龙。

4）组织均衡施工以加强进度管理

结合实际，编制切实可行的施工进度计划，当设计发生变更或一些意外事故时，一定要及时调整计划，避免耽误工期造成成本的增加。

凡是按时间计算的成本费用，如项目管理人员的工资和办公费、现场临时设施费和水电费，以及施工机械和周转设备的租赁费等，在施工周期缩短的情况下，会有明显的节约。但由于施工进度的加快，资源使用的相对集中，将会增加一定的成本支出，同时，容易造成工作效率降低的情况。因此，在加快施工进度的同时，必须根据实际情况，组织均衡施工，做到快而不乱，以免发生不必要的损失。

5）加强劳动力管理以提高劳动生产率

改善劳动组织，优化劳动力的配置，合理使用劳动力，减少窝工；加强技术培训并有计划地组织以提高管理人员的管理技术和工人的劳动技能、劳动熟练程度；严格劳动纪律，提高工人的工作效率，压缩非生产用工和辅助用工。

6）加强材料管理以节约材料费用

材料成本在室内装饰工程项目成本中所占的比重很大，具有较大的节约潜力。在成本控制中应该通过加强材料采购、运输、收发、保管、回收等工作，来达到减少材料费用，节约成本的目的。根据施工需要合理储备材料，以减少资金占用；加强现场管理，合理堆放，减少搬运，减少仓储和摊基损耗；特别对一些贵重材料、进口材料、特殊材料配件更要加强监管和保护；通过落实限额领料，严格执行材料消耗定额；坚持余料回收，正确核算消耗水平；合理使用材料，推广代用材料；推广使用新材料。

7）加强机具管理以提高机具利用率

结合装饰施工方案的制订，从机具性能、操作运行和台班成本等因素综合考虑，选择最适合项目施工特点的施工机具；做好工序、工种机具施工的组织工作，最大限度地发挥机具效能；做好机具的平时保养维修工作，使机具始终保持完好状态，随时都能正常运转。

8）加强费用管理以减少不必要的开支

根据项目需要，配备精干高效的项目管理班子；在项目管理中，积极采用本利分析、价值工程、全面质量管理等降低成本的新管理技术；严格控制各项费用支出和非生产性开支。

9）充分利用激励机制以调动职工增产节约的积极性

从室内装饰工程项目的实际情况出发，树立成本意识，划分成本控制目标，用活用好奖惩机制。通过责、权、利的结合，对员工执行劳动定额考核，实行合理的工资和奖励制度，能够大大提高全体员工的生产积极性，提高劳动效率，减少浪费，从而有效地控制工程成本。

小　结

室内装饰工程项目管理是属于工程项目管理的一类。管理的对象是装饰工程项目，即在项目的生命周期内，从设计、组织工程施工，至竣工交付使用期间，用系统工程的理论、观点、方法，进行有效的规划、决策、组织、协调、控制等系统性的科学管理活动，从而按照室内装饰工程项目的质量、工期、造价圆满地实现目标。

室内装饰工程项目管理可分为建设全过程管理和阶段性管理两种类型。装饰工程项目管理属于两者中的“阶段性管理”，即建设过程中某一特定阶段的管理工作。主要包括设计管理和施工管理两个部分；根据管理技术门类来划分，室内装饰工程项目管理可分为室内装饰工程施工进度管理、技术管理、质量管理、成本管理和施工安全管理。

习　题

一、选择题

1～15 是单项选择题

1．建设工程项目决策阶段管理工作的主要任务是（　　）。

A．调查研究　　B．确定项目的定义

C．经济分析　　D．项目立项

2．下列关于建设工程项目全寿命周期的说法中，正确的是（　　）。

A．建设工程项目的全寿命周期包括项目的决策阶段、实施阶段

B．项目立项（立项批准）是项目实施的标志

C．项目实施阶段管理的主要任务是通过管理使项目的目标得以实现

D．建设工程项目管理的时间范畴是建设工程项目的全寿命周期

3．建设工程项目管理的时间范畴是建设工程项目的（　　）。

A．全寿命周期　　B．决策阶段

C．实施阶段　　D．施工阶段

4．下列各项工作中，属于建设工程项目实施阶段的是（　　）。

A．编制项目建议书　　B．编制设计任务书

C．落实建设地点　　D．落实项目建设资金

5．室内装饰工程项目管理的内涵中，“项目策划”指的是目标控制前的一系列（　　）。

A．施工组织设计工作　　B．计划和协调工作

B．组织和管理工作　　D．筹划和准备工作

6．某企业承包了某石化工程项目设计和施工任务，则该企业的项目管理属于（　　）。

A．建设项目设计方的项目管理　　B．建设项目工程总承包方的项目管理

C．建设项目施工方的项目管理　　D．建设项目采购方的项目管理

7. 施工管理是传统的较广义的术语，它包括施工方履行施工合同应承担的全部工作和任务，既包含项目管理方面专业性的工作，也包含一般的（　　）。

A．合同管理工作　　B．行政管理工作

C．内部管理工作　　D．运营管理工作

8．甲施工企业委托乙工程项目管理咨询公司为该企业项目管理提供信息管理的咨询服务。则乙工程项目管理咨询公司所提供的咨询服务属于（　　）。

A．业主方项目管理范畴　　B．咨询方项目管理范畴

C．施工方项目管理范畴　　D．分包方项目管理范畴

9．在一些工业发达国家，可以在业主方、承包商、设计方和供货方从事项目管理工作，也可以在教育、科研和政府等部门从事与项目管理有关工作的专业人士是（　　）。

A．建筑师　　B．建造师　　C．监理工程师　　D．结构工程师

10．在进行网络计划费用优化时，应首先将（　　）作为压缩持续时间的对象。

A．费率最低的关键工作　　B．费率最低的非关键工作

C．费率最高的非关键工作　　D．费率最高的关键工作

11．根据《建设工程质量管理条例》第三十六条的有关规定，工程监理单位代表建设单位对施工质量实施监理，并对施工质量承担（　　）。

A．监督责任　　B．监理责任　　C．法律责任　　D．连带责任

12．下列属于管理原因引发质量事故的行为有（　　）。

A．结构设计计算错误　　B．地质情况估计错误

C．偷工减料　　D．质量控制不严格

13．某施工项目直接工程费为 500 万元，按规定标准计算的措施费为 100 万元，按直接费计算的间接费费率为 15%，按直接费与间接费之和计算的利润率为 2%，则该项目的不含税金的造价为（　　）万元。

A．600.0　　B．676.2　　C．690.0　　D．703.8

14．施工成本管理中（　　）是其他各类措施的前提和保障。

A．组织措施　　B．技术措施　　C．经济措施　　D．管理措施

15．施工质量控制中，事后质量控制的重点是（　　）。

A．强调质量目标的计划预控

B．加强对质量活动的行为约束

C．对质量活动过程和结果的监督控制

D．发现施工质量方面的缺陷，并通过分析提出施工质量改进的措施，保持质量处于受控状态

16～22 为多选题

16．工程施工组织设计的作用是知道（　　）。

A．工程投标　　B．签订承包合同　　C．施工准备

D．施工全过程　　E．从设计开始，到竣工结束全过程的工作

17．一般来说，确定施工顺序应满足（　　）方面的要求。

A．成本　　B．工艺合理　　C．保证质量

D．组织　　　　E．安全施工

18．单位施工平面图的设计要求做到（　　）。

A．尽量不利用永久性工程设施

B．利用已有的临时工程

C．短运输、少搬运

D．满足施工需要的前提下，尽可能减少事故占用场地

E．符合劳动保护、安全、防火等要求

19．施工进度计划的调整包括（　　）。

A．工期调整　　　　B．范围调整

C．工期-成本调整　　　　D．资源有限-工期最短调整

E．工期固定-资源均衡调整

20．安全教育培训应包括的主要内容有（　　）。

A．安全意识　　　　B．安全思想

C．安全法制　　　　D．安全技能

E．安全基本常识

21．检验批合格质量应符合下列规定（　　）。

A．主控项目和一般项目的质量经抽出检验合格

B．主控项目的质量经抽样检验合格

C．分项工程所含的检验批应符合合格质量的规定

D．具有完整的施工操作依据、质量检查记录

E．有关分项工程施工质量验收合格

22．参加质量验收的各方对工程质量验收意见不一致时，可采取（　　）方式解决。

A．协商　　　　B．同时采用仲裁和诉讼

C．调解　　　　D．仲裁　　　　E．诉讼

二、案例分析

1. 华天集团公司承接了一家商业银行办公楼的施工任务，由于该工程所采用的设备极为先进，因此经业主商业银行同意后，将设备安装工程分包给香港特别行政区某设备安装公司。

问题：

（1）简述施工项目进度控制的程序。

（2）华天集团作为总包单位应编制何种进度计划？其编制的依据和内容是什么？

（3）设备安装公司作为分包单位应编制何种施工进度计划？其编制的依据和内容是什么？

（4）如果设备的进场能够满足施工的正常进行，则设备的运输过程是否需要列入进度计划？原因是什么？

2. 某民营建筑公司承接了一项工程施工任务，该工程建筑面积为 36800m^2，建筑高度为 110m，为 36 层全现浇框架-剪力墙结构，地下两层；抗震设防烈度为 8 度，开工前施工单位按要求编制了施工质量计划，明确该工程的质量目标为“省优质工程”；并经甲方同意，将装修工程分包给某装饰工程公司。该工程于 2014 年 4 月 18 日开工建设，工期为一年。施工过程中，由于工期紧迫，施工单位又具有丰富的施工经验，因此，在有些非重要部位的钢筋绑扎完毕施

工单位自检后，未经监理检查即进行了混凝土浇筑，并且未出现任何质量问题，结构顺利完工，在装饰装修工程施工过程中，发现部分吊顶出现质量问题，业主拟追究建筑公司责任，但建筑公司认为装饰公司是由业主同意后选择的，质量问题完全是由装饰公司造成的，因此与建筑公司无关，建筑公司不应承担任何责任。

问题：

（1）施工项目质量计划的编制要求有哪些？

（2）为了实现质量目标，施工单位应坚持的质量控制方针和基本程序是什么？

（3）施工单位钢筋绑扎完毕后，未经监理检查即浇筑混凝土的做法是否正确？请说明理由。

（4）对装饰公司出现的质量问题，作为总包单位的建筑公司是否承担责任？为什么？

3. 某建筑装饰公司承担了某教学楼的装饰施工任务，在装饰施工过程中，C 建筑装饰公司根据施工进度安排，以无法在合同工期内完成装饰施工任务为由，对已经审核的建筑装饰装修质量计划进行较大修改，降低了装饰工程质量等级目标，并指导工程现场装饰装修施工。

问题：

（1）某建筑装饰公司的做法是否妥当？请说明理由。

（2）简述建筑装饰装修工程质量计划的实施要求。

4. 某高校的学生公寓楼工程，建筑面积为 14822m^2，现浇钢筋混凝土框架结构。按业主要求按工料单价法中的以直接工程费为计价基础的程序计算，进行投标报价。承包商计算结果如下：按工程量和工、料、机单价计算，人工费为 158.5 万元，材料费为 1189.34 万元，机械使用费为 130.22 万元；各类措施费费率合计为 6%，间接费费率为 8%，利润率为 4.5%，税金按国家规定计取，费率按 3.4%计算。

（1）关于房屋建筑工程造价组成，下列说法正确的是（　　）。

A．直接工程费由直接费和措施费构成　　B．间接费由企业管理费和措施费构成

C．税金包括营业税、城市维护建设税　　D．间接费由企业管理费和规划费构成

（2）目前，（　　）是最主要也最常用的一种工程造价的计算方法。

A．工料单价法中的以人工费为计算基础的计算程序

B．工料单价法中的以直接费为计算基础的计算程序

C．工料单价法中的以人工费和机械费为计算基础的计算程序

D．综合单价法中的以人工费为计算基础的计算程序

（3）本工程的建筑工程造价为（　　）万元。

A．1828.34　　B．1768.22　　C．1692.08　　D．1566.74

（4）预计本工程的直接成本为（　　）万元。

A．1768.22　　B．1692.08　　C．1566.74　　D.1478．06

（5）预计本工程的间接成本为（　　）万元。

A．76.14　　B．78.66　　C．125.34　　D．185.46

三、思考题

1．什么是室内装饰工程项目管理？具体任务有哪些？

2．什么是室内装饰工程进度计划？怎样编制室内装饰工程进度计划？

3．影响室内装饰工程进度管理的因素有哪些？有哪些原理？

4．室内装饰工程质量有哪些特性？
5．什么是室内装饰工程技术管理？它有哪些内容？
6．室内装饰施工现场技术管理有哪些内容？
7．室内装饰企业技术管理有哪些措施？
8．什么是全面质量管理？全面质量管理的基本观点有哪些？
9．室内装饰工程的质量管理有哪些内容？
10．影响室内装饰工程质量管理的因素有哪些？
11．什么是施工项目成本管理？
12．施工项目成本管理有什么重大意义？
13．如何进行室内装饰施工阶段的成本管理？
14．降低施工项目成本的途径有哪些？

第3章

室内装饰工程造价管理

教学目标

本章主要介绍我国室内装饰工程造价的发展以及室内装饰工程项目不同阶段工程造价管理的方法与内容。通过本章的学习，使学生对工程造价管理的基本概念有初步的了解，熟悉室内装饰工程各个不同阶段的造价管理的方法和内容，为学习室内装饰工程预算奠定基础。

教学要求

知识要点	能力要求	相关知识
室内装饰工程造价管理概述	（1）了解室内装饰造价管理的概念； （2）了解我国室内装饰工程造价管理的发展概况	工程造价、全面造价管理
室内装饰工程造价管理内容	（1）掌握设计阶段的造价管理； （2）掌握施工阶段的造价管理	工程变更、工程索赔、工程预付款

基本概念

工程造价、全面造价管理、全寿命周期造价管理、全员造价管理、工程变更、工程索赔、索赔价款、工程预付款。

引例

前一章我们学习了室内装饰工程项目管理的基本内容，了解了室内装饰工程成本构成管理的概念及工程寿命周期内的成本管理基本内容。工程成本与工程造价的关系如何？工程造价包含哪些内容？如何进行工程造价管理？这就是本章节所要讲述的重点。

例如，施工招标中，标底的内容应是（　　）

A. 成本、利润、税收　　　　B. 成本

C. 成本、利润　　　　　　　　D. 直接费和间接费

例如，某建设项目业主与施工单位签订了可调价格合同。合同中约定：主导施工机械一台为施工单位自有设备，台班单价800元/台班，折旧费为100元/台班，人工日工资单价为40元/工日，窝工工费10元/工日。合同履行中，因场外停电全场停工2天，造成人员窝工20个工日；因业主指令增加一项新工作，完成该工作需要5天时间，机械5台班，人工20个工日，材料费5000元，则施工单位可向业主提出直接费补偿额为（　　）元。

A. 10600　　B. 10200　　C. 11600　　D. 12200

例如，某包工包料工程合同金额3000万元，则预付款金额最低为（　　）。

A. 150万元　　B. 300万元　　C. 450万元　　D. 900万元

室内装饰工程造价管理是直接影响单位工程后期投入资金量的重要因素，随着人们物质文化生活水平的提高，室内装饰工程标准日趋高档化，室内装饰作为一个独立实体在建筑市场占有重要位置。由于新工艺新材料的不断涌现，室内装饰工程的造价占工程建设总造价的比例越来越大，造价的合理与否对业主的影响也越来越大；但同时室内装饰工程造价管理正处在一个发展初期阶段，室内装饰工程造价中存在着一些不合理因素，造成了室内装饰市场价格的不规范，从而在一定程度上制约了建筑装饰工程的发展。本章主要介绍室内装饰工程造价管理，以使室内装饰工程管理更加规范。

3.1 室内装饰工程造价管理概述

3.1.1 工程造价管理的基本概念和基本内容

1. 工程造价的含义

工程造价即工程的建造价格，是指为完成一个工程的建设，预期或实际所需的全部费用的总和，包括建筑安装工程费、设备器具购置费、工程建设其他费用、预备费，以及按规定列入工程造价的建设期贷款利息等。在不同阶段具体体现为投资估算、概算、预算、决算。下面分别从业主和承包商的角度给工程造价赋予不同的定义。

从业主（投资者）的角度来定义，工程造价就是建设项目固定资产投资，即指工程的建设成本，为建设一项工程预期支付或实际支付的全部固定资产投资费用。这些费用主要包括设备及施工器具购置费、建筑工程及安装工程费、工程建设其他费用、预备费、建设期利息、固定资产投资方向调节税。尽管这些费用在建设项目的竣工决算中，按照新的财务制度和企业会计准则核算新增资产价值时，并没有全部形成新增固定资产价值，但这些费用是完成固定资产建设所必需的。

从承发包者（工程施工企业）角度来定义，工程造价是指工程价格，即为了建成一项工程，预计或实际在土地、设备、技术劳务及承包等市场上，通过招投标等交易方式所形成的工程的

价格或建设工程总价格。在这里，招投标的标的可以是一个建设项目，也可以是一个单项工程，还可以是整个建设工程中的某个阶段，如建设项目的可行性研究、建设项目的设计及建设项目的施工阶段等。

工程造价的两种含义是从不同角度来把握同一事物的本质。对于投资者而言，工程造价是在市场经济条件下，“购买”项目要付出的“货款”，工程造价就是建设项目投资；对于设计咨询机构、供应商、承包商而言，工程造价是他们出售劳务和商品的价值总和，是工程的承包价格。

工程造价的两种含义既有联系也有区别，两者的区别在于以下几方面。

（1）两者对合理性的要求不同。工程投资的合理性主要取决于决策的正确与否，建设标准是否适用及设计方案是否优化，而不取决于投资额的高低；工程价格的合理性在于价格是否反映价值，是否符合价格形成机制的要求，是否具有合理的利税率。

（2）两者形成的机制不同。工程投资形成的基础是项目决策、工程设计、设备材料的选购，以及工程的施工及设备的安装，最后形成工程投资；而工程价格形成的基础是价值，同时受价值规律、供求规律的支配和影响。

（3）存在的问题不同。工程投资存在的问题主要是决策失误、重复建设、建设标准脱离实情等；而工程价格存在的问题主要是价格偏离价值。

2. 工程造价管理

工程造价管理与工程造价相对应，工程造价管理也有两种含义：一是建设工程投资管理；二是工程价格管理。

这两种含义是不同的利益主体从不同的利益角度管理同一事物，但由于利益主体不同，建设工程投资管理与工程价格管理有着显著的区别。

（1）两者的管理范畴不同。工程投资费用管理属于投资管理的范围，而工程价格管理属于价格管理的范畴。

（2）两者的管理目的不同。工程投资管理的目的在于提高投资效益，在决策正确、保证质量与工期的前提下，通过一系列的工程管理手段和方法使其不超过预期的投资额，甚至是降低投资额。而工程价格管理的目的在于使工程价格能够反映价值与供求规律，以保证合同双方合理合法的经济利益。

（3）两者的管理范围不同。工程投资管理贯穿于从项目决策、工程设计、项目招投标、施工过程、竣工验收的全过程。由于投资主体不同，资金的来源不同，涉及的单位也不同；对于承包商而言，由于承发包的标的不同，工程价格管理可能是从决策到竣工验收的全过程管理，也可能是其中某个阶段的管理，在工程价格管理中，不论投资主体是谁，资金来源如何，主要涉及工程承发包双方之间的关系。

3. 全面造价管理

按照国际全面造价管理促进会给出的定义，全面造价管理就是有效地使用专业知识和专门技术去计划和控制资源、造价、盈利和风险。建设工程全面造价管理包括全寿命期造价管理、全过程造价管理、全要素造价管理和全方位造价管理。

1）全寿命期造价管理

室内装饰工程全寿命期造价是指建设工程初始建造成本和建成后的日常使用成本之和，它包括建设前期、建设期、使用期及拆除期各个阶段的成本。

2）全过程造价管理

室内装饰工程全过程是指建设工程前期决策、设计、招投标、施工、竣工验收等各个阶段，工程全过程造价管理覆盖建设工程前期决策及实施的各个阶段，包括前期决策阶段的项目策划、投资估算、项目经济评价、项目融资方案分析；设计阶段的限额设计、方案比选、概预算编制；招投标阶段的标段划分、承发包模式及合同形式的选择、标底编制；施工阶段的工程计量与结算、工程变更控制、索赔管理；竣工验收阶段的竣工结算与决算等。

3）全要素造价管理

室内装饰工程造价管理不能简单针对工程造价本身谈造价管理，因为除工程本身造价之外，工期、质量、安全及环境等因素均会对工程造价产生影响。因此，控制建设工程造价不仅仅是控制建设工程本身的成本，还应同时考虑工期成本、质量成本、安全与环境成本的控制，从而实现工程造价、工期、质量、安全、环境的集成管理。

4）全方位造价管理

室内装饰工程造价管理不仅仅是业主或承包单位的任务，更是政府建设行政主管部门、行业协会、业主方、设计方、承包方及有关咨询机构的共同任务。尽管各方的地位、利益、角度等有所不同，但必须建立完善的协同工作机制，才能实现建设工程造价的有效控制。

4. 工程造价管理的基本内容

工程造价管理的基本内容就是准确地计价和有效地控制造价。在项目建设的各阶段中，准确地计价就是客观真实地反映工程项目的价值量，而有效地控制则是围绕预定的造价目标，对造价形成过程的一切费用进行计算、监控，出现偏差时，要分析偏差的原因，并采取相应的措施进行纠正，保证工程造价控制目标的实现。

1）工程造价的合理确定计价

工程造价所确定的价格，就是在项目建设程序的各个阶段，能够比较准确地计算出项目的投资估算、概算造价、预算造价，合理地确定承包合同价，通过严格的计算，合理地确定结算价、准确核算竣工决算价。具体工作如下。

（1）在项目建议书阶段，在通过投资机会分析将投资构想以书面形式表达的过程中，计算出拟建项目的预期投资额（政府投资项目需经过有关部门的审批），作为投资的建议呈报给决策人。

（2）在可行性研究报告阶段，随着工作的深入，编制出精确度不同的投资估算，作为该项目投资与否及立项后设计阶段工程造价的控制依据。

（3）在初步设计阶段，按照有关规定编制的初步设计概算，是施工图设计阶段的工程造价控制目标。政府投资项目需经过有关部门的严格审批后，作为拟建项目工程造价的最高限额。在这一阶段进行招投标的项目，设计概算也是编制标底的依据。

（4）在施工图设计阶段，按照有关规定编制的施工图预算是编制施工招标标底和评标的依据之一。

（5）在工程的实施阶段，以招投标等方式合理确定的合同价就是这一阶段工程造价控制的目标。在工程的实施过程中，根据不同的合同条件，可以对工程结算价做合理的调整。

（6）在竣工验收阶段，全面汇集在工程建设过程中实际所花费的全部费用，编制竣工决算，并与设计概算相比较，分析项目的投资效果。

2）工程造价的有效控制

所谓工程造价的有效控制，是在决策正确的前提下，通过对建设方案、设计方案、施工方案的优化，并采用相应的管理手段、方法和措施，把建设程序中各个阶段的工程造价控制在合理的范围和造价限额以内。

3）工程造价管理的组织

工程造价管理组织有三个系统：政府行政管理系统、企业单位管理系统和行业协会管理系统。

5．工程造价管理的原则

有效的室内装饰工程造价管理应体现以下三项原则。

1）设计阶段的全程重点控制原则

室内装饰工程建设分为多个阶段，室内装饰工程造价控制也应该涵盖从项目建议书阶段开始，到竣工验收为止的整个建设期间的全过程。具体地说，要用投资估算价控制设计方案的选择和初步设计概算造价，用概算造价控制技术设计和修正概算造价，用概算造价或修正概算造价控制施工图设计和预算造价。投资决策一经做出，设计阶段就成为工程造价控制的最重要阶段。设计阶段对工程造价高低具有能动的、决定性的影响作用。设计方案确定后，工程造价的高低也就确定了，也就是说全程控制的重点在前期，因此，以设计阶段为重点的造价控制才能积极、主动、有效地控制整个建设项目的投资。

2）动态控制原则

室内装饰工程造价本身具有动态性。任何一个工程从决策到竣工交付使用，都有一个较长的建设周期，在此期间，影响工程造价的许多因素都会发生变化，这使工程造价在整个建设期内是动态的，因此，要不断地调整工程造价的控制目标及工程结算款，才能有效地控制工程造价。

3）技术与经济相结合的原则

有效地控制工程造价，可以采用组织、技术、经济、合同等多种措施，其中技术与经济相结合是有效控制工程造价的最有效手段。以往，在我国的工程建设领域，存在技术与经济相分离的现象，技术人员和财务管理人员往往只注重各自职责范围内的工作，技术人员只关心技术问题，不考虑如何降低工程造价，而财会人员只单纯地从财务制度角度审核费用开支，不了解项目建设中各种技术指标与造价的关系，从而使技术、经济这两个原本密切相关的方面对立起来。因此，要提高工程造价控制水平，就要在工程建设过程中把技术与经济有机地结合起来，通过技术比较、经济分析和效果评价，正确处理技术先进性与经济合理性两者之间的关系，力求在技术先进适用的前提下使项目的造价合理，在经济合理的条件下保证项目的技术先进、适用。

3.1.2 造价管理发展概况

1．我国香港地区工程造价管理概况

我国香港特别行政区仍沿袭着英联邦的工程造价管理方式，且与大陆情况较为接近，其做法也较为成功，现将我国香港地区的工程造价管理归纳如下。

1）香港特区政府间接调控

在我国香港地区，建设项目划分为政府工程和私人工程两类。政府工程由政府专业部门以类似业主的身份组织实施，统一管理，统一建设；而对于占工程总量大约 70%的私人工程的具体实施过程采取“不干预”政策。香港特区政府对工程造价的间接调控主要表现为以下几方面。

（1）建立完善的法律体系，以此制约建筑市场主体的价格行为。我国香港地区目前制定有 100 多项有关城市规划、建设与管理的法规，如《建筑条例》、《香港建筑管理法规》、《标准合同》、《标书范本》等。一项建筑工程从设计、征地、筹资、标底制定、招标到施工结算、竣工验收、管理维修等环节都有具体的法规制度可以遵循，特区政府各部门依法照章办事，防止了办事人员的随意性，因而相互推诿、扯皮的事很少发生；业主、建筑师、工程师、测量师的责任在法律中都有明确规定，违法者将负民事、刑事责任。健全的法规，严密的机构，为建筑业的发展提供了有力保障。

（2）制定与发布各种工程造价信息，对私营建筑业施加间接影响。特区政府有关部门制定的各种应用于公共工程计价与结算的造价指数及其他信息，虽然对私人工程的业主与承包商不存在行政上的约束力，但由于这些信息在建筑行业具有较高的权威性和广泛的代表性，因而能为业主与承包商所共同接受，实际上起到了指导价格的作用。

（3）特区政府与测量师学会及各测量师保持密切联系，间接影响测量师的估价。在我国香港地区，工料测量师受雇于业主，是进行工程造价管理的主要力量。特区政府在对其进行行政监督的同时，主要通过测量师学会的作用，如进行操守评定、资历与业绩考核等，以达到间接控制的目的。这种学会历来与政府有着密切关系，它们在保护行业利益与推行政府决策方面的重要作用，体现了政府与行业之间的对话，起到了政府与行业之间桥梁的作用。

2）动态估价，市场定价

在我国香港地区，无论是政府工程还是私人工程，均被视为商品，在工程招标报价中一般都采取自由竞争，按市场经济规律要求进行动态估价。香港特区政府和咨询机构虽然也有一些投资估算和概算指标，但只为定价时参考，并没有统一的定额和消耗指标。但是我国香港地区的工程造价并非无章可循，英国皇家测量师学会我国香港地区分会编译的《香港建筑工程标准量度法》是我国香港地区建筑工程的工程量计算法规，该法规统一了全香港地区的工程量计算规则和工程项目划分标准，无论政府工程还是私人工程都必须严格遵守。

在我国香港地区，业主对工程估价一般委托工料测量师行来完成。测量师行的估价大体上是按比较法和系数法进行的，经过长期的估价实践，他们都拥有极为丰富的工程造价实例资料，甚至建立了工程估价数据库。承包商在投标时的估价一般要凭自己的经验来完成，他们往往把投标工程划分为若干个分部工程，根据本企业定额计算出所需人工、材料、机械等的耗用量，而人工单价主要根据报价确定，材料单价主要根据各材料供应商的报价加以比较确定，承包商根据建筑市场供求情况随行就市，自行确定管理费率，最后做出体现当时当地实际价格的工程报价。总之，工程任何一方的估价，都是以市场状况为重要依据，是完全意义上的动态估价。

3）咨询服务业发育健全

伴随着建筑工程规模的日趋扩大和建筑生产的高度专业化，香港地区各类社会服务机构迅速发展起来，他们承担着各建设项目的管理和服务工作，是政府摆脱对微观经济活动直接控制和参与的保证，是承发包双方的顾问和代言人。

在这些社会咨询服务机构中，工料测量师行是直接参与工程造价管理的咨询部门。从 20 世纪 60 年代开始，香港地区的工程建设造价师已从以往的编制工程概算、预算、按施工完成的实物工程量编制竣工结算和竣工决算，发展成为对工程建筑全过程进行成本控制；造价师从以往的服务于建筑师、工程师的被动地位，发展到与建筑师和工程师并列，并相互制约、相互影响的主动地位，在工程建设的过程中发挥出积极作用。

4）多渠道的工程造价信息发布体系

在香港地区这个市场经济社会中，能否及时、准确地捕捉建筑市场价格信息是业主和承包商保持竞争优势和取得盈利的关键，是建筑产品估价和结算的重要依据，是建筑市场价格变化的指示灯。

工程造价信息的发布往往采取价格指数的形式。按照指数内涵划分，香港地区发布的主要工程造价指数可分为三类，即投入品价格指数、成本指数和价格指数，分别是依据投入品价格、建造成本和建造价格的变化趋势编制而成。在香港地区建筑工程诸多投入品中，劳动工资和材料价格是经常变动的因素，因而有必要定期发布指数信息，供估算及价格调整之用。建造成本（Construction Cost）是指承包商为建造一项工程所付出的代价。建造价格（Construction Price）是承包商为业主建造一项工程所收取的费用，除了包括建造成本外，还有承建商所赚取的利润。

2. 我国造价管理现状

在当前庞大的建筑市场特别是在占投资比重较大的装饰工程中，对工程造价缺乏全面的、系统的、全过程的控制和管理，将导致建设资金有形和无形的浪费和流失。因此，在新形势下建立和健全建筑装饰工程的标准定额和造价管理是十分必要的。

1）室内装饰工程市场的状况

室内装饰工程是一项投资大、施工工艺复杂的工程，相对于建筑安装工程来讲，装饰工程造价的确定和管理更加困难。

（1）室内装饰工程本身不规范。目前，室内装饰标准的档次越来越高，格调不断翻新。但是，由于某些设计者专业素质的缺陷和综合审美能力的欠缺，在设计时单纯从建筑物的艺术审美观与装饰效果来考虑，不去考虑建筑主体那种特有的耐久性、实用性和安全性，甚至一些装饰工程一意追求审美效果，出现装饰设计改动主体设计的现象。这样不仅会造成装修工程中资金的浪费，而且给建筑物的使用也留下了安全隐患。同时有相当一部分装饰工程开工前没有完整的施工图样，有的工程只有一份示意图。就目前情况看，不少地市不论是部委一级的甲级设计院，还是地方一级设计院或小型设计室，往往都是只出一张效果图，很少提供完整的施工图，甚至有的业主就根本没有施工图，让承包商干着看，完了算，给承包商留下了可乘之机，结算时瞒天过海，乱要价。至于承包商自己设计自己施工的一体化企业弊端更多。如某单位新建一栋 2 000m^2 的办公楼，装饰工程在开工前双方商定 40 万元完成，结果在完工结算时，乙方结算报价近 160 万元，超过原定价的近三倍，经过甲乙双方拉锯式的讨价还价，最后以超过原定价的近两倍价格达成协议。所以，装饰工程管理再跟不上，结果必然是质量差，造价高。

（2）装饰材料品种繁多、市场价格混乱。随着市场经济的发展，装饰材料五花八门，从产地看有国产的、进口的，价格悬殊，例如，对于花岗岩、大理石，市场上的价格有每平方米 200 元、300 元、500～600 元，还有的达 1 000 元以上的，其材质有天然的、人造的、也有假冒的、伪造的，是一般材料管理人员难以识别的。又如，有些饰面板，品牌、产地完全相同，而市场价格每平方米却相差 6～7 元，更为惊人的是，红影、白影饰面板，其价格一张（1.22m×2.44m）高达 500～600 元。对于这些不了解行情的业主来说，只能是任人宰割，价格由承包商说了算。还有一些厂家在某些材料品种的规格和厚度上做文章，钢筋直径不规范，钢管、铸铁管、铝合金变得“薄不胜薄”，使得一些材料的市场价格低于预算价格。差价部分承包商在预结算中却不做相应下调或只微量调整，从中渔利，结果不仅加大了工程造价使建设资金大量流失，更主要的是给工程质量带来安全隐患。

（3）装饰定额有缺陷，装饰工程计价依据不规范。由于装饰工程千差万别设计多种多样，促进了装饰材料市场品种繁多，加之装饰施工共性较差，导致现有装饰定额缺项较多。一些施工单位在编制装饰工程预算时，不按照预算定额及费用标准编制造价，对缺项子目自主定价，报价随行就市，就是所谓的“一口价”。在结算时编写一堆流水账式的材料单、用工表，向业主讨价还价，对于不懂行的业主能蒙就蒙、能骗就骗，使承包商毫不费力地就钻了装饰工程中从量到价的空子。

2）当前室内装饰工程造价计量存在的问题

（1）工程造价计量依据和计量方法的不合理和不尽完善。由于现行的建筑装饰工程造价计量依据定额采用的是量价合一的模式，工程定额是按社会平均劳动成本原则制定的，其最大弊端就是不能灵敏地反映社会劳动生产率和市场的供求关系，违背了价值规律，不利于市场竞争机制的形成。再加上建筑装饰工程分部分项工程复杂多样，定额中子目的有限性难以解决众多建筑装饰工程造价计量的需要。

（2）相关配套法规与建筑装饰工程造价计量的不配套。作为工程造价计量系统的一个组成部分，建筑装饰工程造价计量不是一个独立、封闭的工程，它与土建、安装、市政、园林、修缮等工程的计量依据和方法等组成一个有机的工程造价计量系统，而整个工程造价计量系统需要招投标、施工建设、中介机构及从业人员管理等建设领域的法规相配套和支持才能有效地运转。与建筑装饰工程相关联的其他工程造价计量系统和相关配套法规的不完善及不配套，造成与现行建筑装饰工程造价计量的不适应。

（3）与目前室内装饰工程造价计量形式发展的不适应。由于定额具有法定性，建筑装饰企业无法进行自主报价，他们之间的竞争只不过是互相压低管理费用，不但失去了投标报价的真实意义，而且不能反映企业经营管理的真实水平和市场的供求关系，对市场发挥不了价格杠杆的作用。既不适应我国市场经济改革发展的需要，也不适应我国加入 WTO 后与国际惯例接轨的需要。

（4）与室内装饰工程特点的不吻合。由于建筑装饰工程具有结构形式复杂、质量标准要求高、形式需要新颖、材料多样多变、施工工艺和方法灵活等特点，现行的造价计量标准（如定额、单位估价表、有关取费标准等）的针对性差和科学性、准确性、及时性的严重滞后等缺点与建筑装饰工程特点严重不适应。

3）室内装饰工程造价管理的主要问题

（1）工程造价随意性较大，使造价的控制得不到保证。从投资渠道上来说，室内装饰工程的投资来源多为企、事业单位或个人自筹资金，是为了改善经营环境和条件、树立企业形象、提高企业知名度而进行的房屋投资，投资计划大多游离于新建项目投资之外，国家对其往往失去监督和控制，投资多少一般由企业或个人自主决定，随意性比较大。

就设计单位来说，对装饰装修工程的设计比较粗糙，设计时一般只有装饰效果图，简单地标明材料和颜色，而没有详细的施工图，达不到按图施工的要求。有的甚至不让设计单位来设计，而是由施工单位根据施工经验，边设计边施工，达到什么效果算什么效果，设计、施工的标准和工程造价全由施工单位说了算，使工程质量和造价的控制都得不到有效的保证。

（2）业主随意压价的现象比较普遍，使工程质量难以保证。从目前的装饰市场上来看，施工单位报价、业主随意砍价的现象比较普遍。装饰材料品种多、规格多、品牌多、价格差异大，导致装饰工程造价相差很大。加上由于前些时间国家对装饰市场管理不够规范，出现过装饰工程利润过高的现象，业主对此也有所了解，因此，在未对装饰内容、材料、质量进行审验前就对施工单位的报价大打折扣，这种做法虽然将工程造价压低了，但是如果超过了施工单位的期望值，则往往造成施工单位从材料上以次充好，施工时偷工减料，工程质量得不到保证。

（3）工程造价的编制不够规范，导致装饰工程纠纷增多。有些施工单位，特别是一些规模较小的承包商，在编报工程造价时，不是依据装饰工程预算定额，按照实际工程量计算工程造价，而是大体上估计出工程量，把市场上材料价格连同工时费及自己估计的利润统统加起来作为工程的报价，有的列出自己实耗的各种材料和人工费清单，据此向业主进行结算，达不到理想的利润值就进行讨价还价，随意性很大；有的单位虽然按照预算定额进行编制，但也不够规范，高估冒算、自编定额的现象比较突出，由此引发装饰工程纠纷很多。

（4）室内装饰工程造价管理行为不规范。

① 工程造价非法竞争。施工单位有的高抬工程造价以图回扣搞私分，有的先压低造价再追加工程费用，有的非法垫资争施工，拼命降价争工程，然后以次充好、偷工减料，搅乱了室内装饰工程市场的正常秩序。

② 装饰工程远离监督管理。装饰工程存在漫天要价，私下交易的现象，造成工程质量得不到保障，存在安全隐患。

③ 设计深度不足，建筑装饰设计与现场环境协调性差。设计时存在着设计节点不足，工程尺寸不明确，设计材料实物效果与设计渲染视图效果差距大，导致变更增加，从而造成预算失控。

④ 不认真贯彻执行政策法规。对国家和地方的政策断章取义，各取所需，从而导致装修造价失真。

⑤ 定额滞后。由于装饰工程新材料、新工艺层出不穷，与之相关的各种定额容易出现滞后现象。此外，由于室内装饰材料价格差异较大，而价格的指导信息不健全，至使编制工程预算时漏洞多，容易引起甲乙双方扯皮。

（5）投资业主的专业理念问题。在室内装饰工程项目监理制推行过程中，工程造价全过程控制推广不足，经济体制下的思维定式和管理模式依然存在，多数投资业主对工程没有实施全过程投资控制，而是习惯于在工程竣工以后委托审计部门审查决算，在认识上存在误区。室内装饰工程工种多、工艺材料复杂、专业分工越来越细、专业与非专业人员对造价的控制力度是不同的，装饰投资与节约资金的机会是一个剪刀差图形，即节约资金的机会与投资量成反比，全过程投资控制就是从工程初始阶段进入动态管理以控制室内装饰过程的投资最大化。

（6）与建筑工程造价管理不适应、不衔接。建筑工程预算定额中装饰项目少，且能灵活应用的项目也不多。建筑装饰材料市场价与定额价差异大，造成造价编制不准确，编制过程中人为因素过多。招标单位借市场竞争激烈迫使施工单位垫资，从而容易诱发偷工减料行为和质量安全事故发生。

（7）缺乏高素质室内装饰专业人员。室内装饰施工企业普遍成立时间短，相当数量的人员专业知识单薄，计价行为不规范，从业人员职业道德意识不强、素质低，在执行公正性与遵守国家法规等方面，责任心不强，上岗人员再培训流于形式，以上这些差距都是导致装饰工程造价不完善的地方，应从政府、业主及施工单位三方共同努力。

4）室内装饰工程造价控制存在问题的原因

（1）市场不够规范，没有统一的装饰工程验收标准。造成室内装饰工程造价难以控制的主要原因在于目前的装饰市场不够规范，从室内装饰工程的设计、施工到结算，还没有形成严格的管理制度。对于建筑、安装工程，国家都有一整套的政策和制度，制约着设计和施工单位的行为，而装饰工程起步比较晚，发展又比较快，对从业者的管理显得相对滞后了，目前仍没有统一的装饰工程验收标准。

室内装饰工程本身的特点也使得其造价的控制显得力不从心。室内装饰工程经济寿命相对较短，更新换代比较频繁，新材料、新工艺不断涌现，装饰工程内容繁多，艺术性强，施工工艺复杂多变，给装饰工程定额的编制带来了一定的困难。再加上市场上各种建筑材料质量参差不齐、价格变化无常，给工程造价的控制带来了一定的困难。

（2）业主缺乏室内装饰工程的管理经验，措施不当。由于大多数的业主缺乏装饰装修基本知识，缺乏装饰工程的管理经验，一切听从承包商，也往往造成造价失控现象。由于装饰工程一般缺少正规的施工图样，采用何种材料和做法，业主往往没有一定的要求。即使产生某种设想，对其工程的造价也是心中无数，常常听从于承包商的摆布。也有个别建设单位工程负责人与施工单位串通一气，不认真负责，随意签证，指定供应建筑材料等，造成工程造价偏高、大大超出预算等不良现象。

（3）室内装饰定额不够完善，使用不够方便。一般土建、安装工程都有较为详细的结构构造措施、施工规范和质量验收标准，确定工程造价所依据的定额也比较齐全，而有关装饰工程的设计、施工等方面的法规却较少或不够齐全、名种构件构造做法也不够详细，使造价和质量的控制缺少相关依据。目前，装饰工程没有单独配套的定额，虽然套用土建定额，可按单独装饰工程计费费率，但土建定额里的高级装饰项目很少，很难满足当前装饰市场的装饰工程的需要。承包商在承包高级装饰工程时，遇到特殊工艺时往往按照自己的理解来施工，施工完后结算套不上定额时，就会调整定额，或按《建筑装饰工程参考定额与报价》和《全国统一建筑装饰装修工程消耗量定额》进行补充，但费率的计取只能是建筑单位与施工单位协商，没有统一的标准。这就出现造价不一致的结果。因此，定额本身不够完善也是造价难以控制的一个原因。

3. 我国室内装饰工程造价管理的措施

1）科学合理地划分土建与装饰项目的施工界线

加强装饰工程造价管理的首要问题是科学合理地划分土建项目与室内装饰项目的施工界线。根据传统的土建工程施工方法，土建与装饰工程是融为一体的，即在一个单位工程中，土建与装饰是由一个施工单位承担的。随着时代的发展和技术的进步，人们对装饰工艺的要求不断提高，新型的装饰工艺层出不穷，客观上形成了一个新兴的装饰专业。而土建与装饰工程在施工中存在着工序的衔接和接口问题，由于项目界线划分不清，因此，出现了在土建与装饰工程项目施工中的交叉矛盾和重复施工。如普通抹灰中的白灰砂浆，水泥砂浆抹面层；装饰抹灰中的水刷石、水磨石、干黏石等，从项目划分的理论上和传统的施工方法上，均属装饰工程项目，但在现实施工中，这些项目绝大部分由土建单位施工，装饰施工单位不承担或承担不了，这就形成了理论划分和实际施工中的矛盾。又如，墙柱面贴瓷砖，楼地面铺贴大理石、花岗岩等装饰项目，土建可以干，装饰施工单位也可以干，存在一个交叉矛盾口，更为突出的是门窗安装中的门套子，当土建将门安装后，装饰工程又要做门套、包门扇，将原有的门全部拆除，重新制作等，造成不必要的浪费。因此，科学合理地划分土建与装饰项目的施工界线，是加强装饰工程造价管理的首要问题。

2）统一规划土建与装饰设计和规范装饰设计

在施工图设计阶段，土建设计应与室内装饰设计密切结合，同时进行。但现实施工中土建设计往往不能涵盖装饰项目，当土建及安装将要完工时，才进行室内装饰设计，单独进行装饰施工，造成拆除冲凿，重复投资、浪费资金等问题，因此统一设计规划，有利于工程造价管理。

室内装饰设计技术性很强，是一种专业技术。因此，建设行政主管部门应明确装饰造价在多少万元以上的项目，必须应由相应资质的设计单位提供完整的施工图样，如构造图、细部图、效果图，并积极支持设计单位制订"装饰工程标准图集"从而杜绝不规范设计行为。对于凡有装饰工程的建设项目，在主体工程设计的同时装饰设计部门就要介入，并与土建装饰设计相结合，统筹协调，解决土建、安装、装饰设计各管各、互不衔接的问题，避免造成的返工浪费和重复投资现象，规范装饰工程市场行为，为装饰工程的设计、施工和造价管理创造条件。

3）抓住关键环节，严格合同管理

对于工程造价较高的装饰项目，应着重抓好工程发包这一环节，严格按照《建设工程施工合同管理办法》和《施工合同示范文本》签订施工合同。对于符合招投标条件的，尽可能实行公开招标的形式，这是做好装饰工程造价管理的关键一步，是控制工程造价和抵制不正之风的有效手段。装饰工程复杂多变的特点，要求我们在签订承发包合同时尽可能详细，对于工程造价、施工工期、工程质量、结算方式等都要明确说明，特别要严格规定设计变更和有关责任及索赔条款。对于设计比较详细、内容清楚的，可计算出确切的工程量，采用固定总价合同方式；对于施工图样不清楚或一时难以确定的，可采用固定单价合同，同时应明确固定单价所对应的施工工艺、主要材料的详细情况等，便于施工中进行监理核实及审核结算时按实调整单价。工程所用特殊、贵重的材料，应在合同中加以规定，必要时可以采用指定装饰材料或甲方供材，以确保工程质量和控制工程造价。

认真签订和履行施工合同是保证装修工程造价合理规范，确保施工质量的积极措施。签订合同时，一定要考虑周全，能在合同中约定的，要尽量约定。计价方式的选择，人工工资单价的确定，施工范围的划分是合同的主要内容，一定要在合同中明确。同时，还要注意一些看似无关紧要，实则最容易出现问题和漏洞的要素，如议价项目的确定，拆除及回收物品的处理，材料的采购供应程序，资金的支付方式等，也要充分考虑到，并尽量在合同中约定，避免在结算时出现扯皮和争议。

4）加强装饰工程定额管理，规范计价依据

定额是工程造价管理的重要组成部分。室内装饰工程预算定额是装饰分项工程一定计量单位工料机消耗量的数量标准，是确定与控制装饰产品的计价依据，应及时补充完善装饰定额子目，统一工程量计算规则，对定额缺项子目编制的补充定额及估价表应建立严格的审批制度。在此基础上，加强定额管理，严格执行定额，不仅可以克服计量无规范、计价无标准，任何施工单位都可以说了算的弊端，而且有利于规范装饰工程造价管理。装饰工程除部分项目外，大部分饰面项目不受荷载和应力的约束，所以在施工方法上随意性很强，再加上装饰工艺、装饰材料发展变化较快，给装饰承包商带来了可乘之机，在执行定额中，乱要价，任由施工单位说了算。所以，加强定额管理应采取以下几点措施。

（1）加强缺项装饰工程预算定额的补充，各级工程建设标准定额站应积极搜集资料，协同装饰施工单位不断地补充缺项定额，通过实践后及时公布，充实和完善定额内容，减少工程结算纠纷。

（2）严格定额的质量要求，加大质检力度定额是在一定的生产技术和生产组织条件下，生产一定数量的合格产品所必需的工料机消耗量的数量标准。这就明确了定额规定的工艺标准，材料质量所生产的产品必须是合格的。因此，建设单位的监理工程师，在施工过程中必须认真负责地加大质检力度，尤其对涉及环保、防火、防潮等隐蔽部分的检查更应一丝不苟。如铝合金门窗型材的壁厚，定额规定一般为 1.2～1.4mm，而实际却使用 0.8～1mm，以薄充厚，窗框与墙体固定的连接件必须采用的铁件却用薄铝片代替；墙、柱面装饰的基层板以次充好，以薄充厚；木材面的不刷防火涂料；面层的接搓不严密，纹理不顺，翘曲等；块料面层的空鼓、缝隙不匀、纹理不顺等粗制滥造、偷工减料现象，必须严格制止，从而保证工程质量的要求，体现装饰工程造价的合理性和投资的实际效果。

5）加强装饰市场材料价格的管理，规范计价依据

室内装饰工程时代感很强，所以装饰工程新工艺、新材料不仅发展快，而且更新换代周期短，从材料的品种、规格、品牌、产地（国产、进口）上看名目繁多。一些新型的装饰材料，其产品的物理性能、化学性能及材质的优劣很难判定，而产品说明书中又含有大量的广告色彩。有的装饰材料在质量上，以次充好，以假充真，造成市场价格的混乱。

装饰材料材质的优劣、价格的悬殊，是人所共知的，为了规范计价依据，合理确定和控制装饰工程造价，各级工程建设标准定额站必须加强定价管理，超越了指导价的材料，以及珍贵稀有材料，应报请各定额站或工程造价管理部门审定，从而规范装饰材料的价格管理，维护定额在计价中的严肃性，以达到合理确定和有效控制装饰工程造价的目的。

6）完善装饰预算定额，建立室内装饰材料价格信息网络

合理确定工程造价，应当按照图样和变更等资料计算出实际工程量，以定额为依据，计算出工程的实际造价。没有完整、详细的装饰定额是适应不了装饰工程的要求的。为了更好地发挥定额在控制工程造价方面的作用，更科学、准确地计算工程造价，定额管理部门要深入施工现场，搞好市场调查，编制新定额子目，完善不合理的装饰定额，尽可能扩大定额子目的综合范围，便于快速套价。建立室内装饰材料价格信息互联网，使建设单位、施工企业和预结算审核部门与装饰材料市场之间相互联系，增强装饰材料市场价格透明度，材料价格管理部门定期公布的信息价作为装饰预结算编审时的材料最高限价。工程造价编审人员应加强学习培训，完善提高业务知识结构和专业素质，发挥每个人的聪明才智，提高应变能力，发现纠正施工单位高估算、低价高套、重复列项、虚报签证、互相串通、营私舞弊等问题，堵塞工程资金流失的漏洞。

7）加强对设计阶段和施工阶段的管理与监督

室内装饰工程的造价一般较高，而其寿命则相对较短，与装饰工程的设计因素有很大关系。设计得好，其经济寿命相对较长，从另一个方面讲，就是节约了工程造价，提高了资金利用效果；反之，若设计不良，达不到业主的理想要求，即使花较少的钱，也是对资金的浪费。因此，在项目开始，一定要把好施工图设计这一关，尽量请资质较高的设计单位来做，决不能一切听从施工单位，边设计边施工，那样很难控制工程造价。

在施工阶段，把好施工质量关也是控制工程造价的有效手段。装饰工程所用材料品种较多、

价格较高，而且相差很大，对于所用材料，业主应当有效控制。防止施工单位偷工减料、以次充好，对隐蔽工程，应做好施工现场记录，防止在竣工结算时互相扯皮，以确保工程质量和降低工程造价。

加强施工过程管理，是确保工程造价真实和保证质量的重要环节，施工过程管理的重点是隐蔽工程的验收要及时准确，记录要详细清楚，签证手续要完善，以防止施工企业利用隐蔽工程的不可见性做手脚。对主要材料和大宗材料的采购，业主要主动参与，实施监督和控制。对设计变更要慎重，特别是对工程造价影响较大的变动，更要权衡利弊。

8）政府应该加强装饰工程市场的宏观控制

造价管理部门应根据市场供求关系定期发布指导价、人工费单价、机械费台班单价，让业主有据可依。建设单位在装饰工程中尽量不要采用价格昂贵的装饰材料，非用不可的装修项目，对于市场价比定额价高出很多的材料，经甲、乙双方议定后，应报各级标准定额管理机构审定，从而规范价格管理。

9）提高业主业务素质

由于有些业主专业知识缺乏，管理能力低，容易被装饰施工单位钻空子。为了更好地控制装饰工程造价，业主应当在业务上多下工夫，掌握造价及监理等多方面知识，必要时可聘请造价工程师等专业技术人员，充分利用他们业务精湛、经验丰富、了解市场行情及专业化社会化高等优势，在编制标的、审查合同、控制质量、审查结算等多方面为自己服务。

10）发挥管理部门作用，做好审计监督工作

各级造价管理部门或协会应发挥积极作用，定期有目的地组织装饰工程预决算编审人员进行业务研讨，进行广泛的经验交流与沟通，探讨新材料、新工艺对装饰工程预结算造价的影响，共同提高装饰工程预结算编审人员的业务素质。

总之，加强室内装饰工程造价管理，不只是工程造价管理部门的事，需要全社会的参与，各方面的配合，共同把建筑装饰工程造价控制好，做到经济合理，确保最佳的投资效益，使装饰工程造价管理与现行的建筑安装工程造价管理同步。

3.2 室内装饰工程造价管理内容

3.2.1 室内装饰工程投资决策和设计阶段造价管理

1. 室内装饰工程投资决策阶段造价管理

室内装饰项目的决策阶段是控制工程造价的重要阶段，根据工程的性质、功能、所处的位置、项目的经济效果、业主的经济承受能力等主要方面，详细论证该项目技术上是否可行，经济是否合理，要邀请行业专家或者造价咨询机构进行充分的论证，并做出详细的论证报告。它的主要工作之一是编制建设项目投资估算并对不同的建设方案进行比较和选择，为决策者提供决策依据。

室内装饰工程项目决策阶段各项技术经济决策，对拟建项目的工程造价有着重大影响，如装饰标准的确定、装饰工艺的选定、装修设备的选用等，直接影响工程造价的高低。在项目建设各阶段中，决策阶段对工程造价的影响度最高，是决定工程造价的基础阶段，并直接影响以

后各阶段工程造价管理的有效性与科学性。因此，在室内装饰项目决策阶段，应加强以下对工程造价影响较大因素的管理，为有效控制工程造价管理打下基础。

1）装饰标准的确定

室内装饰工程的装饰标准要根据市场、技术、资源、资金、环境、技术进步、管理水平、规模经济性等因素来确定。确定室内装饰工程项目标准时，要考虑以下的制约因素。

（1）业主定位。室内装饰工程标准确定的首要因素是业主的定位和建筑的等级，如要对星级酒店进行装修首先考虑的是该酒店的星级标准，星级的高低确定了装修标准的高低；建筑等级的高低也影响着装修的标准。

（2）市场因素。市场因素是制约装饰标准的重要因素，拟建室内装饰工程项目的市场需求状况是确定项目投资标准的前提。因此，首先应根据市场调查和预测得出的有关产品市场信息来确定室内装饰工程项目建设标准。此外，还应考虑原材料、能源、人力资源、资金的市场供求状况，这些因素也对项目标准的选择起着不同程度的制约作用。

（3）工艺技术因素。室内装饰的工艺技术影响着装修标准。先进的生产技术及技术装备是实现室内装饰工程项目预期事项的物质基础，而技术人员的管理水平则是实现项目预期经济效益的保证。如果与相应标准的生产相适应的技术工艺没有保障，或获取技术的成本过高，或技术管理水平跟不上，则难以实现预期的装修标准。

（4）环境因素。室内装饰工程项目的建设、生产、经营离不开一定的自然环境和社会经济环境。在确定项目标准时不仅要考虑可获得的自然环境条件，还要考虑产业政策、投资政策、技术经济政策等政策因素，以及国家、地区、行业制定的生产经济规模标准。

2）技术工艺方案的选择

技术工艺方案选择的标准主要满足先进适用和经济合理的要求。

（1）先进适用。先进适用是评定工艺方案的最基本标准。工艺技术的先进性决定项目的市场竞争力，因此在选择工艺方案时，首先要满足工艺技术的先进性。但是不能只强调工艺的先进性而忽视其适用性。就引进技术而言，世界上最先进的工艺，往往因为对原材料的要求比较高、国内设备不配套或技术不容易掌握等原因而不适合我国的实际需要。因此，拟采用的工艺技术应注重其实用性，要与我国的资源条件、经济发展水平和管理水平相适应，还应与项目建设规模、产品方案相适应。

（2）经济合理。经济合理是指所采用的工艺技术能以较低的成本获得较大的经济收益。不同的技术方案的技术报价、原材料消耗量、能源消耗量、劳动力需要量和投资额等各不相同，产品质量和单位产品成本等也不同，因此应计算、分析、比较各方案的各项财务指标，进行综合比较分析，选出技术可行，经济合理的工艺方案。

2. 设计阶段的造价管理

室内装饰工程的设计质量对室内装饰工程造价具有直接的影响，实践证明，设计阶段对投资的影响程度约为 75%～95%，设计阶段是控制装饰工程造价的重点阶段，对室内装饰工程造价的影响也最大。加强设计阶段的造价管理，主要从以下几个方面着手。

1）提高设计队伍素质

设计人员要严格按设计程序进行设计，施工图设计要求细化，达到足够深度，尽量避免出现设计变更或工程变更，以有效控制工程造价。并且推行限额设计，控制装饰工程施工图预算造价。国家计委自1991年起，对凡因设计单位错误、漏项、扩大规模和提高标准而导致的工程静态投资超支，要扣减设计费。作为设计单位一定要为业主把好关，可以推行限额设计，在设计工程中把握质量标准和造价标准，并做到两者的协调一致，相互制约。设计之前，严格造价控制标准，做到既能够达到装饰效果，又能够为业主节约资金的目的，因此，对于建筑装饰设计队伍要求越来越高，设计队伍素质提高已经是迫在眉睫的事情。

2）优化设计方案

室内装饰工程设计可以根据项目复杂程度划分为两个或三个阶段，即初步设计阶段、技术设计阶段、施工图设计阶段，各阶段都有自己的特点，在造价控制的过程中各有侧重。在方案设计阶段，可以采用设计招投标、设计方案竞选优化及运用价值工程优化设计方案，对设计方案进行经济分析，优化出最合理方案。选择实力较强的设计队伍，在满足装饰效果的前提下，合理使用资金，严格按照设计程序进行设计，做设计方案比较时，一定要做一个比较准确的概算，在遴选过程中，反复比较方案，优化设计方案，做出详细的修正概算作为投资控制额。

3）重视室内装饰工程方案设计的技术经济比较和设计审核

业主对室内装饰工程首先只有一个构想和投资上的限额，而构想的实施和最终投资额确定的决定性阶段是设计阶段，尤其对装饰工程总投资的影响及潜力挖掘方面，设计阶段约占整个建设过程的 80%～90%。因此，设计阶段投资控制的好坏直接影响到最终投资额是否能满足投资限额的要求，进而影响到业主构想实施成功与否。

设计阶段投资控制的方法主要是运用限额设计法和价值工程法，以设计质量、装饰功能及投资作为综合目标，正确处理好技术与经济的关系。

（1）真正理解业主对该工程的装饰意图，明确装饰设计要求与总投资限额。

（2）对各种装饰设计方案在功能、环境及投资等方面进行综合评价，协助业主正确优选方案，避免唯美主义或唯经济观点。

（3）开展限额设计，避免各专业或分项工程的分配投资目标失控，即在设计过程中，及时对已完成的图样估价，并与控制目标比较，使整个设计阶段处于受控状态，将设计与经济二者有机地结合起来。

（4）对装饰工程概算和技术经济指标计算的精确度应达到 90%以上，尤其是各方案间相对造价的比较更应精确，以免误导。

（5）及时准确地掌握市场信息。由于装饰材料的发展很快，市场价格变动非常频繁，及时准确地掌握装饰材料市场变化信息是提高方案概算准确度的基本条件。

（6）以主要材料、设备的选用为控制重点。由于装饰工程主要设备和材料的投资约占总投资的 60%～70%，因此了解业主的意图，充分研究主要材料、设备的功能及用途并加以控制，可以取得事半功倍的效果。

（7）重视设计审核，确保设计图样的完整性，以及各专业的配套、协调及施工的可能性。做好外部条件的衔接，认真落实环保、消防等部门的要求，提高设计质量，达到减少施工阶段产生工程变更及索赔的可能性。

（8）在审查设计时若发现超投资现象，要通过替换装饰材料、设备或请求业主降低装修标准来修改设计，从而降低工程投资。

4）积极推广和完善限额设计

所谓限额设计，就是按照批准的设计任务书及投资估算控制初步设计，按照批准的初步设计总概算控制施工图设计，同时各专业在保证达到使用功能的前提下，按分配的投资限额控制设计，严格控制技术设计和施工图设计的不合理变更，保证总投资限额不被突破。限额设计是将上阶段设计审定的投资额和工程量先行分解到各专业，然后再分解到各单位工程和分部工程而得出的，限额设计的目标体现了设计标准、规模、原则的合理确定及有关概预算基础资料的合理取定，通过层层限额设计，实现了对投资限额的控制与管理，也就同时实现了对设计规模、设计标准、工程数量与概预算指标等各个方面的控制。室内装饰工程的限额设计具有下面几点意义。

（1）有利于控制工程造价。在设计中以控制工程量为主要内容，抓住了控制工程造价的核心。

（2）有利于处理好技术与经济的对立统一关系，提高设计质量。限额设计并不是一味考虑节约投资，也绝不是简单地将投资砍一刀，而是把技术与经济统一起来，促使设计单位克服长期以来重技术、轻经济的思想，树立设计人员的责任感。

（3）有利于强化设计人员的工程造价意识，增强设计人员实事求是地编好概预算的自觉性。

（4）能扭转设计概算本身的失控现象。限额设计可促使设计单位内部将设计与概算形成有机的整体，克服相互脱节现象。设计人员自觉地增强经济观念，在整个设计过程中，经常检查各自专业的工程费用，切实做好造价控制工作，改变设计过程不算账、设计完了见分晓的现象，由“画了算”变为“算着画”，能真正实现时刻想着“笔下一条线，投资万万千”。

就目前而言，室内装饰工程的限额设计还不是很完善，需要进一步完善。可从下面几个方面入手：正确理解限额设计的含义，处理好限额设计与价值工程之间的关系；合理确定设计限额；合理分解和使用投资限额，为采纳有创新性的优秀设计方案及设计变更留有一定的余地。

5）正确理解标准设计

设计标准是国家的重要技术规范，是进行工程建设勘察设计、施工及验收的重要依据。各类建设的设计都必须制定相应的标准规范，它是进行工程技术管理的重要组成部分，与项目投资控制密切相连。标准设计又称为通用设计、定型设计，是工程建设标准化的组成部分，各类工程建设的构件、配件、零部件，通用的建筑物、构筑物、公用设施等，只要有条件的，都应该编制标准设计，推广使用。

在国家的技术经济政策指导下，密切结合自然条件和技术发展水平，合理利用能源、资源、材料和设备，充分考虑使用、施工、生产和维修的要求，制定或者修订设计标准规范和标准设计，做到通用性强、技术先进、经济合理、安全适用、确保质量、便于工业化生产。在编制时，要认真调查研究，及时掌握生产建设的实践经验和科研成果，按照统一、简化、协调、择优的原则，将其提炼上升为共同遵守的依据，并积极研究吸收国外编制标准规范的先进经验，鼓励积极采用国际标准（如 ISO 国际标准）。对于制定标准规范需要解决的重大科研课题，应当增加投入，组织力量进行攻关。随着生产建设和科学技术的发展，设计标准规范必须经常补充、及时修订、不断更新。

经过工程建设实践经验和科研验证的标准规范和标准设计，是工程建设必须遵循的科学依据。大量成熟的、行之有效的实践经验和科技成果纳入标准规范和标准设计加以实施，就能在工程建设活动中得到最普遍有效的推广使用。这是科学技术转化为生产力的一条重要途径。同时，工程建设标准规范又是衡量工程建设质量的尺度，符合设计标准规范，工程质量就有保障；不符合设计标准规范，工程质量将得不到有效的保障。抓设计质量，设计标准规范必须先行。

设计标准规范一经颁发，就是技术法规，在一切工程设计工作中都必须执行。标准设计一经颁发，建设单位和设计单位都要因地制宜地积极采用，无特殊理由的，不得另行设计。

标准设计的推广有利于较大幅度地降低工程造价。

（1）可以节约设计费用，大大加快提供设计图样的速度（一般可加快设计速度 1～2 倍），缩短设计周期。

（2）可以在构件预制厂生产标准件，使工艺定型，容易提高工人的技术水平。而且有利于生产均衡和提高劳动生产率，以及统一配料、节约材料，有利于构配件生产成本的大幅度降低。例如，标准构件的木材消耗仅为非标准构件的 25%。

（3）可以使施工准备工作和定制预制构件等工作提前，加快施工速度，既有利于保证工程质量，又能降低建筑安装工程费用。

（4）标准设计是按通用性条件编制，按规定程序批准的，可以供大量重复使用，既经济又优质。标准设计能较好地贯彻执行国家的技术经济政策，密切结合自然条件和技术发展水平，合理利用能源、资源和材料设备，充分考虑施工、生产、使用和维修的要求，便于工业化生产。因此，标准设计的推广，能使工程造价低于个别设计的工程造价。

可见，在工程设计阶段，正确处理技术与经济的对立统一关系，是控制项目投资的关键环节。既要反对片面强调节约，从而忽视技术上的合理要求而使建设项目达不到工程功能的倾向，又要反对重技术、轻经济、设计保守浪费、脱离国情的倾向，尤其是当前我国建设资金紧缺，各建设项目普遍概算超过估算，预算超过概算，竣工决算超过预算。因此，必须树立经济核算的观念，设计人员和工程经济人员应密切配合，严格按照设计任务书规定的投资估算做好多方案的技术经济比较，在批准的设计概算限额以内，在降低和控制项目投资上下工夫。工程经济人员在设计过程中应及时地对项目投资进行分析对比，反馈造价信息，以保证有效地控制投资。

3.2.2 室内装饰工程招投标阶段造价管理

室内装饰工程投标报价是室内装饰工程施工准备阶段的一项重要的工作，造价管理的主要内容包括室内装饰工程招投标的决策和招投标标底的管理等。

1. 室内装饰工程招标管理

针对室内装饰工程的特点和招标过程中出现的现象，在招标过程中，业主或其委托的咨询机构，除按投标一般程序要求外必须做好以下工作。

（1）工程量清单的高标准编制。《建设工程工程量清单计价规范》规定，工程量清单由具有编制招标文件能力的招标人或具有相应资质的中介机构编制。依据招标文件、施工图样和装修工程消耗量定额规定的工程量计算规则及统一的施工项目划分规定等有关技术资料，将实施招标的装饰工程项目划分为实物工程量和脚手架、临时设施、垂直运输、超高增加、机械进出厂及安装拆卸等技术性措施项目，以统一的计量单位、制式表格列出清单。编制工程量清单要附有详细的说明，主要包括编制依据、分部分项工程的补充要求、施工工艺的特殊要求、主要装饰材料的品种、规格、质量、产地等。例如，石材、高档玻璃、马赛克、装饰面板等要提出准确明晰的要求，对新材料及未确定档次材料要设定暂估价。对“计价规范”中未列入的装饰工程施工工艺的特殊要求，如贴金箔、特殊油漆、复杂造型等工艺做出补充要求，并给出暂估价。对“计价规范”中未列入的技术性措施项目和其他措施项目做出补充。

（2）精心研究装饰市场，编制符合市场规律和满足业主需求的工程标底。在室内装饰工程的招标标底的编制时，不要过于刻板地追求图样依据和现成的技术资料，而应该追求实际，通过深入细致的市场调查，做到每种装饰材料都能够定质、定量、定价，设计有标准，施工有做法，造价能定格。多做工程技术经济分析，减少工程实施阶段的工程变动，避免施工过程中现场定型、定质、定量、定价的内容。大胆运用实践所得的测算结果和经验数据，做好标底的编制工作。真正使标底作为衡量承包商报价的准绳，也为以后评标议标奠定基础。

（3）招标文件的编制要求完整、无缺陷。招标文件可由业主自行准备，也可委托有关的咨询机构代办，要求做到十分完整、没有缺陷。对合同文件上的条款错漏，应及时加以更正；对图样中不明确、设计没标准、施工没做法、工程量不准确、工程验收标准不细致的内容，应及时加以明确，提高防止承包商的索赔和不平衡报价的意识。

（4）组织好评标工作。为防止不平衡报价，业主在对承包商的投标书进行评审时，应特别注意加强对承包商所报单价的审查，从中找出承包商的不平衡报价。具体方法如下。

① 详细审查各份标书，并与标底进行认真比较。

② 将三个最低标有时甚至是全部标底单价，列表进行横向比较。

通过上述的比较过程，承包商的不平衡报价特别是一些严重的不平衡报价，一般都能被发现。进而可根据具体情况，或拒绝该报价并宣布该项投标作废，或要求承包商对那些报高的单价，进一步提供单价分析计算书，做出细致的分解报价，以迫使其将虚报的单价降下来。

2. 室内装饰工程投标管理

（1）建立工程造价信息系统，为投标报价提供基础信息。

工程量清单报价的基础是全面、准确的价格信息，包括人工、材料、机械设备等方面的价格信息。市场价格信息的准确性和竞争性将直接影响投标报价。工程造价信息系统应建立在工程项目签订的采购合同和分包合同实际价格的基础上，参考当地造价管理部门编制的工程造价信息，并结合市场的变化情况。

（2）认真研读招标文件，重点关注投标组价过程。

投标人应认真研读招标文件，清楚理解根据招标文件规定，承包人应承担的责任和风险、对质量和工期的要求、合同价款的支付和调整、竣工结算等方面的内容。同时对工程量投标组价过程应给予重点关注，特别是对于工程量大、材料特殊、工艺先进或者图样不明确的项目，必须进行重点审查，确保组价准确。

（3）适当采用投标技巧，合理利用投标策略。

在工程量清单报价中采用合理的投标技巧和策略（具体见本小节第三点），是取得投标成功和项目赢利的重要因素。

（4）认真分析评标办法，争取最优报价。

目前对经济标的评分一般采用以基准价为基础进行评分的方式。业主编制的标底不参与基准价的合成，仅作为确定有效标的依据，又称为“拦标价”，即低于标底一定范围（一般为－3%～＋5%）的投标报价为有效投标报价。将有效投标报价去掉一个最高价和一个最低价后进行算术平均，为评标基准价，超过或低于评标基准价的投标报价会相应扣分。因此，应认真分析竞争对手状况，测算评标基准价的大致范围，进行投标决策，争取最优报价。

（5）合理分析和测算项目成本，为投标决策提供依据。

建筑工程施工投标竞争，从某些方面可以说是投标企业工程成本的竞争，合理分析和测算项目的成本变得越来越重要。分析和测算项目成本，应注重以下原则。

① 成本最优化原则，通过优化施工组织设计，达到项目成本最优。

② 竞争性原则，投标是企业各方面能力和水平的较量和竞争，项目成本也应具有一定的竞争性。

③ 实事求是原则，测算项目成本必须遵循实事求是和科学严谨的原则，不能主观臆断、随心所欲。

④ 与合同条件相结合的原则。项目成本与业主的付款条件、对质量和工期的要求、工程量计算密切相关，测算项目成本应注意与合同条件相结合。

3. 投标报价决策

投标，是在施工单位获得招标信息或被邀请参加投标的通知后展开的活动，施工单位应首先做出是否参加投标的策略，不可能也不应该见标必投。如决定投标，应立即按一定的投标程序进行准备，申请投标。在投标资格被招标单位确认后，即严格按照招标文件要求编制投标书，最关键的是报价水平的决策。投标决策一经确定，就要具体反映到报价上，在报价时对什么工程定价应高，什么工程定价应低；或者在一个工程中，在总价无多大出入的情况下，哪些单价宜高、哪些单价宜低，需要一定的技巧。技巧运用得好坏、是否得当，在一定程度上可以决定工程能否中标和盈利。以下是常用的室内装饰工程的投标技巧。

1）不平衡报价法

根据室内装饰工程的特殊性、投标总价格与实际施工过程中发生的项目价格会有所不同。有些项目的支付工程量与招标文件提供的工程量会有出入、甚至有较大的差别。我们可以利用这一特点来提高在投标中的竞争能力，增加收益。预支工程量与招标文件提供工程量之间可以分为以下三种情况。

（1）预计支付工程量等于招标文件提供的工程量。通过施工现场的勘察和对施工图样工程量的复核，对于预计支付工程量不会有很大变化的报价项目，按正常报价法确定单价，对承包商的报价及实际可获得工程价款不会产生影响。

（2）预计支付工程量小于招标文件提供的工程量。对于该类项目的报价，可以通过降低单价，从而减少报价虚量，即在总价不变的前提下，采用转移费用的办法使这一项目的报价降低。

（3）预计支付工程量大于招标文件提供的工程量。预计支付工程量比报价用工程量增加，工程中标后在核实实际工程量时可获得工程价款的增加。此类项目的报价，可通过提高单价，将支付工程量预计会减少的项目中的部分费用转移到该项目中去，能较大程度地增加工程价款。

不平衡报价法在日常的招投标中应用比较广泛。如对那些能够早日结款的项目可适当提高；设计图样不明确，估计修改后工程量要增加的，可以提高单价；而工程内容解释不清，可适当降低单价，待澄清后可再要求提价等。总之，这种报价法在实际应用时，施工承包商要能较准确地预测出哪些分部分项工程的工程量和内容会发生变化，以及变化的趋势和幅度。只有做到这一点，才可以有针对性地调整工程单价，取得预期的效果。

2）先亏后盈法

有的工程项目由于各种原因，发包方可能会预留甩项工程项目，在甩项工程盈利情况比较好的前提下，或承包商为了打进某一地区、某一市场，开始时可以依据自己雄厚的资本和实力采取的一种低标报价法，一旦中标站稳脚后，用以后的工程盈利来弥补前面的损失。

3）多方案报价法

装饰工程不同于土建项目，方案选择的可操作性较大，说服的理由也比较充分，针对一些发包方要求过于苛刻的项目，我们可以在按原要求进行报价的基础上，增加一个参数报价，即阐明按原合同要求规定，其投标总价为一个数值，倘若合同做某些修改，可降低报价的一定百分比，以此争取中标。

4）联合投标法

联合投标又称为联营体投标，包括两种投标方法：一是根据工程规模，一家施工企业实力不足或专业资质不够，联合其他施工企业分别进行投标，无论谁家中标，经发包方同意后，联合进行施工；二是利用招标项目所在地区和发包方对本地区施工单位有意向，但企业资质等级不够条件的施工单位，作为联营体参加投标，中标后两家企业联合施工。这样既能减少设备人员的进退场费，又能增加企业的经济效益。

5）暂定项目报价法

所谓暂定项目报价是指对没有设计文件，没有设计工程量，但工程施工过程中可能会发生的工程项目进行报价可列入暂定项目报价范围。暂定项目报价法分为以下两种情况。

（1）暂定项目报价总价参与评标时，名义工程量可少报，单价可提高；或是名义工程量已经设定，确定一定发生的项目单价可提高，确定不发生的项目单价可降低。

（2）暂定项目报价总价不参与评标时，名义工程量可合理假定，单价可提高。

6）分包商报价的采用

对于一些热门项目，施工专业队伍竞争如林的时候，总包商应在投标前取得分包商的报价，并增加总包商摊入的一定管理费，而后作为自己投标总价的一个组成部分一并列入报价单中。最好的方式是找两三家分包商分别报价，而后选择一家信誉好、实力强、报价合理的分包商签订协议。

投标不仅是一种竞争，也是一门艺术。要想在蒸蒸日上的装饰行业、在众多实力相当的投标人中脱颖而出，一举中标，掌握室内装饰工程的特点和科学合理的报价技巧相当关键，投标之法虽非千篇一律，但有章可循，只要投标者认真操作、认真总结分析，用科学、严谨的态度对待每一次投标，相信中标也在情理之中。

4. 室内装饰工程招投标标底的管理

室内装饰工程招投标价一般按标底价或标底价下浮一定百分比作为标准，谁的报价接近这个数值便是中标价。所以，一些投标单位就想方设法采取种种手段获取标底的信息。那些遵纪守法、具有真正实力的施工企业即使报出的投标价十分合理也无法中标，而那些不重视企业管理，只注意打听标底的企业却能中标，这是极不公平的现象。

随着社会主义市场经济的发展，取消标底的呼声日益高涨，《中华人民共和国招标投标法》中的标底也采取了软化的处理方式，没有对其进行强制性的规定，不再设立以标底价格为核心的中标上下限范围，这是我国工程建设在社会主义市场经济道路中迈出的至关重要的一步，这一步对于室内装饰工程招投标来说显得尤为重要。

室内装饰行业是个新兴的行业，室内装饰工程的特殊性也决定了正确编制装饰工程的标底比土建工程要复杂得多。它要求编制人员既要看懂吃透任何复杂的装饰图样，掌握装饰工程的各种施工工艺和施工方法；又要熟悉装饰材料及装饰人工的市场行情，了解各类装饰材料的用途与特点，加强对室内装饰工程招投标标底的管理。

3.2.3 室内装饰工程施工阶段造价管理

室内装饰工程项目施工阶段工程造价管理的主要工作是工程变更和索赔的管理，以及工程的计量和工程价款的结算。由于室内装饰工程项目的建设周期长，涉及的经济、法律关系复杂，受自然条件和客观因素的影响大，变更与索赔等影响投资控制事件的发生在所难免，使得建设项目造价管理变得复杂。本节主要介绍了室内装饰工程项目实施过程中变更、索赔的管理及工程价款的结算、投资偏差分析与投资控制方法。

1. 工程变更的造价管理

工程变更包括工程量变更、工程项目的变更（如发包人提出增加或者删减原项目内容）、进度计划的变更、施工条件的变更等。如果按照变更的原因划分，变更的种类可以分为发包人的变更指令（包括发包人对工程有了新的要求、发包人修改项目计划、发包人削减预算、发包人对项目进度有了新的要求等）；由于设计错误，必须对设计图样进行修改；由于新技术和知识的产生，有必要改变原设计方案或实施计划；工程环境的变化；法律、法规或者政府对建设项目有了新的要求、新的规定等。所有这些变更最终往往表现为设计变更，因为我国要求严格按图设计，所以如果变更影响了原来的设计，则首先应当变更原设计。考虑到设计变更在工程变更中的重要性，往往将工程变更分为设计变更和其他变更两大类。

在室内装饰工程施工过程中，由于业主对项目要求的修改、设计方由于业主要求的变化或施工现场环境变化、施工技术的要求而产生的设计变更。设计变更和工程变更是不可避免的，要解决的是如何减少变更，在变更过程中控制变更费用，时刻注意由于变更而引起的费用变化。在装饰工程施工过程中，严格控制不必要的变更，必要的变更，也要对变更项目做经济分析，采用既能够达到装饰效果，又经济合理的方案，保证控制造价渗透到项目实施过程的每一个环节，达到造价控制的目标。因此，在室内装饰工程施工阶段造价管理应处理好工程变更。

1）工程变更的处理原则

（1）尽快尽早变更。如果工程项目出现了必须变更的情况，应当尽快变更。变更越早，损失越小。如果工程变更是不可避免的，不论是停止施工等待变更指令，还是继续施工，无疑都会增加损失。

（2）尽快落实变更。工程变更发生后，应当尽快落实变更。工程变更指令一旦发出，就应当全面修改各种相关的文件，迅速落实指令。承包人也应当抓紧落实，如果承包人不能全面落实变更指令，则扩大的损失应当由承包人承担。

（3）深入分析变更的影响。工程变更的影响往往是多方面的，影响持续的时间也往往较长，对此要有充分的思想准备并做好详尽的分析。对政府投资的项目变更较大时，应坚持先算后变的原则，即不得突破标准，造价不得超过批准的限额。

2）工程变更价款的确定

在工程设计变更确定后14天内，设计变更涉及工程价款调整的，工程变更引起已标价工程量清单项目或其工程数量发生变化，由承包人向发包人提出，经发包人审核同意后调整相应的清单和合同价款。应按照下列规定调整。

（1）已标价工程量清单中有适用于变更工程项目的，采用该项目的单价；但当工程变更导致该清单项目的工程数量发生变化，且工程量偏差超过 15%时，调整的原则为当工程量增加 15%以上时，其增加部分的工程量的综合单价应予调低；当工程量减少 15%以上时，减少后剩余部分的工程量的综合单价应予调高。此时，按下列公式调整结算分部分项工程费：

① 当$Q_1>1.15Q_0$时，$S=1.15Q_0\times P_0+(Q_1-1.15Q_0)\times P_1$

② 当$Q_1<0.85Q_0$时，$S=Q_1\times P_1$

式中　S——调整后的某一分部分项工程费结算价；

Q_1——最终完成的工程量；

Q_0——招标工程量清单中列出的工程量；

P_1——按照最终完成工程量重新调整后的综合单价；

P_0——承包人在工程量清单中填报的综合单价。

（2）已标价工程量清单中没有适用、但有类似于变更工程项目的，可在合理范围内参照类似项目的单价。

（3）已标价工程量清单中没有适用也没有类似于变更工程项目的，由承包人根据变更工程资料、计量规则和计价办法、工程造价管理机构发布的信息价格和承包人报价浮动率提出变更工程项目的单价，报发包人确认后调整。承包人报价浮动率可按下列公式计算，即

招标工程为承包人报价浮动率 L=（1－中标价/招标控制价）×100%

非招标工程为承包人报价浮动率 L=（1－报价值/施工图预算）×100%

（4）已标价工程量清单中没有适用也没有类似于变更工程项目，且工程造价管理机构发布的信息价格缺价的，由承包人根据变更工程资料、计量规则、计价办法和通过市场调查等取得有合法依据的市场价格提出变更工程项目的单价，报发包人确认后调整。

（5）工程变更引起施工方案改变，并使措施项目发生变化的，承包人提出调整措施项目费的，应事先将拟实施的方案提交发包人确认，并详细说明与原方案措施项目相比的变化情况。拟实施的方案经发承包双方确认后执行。该情况下，应按照下列规定调整措施项目费。

① 安全文明施工费，按照实际发生变化的措施项目调整。

② 采用单价计算的措施项目费，按照实际发生变化的措施项目按本规范第 9.3.1 条的规定确定单价。

③ 按总价（或系数）计算的措施项目费，按照实际发生变化的措施项目调整，但应考虑承包人报价浮动因素，即调整金额按照实际调整金额乘以规定的承包人报价浮动率计算。如果承包人未事先将拟实施的方案提交给发包人确认，则视为工程变更不引起措施项目费的调整或承包人放弃调整措施项目费的权利。

（6）如果工程变更项目出现承包人在工程量清单中填报的综合单价与发包人招标控制价或施工图预算相应清单项目的综合单价偏差超过 15%，则工程变更项目的综合单价可由发承包双方按照下列规定调整。

① 当$P_0<P_1$×（1－L）×（1－15%）时，该类项目的综合单价按照P_1×（1－L）×（1－15%）调整。

② 当$P_0>P_1$×（1＋15%）时，该类项目的综合单价按照P_1×（1＋15%）调整。

式中　P_0——承包人在工程量清单中填报的综合单价；

P_1——发包人招标控制价或施工预算相应清单项目的综合单价；

L——承包人报价浮动率。

如果发包人提出的工程变更，因为非承包人原因删减了合同中的某项原定工作或工程，致使承包人发生的费用或（和）得到的收益不能被包括在其他已支付或应支付的项目中，也未被包含在任何替代的工作或工程中，则承包人有权提出并得到合理的利润补偿。

设计变更发生后，承包人在工程设计变更确定后14天内，应提出变更工程价款的报告，经工程师确认后调整合同价款。若承包人未提出变更工程价款报告，则发包人可根据所掌握的资料决定是否调整合同价款和调整的具体金额。重大工程变更涉及工程价款变更报告和确认的时限由发承包双方协商确定。

工程师应在收到变更工程价款报告之日起14天内，予以确认或提出协商意见。自变更价款报告送达之日起14天内，工程师未确认也未提出协商意见，则视该工程变更价款报告已被确认。

确认增加或减少工程变更价款作为追加或减少合同价款与工程进度款同期支付。

总之，室内装饰工程造价管理是一个复杂的系统工程，处理好室内装饰工程施工过程中的工程变更才能有效控制室内装饰工程造价。

2. 室内装饰工程索赔

室内装饰工程索赔是指在工程承包合同履行中，当事人一方本身无过错，由于另一方未履行合同所规定的义务或出现应当由对方承担的风险而遭受损失时，向另一方提出经济补偿或时间补偿要求的行为。由于施工现场条件、气候条件的变化，物价变化，施工进度变化，合同条款、规范、标准文件和施工图样的差异、延误等因素的影响，使得工程承包中不可避免地出现索赔。

索赔属于经济补偿行为，索赔工作是承发包双方之间经常发生的管理业务。在实际工作中，“索赔”是双向的，我国《建设工程施工合同（示范文本）》（以下简称《示范文本》）中的索赔既包括承包人向发包人的索赔，也包括发包人向承包人的索赔（在本书中除特殊说明之外，“索赔”均指承包人向发包人的索赔）。在工程实践中，发包人索赔数量少，而且处理简单方便，一般可以通过扣拨工程款、冲账、扣保证金等实现对承包人的索赔；而承包人对发包人的索赔则比较困难。通常情况下，索赔可以概括为以下三种情况：第一种，一方违约使另一方蒙受损失，受损方向对方提出赔偿损失的要求；第二种，施工中发生应由业主承担的特殊风险或遇到不利自然条件等情况，使承包人蒙受损失而向业主提出补偿损失要求；第三种，承包商应获得的正当利益，由于没能及时得到工程师的确认和业主应给予的支付，而以正式函件向业主索赔。

1）索赔类型

（1）工期索赔。工期索赔有以下几种情况。

① 如果承包人未按照合同约定施工，导致实际进度迟于计划进度的，发包人应要求承包人加快进度，实现合同工期。合同工程发生误期，承包人应赔偿发包人由此造成的损失，并按照合同约定向发包人支付误期赔偿费。即使承包人支付误期赔偿费，也不能免除承包人按照合同约定应承担的任何责任和应履行的任何义务。

② 发承包双方应在合同中约定误期赔偿费，明确每日历天应赔额度。除合同另有约定外，误期赔偿费的最高限额为合同价款的5%。误期赔偿费列入竣工结算文件中，在结算款中扣除。

③ 如果在工程竣工之前，合同工程内的某单位工程已通过了竣工验收，且该单位工程接收

证书中表明的竣工日期并未延误，而是合同工程的其他部分产生了工期延误，则误期赔偿费应按照已颁发工程接收证书的单位工程造价占合同价款的比例幅度予以扣减。

（2）承包人索赔。合同一方向另一方提出索赔时，应有正当的索赔理由和有效证据，并应符合合同的相关约定。

① 承包人索赔程序。根据合同约定，承包人认为非承包人原因发生的事件造成了承包人的损失，应按以下程序向发包人提出索赔：

承包人应在索赔事件发生后 28 天内，向发包人提交索赔意向通知书，说明发生索赔事件的事由。承包人逾期未发出索赔意向通知书的，丧失索赔的权利；

承包人应在发出索赔意向通知书后 28 天内，向发包人正式提交索赔通知书。索赔通知书应详细说明索赔理由和要求，并附必要的记录和证明材料；

索赔事件具有连续影响的，承包人应继续提交延续索赔通知，说明连续影响的实际情况和记录；

在索赔事件影响结束后的 28 天内，承包人应向发包人提交最终索赔通知书，说明最终索赔要求，并附必要的记录和证明材料。

② 发包人索赔程序。发包人索赔应按下列程序处理：

发包人收到承包人的索赔通知书后，应及时查验承包人的记录和证明材料；

发包人应在收到索赔通知书或有关索赔的进一步证明材料后的 28 天内，将索赔处理结果答复承包人，如果发包人逾期未做出答复，视为承包人索赔要求已经发包人认可；

承包人接受索赔处理结果的，索赔款项在当期进度款中进行支付；承包人不接受索赔处理结果的，按合同约定的争议解决方式办理。

③ 赔偿方式。承包人要求赔偿时，可以选择以下一项或几项方式获得赔偿：

延长工期；

要求发包人支付实际发生的额外费用；

要求发包人支付合理的预期利润；

要求发包人按合同的约定支付违约金。

若承包人的费用索赔与工期索赔要求相关联时，发包人在做出费用索赔的批准决定时，应结合工程延期，综合做出费用赔偿和工程延期的决定。发承包双方在按合同约定办理了竣工结算后，应被认为承包人已无权再提出竣工结算前所发生的任何索赔。承包人在提交的最终结清申请中，只限于提出竣工结算后的索赔，提出索赔的期限自发承包双方最终结清时终止。

（3）发包人索赔。根据合同约定，发包人认为由于承包人的原因造成发包人的损失，应参照承包人索赔的程序进行索赔。

发包人要求赔偿时，可以选择以下一项或几项方式获得赔偿：

延长质量缺陷修复期限；

要求承包人支付实际发生的额外费用；

要求承包人按合同的约定支付违约金。

承包人应付给发包人的索赔金额可从拟支付给承包人的合同价款中扣除，或由承包人以其他方式支付给发包人。

（4）因不可抗力事件引起的索赔。因不可抗力事件导致的费用，发、承包双方应按以下原则分别承担并调整工程价款。

工程本身的损害、因工程损害导致第三方人员伤亡和财产损失，以及运至施工场地用于施工的材料和待安装的设备的损害，由发包人承担。

发包人、承包人人员伤亡由其所在单位负责，并承担相应费用。

承包人的施工机械设备损坏及停工损失，由承包人承担。

停工期间，承包人应发包人要求留在施工场地的必要的管理人员及保卫人员的费用由发包人承担。

工程所需清理、修复费用，由发包人承担。

2）工程索赔的处理原则

在室内装饰工程施工过程如发生索赔，按照下列原则处理。

（1）合同是索赔的依据。不论是当事人不完成合同工作，还是风险事件的发生，能否索赔要看是否能在合同中找到相应的依据。工程师必须以完全独立的身份，站在客观公正的立场上，依据合同和事实公平地对索赔进行处理。根据我国的有关规定，合同文件应能够互相解释、互为说明，除合同另有约定外，其组成和解释的顺序如下：本合同协议书、中标通知书、投标文件、本合同专用条款、本合同通用条款、标准、规范及有关技术文件、图样、工程量清单及工程报价或预算书。

（2）索赔处理要及时、合理。索赔事件发生后，要及时提出索赔，索赔的处理也应当及时。若索赔处理得不及时，对双方都会产生不利的影响，如承包人的合理索赔长期得不到解决，积累的结果会导致其资金周转的困难，同时还会使承包人放慢施工速度从而影响整个工程的进度；处理索赔还必须注意索赔的合理性，既要考虑到国家的有关政策规定，也应考虑到工程的实际情况。例如，承包人提出对人工窝工费按照人工单价计算损失、机械停工按照机械台班单价计算损失显然是不合理的。

（3）加强事前控制，减少工程索赔。在室内装饰工程施工过程中，工程师应当加强事前控制，尽量减少工程索赔。在工程管理中，尽量将工作做在前面，减少索赔事件的发生。工程师在管理中应对可能引起的索赔有所预测，及时采取补救措施，避免过多索赔事件发生，使工程能顺利地进行，降低工程投资，缩短施工工期。

3）索赔价款的确定

（1）索赔费用的计算。索赔的费用内容包括：人工费、设备费、材料费、保函手续费、贷款利息、保险费、管理费和利润等。索赔计算方法包括两种：第一种是实际总费用法，将索赔事件所引起的费用项目分析计算索赔值，汇总后得到总索赔费用值，仅限于由索赔事项引起的、超过原计划的费用；第二种是修正总费用法，这种方法是对总费用法的改进，即在总费用计算的原则上，去掉些不确定的可能因素，对总费用法进行相应的修改和调整，使其更加合理。

（2）工期索赔的计算。因承包人的原因造成施工进度滞后，属于不可原谅的延期；只有承包人不应承担任何责任的延误，才是可原谅的延期。只有可原谅延期部分才能批准顺延合同工期。可原谅延期，又可细分为可原谅并给予补偿费用的延期和可原谅但不给予补偿费用的延期，后者是指非承包人责任的影响并未导致施工成本的额外支出。工期索赔的计算方法包括网络分析法和比例计算法两种，第一种网络分析法，如果延误的工作为关键工作，则总延误的时间为批准顺延的工期；如果延误的工作为非关键工作，当该工作由于延误超过时差限制而成为关键工作时，可以批准延误时间与时差的差值；若该工作延误后仍为非关键工作，则不存在工期索赔问题。第二种比例计算法，该方法主要应用于工程量有增加时工期索赔的计算，公式为

$$工程索赔值=\frac{额外增加的工程量的价格}{原合同价格}\times原合同总工期 \tag{3-1}$$

3. 室内装饰工程价款的结算

室内装饰工程价款结算是指对室内装饰工程承发包合同价款进行约定和依据合同约定进行工程预付款、工程进度款、工程竣工款结算的活动。

1）室内装饰工程预付款管理

（1）室内装饰工程预付款。室内装饰工程预付款是指装饰施工企业为该承包工程项目储备主要装饰材料、结构件所需的流动资金。

（2）室内装饰工程预付款支付的时间。发包人应在双方签订合同后的一个月内或不迟于约定的开工日期前的七天内预付工程款。工程预付款仅用于承包人支付施工开始时与本工程有关的动员费用。如承包人滥用此款，发包人有权立即收回。在承包人向发包人提交金额等于预付款数额的银行保函后，发包人按规定的金额和规定的时间向承包人支付预付款。

（3）室内装饰工程预付款的数额。包工包料工程的预付款按合同约定拨付，原则上预付比例不低于合同金额的 10%，不高于合同金额的 30%，对重大工程项目，按年度工程计划逐年预付。计价执行《建设工程工程量清单计价规范》（GB 50500—2013）的工程，实体性消耗和非实体性消耗部分应在合同中分别约定预付款比例。

（4）室内装饰工程预付款的抵扣。室内装饰工程预付款的抵扣有两种方式：第一，预付的装饰工程款可以在承包方完成金额累计达到合同总价的一定比例后，由承包人开始向发包方还款，发包人从每次应付给的金额中，扣回工程预付款，发包人至少在合同规定的完工期前三个月将工程预付款的总计金额按逐次分摊的办法扣回。当发包人一次付给承包方的余额少于规定扣回的金额时，其差额应该转入下一次支付中作为债务结转。第二，可以从未施工工程尚需的主要材料及构件的价值相当于工程预付款数额时起扣，从每次结算工程价款中，按材料比重扣抵工程价款，装饰工程竣工前全部扣清。其基本表达公式为

$$T = P - \frac{M}{N} \tag{3-2}$$

式中　T——起扣点，即工程预付款开始扣回的累计完成工作量的金额；

M——工程预付款的限额；

N——主材比重；

P——承包工程价款总额。

2）室内装饰工程进度款管理

（1）工程进度款支付程序。工程进度款支付程序，如图 3-1 所示。

（2）合同收入组成。合同收入包括两部分内容：合同中规定的初始收入和因合同变更、索赔、奖励等构成的收入。

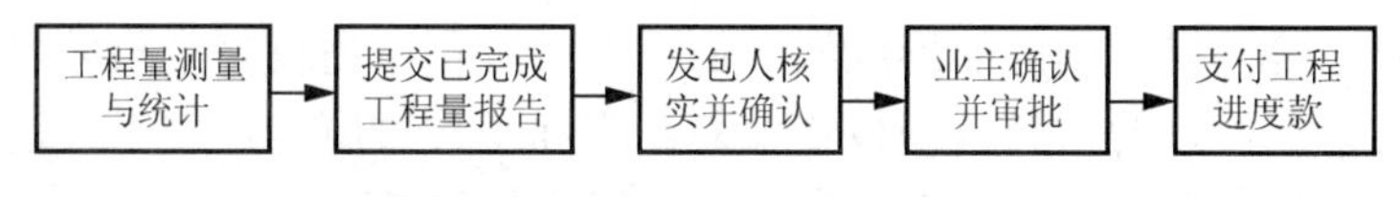

图 3-1　工程进度款支付步骤图

（3）质量保证金。室内装饰工程质量保证金是指发包人与承包人在建设工程承包合同中约

定，从应付的工程款中预留，用以保证承包人在缺陷责任期内对室内装饰工程出现的缺陷进行维修的资金。室内装饰工程竣工结算后，发包人应按照合同约定及时向承包人支付工程结算价款并预留保证金。全部或者部分使用政府投资的建设项目，按装饰工程价款结算总额5%左右的比例预留保证金。保修期到时，承包人向发包人申请返还保证金，发包人在接到承包人返还保证金申请后，应于14日内会同承包人按照合同约定的内容进行核实。如无异议，发包人应当在核实后14日内将保证金返还给承包商。

4. 投资偏差分析与投资控制方法

投资控制的目的是为了确保投资目标的实现，施工阶段投资控制目标是通过编制资金使用计划来确定的。结合工程特点，确定合理的施工程序与进度，科学地选择施工机具，优化人力资源管理，采用先进的施工技术、方法与手段实现资金使用与控制目标的优化。资金使用目标的确定既要考虑资金来源（如政府拨款，金融机构贷款，合作单位相关资金，自有资金）的实现方式和时间限制，又要按照施工进度计划的细化与分解，将资金使用计划和实际工程进度调整有机地结合起来。施工总进度计划要求严格，涉及面广，基本要求是保证拟建室内装饰工程项目在规定期限内按时或提前完成，节约施工费用，降低工程造价。

1）资金使用计划的编制

施工阶段资金使用计划的编制与控制在整个工程造价管理中处于重要而独特的地位，通过编制资金使用计划，合理确定施工阶段工程造价目标值，使工程造价的控制有所依据，并为资金的筹集与协调打下基础；定期地进行工程项目投资的实际值与目标值的比较，找出偏差和分析产生偏差的原因，并采取有效措施加以控制，以保证投资控制目标的实现。科学地编制资金使用计划，不仅对未来工程项目的资金使用和进度控制能够有所预测，消除不必要的资金浪费和进度失控，而且能够避免在今后工程项目中由于缺乏依据，而进行轻率判断所造成的损失，增加自觉性，使现有资金充分地发挥作用。

施工阶段资金使用计划的编制可以按不同子项目编制或者按时间进度编制。按不同子项目编制资金使用计划，即把室内装饰工程项目总投资分解到每一个子项目上，进而做到合理分配，编制时必须对工程项目进行合理划分，划分的粗细程度根据工程实际需要而定，在实际工作中，总投资目标按项目分解只能分到单项工程或单位工程，如果再进一步分解投资目标，就难以保证分目标的可靠性；按时间进度编制资金使用计划，即室内装饰工程项目的投资总是分阶段、分期支出的，资金应用是否合理与资金时间安排关系密切，为了编制资金使用计划，并据此筹措资金，应尽可能减少资金占用和利息支付，将项目总投资目标按使用时间进行分解，进一步确定分目标值。通常采用横道图、时标网络、S型曲线和香蕉图的方法编制资金使用计划。

2）投资偏差分析

在确定了投资控制目标之后，为了有效地进行投资控制，必须定期进行投资计划值和实际值的比较。当实际值偏离计划值时，要分析产生偏差的原因，采取适当的纠偏措施，使投资超支额尽可能小。施工阶段投资偏差的形成，是由于施工过程中随机因素与风险因素的影响，而形成了实际投资与计划投资的差异，即投资偏差；实际工程进度与计划工程进度的差异，即进度偏差。投资偏差可分为绝对偏差和相对偏差，局部偏差和累积偏差。

（1）偏差计算。投资偏差是指投资计划值与实际值之间的差异，偏差为正表示投资增加，为负表示投资节约。与投资偏差密切相关的是进度偏差，只有考虑进度偏差后才能正确反映投

资偏差的实际情况。用式（3-3）和式（3-4）表示，即

投资偏差＝已完工程实际投资－已完工程计划投资
＝实际工程量×（实际单价－计划单价）　（3-3）

进度偏差＝拟完工程计划投资－已完工程计划投资
＝（拟完工程量－实际工程量）×计划单价　（3-4）

式中　拟完工程计划投资＝拟完工程量×计划单价；
已完工程实际投资＝实际工程量×实际单价；
已完工程计划投资＝实际工程量×计划单价。

在进行分析时，投资偏差又可以分为局部偏差和累计偏差，绝对偏差和相对偏差。局部偏差，一般有两层含义：一是相对于总项目的投资而言，指各单项工程、单位工程和分部分项工程的偏差；二是相对于项目实施的时间而言，指每一控制周期所发生的投资偏差。累计偏差是在项目已实施的时间内累计发生的偏差，是一个动态概念。累计偏差分析必须以局部偏差的结果进行综合分析，其结果更能显示规律性，对投资控制工作在较大范围内具有指导作用。绝对偏差，是指投资计划值与实际值比较所得的差额。相对偏差是指投资偏差的相对数或比例数，通常是用绝对偏差与投资计划值的比值来表示，相对偏差能客观地反映投资偏差的严重程度和合理程度。绝对偏差和相对偏差的符号相同，正值表示投资增加，负值表示投资减少。

（2）偏差分析。

① 偏差原因。一般来讲，引起投资偏差的原因主要有四个方面，即客观原因、业主原因、设计原因和施工原因。由于客观原因是无法避免的，施工原因造成的损失由施工单位自己负责，因此，纠偏的主要对象是业主原因和设计原因造成的投资偏差。

② 偏差分析方法。横道图法，用不同的横道标志拟完工程计划投资、已完工程实际投资和已完工程计划投资，再确定投资偏差与进度偏差；横道图法简单明了便于了解项目投资概貌，但是该法信息量少，主要反映累计偏差和局部偏差。时标网络图法，根据时标网络图可以得到拟完工程计划投资，考虑实际进度前锋线就可以得到已完工程计划投资，已完工程实际投资可以根据实际工作完成情况测得，从而进行投资偏差和进度偏差的计算；时标网络图法简单、直观，主要用来反映累计偏差和局部偏差，但有时绘制实际进度前锋线会遇到困难。表格法，是进行偏差分析最常用的方法，根据项目的具体情况、数据来源、投资控制工作的要求等条件来设计表格，进行偏差计算；表格法适应性强，信息量大，可以反映各种偏差变量和指标，还便于计算机辅助管理。曲线法，形象直观，用投资时间曲线（曲线的绘制必须准确）进行偏差分析，通过三条曲线的横向和竖向距离确定投资偏差和进度偏差，主要反映累计偏差和绝对偏差，不能用于定量分析。

（3）偏差的纠正措施。偏差纠正措施分为组织措施、经济措施、技术措施、合同措施四个方面。

① 组织措施，主要指从投资控制的组织管理方面采取的措施，如要落实投资控制的组织机构和人员，明确各级投资控制人员的任务、职责与权利，改善项目投资控制工作流程等。组织措施常常容易被人们忽视，实际工作中它是其他措施的前提和保障，而且一般不需增加额外费用，运用得当即可收到良好的效果。

② 经济措施，运用时要特别注意，不能把经济措施片面地理解为审核工程量及相应的支付工程价款。考虑问题要从全局出发，例如，要检查投资目标是否分解得合理，资金使用计划是

否有保障，施工进度计划的协调如何等。另外，还可以通过偏差分析和未完工程预测发现潜在的问题，及时采取预防措施，从而取得造价控制的主动权。

③ 技术措施，按照工程造价控制的要求分析，技术措施并不都是因为施工中发生了技术问题才加以考虑的，也可能因为出现了较大的投资偏差而加以运用。不同的技术措施往往会有不同的经济效果，因此采用技术措施纠偏时，对不同的技术方案要进行技术经济综合分析评价后再加以选择。

④ 合同措施，合同措施在纠偏方面主要指索赔管理。在施工过程中，索赔事件的发生在所难免，在发生索赔事件后，造价工程师应认真审查有关索赔依据是否符合合同规定，索赔计算是否合理等，从主动控制的角度出发，加强对合同的日常管理，认真落实合同规定的责任。

3.2.4 室内装饰工程竣工阶段造价管理

室内装饰工程项目竣工决算是在竣工验收交付使用阶段，建设单位按照国家有关规定对一次装修或者二次装修项目，从筹建到竣工投产或使用全过程编制的全部实际支出费用的报告。它以实物数量和货币指标为计量单位，综合反映了竣工项目的建设成果和财务情况，是竣工验收报告的重要组成部分。竣工决算是正确核定新增固定资产价值，考核分析投资效果，建立健全经济责任制的依据，是反映建设项目实际造价和投资效果的文件。因此，本小节主要介绍基本建设项目竣工决算的主要内容、编制方法及室内装饰工程的保修管理。

1. 室内装饰项目竣工决算

室内装饰工程项目的竣工决算包括装饰工程项目从筹建开始到项目竣工交付生产使用为止的全部建设费用。竣工财务决算的内容主要包括装饰工程竣工财务决算报表、竣工财务决算说明书、工程竣工图和工程竣工造价对比分析。装饰工程竣工财务决算报表和竣工财务决算说明书是竣工决算的核心内容。

1）竣工财务决算报表

大、中型室内装饰工程竣工决算报表包括室内装饰工程竣工财务决算审批表；大、中型室内装饰工程概况表；大、中型室内装饰工程竣工财务决算表；大、中型室内装饰工程交付使用资产总表。小型室内装饰工程竣工财务决算报表包括建设项目竣工财务决算审批表、竣工财务决算总表、建设项目交付使用资产明细表。

2）竣工财务决算说明书

竣工财务决算说明书概括了竣工工程建设成果和经验，是对竣工决算报表进行分析和补充说明的文件，是全面考核分析工程投资与造价的书面总结，也是竣工决算报告的重要组成部分，主要内容包括室内装饰项目概况；资金来源及运用等财务分析；基本建设收入、投资包干结余、竣工结余资金的上交分配情况；各项经济技术指标的分析；工程建设的经验、项目管理和财务管理工作，以及竣工财务决算中有待解决的问题；需要说明的其他事项。

3）室内装饰竣工图

室内装饰工程竣工图是真实地记录室内装饰工程各分部分项工程的技术文件，是装饰工程进行交工验收、维护改建扩建的依据，是非常重要的技术档案。

4）工程造价比较分析

工程造价比较分析主要内容包括主要实物工程量、主要材料消耗量、考核建设单位管理费、措施费和间接费的取费标准。为了便于进行比较分析，可先对比整个项目的总概算，然后对比单项工程的综合概算和其他工程费用概算，最后对比分析单位工程概算，并分别将室内装饰工程的分部分项工程费用、措施项目费用和其他项目工程费用逐一与竣工决算的实际工程造价进行对比分析，找出节约和超支的具体内容和原因。

5）竣工结算

室内装饰工程竣工结算是指承包人按照合同规定的内容全部完成所承包工程，经验收质量合格并达到合同要求之后，双方应按照约定的合同价款及合同价款调整内容或者索赔事项，进行最终价款结算。根据室内工程项目的划分，应该包括单位工程结算、单项工程结算和装饰工程项目总结算。单位工程竣工结算由承包人编制，在总包人审查的基础上由发包人审查；单项工程竣工结算或建设项目竣工总结算由总（承）包人编制，发包人可直接进行审查，也可以委托具有相应资质工程造价咨询机构进行审查。政府投资项目，由同级财政部门审查。单项工程竣工结算或建设项目竣工总结算经发包人、承包人签字盖章后有效。

（1）竣工结算审查的内容一般包括核对合同条款；检查隐蔽验收记录；落实设计变更签证；按图核实工程数量；认真核实单价；注意各项费用计取；防止各种计算误差。

（2）竣工结算审查的期限如表 3-1 所示。

表 3-1　室内装饰工程结算审查期限表

	工程竣工结算报告金额	审查时间
1	500 万元以下	从接到竣工结算报告和完整的竣工结算资料之日起 20 天
2	500～2 000 万元	从接到竣工结算报告和完整的竣工结算资料之日起 30 天
3	2 000～5 000 万元	从接到竣工结算报告和完整的竣工结算资料之日起 45 天
4	5 000 万元以上	从接到竣工结算报告和完整的竣工结算资料之日起 60 天

（3）竣工结算计算式

$$\text{竣工结算工程款}=\text{合同价款}+\text{施工过程中合同款调整数额}+\text{预付及已结算工程款}-\text{保修金} \quad (3\text{-}5)$$

2. 室内装饰工程保修管理

1）保修和保修费用

（1）保修。按照《中华人民共和国合同法》规定，室内装饰工程的施工合同内容包括对工程质量保修范围和质量保证期。保修是指施工单位按照国家或行业现行的有关技术标准、设计文件及合同中对质量的要求，对已竣工验收的室内装饰工程在规定的保修期限内，进行保修、返工等工作。室内装饰产品不同于一般商品，往往在竣工验收后仍可能存在质量缺陷（指工程不符合国家或现行的有关技术标准、设计文件及合同对质量的要求）和安全隐患，为了使室内装饰项目达到最佳状态，确保室内装饰工程质量，降低生产或使用费用，发挥最大的投资效益，工程师应督促设计单位、施工单位、设备材料供应单位认真做好保修工作，并加强保修期间的投资控制。

室内装饰工程的保修期，自竣工验收合格之日起计算。

（2）保修费用。保修费用是指对室内装饰工程在保修期限和保修范围内所发生的维修、返工等各项费用支出。保修费用应按合同和有关规定合理确定和控制，可参照室内装饰工程造价的确定程序和方法计算，也可以按室内装饰工程造价或承包商合同价的一定比例计算（如 5%）。

2）保修费用的处理

室内装饰工程涉及面广、内容多，出现的质量缺陷和隐患等问题往往是由于多方面原因造成的。因此，在费用的处理上应分清造成问题的原因及具体返修内容，按照国家有关规定和合同要求与有关单位共同商定处理办法。

（1）设计原因造成的保修费用处理。设计方面的原因造成的质量缺陷，由设计单位负责并承担经济责任，由施工单位负责维修或处理。按新的合同法规定勘察、设计人员应当继续完成设计，减收或免除勘察、设计费并赔偿损失。

（2）施工原因造成的保修费用处理。施工单位未按国家有关规范、标准和设计要求施工，造成质量缺陷，由施工单位负责无偿返修并承担经济责任。

（3）室内装饰材料、构配件不合格造成的保修费用处理。由于室内装饰材料、构配件质量不合格引起的质量缺陷，属于施工单位采购的或经其验收同意的，由施工单位承担经济责任；属于建设单位采购的，由建设单位承担经济责任。至于施工单位、建设单位与材料、构配件供应单位或部门之间的经济责任，应按其材料、构配件的采购供应合同处理。

（4）用户使用原因造成的保修费用处理。因用户使用不当造成的质量缺陷，由用户自行负责。

（5）不可抗力原因造成的保修费用处理。因地震、洪水、台风等不可抗力造成的质量问题，施工单位和设计单位不承担经济责任，由建设单位负责处理。

小　结

室内装饰工程造价管理是直接影响单位工程后期投入资金量的重要因素，随着人们物质文化生活水平的提高，室内装饰工程标准日趋高档化，室内装饰作为一个独立实体在建筑市场占有重要位置。由于新工艺、新材料的不断涌现，室内装饰工程的造价所占工程建设总造价的比例越来越大，造价的合理与否对业主的影响也越来越大；但是室内装饰工程造价管理还处在一个发展初期阶段，存在着的一些不合理因素造成了室内装饰市场价格的不规范，从而在一定程度上制约了建筑装饰工程的发展。

全面造价管理就是有效地使用专业知识和专门技术去计划和控制资源、造价、盈利和风险。建设工程全面造价管理包括全寿命期造价管理、全过程造价管理、全要素造价管理和全方位造价管理。

从室内装饰工程的各个阶段看，室内装饰工程造价管理的各个阶段都有其特点。因此，室内装饰工程造价管理内容可分为投资阶段的造价管理、设计阶段的造价管理、招投标阶段的造价管理、施工阶段的造价管理、竣工阶段的造价管理和工程保修阶段的造价管理。

思考与练习

一、选择题

1～10 为单选题

1．某工程合同价款为 1500 万元，施工工期为 312 天，工程预付款为合同价款的 25%，主要材料、设备所占比重为 60%，则预付款的起扣点为（　　）万元。

A．875　　B．625　　C．600　　D．375

2．《工程量清单计价规范》规定，如果发包人在收到承包人要求预付工程款的通知后仍不按要求预付，承包人可在发出通知（　　）天后停止施工。

A．7　　B．10　　C．14　　D．28

3．工程竣工结算应（　　）。

A．由承包人负责编制，监理工程师核对

B．由承包人和发包人共同编制，监理工程师核对

C．由承包人和发包人共同编制，互相核对

D．由承包人负责编制，由发包人核对

4．采用分段结算与支付方式结算工程价款，是按（　　）划分不同阶段结算。

A．分部工程　　B．工程形象进度　　C．单位工程　　D．年度

5．工程预付款主要是保证承包商施工所需（　　）。

A．施工机械的正常储备　　B．材料和构件的储备

C．临时设施的准备　　D．施工管理费用的支付

6．因发包人未按（　　）提供施工条件造成工期拖延的，承包商可向发包人提出索赔。

A．施工进度计划要求　　B．施工承包合同要求

C．招标文件要求　　D．承包商投标文件要求

7．建设项目总承包方作为项目建设的一个（　　），其项目管理主要服务于项目的利益和建设项目总承包方的利益。

A．业主方　　B．施工方　　C．参与方　　D．供货方

8．在工程实施过程中发生索赔事件以后，或者承包人发现索赔机会时，首先要（　　）。

A．发出索赔意向通知　　B．提交索赔报告

C．确定索赔依据和理由　　D．计算索赔的费用

9．劳务分包合同中，劳务分包人在施工现场内使用的施工机械设备、周转材料、安全设施，由（　　）负责供应。

A．发包人　　B．工程承包人　　C．劳务分包人　　D．工程师

10．业主根据（　　）为承包商完成的工作量支付相应的价款。

A．已完成工作预算费用　　B．计划完成工作实际费用

C．计划完成工作预算费用　　D．已完成工作实际费用

11～18 为多选题

11．工程档案立卷可按建设程序划分为工程准备阶段文件、（　　）等五部分。

A．设计文件　　B．监理文件　　C．竣工图

D．施工文件　　E．竣工验收

12．按照《建设工程价款结算暂行办法》的规定，工程价款的结算方式有（　　）。

A．分项结算　　B．按月结算　　C．中间结算

D．分段结算　　E．竣工后一次结算

13．工程预付备料宽额度一般是根据（　　）等因素经测算来确定。

A．施工周期　　B．建安工作量　　C．材料储备周期

D．材料单价　　E．主材和构件费用占建安工作量的比例

14．《建设工程施工合同（示范文本）》（GF 1999-0201）由（　　）组成。

A．协议书　　B．普通条款　　C．通用条款

D．补充条款　　E．专用条款

15．工程进度款的支付是施工过程中一项经常性的工作，其（　　）都在施工合同中做出具体的规定。

A．支付数额　　B．支付方式　　C．支付时限

D．延期支付的方法　　E．延期支付的利息

16．工程档案立卷可按建设程序划分为工程准备阶段文件、（　　）等五部分。

A．设计文件　　B．监理文件　　C．竣工图

D．施工文件　　E．竣工验收

17．建设工程索赔按索赔的目的可分为（　　）。

A．合同内索赔　　B．工期索赔　　C．费用索赔

D．合同外索赔　　E．道义索赔

18．承包人就下列（　　）事件的发生向业主提出索赔。

A．施工中遇到地下文物被迫停工

B．施工机械大修，误工 3 天

C．材料供应商延期交货

D．业主要求加速施工，导致工程成本增加

E．设计图样错误，造成返工

二、案例分析

1. 某国际金融中心进行装修，发包方在装修方案确定后即采用固定单价计价方式进行招标。某施工单位中标，其报价中现场管理费率为 10%，企业管理费率为 8%，利润率为 5%；其中 A、B、C 三分项工程的综合单价分别为 80 元 / m^2、460 元 / m^2、120 元 / m^2。施工合同中约定：若累计实际工程量比计划工程量增加超过 15%，超出部分不计企业管理费和利润；若累计实际工程量比计划工程量减少超过 15%，其综合单价调整系数为 1.176；其余分项工程按中标价结算。

A、B、C 三个分项工程均按计划工期完成，相应的每月计划完成工程量和实际完成工程量如表 3-2 所示。

表 3-2　每月计划工程量和实际完成工程量

月　份		1	2	3	4
A 分项工程	计划完成工程量（m^3）	1100	1200	1300	1400
	实际完成工程量（m^3）	1100	1200	900	800
B 分项工程	计划完成工程量（m^3）	500	500	500	
	实际完成工程量（m^3）	550	600	650	
C 分项工程	计划完成工程量（m^3）	200	300	300	
	实际完成工程量（m^3）	200	250	400	

问题：

（1）发包方应依据什么原则进行工程变更合同价款的审定？

（2）该施工单位报价中的综合费率为多少？

（3）A 分项工程结算工程款为多少？

（4）B 分项工程结算工程款为多少？

（5）C 分项工程结算工程款为多少？

2. 某建筑集团公司中标某地产公司一别墅项目中的 10 栋联排别墅。工程承包合同额为 1500 万元，工期为 6 个月。承包合同规定：（1）主要材料及构配件金额占合同总额的 70%；（2）在不迟于开工前 7 天，业主向承包商支付额度为合同总价 25%的预付备料款，工程预付款应从未施工工程尚需的主要材料及构配件的价值相当于预付备料款时起扣，每月以抵充工程款的方式陆续收回；（3）工程保修金为承包合同总价的 4%，业主从每月承包商的工程款中按 4%的比例扣留，在保修期满后，保修金及保修金利息扣除已支出费用后的剩余部分退还给承包商；（4）除设计变更和其他不可抗力因素外，合同总价不做调整。各月实际完成产值如表 3-3 所示。

表 3-3　联排别墅工程各月实际完成产值　　单位：万元

月份	4	5	6	7	8	9
实际完成产值	220	250	280	300	250	200

问题：

（1）该工程的预付款是多少？

（2）起扣点是多少？从几月份开始起扣？

（3）各月工程师代表应签发的工程款是多少？应签发付款凭证金额是多少？

（4）承包人在施工段一的混凝土工程完工经质量检查人员自检认为质量符合现行规范后，向业主提出工程量确认的书面报告，一周后，业主的工程师代表仍然没有到现场进行计量。承包人应如何处理？

（5）按照《建设工程价款结算暂行办法》（财建[2004]369 号），工程价款的结算方式有哪些？

（6）工程竣工结算应如何进行？

三、思考题

1. 室内装饰工程造价的含义有哪些？什么是全面造价管理？
2. 工程造价管理的基本内容有哪些？
3. 室内装饰工程造价的原则有哪些？
4. 简述我国及我国香港地区造价管理发展概况。室内装饰工程造价管理措施有哪些？
5. 简述国外工程造价的特点，以及美国、英国和日本造价管理发展概况。
6. 室内装饰工程投资决策阶段造价管理内容有哪些？
7. 室内装饰工程设计阶段造价管理内容有哪些？
8. 室内装饰工程招标投标阶段造价管理内容有哪些？
9. 室内装饰工程施工阶段造价管理内容有哪些？
10. 室内装饰工程竣工阶段造价管理内容有哪些？
11. 室内装饰工程变更的范围包括哪些？
12. 阐述室内装饰工程变更与索赔的关系。
13. 我国目前室内装饰工程价款的结算方式有哪几种？
14. 室内装饰工程的投资偏差的分析方法主要有哪些？各种方法的优缺点是什么？

第4章

室内装饰工程预算费用与定额

教学目标

本章主要介绍分部分项工程清单费用、措施项目清单费用、其他项目清单费用、规费清单费用和税费清单费用及室内装饰工程预算定额和工程量清单消耗量定额。通过本章教学，让学习者了解预算定额和工程量清单消耗量定额，掌握室内装饰工程费用的构成，掌握利用定额进行室内装饰工程预算的方法。

教学要求

知识要点	能力要求	相关知识
室内装饰工程费用	(1) 掌握室内装饰工程费用的构成; (2) 掌握分部分项工程费的构成; (3) 掌握措施项目费的构成; (4) 掌握其他项目费的构成; (5) 掌握规费的构成; (6) 熟悉税金的内容	(1) 分部分项工程费、措施项目费和其他项目费、规费和税金; (2) 人工费、材料费、机械费、企业管理费、利润; (3)通用项目措施、专业工程项目措施; (4) 暂列金额、暂估价、计日工、总承包服务费; (5) 工程排污费、工程定额测定费、社会保障险、住房公积金、危险作业意外伤害险; (6) 营业税、城乡维护建设税、教育附加费
室内装饰工程预算定额及消耗量定额	(1) 熟悉定额的概念、作用; (2) 了解定额手册及其组成; (3) 掌握定额换算及定额应用; (4) 掌握定额消耗量的确定	(1)预算定额、消耗量定额、定额换算; (2) 定额组成、定额手册内容; (3) 工程量换算法、块料面层换算法; (4) 编制原则和方法、人工、机械、材料等消耗量的确定

基本概念

直接费；间接费；利润；税金；分部分项费；其他项目费；措施项目费；规费；人工费、机械费、材料费、定额换算、定额号、定额应用。

引例

前面两章节学习了室内装饰工程项目管理和造价管理，对于工程业主和施工企业来说工程造价概念是不同的。那么是不是工程造价就等于工程直接费呢？工程费用又包含哪些方面的内容呢？这就是本章节所要讲述的重点。

例如，某装饰装公司 2012 年 10 月发生材料费 60 万元，人工费 25 万元，机械费 5 万元，间接费为直接费的 20%，则该项工程的间接费是(　　)。

A. 90 万元　　B. 30 万元　　C. 18 万元　　D. 6 万元

例如，某装饰企业于所属的某项目于 2012 年 9 月完工，完工时共发生材料费 30 万元，项目管理人员工资 8 万元，行政管理部门发生水电费 2 万元，根据企业会计准则，计入工程成本费用的是(　　)。

A. 2 万元　　B. 30 万元　　C. 32 万元　　D. 38 万元

室内装饰工程造价由分部分项工程费用、措施项目费用、其他项目费用、规费、税金五个部分构成。

4.1 室内装饰工程费用构成

4.1.1 室内装饰产品价格特点

1. 商品的价值和价格

商品是为交换而生产的劳动产品。商品的价值是指凝结在商品中的人类劳动，价值大小取决于消耗在产品生产中的社会必要劳动时间的多寡，而不是个别劳动时间的多少。所谓社会必要劳动时间是指社会平均劳动时间。

凡是商品都有它的价值，反之没有价值的东西不可能成为商品。商品的价值用货币来表现就是商品的价格，即价格是价值的货币表现。商品交换时，价格要以价值为基础，实行等价交换，这就是价值规律。

2. 室内装饰产品价格特点

室内装饰产品不同于一般工业产品，其价格也不同于一般工业产品的价格，室内装饰产品价格编制的依据有两个。

（1）室内装饰特点决定装饰价格。室内装饰产品各式各样，规格千变万化。工业产品多数是标准化的；室内装饰产品的生产没有固定地区，随着装饰工程所在地的变化而变换工地；工业产品的生产是在固定的生产地点（工厂）进行不断重复的连续生产过程，工业产品生产条件很少发生显著变化，而室内装饰工程却因装饰时间不同、地点不同、施工条件不同、施工工艺不同、装饰构造不同等，在工程预算造价上有很大的差异。例如，装饰两个结构和面积相同的房屋，但一个在冬季施工，一个在夏季施工，两者的预算造价不相同；一个在交通方便的地方施工，一个在偏僻的地方施工，它们的工程投资费用也不相同。即使在同一季节、同一地方的装饰工程，由于装饰设计方案不同，装饰产品的价格也是不同的。采用同一标准设计的装饰物，也会由于材料来源不同、运输工具和运输距离不同、施工季节不同，以及施工机械化程度不同等诸原因造成所需的装饰工程费用有很大的差别。正是这些因素决定了装饰工程（装饰产品）的报价必须采用适用于装饰工程特点的特殊方法，即按照实际情况编制施工图预算的方法。

（2）室内装饰工程的各项构成费用影响装饰价格。室内装饰产品的价格由直接费、间接费、利润和税金等组成。

从室内装饰工程造价编制的过程看，直接费的材料预算价格与实际价格可以调整，人工费按地区预算标准（工资标准不变）计算，其他直接费按规定的费率可变；间接费根据工程的规模、施工单位的资质等级、工程地点及发生条件计算；计划利润不变。而装饰工程造价是由直接费、间接费和计划利润构成的，所以工程造价的可变性是必然的。因此，室内装饰工程价格也就受到影响。

4.1.2　室内装饰工程计价理论

1. 室内装饰工程造价

室内装饰工程造价是指室内装饰建设项目在装饰装修过程中施工企业发生的生产和经营管理费用的总和。

工程造价广义上是指室内装饰工程项目从立项决策到竣工验收交付使用所需的全部投入费用，也就是建设投资；狭义上是指在室内装修过程中施工企业发生的生产和经营管理的费用总和。前一种理解是对投资者即建设单位而言，后一种理解是对室内装饰工程项目的建造者，即对施工单位而言。通常所说的工程造价是指狭义的解释，例如，装修某一栋大楼预算造价多少，是说装修这栋大楼要花多少钱。

2. 工程造价理论构成

室内装饰工程项目作为一种商品，其造价也同其他商品一样，应包括各种活劳动和物化劳动的消耗费用，以及这些费用消耗所创造的社会价值。但是，室内装饰工程造价又有其特殊性。

（1）室内装饰工程造价由三个部分构成：物质消耗支出，即价值转移的货币表现（C）；劳动报酬，即劳动者为自己的劳动所创造价值的货币表现（V）；盈利，即劳动者为社会提供的劳动所创造价值的货币表现（M，利润和税收）。

所以，室内装饰工程造价的理论构成可表示为

$$室内装饰工程理论费用=C+V+M \tag{4-1}$$

（2）与一般的工业产品价格构成不同，工程造价的构成还具有某些特殊性，其主要表现如下。

① 室内装饰工程在竣工后，一般不在空间上发生物理运动，可直接移交用户立即进入生产和生活消费，因而价格中不包括一般商品具有的生产性流通费用，如商品包装费、运输费、保管费。

② 室内装饰建设工程项目固定在一个地方，和土地连成一片，因而价格中一般应包括土地价格或使用费。另一方面，由于施工人员和施工季节要围绕建设工程流动，因而有的工程价格中还包括施工企业远离基地的调迁费用或成品建造的转移所发生的费用。

③ 室内装饰建设工程的生产者中包括勘察设计单位、室内装饰企业，因而工程造价中包含的劳动报酬和盈利均是总体劳动者的劳动报酬和盈利。

3. 我国现行工程造价的组成内容

在我国，室内装饰工程项目从筹建到竣工验收、交付使用整个过程的投入费用称为工程造价，也称为基本建设费用，它所包括的内容表示为

室内装饰工程造价（基本建设费用）＝直接费＋间接费＋利润＋税收　　（4-2）

或

室内装饰工程造价（基本建设费用）＝分部分项工程量清单费用
＋措施项目清单费用＋其他措施项目清单费用＋规费＋税收　　（4-3）

4.1.3 室内装饰工程费用构成

在室内装饰工程施工中，需要投入大量的人力、材料、机械等，消耗大量资金。因此，在室内装饰工程中，既包含各种人力、材料、机械使用的价值，又包含工人在施工中新创造的价值，这些价值都应该在室内装饰工程的费用中体现出来。

室内装饰工程费用包含的项目繁多，计算复杂。由于室内装饰工程及生产的技术经济特点，使得室内装饰工程的费用构成、费用计算基础和取费标准等，必须按工程的类别、标准、等级、地区、企业级别等不同而发生变化，而且室内装饰工程费用随着时间的推移及生产力和科学技术水平的提高，费用构成、取费标准等也将发生变化，以便适应相应时期室内装饰工程产品的价值变化。随着我国加入WTO，工程计价方法逐渐与国际接轨，2013年由建设部和国家质量监督总局发布了《建设工程工程量清单计价规范》（以下简称计价规范）（GB 50500—2013），它是在2003年、2008年的清单计价规范的基础上进行了修订并于2013年7月1日开始实施。《计价规范》对工程费用如何计算作了详细的规定。与传统的装饰工程定额计价模式费用的计算方法相比，清单计价模式费用的计算方法在计算方法、费用构成上都发生了很大变化。室内装饰工程预算费用主要是指施工图预算费用，采用定额计价方法时，室内装饰工程费用主要由工程直接费、工程其他直接费、间接费、计划利润和税金等组成；当采用清单计价方法时，室内装饰工程费用又包括分部分项工程清单费用、措施项目清单费用、其他项目清单费用、规费清单费用和税金等。

表4-1和表4-2所示为定额计价模式的室内装饰工程费用构成和工程量清单计价模式的费用构成。

表 4-1　定额计价模式的室内装饰工程的费用构成

项次	费用名称	费用项目内容		参考计算公式
（一）	直接费	直接工程费	（1）人工费； （2）材料费； （3）施工机械使用费；	Σ（工日消耗量×日工资标准） Σ（材料消耗量×材料基价）+检验试验费 Σ（施工机械台班消耗量×机械台班单价）
			（4）现场管理费；	
		施工组织措施费	（1）环境保护费； （2）文明施工费； （3）安全施工费； （4）远征费； （5）缩短工期措施费；	直接工程费×其相应费率（%）
			（6）临时设施费；	（周转使用临建费+一次性使用临建费）×（1+其他临时设施所占比例（%））
			（7）二次搬运费； （8）脚手架搭拆费； （9）已完工程及设备保护费； （10）施工排水、降水费；	直接工程费×二次搬运费费率（%） 脚手架摊销量×脚手架价格+脚手架搭、拆、运费成品保护所需机械费+材料费+机械费 Σ排水降水机械台班费×排水降水周期+排水使用材料费、人工费
			（11）总承包服务费	
（二）	间接费	企业管理费	（1）管理人员工资； （2）办公费； （3）差旅交通费； （4）固定资产使用费； （5）工具用具使用费； （6）工会经费； （7）职工教育经费； （8）工程定额编制管理、定额测定费； （9）税金； （10）其他	按取费基数不同分为以下三种： （1）直接费×（规费费率+企业管理费费率） （2）（人工费+机械费）×（规费费率+企业管理费费率） （3）人工费×（规费费率+企业管理费费率）
		财务费		
		其他费用	（1）工程定额测定费； （2）安全生产监督费； （3）劳动保险费； （4）室内装饰项目管理费	
（三）	利润			按取费基数不同分为以下三种： （1）（直接工程费+措施费+间接费）×相应利润率 （2）（直接工程费中人工费和机械费+措施费中人工费和机械费）×相应利润率 （3）（直接费中人工费+措施费中人工费）×相应利润率
（四）	税金		（1）营业税； （2）城市维护建设税； （3）教育费附加	（税前造价+利润）×税率（%）
总造价			直接费、间接费、利润、税收	（一）+（二）+（三）+（四）

表 4-2 工程量清单计价模式室内装饰工程的费用构成

<table>
<tr><th>项次</th><th>费用名称</th><th colspan="2">费用项目内容</th><th>参考计算公式</th></tr>
<tr><td rowspan="5">（一）</td><td rowspan="5">分部分项工程</td><td colspan="2">（1）人工费；
（2）材料费；
（3）施工机械使用费；</td><td>Σ（工日消耗量×日工资标准）
Σ（材料消耗量×材料基价）＋检验试验费
Σ（施工机械台班消耗量×机械台班单价）</td></tr>
<tr><td colspan="2">（4）现场管理费</td><td></td></tr>
<tr><td>（5）企业管理费</td><td>① 管理人员工资
② 办公费
③ 差旅交通费
④ 财务费
⑤ 固定资产使用费
⑥ 工具用具使用费
⑦ 工会经费
⑧ 职工教育经费
⑨ 待业保险费
⑩ 工程定额编制管理、定额测定费
⑪ 税金
⑫ 其他</td><td>按取费基数不同分为以下三种：
（1）直接费×（规费费率＋企业管理费费率）
（2）（人工费＋机械费）×（规费费率＋企业管理费费率）
（3）人工费×（规费费率＋企业管理费费率）</td></tr>
<tr><td colspan="2">（6）利润</td><td>按取费基数不同分为以下三种：
（1）（直接工程费＋措施费＋间接费）×相应利润率
（2）（直接工程费中人工费和机械费＋措施费中人工费和机械费）×相应利润率
（3）（直接费中人工费＋措施费中人工费）×相应利润率</td></tr>
<tr><td></td><td></td><td></td></tr>
<tr><td rowspan="4">（二）</td><td rowspan="4">措施项目费</td><td rowspan="3">通用项目措施</td><td>（1）安全文明施工费（含环境保护费、文明施工费、安全施工费、临时设施费）；
（2）夜间施工费；
（3）冬雨季施工费；
（4）二次搬运费；</td><td>直接工程费×其相应费率（%）</td></tr>
<tr><td>（5）地下、地上设施，建筑物的临时保护设施费费；
（6）已完工程及设备保护费；
（7）大型机械设备进出场及按拆费；</td><td>人工费＋材料费＋机械费</td></tr>
<tr><td>（8）施工排水费；
（9）施工降水费；</td><td>Σ排水降水机械台班费×排水降水周期＋排水使用材料费、人工费</td></tr>
<tr><td>专业工程措施项目</td><td>（10）脚手架费；
（11）垂直运输机械费；
（12）室内空气污染测定费；
（13）其他费用</td><td>脚手架摊销量×脚手架价格＋脚手架搭、拆、运费</td></tr>
</table>

续表

项次	费用名称	费用项目内容	参考计算公式
（三）	其他项目费	（1）暂列金额； （2）暂估价：包括材料暂估单价、工程设备暂估单价、专业工程暂估价； （3）计日工； （4）总承包服务费	
（四）	规费	（1）工程排污费； （2）社会保障险：包括养老保险费、失业保险费、医疗保险费； （3）住房公积金； （4）工伤害保险	
（五）	税金	（1）营业税； （2）城市维护建设税； （3）教育费附加	（税前造价＋利润）×税率（%）
总造价		分部分项工程费用、措施项目费、其他项目费、规费和税金	（一）＋（二）＋（三）＋（四）＋（五）

4.1.4　室内装饰工程费用内容

1．分部分项工程费

分部分项工程费是指完成工程计价表中列出的各分部分项工程量所需的费用，包括人工费、材料费、机械台班费、现场管理费及企业管理费和利润。

1）人工费

人工费是指从事室内装饰工程施工的工人（包括现场运输等辅助工人）和附属生产工人的基本工资、附加工资、工资性津贴、辅助工资和劳动保护费。但是，人工费不包括材料保管、采购、运输人员、机械操作人员、施工管理人员的工资，这些人员的工资，分别计入其他有关的费用中。人工费的计算可表示为

$$人工费=\sum（工程量\times预算定额基价人工费）\tag{4-4}$$

2）材料费

材料费是指完成室内装饰工程所消耗的材料、零件、成品和半成品的费用，以及周转性材料的摊销费累加总和。材料费的计算可表示为

$$材料费=\sum（工程量\times预算定额基价材料费）\tag{4-5}$$

3）施工机械使用费

施工机械使用费是指室内装饰工程施工中所使用各种机械费用的总和，它不包括施工管理和实行独立核算的加工厂所需的各种机械的费用。施工机械使用费的计算可表示为

$$施工机械使用费=\sum（工程量\times预算定额基价机械费）\tag{4-6}$$

4）现场管理费

现场管理费是指施工企业为完成室内装饰工程施工，花费在室内装饰施工项目现场的各项费用等，包括以下内容。

（1）工资费用：现场管理人员的基本工资、工资性补贴、职工福利费、劳动保护费等。

（2）办公费：指现场管理办公用的文具、纸张、账表、印刷、邮电、书报、会议、水、电、烧水和集体取暖（包括现场临时宿舍供暖）用煤等费用。

（3）差旅交通费：指职工因公出差期间的旅费、住勤补助费、市内交通费和误餐补助费、职工探亲路费、劳动力招募费、职工离退休、退职一次性路费、工伤人员医疗费，以及工地转移和现场管理使用的交通工具的油料、燃料、养路及牌照费。

（4）固定资产使用费：指现场管理及试验部门使用的属于固定资产的设备、仪器等的折旧、大修理、维修费或租赁费。

（5）工具用具使用费：指现场管理使用的不属于固定资产的工具、器具、家具、交通工具和检验、试验、测绘、消防用具等的购置、维修和摊销费。

（6）保险费：指施工管理用财产、车辆保险费。

（7）工程排污费：指施工现场按规定缴纳的排污费用。

（8）其他费用。

5）企业管理费

企业管理费是指装饰施工企业为组织施工所发生的管理费用，包括如下内容。

（1）管理人员的基本工资、工资性补贴及按规定标准计提的职工福利费。

（2）差旅交通费：指企业职工因公出差、工作调动的差旅费、住勤补助费、市内交通费和误餐补助费、职工探亲路费、劳动力招聘费、离退休职工一次性路费，以及交通工具的油料、燃料、养路费、牌照费等。

（3）办公费：办公用文具、纸张、账表、印刷、邮电、书报、会议、水、电、燃煤（气）等费用。

（4）财务费：指企业为筹集资金而发生的各项费用，包括企业经营期间发生的利息净支出、汇兑净损失、调剂外汇手续费、金融机构手续费，以及企业筹集资金发生的其他财务费用。

（5）固定资产折旧、修理费：指企业属于固定资产的房屋、设备、仪器等的折旧及维修费用。

（6）工具用具使用费：指企业管理使用的不属于固定资产的工具、用具、家具、交通工具，以及检验、试验、消防用具等的维修和摊销费用。

（7）工会经费：指企业按职工工资总额2%计提的工会经费。

（8）职工教育经费：指企业为职工学习先进技术和提高文化水平，按职工工资总额的1.5%计提的费用。

（9）待业保险费：指企业按照国家规定缴纳的待业保险基金。

（10）工程定额编制管理、定额测定费：指按规定支付工程造价（定额）管理部门的定额编制管理费及劳动管理部门的定额测定费。

（11）税金：指企业按规定缴纳的房产税、土地使用税、印花税等。

（12）其他：包括技术开发费、业务招待费、排污费、绿化费、广告费、公证费、法律顾问费、审计费、咨询费、防洪工程维护费、合同审查及按规定支付的上级管理费等。

6）利润

利润是指施工单位劳动者和集体劳动者所创造的价值，施工企业为完成所承包工程而合理收取的酬金，以及按国家规定应计入装饰工程造价的利润。

利润是施工企业承包建设工程应计取的酬金，是工程价格的组成部分。依据工程的投资来源或工程类别的不同，实施的利润率不同。利润中包括所得税，商品的利润大小反映了企业劳动者对社会的贡献，同时也对企业的发展和职工福利都有着重大的影响。按规定利润可计入工程造价，不分工程类别而以人工费、材料费、机械台班费、综合费之和的一定百分比计算。

2. 室内装饰工程措施项目费

1）措施项目费组成

措施项目费是指由如表 4-3 所示的“措施项目一览表”确定的工程措施项目金额的总和，包括人工费、材料费、机械使用费、管理费、利润及风险费等。

表 4-3　措施项目一览表

序　号	项 目 名 称
1 通用项目	
1.1	安全文明施工（环境保护、文明施工、安全施工、临时设施）
1.2	夜间施工
1.3	二次搬运
1.4	冬雨季施工
1.5	大型机械设备进出场及安拆
1.6	施工排水
1.7	施工降水
1.8	已完工程及设备保护
2 装饰装修工程	
2.1	垂直运输机械
2.2	室内空气污染测试
2.3	脚手架

（1）环境保护费。环境保护费指在正常施工条件下，环保部门按规定向施工单位收取的噪声、扬尘、排污和施工现场为达到环保部门要求所需要的各项费用。

（2）现场安全、文明施工措施费。现场安全文明施工措施费是指现场设置安全、文明施工措施所需的费用，包括脚手架挂安全网、铺安全竹笆片、洞口、五临边及电梯井护栏费用、电气保护安全照明设施费、消防设施及各类标牌摊销费、施工现场环境美化、现场生活卫生设施、施工出入口清洗及污水排放设施、建筑垃圾清理外运等内容。

（3）临时设施费。临时设施费是指施工企业为进行室内装饰工程施工所必需的生活和生产用的临时建筑物、构筑物和其他临时设施费用等。

临时设施包括临时宿舍、文化福利及公用事业房屋与构筑物；现场必需的仓库、加工厂、修理棚、淋灰池、烘炉、操作台；现场以内的临时道路、便桥、临时水塔、围墙、水、电力管线及其他动力管线（不包括锅炉、变压器等设备）等设施。但不包括三通一平范围内的主干路、干管、干线、场地平整及各类临时设施的填垫土石方工程。

（4）材料二次搬运费。根据现场总面积与室内装饰工程首层建筑面积的比例，以预算基价中材料费合计为基数乘以相应的二次倒运费费率计算，见表 4-4。

（5）脚手架费用。脚手架费用是指脚手架搭设、加固、拆除、周转材料摊销等费用。

（6）已完工程及设备保护费。已完工程及设备保护费是指对已施工完成的工程和设备采取保护措施所发生的费用。

（7）施工排水、降水费。施工排水、降水费是指施工过程中发生的排水、降水费用。

（8）垂直运输机械费。垂直运输机械费是指在合理工期内完成单位工程全部项目所需的垂直运输机械台班费。

（9）室内空气污染测试费。室内空气污染测试费是指对室内空气相关参数进行检测发生的人工和检测设备的摊销等费用。

（10）检验试验费。检验试验费是指根据国家有关标准或施工验收规范要求，对建筑材料、构配件和建筑物工程质量检测检验所发生的费用。除此以外发生的检验试验费，如已有质保书材料，而建设单位或质检部门另行要求检验试验所发生的费用，以及新材料、新工艺、新设备的试验费等应另行向建设单位收取。

（11）赶工措施费。赶工措施费是指若建设单位对工期有特殊要求，则施工单位必须增加的施工成本费。

（12）工程按质论价。工程按质论价指建设单位要求施工单位完成的单位工程质量达到经权威部门鉴定为优良工程所必须增加的施工成本费。

（13）特殊条件下施工增加费。特殊条件下施工增加费是指在有毒有害气体和有放射性物质区域范围内的施工人员的保健费，与建设单位职工享受同等特殊保健津贴。根据现场实际完成的工程量（区域外加工的制品不应计入）的计价表耗工数，并加计 10%的现场管理人员的人工数确定。

2）计算方法

措施项目费一般包括实体措施项目费和配套措施项目费。实体措施项目费是指工程量清单中，为保证某类工程实体项目的顺利进行，根据国家现行有关建设工程施工及验收规范、规程要求，必须配套完成工程内容所需的费用，如脚手架费用、已完工程及设备保护费等。配套措施项目费不是某类实体项目，而是为保证整个工程项目的顺利进行，根据国家现行有关建设工程施工及验收规范、规程要求，必须配套完成工程内容所需的费用，如文明施工费、安全施工费等。它们的费用计算方法分别如下。

（1）系数法。实体措施项目费计算，即以措施项目有直接关系的工程项目直接工程费（或人工费、或人工费与机械费之和）合计作为基数乘以实体措施费悉数。一般地，实体措施费悉数是根据以往代表性工程的资料进行分析取得的。

实体措施项目费计算，是用整体工程项目工程项目直接工程费（或人工费、或人工费与机械费之和）合计作为基数乘以配套措施费悉数。一般地，配套措施费悉数也是根据以往代表性工程的资料进行分析取得的。

（2）方案分析法。通过编制具体的措施实施方案，对方案所涉及的各种经济技术参数进行计算后，确定实体措施项目费或者配套措施项目费。

3. 其他项目费

其他项目费是指暂列金额、暂估价（包括材料暂估价、专业工程暂估价）、计日工和总承包服务费的总和，应包括人工费、材料费、机械使用费、管理费及风险费。其他项目清单由招标人部分、投标人部分两部分内容组成，以上没有列出的根据工程实际情况补充。

1）暂列金额

招标人在工程量清单中暂定并包括在合同价款中的一笔款项。用于施工合同签订时尚未确定或者不可预见的所需材料、设备、服务的采购，施工中可能发生的工程变更、合同约定调整因素出现时的工程价款调整，以及发生的索赔、现场签证确认等的费用。

2）暂估价

招标人在工程量清单中提供的用于支付必然发生但暂时不能确定价格的材料的单价及专业工程的金额，暂估价包括材料暂估单价、工程设备暂估单价、专业工程暂估价。

发包人在招标工程量清单中给定暂估价的材料、工程设备属于依法必须招标的，由发承包双方以招标的方式选择供应商。中标价格与招标工程量清单中所列的暂估价的差额，以及相应的规费、税金等费用，应列入合同价格。

发包人在招标工程量清单中给定暂估价的材料和工程设备不属于依法必须招标的，由承包人按照合同约定采购。经发包人确认的材料和工程设备价格与招标工程量清单中所列的暂估价的差额，以及相应的规费、税金等费用，应列入合同价格。

发包人在工程量清单中给定暂估价的专业工程不属于依法必须招标的，应按照《建设工程工程量清单计价规范》（GB 50500—2013）第 9.3 节相应条款的规定确定专业工程价款。经确认的专业工程价款与招标工程量清单中所列的暂估价的差额，以及相应的规费、税金等费用，应列入合同价格。

发包人在招标工程量清单中给定暂估价的专业工程，依法必须招标的，应当由发承包双方依法组织招标选择专业分包人，并接受有管辖权的建设工程招标投标管理机构的监督。

除合同另有约定外，承包人不参与投标的专业工程分包招标，应由承包人作为招标人，但招标文件评标工作、评标结果应报送发包人批准。与组织招标工作有关的费用应当被认为已经包括在承包人的签约合同价（投标总报价）中。承包人参加投标的专业工程分包招标，应由发包人作为招标人，与组织招标工作有关的费用由发包人承担。同等条件下，应优先选择承包人中标。

专业工程分包中标价格与招标工程量清单中所列的暂估价的差额，以及相应的规费、税金等费用，应列入合同价格。

3）计日工

在施工过程中，完成发包人提出的施工图样以外的零星项目或工作，按合同中约定的综合单价计价。采用计日工计价的任何一项变更工作，承包人应在该项变更的实施过程中，每天提交以下报表和有关凭证呈送发包人复核。

（1）工作名称、内容和数量。

（2）投入该工作所有人员的姓名、工种、级别和耗用工时。

（3）投入该工作的材料名称、类别和数量。

（4）投入该工作的施工设备型号、台数和耗用台时。

（5）发包人要求提交的其他资料和凭证。

任一计日工项目持续进行时，承包人应在该项工作实施结束后的 24 小时内，向发包人提交有计日工记录汇总的现场签证报告一式三份。发包人在收到承包人提交现场签证报告后的 2 天内予以确认并将其中一份返还给承包人，作为计日工计价和支付的依据。发包人逾期未确认也未提出修改意见的，视为承包人提交的现场签证报告已被发包人认可。

任一计日工项目实施结束，发包人应按照确认的计日工现场签证报告核实该类项目的工程数量，并根据核实的工程数量和承包人已标价工程量清单中的计日工单价计算，提出应付价款；已标价工程量清单中没有该类计日工单价的，由发承包双方按《建设工程工程量清单计价规范》（GB 50500—2013）第9.3节的规定商定计日工单价计算。

每个支付期末，承包人应按照《建设工程工程量清单计价规范》（GB 50500—2013）第10.4节的规定向发包人提交本期间所有计日工记录的签证汇总表，以说明本期间自己认为有权得到的计日工价款，列入进度款支付。

4）总承包服务费

总承包人为配合协调发包人进行的工程分包自行采购的设备、材料等进行管理、服务及施工现场管理、竣工资料汇总整理等服务所需的费用。发包人应在工程开工后的28天内向承包人预付总承包服务费的20%，分包进场后，其余部分与进度款同期支付。发包人未给合同约定向承包人支付总承包服务费，承包人可不履行总包服务义务，由此造成的损失（如有）由发包人承担。

4. 规费

规费是指按规定必须计入工程造价的行政事业性收费。按照国家或省、市、自治区人民政府规定，必须缴纳并允许计入工程造价的各项税费之和。规费主要包括工程排污费、工程定额测定费、社会保障险（包括养老保险费、失业保险费、医疗保险费）、住房公积金、工伤保险（危险作业意外伤害险）。

1）工程排污费

工程排污费是一项行政事业性收费，指在室内装修过程中污染物的排放，内容包括废气、废水、废物等各种废弃原材料和物资的费用，一般由环保部门根据工程实际情况来制定。

2）社会保障险

社会保险是指国家通过立法强制建立社会保险基金，对参加劳动关系的劳动者在丧失劳动能力或失业时给予必要的特质帮助的制度。社会保险不以盈利为目的。

社会保险主要是通过筹集社会保险基金，并在一定范围内对社会保险基金实行统筹调剂至劳动者遭遇劳动风险对其给予必要的帮助，社会保险对劳动者提供的是基本生活保障，只要劳动者符合享受社会保险的条件（与用人单位建立了劳动关系，已按规定缴纳了各项社会保险费），即可享受社会保险待遇。社会保险是社会保障制度中的核心内容。

（1）养老保险。养老保险是指劳动者在达到法定退休年龄或因年老、疾病丧失劳动能力时，按国家规定退出工作岗位并享受社会给予的一定物质帮助的一种社会保险制度。我国的离休、退休、退职制度属于养老保险范畴。养老保险待遇包括离休、退休费、退职生活费，以及物价补贴和生活补贴等。

（2）医疗保险。医疗保险是指劳动者因疾病、伤残或生育等原因需要治疗时，由国家和社会提供必要的医疗服务和物质帮助的一种社会保险制度。

（3）失业保险。失业保险是指国家通过建立失业保险基金的办法，对因某种情形失去工作而暂时中断生活来源的劳动者提供一定基本生活需要，并帮助其重新就业的一种社会保险制度。

（4）住房公积金。

住房公积金是指职工个人及其所在单位按照职工个人工资收入一定比例逐月缴存，具有保障性和互助性的职工个人住房储金。职工缴存的住房公积金和职工所在单位为职工缴存的住房公积金，属于职工个人所有。

国务院《住房公积金管理条例》规定，国家机关、企事业单位、外方投资企业及城镇私营企业都必须为职工缴存住房公积金。

（5）工伤保险。

工伤保险是指按照建筑法规定，企业为从事危险作业的建筑安装施工人员支付的意外伤害保险费。危险作业意外伤害保险费作为不可竞争费用，在编制施工图预算、招标控制价和投标报价时应按照定额规定的取费标准计算。

规费计算一般以当地政府或者有关部门制定的标准执行。其计算公式为

规费＝计算基数（直接工程费、人工费或人工费与机械费之和）×规费费率%　（4-7）

5. 税金

税金是指按国家税法规定的应计入工程造价内的营业税、城市维护建设税、教育附加费及社会事业发展费。按工程所在地区的税率标准进行计算，工程在市区的，按不含税工程造价的3.445%计算；工程在县城、镇的，按不含税工程造价的 3.381%计算；工程在其他地区的，按不含税工程造价的 3.252%计算。

1）营业税

营业税是指对从事建筑业、交通运输业和各种服务业的单位和个人，就其营业收入征收的一种税。营业税应纳税额的计算公式为

应纳税额＝营业额×适用税率（税率一般规定为 3%）　（4-8）

建筑业适用营业税的税率按各地规定。营业额是指从事建筑、安装、修缮、装饰及其他工程作业收取的全部收入（工程造价），还包括建筑、修缮、装饰工程所用原材料及其他物资和动力的价款；当安装的设备的价值作为安装工程产值时，也包括所安装设备的价款。但建筑业的总承包人将工程分包或转包给他人的，其营业额不包括付给分包或转包人的价款。

2）城市维护建设税

城市维护建设税是国家为了加强城市的维护建设，扩大和稳定城市维护建设的资金来源，对有经营收入的单位和个人征收的一种税。城市维护建设税与营业税同时缴纳，应纳税额的计算公式为

应纳税额＝营业税应纳税额×适用税率　（4-9）

税率一般规定如下几点。

（1）纳税地点在市区（包括郊区）的企业——税率为 7%；

（2）纳税地点在县城、镇的企业——税率为 5%；

（3）纳税地点不在市区、县城、镇的企业——税率为 1%。

3）教育费附加

教育费附加是指为加快发展地方教育事业、扩大地方教育资金来源而征收的一种地方税。教育费附加与营业税同时缴纳，应纳税额的计算公式为

应纳税额＝营业税应纳税额×适用税率（税率一般规定为 3%）　（4-10）

为便于计算，通常采用“综合税率”，其公式为

税金＝（税前造价＋利润）×综合税率（%）　（4-11）

其中：

（1）纳税地点在市区（包括郊区）的企业

$$综合税率(\%)=\frac{1}{1-3\%-3\%\times7\%-3\%\times3\%}-1$$

（2）纳税地点在县城、镇的企业

$$综合税率(\%)=\frac{1}{1-3\%-3\%\times5\%\times3\%-3\%}-1$$

（3）纳税地点不在市区、县城、镇的企业

$$综合税率(\%)=\frac{1}{1-3\%-3\%\times1\%\times3\%\times3\%}-1$$

在室内装饰工程造价计算程序中，税金计算在最后进行。将税金计算之前的所有费用之和称为不含税工程造价，不含税工程造价加税金称为含税工程造价。投标人在投标报价时，税金的计算一般按国家及有关部门规定的计算公式及税率标准计算。

4.1.5 费用调整

1. 价差调整

由于人工、材料、施工机械台班价格在不断地变化，计价表采用的预算价格往往会滞后于实际价格，以致产生预算编制期的价格与计价表编制期的价格之间的价差。因此，编制预算造价时需要按规定对其进行调整，即这种按计价表计算出来的分部分项工程费，还需要加上人工、材料和机械费的调差后，才能算是完整的预算分部分项工程费，计算公式为

$$\begin{aligned}预算分部分项工程费用&=\sum工程量\times综合单价\\&+人工费调差+材料费调差+机械费调差\end{aligned}\tag{4-12}$$

1）人工费调差

人工费调差计算公式为

$$人工费调差=\frac{计算表人工费}{计价表人工单价}\times(预算新人工单价-计价表人工单价)\tag{4-13}$$

2）机械费调差

从施工机械台班单价的费用构成来看，只要人工工资单价和有关燃料、动力等预算价格发生变化，施工机械费也会随之改变，就需要进行调整。一般建筑与装饰工程常采用在计价表机械费的基础上以“系数法”调整。此法类似于材差计算中的系数法，可参照计算。

3）材料费调差

材料费调差是指建筑与装饰工程材料的实际价格与计价表取定价格之间的差额，即材料价差，简称为“材差”。材差产生的原因是由于作为计算工程造价依据的计价表综合单价，是采用某一年份某一中心城市的人工工资标准、材料和机械台班预算价格进行编制的。计价表有一定年限的使用期，在该使用期内综合单价维持不变动。但是，在市场经济条件下，建筑材料的价格会随市场行情的变化而发生上下波动，这就必然导致材料的实际购置价格与计价表综合单价中确定的材料价格之间产生差额，因而就出现了“材差”。

材差的计算和确定，对于建设单位在控制工程造价、确定招标工程标底，施工单位在工程投标报价、进行经济分析，以及双方签订施工合同、明确施工期间的材料价格变动的结算办法等方面，都具有极其重要的意义。

2. 材料价差计算

1）建筑材料分类

为适应材差计算的需要，建筑与装饰工程中常将建筑材料划分为如下三大类。

（1）主要材料：指价格较高，使用较普遍且使用量大，在建筑与装饰工程材料费用中所占比重较大的钢材、木材、水泥以及玻璃、沥青等所谓的“五大主材”。

（2）地方材料：指价格较低，使用很普遍，且来源广泛，产地众多，运取方便的砖、瓦、灰、沙、石等材料。

（3）特殊材料：指价格偏高，使用不普遍，但在特殊条件下又必须使用的材料，如花岗岩、大理石、汉白玉、轻钢龙骨、瓷砖、缸砖、壁纸、隔音板、蛭石、加气混凝土、防火门、硫黄、胶泥、屋面新型防水涂料等。

2）材料价差计算方法

计算材料价差的方法主要有单项调差法和材差系数法。

（1）单项调差法：指将单位工程中的各种材料，逐个地进行调整其价格的差异。计算方法是根据单位工程材料分析，汇总得出各种材料数量，然后将其中的每一种材料的用量乘以该材料调整前后的价差，即得到该单项材料的价差。计算公式为

材料价差＝（材料调整时的预算指导价或实际价－计价表材料单价）
×计价表材料消耗用量　　　　（4-14）

对于主要材料和特殊材料，一般采用单项调差法来计算材料价差。

（2）材差系数法：指规定单位工程中的某些材料作为调整的范围，并按其材料价差占分部分项工程费（或计价表材料费）的百分比所确定的系数，来调整材料价差。计算公式为

材料价差＝分部分项工程费（或计价表材料费）×调价系数　　　　（4-15）

对于建筑与装饰工程中的次要材料和安装工程中的辅助材料，均可采用“材差系数法”来计算材料价差。

【例 4-1】 某室内工程有紫罗红花岗岩地面 1 260m^2，已知：由材料市场及地区政府的取费标准查出，紫罗红花岗岩单价为 1000 元/m^2，325 号水泥 0.4710 元/kg，中沙 95 元/m^3，规费费率为 38.7%，利润率为 3%，综合税率为 3.445%，施工企业管理费费率为 11%。试分析紫罗红花岗岩地面的各项费用。

【解】 据题意，并根据某省的工程量清单消耗量定额 01104 查得，人工消耗量为 0.2779 工日/ m^2，花岗岩的用量为 1.02m^2/m^2，1∶3 水泥砂浆用量为 0.0303m^3/m^2，素水泥浆用量为 0.0010m^3/m^2，白水泥用量为 0.103kg/m^2，棉纱头用量为 0.0100 kg/m^2，水用量为 0.0260 m^3/m^2，锯末的用量为 0.0060 m^3/m^2；根据该区域的材料市场价格（政府指导价），查得人工费定额单价为 273 元/工日，花岗岩为 123.420 元/m^2，1∶3 水泥砂浆单价为 287.530 元/m^3，素水泥浆单价为 706.690 元/m^3，白水泥单价为 1.0 元/kg，棉纱头为 0.043 元/m^2，水为 0.065 元/m^2，锯末为 0.06588 元/m^2，灰浆搅拌机为 0.08122 元/m^2，石材切割机为 0.31046 元/m^2，机械费为 0.39168 元/m^2。

1）人工费计算

人工工日数：1260×0.2779＝350.154（工日）

人工费：350.154×273＝95 592.04（元）

2）材料费计算

花岗岩板：1.02×1 260＝1285.20（m^2）

白水泥：0.103×1260÷1 000＝0.130t）

1∶3 水泥砂浆中 325 号水泥：0.0303×1 260×408÷1 000＝15.577（t）

1∶3 水泥砂浆中中砂：0.0303×1 260×1 533÷1 000＝58.527（t）

素水泥浆中 325 号水泥：0.001×1 260×1 517÷1 000＝1.911（t）

综上，325 号水泥合计为 15.577＋1.911＝17.488（t），中砂合计为 58.527（t）。

材料费：1285.20×1000＋17.488×1000×0.471＋58.527÷1.5×95＋0.130×1000×1.0＋（0.043＋0.065＋0.06588）×1 260＝1 297 492.65 （元）

3）机械费计算

机械费：（0.08122＋0.31046）×1 260＝493.52（元）

4）企业管理费计算

企业管理费：（人工费＋机械费）×企业管理费费率

＝（95 592.04＋493.52）×11%＝10569.41（元）

5）利润计算

利润：（人工费＋材料费＋施工机械使用费＋企业管理费）×利润率

＝（95 592.04＋1 297 492.65 ＋493.52＋10569.41）×3%

＝42 124.43（元）

6）分部分项工程费用计算

分部分项工程费：（人工费＋材料费＋施工机械使用费＋企业管理费＋利润）

＝95 592.04＋1 297 492.65 ＋493.52＋10 569.41＋153 214.53

＝1 557 362.15

7）规费计算

规费：人工费×规费费率＝95 592.04×38.7%＝36 994.12（元）

8）税收计算

税收：（分部分项工程费＋措施项目费＋其他项目费＋规费）×3.445%

＝（1 446 298.84＋0 ＋0＋36 994.12）×3.445%＝51 099.44（元）

该花岗岩地面总造价：

分部分项工程费＋措施项目费＋其他项目费＋规费＋税收

＝1 446 298.84＋0 ＋0＋36 994.12 ＋51 099.44＝1 534 192.40（元）

每平方米造价：1 534 192.40 ÷1260＝1217.77（元）

【例 4-2】 某高级饭店装饰工程的分部分项工程费为 523 000 元，其中定额人工费为 59 000 元。已知该省装饰工程部分项目措施费率如表 4-4 所示，试计算各措施项目费。

表 4-4 某省室内装饰工程措施项目费率表

序 号	1	2	3	4	5	6
费用名称	文明施工费	安全施工费	临时设施费	夜间施工费	已完工程及设备保护费	生产工具用具使用费
取费基础	分部分项工程费					
费率（%）	0.34	0.23	0.18	0.06	0.1	0.02

【解】 根据各项目措施费费率的计算公式得

（1）文明施工费＝523 000×0.34%＝1 77 8.20（元）
（2）安全施工费＝523 000×0.23%＝1 202.90（元）
（3）临时设施费＝523 000×0.18%＝941.40（元）
（4）夜间施工费＝523 000×0.06%＝313.80（元）
（5）已完工程及设备保护费＝523 000×0.1%＝523.00（元）
（6）生产工具用具使用费＝523 000×0.02%＝104.60（元）

4.1.6　室内装饰工程造价计算程序

1. 表 4-5 所示为包工包料的建筑与装饰工程造价计算程序

表 4-5　建筑与装饰工程（包工包料）造价计算程序

序号	费用名称		计算公式	备注
（一）	分部分项工程量清单费用		综合单价×工程量	
	其中	（1）人工费	定额人工消耗量×人工单价	
		（2）材料费	定额材料消耗量×材料单价	
		（3）机械费	定额机械消耗量×机械单价	
		（4）企业管理费	（1）＋（3）×11%	
		（5）利润	[（1）＋（2）＋（3）＋（4）]×费率	
（二）	措施项目清单计价		分部分项工程费×费率或工程量×综合单价	按《计价表》或费用计算规则
（三）	其他项目费用			双方约定
（四）	规费			
	其中	（1）工程排污费		
		（2）社会保障险：包括养老保险费、失业保险费、医疗保险费	（1）×相应费率	按各市规定计取
		（3）住房公积金		
		（4）工伤害保险		
（五）	税金		[（一）＋（二）＋（三）＋（四）]×税率	按各市规定计取
（六）	工程造价		（一）＋（二）＋（三）＋（四）＋（五）	

2. 表 4-6 所示为包工不包料的室内装饰工程造价计算程序

表 4-6　室内装饰工程（包工不包料）造价计算程序

序号	费 用 名 称	计 算 公 式	备　注
（一）	分部分项工程量清单人工费	定额人工消耗量× ？元/工日	按政府指导价或定额计算
（二）	措施项目清单计价	（一）×费率或按计价表	地区费率规定计算
（三）	其他项目费用		双方约定

续表

序号	费用名称		计算公式	备注
（四）	规费			
	其中	（1）工程排污费	（一）×相应费率	按规定计取
		（2）社会保障险：包括养老保险费、失业保险费、医疗保险费		
		（3）住房公积金		
		（4）工伤害保险		
（五）	税金		[（一）＋（二）＋（三）＋（四）]×税率	按各市规定计取
（六）	工程造价		（一）＋（二）＋（三）＋（四）＋（五）	

【例 4-3】 某乙级装饰施工企业在该市区内的某综合楼贴墙纸墙面工程，合同人工单价为200元/工日；采用羊毛壁纸，市场价为70元/m^2。按计价规范计算得知该工程工程量为6 200m^2，其他材料市场价同定额中的价格，机械费不调整，已知：临时设施费费率为0.18%，企业管理费费率为11%，税率为3.445%，规费费率为38.7%。

【解】（1）确定项目编码和计量单位。

查计价规范项目编码为011408001009，取计量单位为m^2。

（2）按计价规范规定计算的工程量为6 200m^2。

（3）查某省的工程量清单消耗定额以及该市的2014年市场材料价格可知，人工费为15元，工日消耗量为0.198 工日/m^2；材料费为23.22元/m^2，墙纸消耗量为1.1579m^2/m^2，普通墙纸18元/ m^2。

（4）分部分项工程费计算。

人工费：6 200×0.198×200＝245 520.00（元）

材料费：6 200×（70×1.1579＋23.22－1.1579×18）＝517 270.96（元）

机械费：0

企业管理费：:（人工费＋机械费）×管理费费率＝（245 520＋0）×11%＝27 007.20（元）

利润：（人工费＋材料费＋施工机械使用费＋企业管理费）×利润率

＝（245 520.00＋517 270.96＋27 007.20）×3%＝23 693.95（元）

分部分项工程费：（人工费＋材料费＋施工机械使用费＋企业管理费＋利润）

＝245 520.00＋517 270.96＋27 007.20＋23 693.95＝813 492.11（元）

（5）措施项目费计算。

临时设施费：813 492.11×0.18%＝1 464.29（元）

措施项目费：1 464.29（元）

（6）其他项目费：0。

（7）规费计算。

规费：（人工费×规费费率）＝245 520.00×38.7%＝95 016.24（元）

（8）税收：（分部分项工程费＋措施项目费＋其他项目费＋规费）×税率

＝（813 492.11＋1 464.29＋0＋95 016.24）×3.445%＝ 31 348.56（元）

（9）工程总价：（分部分项工程费＋措施项目费＋其他项目费＋规费＋税收）

＝813 492.11＋1 464.29＋0＋95 016.24＋31 348.56＝ 941 321.20（元）

4.2 室内装饰工程预算定额

室内装饰工程预算定额是指在正常合理的施工技术与建筑艺术综合创作下，采用科学的方法，制定出生产质量合格的分项工程所必需的人工、材料和施工机械台班以价值货币表现的消耗数量标准。在建筑装饰工程预算定额中，除了规定上述各项资源和资金消耗的数量以外，还规定了应完成的工程内容和相应的质量标准及安全要求等内容。

4.2.1 室内装饰工程定额的分类

在工程项目建设活动中所使用的定额种类较多，我国已经形成工程建设定额管理体系。室内装饰工程定额，是工程建设定额体系的重要组成部分。就室内装饰工程定额而言，根据不同的分类方法又有不同的定额名称。为了对室内装饰工程定额从概念上有一个全面的了解，按定额适用范围、生产要素、用途和费用性质，可以把室内装饰工程预算定额分为以下几类。

1. 按编制单位和执行范围分类

（1）全国统一定额（主管部门定额）。
（2）地方性定额（各省、市定额）。
（3）企业定额。

2. 按生产要素分类

（1）劳动定额（或称人工定额）。
（2）材料消耗定额。
（3）机械台班使用定额。

3. 按定额编制程序和用途分类

（1）施工定额。
（2）预算定额或基础定额。
（3）概算定额或概算指标。
（4）工程消耗量定额。

4. 按定额费用的性质分类

（1）直接工程费定额。
（2）间接工程费定额。
（3）工器具定额。
（4）工程建设其他费用定额等。

4.2.2 室内装饰工程定额的作用

室内装饰工程预算定额在装饰工程的预算管理中，体现出以下几个方面的作用。
（1）室内装饰工程预算定额是编制施工图预算造价的基础。
室内装饰工程的造价，是通过编制装饰工程施工图预算的方法来实现。在施工图设计阶段，装饰施工项目可以根据施工设计图样、装饰工程预算定额及当地的取费标准，准确地编制出室内装饰工程施工图预算。

（2）室内装饰工程预算定额是确定招标标底和投标报价的基础。

在市场价格机制运行中，室内装饰工程招标标底的编制和投标报价，都要以室内装饰工程预算定额为基础，它控制着劳动消耗和装饰工程价格水平。

（3）室内装饰工程预算定额是对室内装饰工程设计进行经济比较的依据。

装饰设计在建筑设计中占有越来越重要的地位。装饰工程设计在注重装饰美观、舒适、安全和方便的同时，也要符合经济合理的要求。通过室内装饰定额对装饰工程项目设计方案进行经济分析和比较，是选择经济合理的设计方案的重要依据。

对装饰设计方案的比较，主要是针对不同的装饰设计方案的人工、材料和机械台班的消耗量、材料重量等进行比较，通过分析比较才有可能把握不同的设计方案中人工、材料、机械等消耗量对装饰造价的影响，材料质量对建筑基础工程的影响等。而对于新材料、新工艺在装饰工程中的应用，也要借助于装饰工程定额进行技术经济分析和比较。因此，依据装饰工程定额对装饰设计方案进行技术经济对比，从经济角度考虑装饰设计效果是否最佳和经济合理，是优化选择装饰设计方案的最佳途径。

（4）室内装饰工程预算定额是编制施工组织设计方案的依据。

装饰工程要进行施工必须编制施工组织设计方案，确定拟施工的工程所采用的施工方法和相应的技术措施，确定现场平面布置和施工进度安排，确定人工、机械 、材料、水电力资源需要量及物料运输方案，才能保证装饰工程施工得以顺利进行。

根据装饰工程定额规定各种消耗量指标，才能够比较精确地计算出拟装饰部位所需要的人工、材料、机械、水电资源的需要量，确定出相应的施工方法和技术组织措施，为拟施工的装饰工程有计划地组织装饰材料供应，平衡劳动力与机械调配，安排合理的装饰施工进度等。

（5）室内装饰工程预算定额是装饰工程的工程结算和签订施工合同的依据。

装饰工程结算是建设单位（发包方）和施工单位（承包方）按照工程进度对已完工程实行货币支付的行为，是商品交换中结算的一种形式。室内装饰工程工期一般都较长，不可能都采用竣工后一次性结算的方法，通常采用分期付款的方式结算，以解决施工企业资金短缺的问题。采用分期付款的依据一般根据完成施工项目的分项工程量来确定，而采用已完分部工程量进行结算时，必须以装饰工程定额为依据计算应结算的工程价款。在具备地区单位估价表的条件下，虽然可以直接利用预算单价进行结算，但预算单价的计算基础仍然是预算定额。

此外，装饰工程承包双方，在商品交易中按照法定程序签订装饰工程施工合同时，为明确双方的权利与义务，合同条款的主要内容、结算方式和当事人的法律行为，也必须以装饰定额的有关规定，作为合同执行的依据。

（6）室内装饰工程预算定额是装饰企业进行成本分析的依据。

在市场经济体制中，室内装饰产品价格的形成是以市场为导向的。加强装饰企业经济核算，进行装饰成本分析、装饰成本控制和装饰成本管理，是作为独立的经济实体的装饰企业自主定价、自负盈亏的重要前提。因此，装饰企业必须按照室内装饰工程预算定额所提供的各种人工、材料和机械台班等的消耗量指标，结合当前的装饰市场现状，来确定装饰工程项目的社会平均成本及生产价格，并结合本企业装饰成本的现状，做出比较客观的分析，找出企业中活劳动与物化劳动的薄弱环节及其原因，以便于将装饰预算成本与实际成本进行比较、分析，从而改进施工管理，提高劳动生产率和降低成本消耗，在日趋激烈的市场价格竞争中装饰企业才能具有较大的竞争优势和较强的应变能力，以最少的耗费取得最佳的经济效益。

（7）室内装饰工程预算定额是编制概算定额和概算指标的基础。

概算定额是在预算定额的基础上编制的，概算指标的编制也需要参考预算定额，并对预算定额进行对比分析。利用预算定额编制概算定额和概算指标，可以节省编制工作中大量的人力、物力和时间，收到事半功倍的效果。更重要的是，可以使概算定额和概算指标在水平上和预算定额一致，以免造成计划工作和实行定额的困难。

以上说明室内装饰工程预算定额在现行装饰工程预算制度中的重要作用，特别在我国进一步改革开放和装饰工程全球化的市场经济发展的形势下，室内装饰工程预算定额的作用将显得更加重要。

4.2.3　定额预算基价

定额预算基价，即定额分项工程预算单价，是以室内装饰工程预算定额或基础定额规定的人工、材料和施工机械台班消耗量为依据，以货币形式表示的每一个定额分项工程的单位产品价格。它是以各地省会城市（也称为基价区）的工人日工资标准、材料预算价格和机械台班预算价格为基准综合取定的，是编制工程预算造价的基本依据。

预算基价由人工费、材料费、机械费组成，而人工费、材料费、机械费是以人工工日、材料和机械台班消费量为基础编制的。它们之间的关系表示为

$$预算单价＝人工费＋材料费＋机械费 \tag{4-16}$$

式中：人工费＝∑（定额人工工日数量×当地人工工资单价）；

材料费＝∑（定额材料消耗数量×相应的材料预算价格）；

机械费＝∑（定额机械台班消耗数量×相应的施工机械台班预算价格）。

1. 人工费的确定

确定定额人工费必须知道两个量：一是定额人工工日的数量，即定额人工消耗量，具体的计算在 6.3.1 节详细介绍；二是当地的人工工资单价。

人工工资标准是根据现行工资制度，以预算定额中装饰施工工人平均工资等级为基础，计算出基本（技能）工资后，再加上工资津贴、流动施工津贴、房租补贴、职工福利费、劳动保护费、生产工人辅助工资得出的。

对技能工资以外的各项费用，可按省、市、地区的具体规定计算，并折算成各级工资的月、日工资标准。

2. 材料费的确定

装饰材料包括各种材料、成品、半成品、零配件和预制构件等。装饰材料预算价格是指材料由来源地到达工地仓库或施工现场存放地点后的出库价格。

装饰材料费在装饰工程分部分项中占有很大比重，对装饰工程造价具有很大影响。材料费是根据装饰预算定额规定的材料消耗量和材料预算价格计算出来的，因此，正确确定装饰材料的预算价格有利于提高预算质量，促进企业加强经济核算和降低工程成本。

1）装饰材料预算价格的组成

装饰材料预算价格由材料原价、供销部门手续费、包装费、运杂费和采购保管费等组成，其计算公式为

装饰材料预算价格＝[材料原价×（1＋供销部门手续费率）＋包装费＋运杂费]×（1＋采购保管费率）－包装品回收价值　　（4-17）

2）装饰材料预算价格的确定

（1）装饰材料原价的确定。

装饰材料的原价通常是指材料的出厂价、市场采购价或批发价。材料在采购时，如不符合设计规格要求而必须加工改制时，加工费及加工损耗应计算在该材料原价内。对于进口材料应按国际市场价格加上关税、手续费及保险费等组成材料原价，也可按国际通用的材料到岸价或离岸价作为材料原价。

在确定材料原价时要注意：当材料规格与预算定额要求不一致时，应换算成相应规格的价格；当材料来源地、供应单位或生产厂家不同，一种材料有几种价格时，其原价应按不同价格的供货数量比例，采用加权平均的方法计算。

（2）装饰材料供销部门手续费。

装饰材料供销部门手续费，是指装饰材料不能由生产厂家直接获得，而必须通过供销部门（如材料公司等）获得时，应支付给供销部门因从事有关业务活动的各种费用。装饰工程施工中所需的主要装饰材料的供应方式有两种：一种是生产厂家直接供应；另一种是经过材料供销部门等中间环节间接供应，此时应计算供销部门手续费。计算公式如下。

当某种材料全部由供销部门供应时，计算公式为

供销部门手续费＝材料原价×供销部门手续费费率　　（4-18）

当某种材料部分由供销部门供应时，计算公式为

供销部门手续费＝材料原价×供销部门手续费率×经仓比重　　（4-19）

【例 4-4】 已知 425 号水泥的出厂价为每吨 250 元，经调查此地区有 70%的用量需通过供销部门获得，供销部门手续费率为 3%，求供销部门手续费。

【解】 供销部门手续费＝250×3%×70%＝5.25（元/t）

3）装饰材料包装费和包装品回收价值

（1）包装费：是指为便于运输及保护材料、减少损耗而对材料进行包装所发生的费用。有以下两种情况。

① 凡由生产厂家负责包装的材料，包装费已包含在材料原价内，不得再计算包装费，但包装品回收价值应从预算价格中扣除。

② 凡由采购单位自备包装容器的，应计算包装费并加入到材料预算价格内。材料包装费应按包装材料的出厂价格和正常的折旧摊销进行计算，计算公式为

自备包装容器包装＝[包装品原价×（1-回收量比重×回收价值比重）＋使用期间维修费]÷周转使用次数　　（4-20）

（2）包装品回收价值：是指对某些能周转使用的耐用包装品，按规定必须回收，应计取其回收残值。包装品回收价值，按当地旧、废包装器材出售价，或按生产主管部门规定的价格计算，计算公式为

包装品回收价值＝包装品原价×回收量比重×回收价值比重　　（4-21）

【例 4-5】 铁丝 15kg，4 元/kg。求包装费和包装品的回收价值。（已知车立柱的回收量比重及回收价值比重分别为 70%、20%，铁丝的回收量比重及回收价值比重分别为 20%、50%。）

【解】 木材的包装费计算

每车木材的包装费：12×5＋15×4＝120（元）。

每立方米木材的包装费：120÷30＝4（元/m^3）。

材料的包装品回收价值计算

车立柱：5×20%×12×70%＝8.4（元）。

铁丝：4×50%×15×20%＝6.0（元）。

每立方米木材的包装品回收价值：（8.4＋6.0）/30＝0.48（元/m^3）。

4）材料运杂费

材料运杂费是指材料由来源地或交货地运至施工工地仓库或堆放处全部过程中所发生的一切费用，主要包括车船等的运输费、调车或驳船费、装卸费及合理的运输损耗费。

材料运杂费通常按外埠运杂费与市内运杂费两段计算。材料运杂费在材料预算价格中占有较大比重，为了降低运杂费，应尽量“就地取材、就近采购”，缩短运输距离，并选择合理的运输方式。材料运杂费应根据运输里程、运输方式、运输条件等分别按铁路、公路、船运、空运等部门规定的运价标准计算。当有多个来源地时，运杂费应根据供应的比重加权平均计算。

5）材料采购及保管费

材料采购及保管费，是指材料部门在组织采购、供应和保管材料过程中所需要的各种费用，包括各级材料部门的职员工资、职工福利费、劳动保护费、差旅交通费及材料部门的办公费、管理费、固定资产使用费、工具用具使用费、材料试验费、材料过秤费等。

采购保管费率，目前各地区大都执行统一规定的费率：建筑材料为 2%（其中采购费率和保管费率各为 1%）。但有些地区在不影响此水平的原则下，按材料分类并结合价值的大小而分为几种不同的标准，由建设单位供应的材料，施工单位只取保管费。

材料采购保管费＝（材料原价＋供销部门手续费＋包装费＋运杂费）
×材料采购保管费率　　(4-22)

【例 4-6】 市某工程采用白水泥，选定甲、乙两个供货地点，甲地出厂价为 570 元/t，可供需要量的 70%；乙地出厂价为 590 元/t，可供需要量的 30%。采用汽车运输，甲地距工地 80km；乙地距工地 60km，求此白水泥的预算价格。

【解】 （1）加权平均求原价。

白水泥材料原价：570×70%＋590×30%＝576（元/t）

（2）不发生供销部门手续费。

（3）包装费：水泥纸袋包装费已经包括在材料原价内，不能另计包装费，但应扣除包装品的回收价值。如现已得知水泥袋回收比重为 60%，回收值每袋为 0.4 元，一共 20 袋水泥。则水泥袋回收价值：20×60%×0.4＝4.80（元/t）。

（4）运杂费。

根据该地区的公路运价标准，汽运货物运费为 0.4 元/（t·km），装卸费为 20 元/t（装、卸各 1 次），则运杂费为 80×0.4×70%＋60×0.40×30%＋20＝49.6（元/t）。

（5）采购保管费。

采购保管费率取 2%，则采购保管费为（576＋49.6）×2%＝12.51（元）。

（6）白水泥的预算价格为 576＋49.6＋12.51－4.8＝633.31（元/t）。

3. 机械费的确定

施工机械台班使用费，是指一台施工机械在正常情况下，一个工作台班中所需的全部费用。提高装饰工程施工机械化水平，有利于提高劳动生产率，加快施工进度，减轻工人的体力劳动，提高装饰工程质量和降低装饰工程成本。

施工机械台班使用费以“台班”为计量单位，一台机械工作一天（一天按 8h 计算）即称为一个台班。一个台班中为使机械正常运转所支出和摊销的各种费用之和，就是施工机械台班使用费，或称机械台班预算价格。施工机械台班使用费按费用因素的性质划分为第一类费用和第二类费用。

第一类费用主要包括折旧费、大修费、经常修理费、替换设备工具费、润滑材料及擦拭材料费、安拆及辅助设施费、机械进退场费、机械保管费等。这些费用是根据施工机械的年工作制度确定的，不论机械使用与否，施工地点和施工条件如何，都需要支出，因此也称为不变费用。它直接以货币形式分摊到施工机械台班使用费定额中。第二类费用主要包括机上工作人员工资，施工机械运转所需电力费、燃料和水等费用，以及牌照税和养路费等。这些费用只有当机械运转时才会发生，因此也称为可变费用。

施工机械台班使用费的确定可根据《全国统一施工机械台班使用定额》，并结合各地区的人工工资标准、动力燃料价格、养路费和车船使用税，可以得出施工机械的工作台班费及停置费。

4.2.4 装饰预算定额组成

1. 预算定额的组成

预算定额一般以单位工程为对象编制，按分部工程分章，在发布了全国统一基础定额后，分章应与基础定额一致。章以下为节，节以下为定额子目，每一个定额子目代表着一个与之对应的分项工程，所以分项工程是构成预算定额的最小单元。

室内装饰工程预算定额规定单位工程量的装饰工程预算单价和单位工程量的装饰工程中的人工、材料、机械台班的消耗量和价格数量标准，而为了方便使用，室内装饰工程预算定额还给每一个子目录赋予定额编号。

2. 定额手册

在定额的实际应用中，为了使用方便，通常将定额与单位估价表合为一体，汇编成一册或一套，它既有定额的内容，又有单位估价表的内容，还有工程量计算规则、附录和相关的资料，如材料库，因此称其为”预算定额手册”。它明确地规定了以定额计量单位的分部分项工程或者结构构件所需消耗的人工、材料、施工机械台班等的消耗指标及相应的价值货币表现的标准。

3. 预算定额手册的组成内容

完整的预算定额手册，一般由目录、总说明、建筑面积计算规则、各分章内容及附录等组成。各分章内容又包括分章说明、分章工程量计算规则、分部分项工程定额及单位估价表。具体组成内容包括以下几个方面。

1）定额总说明

定额总说明是对使用本装饰预算定额的指导性说明文字，室内装饰工程预算人员必须熟悉，它包含以下主要内容。

（1）预算定额的适用范围、指导思想及目的、作用。

（2）预算定额的编制原则、主要依据及上级下达的有关定额汇编文件精神。

（3）使用本定额必须遵守的规则及本定额的适用范围。

（4）定额所采用的材料规格、材质标准、允许换算的原则。

（5）定额在编制过程中已经考虑的和没有考虑的要素及未包括的内容。

（6）各分部工程定额的共性问题和有关统一规定及使用方法。

2）分部工程及其说明

分部工程在建筑装饰工程预算定额中称为“章”，章节说明主要是告诉使用者本章定额的使用范围和工程量计算规则等，主要包含以下内容。

（1）说明分部工程所包括的定额项目内容和子目数量。

（2）分部工程各定额项目工程量的计算方法。

（3）分部工程定额内综合的内容及允许换算和不得换算的界限及特殊规定。

（4）使用本分部工程允许增减系数范围的规定。

3）定额项目表

定额项目表由分项工程定额所组成，是预算定额的主要构成部分，主要包含以下内容。

（1）分项工程定额编号（子项目号）。

（2）分项工程定额项目名称。

（3）预算定额基价，包括人工费、材料费、机械费、综合费、利润、劳动保险费、规费和税金。

（4）人工费包括综合工和其他人工费。综合工包括工种和数量及工资等级（平均等级）。

（5）材料栏内一般列出主要材料和周转使用材料名称及消耗数量。次要材料一般都以其他材料形式用金额“元”表示。

（6）施工机械栏内要列出主要机械名称和数量，次要机械以其他机械费形式用金额“元”表示。

（7）预算定额的基价明确了某一装饰工程项目人工、材料、机械台班单位工程消耗量后，根据当地的人工日工资标准、材料预算价格和机械台班单价，分别计算出定额人工费、材料费、机械费及其他费用，其总和即预算定额的基价。

（8）有的定额表下面还列有与本章节定额有关的说明和附注。说明设计与本定额规定如不符合时如何进行调整，以及说明其他应明确的、但在定额总说明和分部说明中不包括的问题。

4）定额附录或附表

预算定额内容最后一部分是附录或称为附表，是配合定额使用不可缺少的一个重要组成部分，不同地区的情况不同、定额不同、编制不同，附录表中的定额数值也不同。如福建省建筑装饰定额（2002 版）的附录包括以下内容。

（1）各种砂浆的配合比。

（2）各种建筑装饰材料的预算价格表。

（3）定额材料成品、半成品损耗率表。

（4）定额人工、材料、机械台班预算价格取定表。

4.2.5 定额换算

在确定某一装饰工程项目单位预算价值时，如果装饰施工图设计的工程项目内容，与所套用相应定额项目内容的要求不完全一致，并且定额规定允许换算，则应按定额规定的换算范围、内容和方法进行定额换算。定额项目的换算，就是将定额项目规定的内容与设计要求的内容取得一致的过程。

根据各专业部门或省、市、自治区现行的建筑装饰工程预算定额中的总说明、分部工程说明和定额项目表及附注内容中的规定，对于某些工程项目的工程量、定额基价（或其中的人工费）、材料品种、规格和数量增减、装饰砂浆配合比的不同，对使用机械、脚手架、垂直运输原定额需要增加系数等方面，均允许进行换算或调整。换算的主要依据为

换算后的定额基价＝原定额基价＋换入费用－换出费用　　（4-23）

1．价格换算法

当室内装饰工程的主要材料的市场价格，与相应定额预算价格不同而引起定额基价的变化，并且定额允许换算时，必须进行换算。

材料价格换算的方法步骤如下。

（1）根据施工图样设计的工程项目内容，从定额目录中查出工程项目所在定额的页数及其部位，并判断是否需要进行定额项目换算。

（2）如需要换算，则从定额项目中查出工程项目相应的换算前定额基价、材料预算价格和定额消耗量。

（3）从建筑装饰材料市场价格信息资料中，查出相应的材料市场价格。

（4）计算换算后的定额基价，计算式为

换算后定额基价＝换算前的定额基价＋[换算材料定额消耗量
×（换算材料现行市场价格－换算材料预算价格）]　　（4-24）

（5）计算换算后预算价值，计算式为

换算后预算价值＝工程项目工程量×相应的换算后定额基价　　（4-25）

【例 4-7】 某室内上人装配式 T（规格 600×600）型轻钢龙骨天棚工程量为 200m^2，T 型轻钢龙骨的市场价格为 20.00 元/m^2，而定额预算价格为 18.5 元/m^2，市场人工价为 25 元/m^2，试计算 T 型轻钢龙骨变动后的定额基价和预算价值。

【解】

（1）查出上人装配式 T 型轻钢天棚龙骨换算前政府指导价为 41.13 元/m^2，人工工资 100 元/工日，查相关清单消耗量定额 T 型轻钢天棚龙骨的消耗量为 1.05m^2/m^2，人工消耗量为 0.072 工日/m^2。

（2）根据 U 型轻钢龙骨的市场价格和预算价格，计算换算后的定额基价。

换算后的定额基价＝41.13＋（20.00－18.5）×1.05＋25－100×0.072＝60.505（元/m^2）

（3）计算换算后的预算价值。

换算后的预算价值＝200×60.505＝12 101（元）

2. 材料用量换算法

当施工图设计的工程项目的主要材料用量，与定额规定的主要材料消耗量不同而引起定额基价的变化时必须进行定额换算，其换算的方法步骤如下。

（1）根据施工图设计的工程项目内容，从定额目录中，查出工程项目所在定额中的页数及其部位，并判断是否需要进行定额换算。

（2）从定额项目表中，查出换算前的定额基价、定额主要材料消耗量和相应的主要材料预算价格。

（3）计算工程项目主要材料的实际用量和定额单位实际消耗量，其计算式为

主要材料实际用量＝主要材料设计净用量×（1＋损耗率）　（4-26）

定额单位主要材料实际消耗量＝（主要材料实际用量÷工程项目工程量）×工程项目定额计量单位　（4-27）

（4）计算换算后的定额基价，其计算式为

换算后的定额基价＝换算前定额基价＋（定额单位主要材料实际消耗量－定额单位主要材料定额消耗量）×相应主要材料预算价格　（4-28）

（5）计算换算后的预算价值。

【例 4-8】 某酒店茶色玻璃白色铝合金扶手工程墙面工程量为 432.60m，施工图设计用白色铝合金扁管（100mm×44mm×1.8mm），实际用量为 470.83m（包括各种损耗），试确定其换算后的定额基价和预算价值。

【解】（1）查出茶色玻璃铝合金扶手项目的政府指导价为 255.70 元/m，其主要材料白色铝合金扁管（100mm×44mm×1.8mm）的定额消耗量为 1.06m，相应预算价格为 55 元/m。

（2）计算白色铝合金扁管的定额单位实际消耗量。

定额单位白色铝合金扁管实际消耗量＝470.83/432.60×1＝1.09（m）

（3）计算换算后的定额基价。

换算后定额基价＝255.70＋（1.09－1.06）×55＝257.35（元）

（4）计算换算后预算价值。

换算后预算价值＝432.60×257.35＝111 329.61.61（元）

3. 材料种类换算法

当施工图设计的工程项目所采用的材料种类，与定额规定的材料种类不同而引起定额基价变化时，定额规定必须进行换算，其换算方法和步骤如下。

（1）根据施工图设计的工程项目内容，从定额目录中，查出装饰工程项目所在定额中的页数及其部位，并判断是否需要进行定额换算。

（2）如需换算，从定额项目表中查出换算前定额基价、换出材料定额消耗量及相应的定额预算价格。

（3）计算换入材料定额计量单位消耗量，并查出相应的市场价格。

（4）计算定额计量单位换入（出）材料费，计算公式为

换入材料费＝换入材料市场价格×相应材料定额单位消耗量　（4-29）

换出材料费＝换出材料预算价格×相应材料定额消耗量　（4-30）

（5）计算换算后的定额基价，计算公式为

换算后定额基价＝换算前定额基价＋（换入材料费-换出材料费） （4-31）

（6）计算换算后的预算价值。

【例 4-9】 某家装工程樱桃木弧形墙面工程量为 72.40m^2，樱桃木实际用量为 91.55m^2（包括各种损耗），试计算其预算价值。

【解】 （1）查出榉木弧形墙面项目的换算前政府指导价为 44.85 元/m^2，榉木面板的定额消耗量为 1.10m^2，相应预算价格为 17.47 元/m^2。

（2）计算樱桃木面板的定额计量单位实际消耗量，并查出相应的市场价格。

定额计量单位樱桃木面板实际消耗量＝91.55/72.40×1.00＝1.26（m^2）

樱桃木面板的市场价格为 25.30 元/m^2

（3）计算定额计量单位换入、换出材料费。

换入材料费＝25.30×1.26＝31.88（元）

换出材料费＝17.47×1.10＝19.22（元）

（4）计算换算后的定额基价。

换算后定额基价：44.85＋（31.88－19.22）＝57.51（元）

（5）计算换算后的预算价值。

换算后的预算价值＝72.40×57.51＝4 163.72（元）

4. *材料用量换算法*

当施工图设计的工程项目的主要材料规格与定额规定的主要材料规格不同而引起定额基价的变化时，定额规定必须进行换算。与此同时，也应进行差价调整。其换算与调整的方法和步骤如下。

（1）根据施工图设计的工程项目内容，从定额手册目录中，查出装饰工程项目所在的定额页数及其部位，并判断是否需要进行换算。

（2）如需换算，从定额项目表中，查出换算前定额基价、需要换算的主要材料定额消耗量及其相应的预算价格。

（3）根据施工图设计的工程项目内容，计算应换算的主要材料实际用量和定额单位的实际消耗量，一般有两种方法：一是虽然主要材料不同，但两者的消耗量不变，此时，必须按定额规定的消耗量执行；二是主要材料因规格改变，引起主要材料实际用量发生变化，此时，要计算设计规格的主要材料实际用量和定额计量单位主要材料实际消耗量。

（4）从建筑装饰材料市场价格信息资料中，查出施工图采用的主要材料相应的市场价格。

（5）计算定额计量单位两种不同规格主要材料费的差价，计算公式为

差价＝定额计量单位选用规格主材费－定额计量单位定额规格主材费 （4-32）

定额计量单位图样规格主材费＝定额计量单位选用规格主材实际消耗量×相应主材市场价格 （4-33）

定额计量单位定额规格主材费＝定额规格主材消耗量×相应的主材定额预算价格 （4-34）

（6）计算换算后的定额基价，计算公式为

换算后定额基价＝换算前定额基价＋定额计量单位图样规格主材费－定额计量单位定额规格主材费 （4-35）

（7）计算换算后的预算价值。

【例 4-10】 某室内装饰顶棚工程为浮搁式铝合金方板，工程量为 140.20m^2，施工图采用的铝合金方板的规格为 500mm×500mm×0.6mm，而定额规定铝合金方板的规格为 500mm×500mm×0.8mm，试确定换算后的预算价值。

【解】 （1）查出 500mm×500mm×0.8mm 规格的铝合金方板项目的政府指导价为 66.75 元/m^2，铝合金方板定额消耗量为 1.02m^2/m^2，相应的预算价格为 55.62 元/m^2。

（2）从建筑装饰材料市场信息资料中，可以查知：图样采用的规格 500mm×500mm× 0.6mm 的铝合金方板市场价格为 51.60 元/m^2。

（3）计算两种不同规格铝合金方板的定额计量单位材料费和两者的差价。

图样规格材料费＝51.60×1.02＝52.63（元/m^2）

定额规格材料费＝55.62×1.02＝56.73（元/m^2）

差价＝52.63－56.73＝－4.10（元/m^2）

（4）计算换算后的定额基价。

换算后定额基价＝66.75－4.10＝62.65（元/m^2）

（5）计算换算后的预算价值。

换算后预算价值＝62.65×140.20＝8 783.53（元）

5. 设计差异换算法

当块料的设计规格和灰缝与定额规定不同时要进行的换算。

（1）块材面层材料用量计算公式为

每 100m^2 块料面层块料净用量（块）＝100/[（块料长＋灰缝）×（块料宽＋灰缝）]　　(4-36)

每 100m^2 块料面层块料总消耗量（块）＝净用量/（1－损耗率）　　(4-37)

（2）换算后定额基价，计算公式为

换算后定额基价＝原定额基价＋换算后块料数量×换入块料单价－定额块料数量×定额块料单价　　(4-38)

【例 4-11】 设计要求外墙面贴 360mm×360mm 釉面砖，灰缝 10mm，面砖损耗率为 5%。试计算 100m^2 外墙面面砖总消耗量和换算定额基价。

【解】 查（300mm×300mm）方形面砖的政府指导价为 87.17 元/m^2，相应面砖价格为 54 元/m^2；查得相应的清单定额面砖的消耗量为 1.035m^2/m^2，从市场价格信息表查知规格为 360mm×360mm 的面砖的价格为 70 元/m^2。

块材面层材料用量

每 100m^2 块料面层块料净用量：

100/[（块料长＋灰缝）×（块料宽＋灰缝）]＝100/[（0.36＋0.01）×（0.036＋0.01）]

＝731（块）

每 100m^2 块料面层块料总消耗量：

净用量/（1－损耗率）＝731/（1－0.05）＝770（块）

换算后定额基价＝87.17＋1.05×70－1.035×54＝104.78（元/m^2）

4.2.6 定额应用

室内装饰工程消耗量定额是确定室内装饰工程预算造价、办理工程价款、处理承发包关系的主要依据之一。定额应用得正确与否，直接影响装饰工程造价，必须熟练而准确地使用预算定额。

1. 套用定额时应注意的几个问题

（1）查阅定额前，应首先认真阅读定额总说明，分部工程说明和有关附注的内容；要熟悉和掌握定额的适用范围，定额已经考虑和没有考虑的要素以及有关规定。

（2）要明确定额中的用语和符号的含义。

（3）要正确地理解和熟记各分部工程计算规则中所指出的工程量计算方法，以便在熟悉施工图的基础上，能够迅速准确地计算各分项工程或配件、设备的工程量。

（4）要了解和记忆常用分项工程定额所包括的工作内容、人工、材料、施工机械台班消耗量和计量单位，以及有关附注的规定，做到正确地套用定额项目。

（5）要明确定额换算范围，正确应用定额附录资料，熟练进行定额项目的换算和调整。

2. 定额编号

为了便于查阅、核对和审查定额项目选套是否准确合理，提高室内装饰工程施工图预算的编制质量，在编制室内装饰工程施工图预算时，必须填写定额编号。定额编号的方法，通常有以下三种。

1）“三符号”编号法

“三符号”编号法，是以预算定额中的分部工程序号——分项工程序号（或工程项目所在的定额页数）——分项工程的子项目序号三个号码，进行定额编号。其表达形式如下：

分部工程序号—分项工程序号—子项目序号

或

分部工程序号—子项目所在定额页数—子项目序号

例如，某城市现行建筑装饰工程预算定额中的墙面挂大理石（勾缝）项目，它属于室内装饰工程项目，在定额中被排在第二部分，墙面装饰工程排在第二分项内；墙面挂贴大理石项目排在定额第173页第104个子项目，定额编号为

2—2—104

或

2—173—104

2）“二符号”编号法

“二符号”编号法，是在“三符号”编号法的基础上，去掉一个符号（分部工程序号或分项工程序号），采用定额中分部工程序号（或子项目所在定额页数）——子项目序号两个号码，进行定额编号。其表达形式如下：

分部工程序号—子项目序号

或

子项目所在定额页数—子项目序号

例如，墙面挂贴大理石项目的定额编号为

2—104

或

173—104

3）“单符号”编号法

“单符号”编号法，一般为装饰工程消耗量定额号的编制方法，是根据国家的《建设工程工程量清单计价规范》（GB 50500—2013），采用定额中分部工程序号结合子项目序号进行定额编号。其表达形式：分部分项工程序号＋子项目序号。

例如，石材墙面项目的定额编号为 011204。在这个号码中 0112 为墙柱面工程，04 为石材墙面项目。

3. 定额项目的选套方法

1）预算定额的直接套用

当施工图设计的工程项目内容，与所选套的相应定额内容一致时，必须按定额的规定，直接套用定额。在编制室内装饰工程施工图预算、选套定额项目和确定单位预算价值时，绝大部分属于这种情况。当施工图设计的工程项目内容，与所选套的相应定额项目规定的内容不一致时，而定额规定又不允许换算或调整，此时也必须直接套用相应定额项目，不得随意换算或调整。直接套用定额项目的方法步骤如下。

（1）根据施工图设计的工程项目内容，从定额目录中，查出该工程项目所在定额中的页数及其部位。

（2）判断施工图设计的工程项目内容与定额规定的内容是否一致。当完全一致或虽然不一致，但定额规定不允许换算或调整时，即可直接套用定额基价。但是，在套用定额基价前，必须注意分项工程的名称、规格、计量单位要与定额规定的名称、规格、计量单位一致。

（3）将定额编号和定额基价，其中包括人工费、材料费和施工机械使用费，分别填入室内装饰工程预算表内。

（4）确定工程项目预算价值。

其计算公式为

工程项目预算价值＝工程项目工程量×相应定额基价

【例 4-12】 某室内地面做实木烤漆地板（铺在毛地板上）项目，工程量为 40.90m^2，试确定其人工费、材料费、机械费及预算价值。

【解】（1）从定额目录中，查出实木烤漆地板（铺在毛地板上）的定额项目在应定额中的 20101261、20101266 和 20101269 子项目。

（2）通过判断可知，实木烤漆地板分项工程内容符合定额规定的内容，即可直接套用定额项目。

（3）从定额表中查出实木烤漆板共包含木龙骨基层每平方米的政府指导价为 48.44 元/m^2、人工费为 20.02 元/m^2、材料费为 28.29 元/m^2、机械台班费为 0.13 元/m^2、定额编号为 20101261；铺设杉木基层每平方米的政府指导价为 47.04 元/m^2、人工费为 6.64 元/m^2、材料费为 40.17 元/m^2、机械台班费为 0.23 元/m^2、定额编号为 20101266；铺设实木烤漆地板每平方米的政府指导价为 316.33 元/m^2、人工费为 17.29 元/m^2、材料费为 299.04 元/m^2、机械台班费为 0.00 元/m^2，定额编号为20101269。

（4）计算烤漆木地板的人工费、材料费、机械费和预算价值。

人工费＝（20.02＋6.64＋17.29）×40.90＝1 797.56（元）

材料费＝（28.29＋40.17＋299.04）×40.90＝15 030.75（元）

机械费＝（0.13＋0.23＋0.00）×40.90＝14.72（元）

预算价值＝（48.44＋47.04＋316.33）×40.90＝16 843.03（元）

2）工料分析

在施工前、施工中或者竣工后，企业进行施工组织或者优化施工方案或者评价施工方案都可运用定额进行工料分析。

【例4-13】 某室内墙面做榉木和枫木拼花（对拼）饰面（铺9mm厚木夹板上）项目，工程量为25.34m^2，试确定其所需榉木和枫木面板、9mm厚木夹板和断面规格为20mm×20mm、长为4m的木龙骨各多少及其预算价值。

【解】 从建筑工程的墙面的木龙骨（断面7.5cm^{2}以内、龙骨平均中距400mm以内）（编号20102242）的政府指导价为22.34元/m^2、定额人工费为10.92元/m^2、材料费为11.20元/m^2、机械台班费为0.22元/m^2，杉木用量0.0054 m^3/m^2。

从建筑工程多层夹板（编号20102264）中用的是12mm厚的木夹板，所以要进行定额换算，12mm的政府指导价为42.00元/m^2，9mm木夹板的市场价为21.00元/m^2，故换算后的定额价格为42.00＋1.05×（21.00－28.20）＝34.44元/m^2、人工费为11.76元/m^2、材料费为30.01＋1.05×（25.20－28.20）＝26.86元/m^2、机械台班费为0.23元/m^2、9mm厚木夹板用量为1.05m^2/m^2。

从建筑工程的墙柱面拼纹造型（两种饰面）（编号20102326）中可知，政府指导价为58.78元/m^2、人工费为31.85元/m^2、材料费为26.18元/m^2、机械台班费为0.75元/m^2、榉木胶合板的用量为0.60m^2/m^2，枫木胶合板的用量0.60m^2/m^2。

综上可知，所需榉木的面积：0.6×25.34＝15.20m^2。

所需枫木的面积：0.6×25.34＝15.20m^2。

杉木方用量：0.0054×25.34/（0.02×0.02×4）＝85.52（根）。

预算价值：（22.34＋34.44＋58.78）×25.34＝2 928.29（元）。

4.3 室内装饰工程消耗量定额

4.3.1 装饰工程消耗量定额概述

装饰工程消耗量定额是指规定室内装饰工人或小组在正常施工条件下，完成单位合格产品所必须消耗的劳动、材料、机械台班的数量标准，是根据专业施工的作业对象和工艺制订的。装饰工程消耗量定额是以施工过程为编制对象，即是规定在施工过程中的人工、材料、机械台班消耗量的定额。

1. 装饰工程消耗量定额的作用

装饰工程消耗量定额是规定计量单位建筑装饰装修分项工程所需的人工、材料、施工机械台班消耗量标准，具有以下几个作用。

（1）编制建筑装饰装修工程施工图预算、招标标底和确定建筑装饰装修工程造价的依据。

（2）编制装饰装修工程设计概算、投资估算的基础。

（3）编制装饰装修工程企业定额、投标报价的参考。

（4）合理组织劳动的依据。

（5）推广先进技术的必要条件。

（6）企业实行经济核算的重要基础。

2. 装饰消耗量定额编制原则

为了保证装饰工程消耗量定额的编制质量，编制时必须遵守以下原则。

1）定额水平平均合理的原则

平均合理，是指在定额适用区域内，现阶段的社会正常生产条件下，在社会的平均劳动程度和劳动强度下，确定室内装饰工程定额规定的劳动力、材料和施工机械台班的消耗量标准。

2）简明适用原则

编制消耗量定额时，项目划分、步距大小要适当，对于那些主要的、常用的、价值量大的项目，分项工程划分要细，次要的、不常用的、价值量相对较小的项目则可以粗略些。

简明适用还指装饰工程消耗量定额结构合理、项目要齐全、文字通俗易懂、计算方法简便，易为广大专业人士掌握和运用。

3. 装饰消耗量定额编制方法

1）劳动消耗量的编制方法

（1）经验估计法，是由定额专业人员、工程技术人员和工人相互配合，根据实践经验和工程具体情况座谈讨论制定定额的方法。经验估计法的优点是制定定额简单易行、速度快、工作量小，缺点是缺乏科学资料依据，容易出现偏高或偏低的现象。因此，这种方法主要适用于产品品种多、批量小或不易计算工程量的施工作业。

（2）技术测定法，是指通过深入的调查研究，拟订合理的施工条件、操作方法、劳动组织和工时消耗，在考虑生产潜力的基础上经过严格的技术测定和科学的数据处理后制定装饰定额的方法。技术测定法通常采用的方法有测时法、写实记录法、工作日写实法和简易测定法四种。

（3）比较类推法，是指以同类型工序或产品的典型定额为标准，用比例数示法或图示坐标法，经过分析比较，类推出相邻项目定额水平的方法。这种方法适用于同类型产品规格多、批量小的装饰施工过程。一般只要典型定额选择确当，分析合理，类推出的定额水平也比较合理。

（4）统计分析法，是将同类工程或同类产品的工时消耗统计资料，结合当前的技术、组织条件，进行分析，研究制定定额。这种方法适用于施工条件正常、产品稳定、统计制度健全、统计工作真实可信的情况，它比经验估计法更能真实反映生产水平。其缺点是不能剔除不合理的时间消耗。

2）材料消耗量的编制方法

（1）观察法，是根据施工现场在合理使用装饰材料条件下完成合格装饰产品时，对装饰材料消耗过程的测定与观察，通过计算来确定各种装饰材料消耗定额的一种方法。

观察对象的选择是观察法的首要任务。选择观察对象应注意：所选装饰对象应具有代表性；施工技术、施工条件应符合操作规范要求；装饰材料的品种、质量应符合设计和施工技术规范要求。在观察前应做好充分的技术和组织准备工作，如研究装饰材料的运输方法、堆放地点、计量方法、采取减少损耗的措施等，以保证观察法的准确性和合理性。

（2）试验法，是在试验室内通过专门的仪器确定装饰材料消耗定额的一种方法，如混凝土、砂浆、油漆涂料等。由于这种方法不一定能充分估计到施工过程中的某些因素对装饰材料消耗量的影响，因此往往还需做适当调整。

（3）统计法，是指根据长期积累的分部分项工程所拨发的各种装饰材料数量、完成的产品数量和材料的回收量等资料，进行统计、整理、分析、计算，以确定装饰材料消耗定额的方法。

统计法的优点是不需要组织专门人员进行现场测定或试验，但其准确度受统计资料、具体情况的限制，精确度不高，使用时应认真分析并进行修正，使其数据具有代表性。

（4）计算法，是指根据施工图纸，利用理论公式计算装饰材料消耗量的一种方法。计算时应考虑装饰材料的合理损耗（损耗率仍要在现场实测得出）。这种方法适用于确定板、块类材料的消耗定额。

【例 4-14】 采用 1∶1 水泥砂浆贴 100mm×200mm×5mm 瓷砖墙面，结合层厚度为 10mm，灰缝宽度为 1mm，试计算 $100m^2$ 墙面瓷砖和砂浆的总消耗量。（瓷砖、砂浆损耗率分别为 1.5%、1%。）

【解】 每 $100m^2$ 瓷砖墙面中瓷砖净用量＝100÷[（0.1＋0.001）×（0.2＋0.001）]＝4 930（块）。

瓷砖总消耗量＝4 930×（1＋1.5%）≈5 000（块）。

每 $100m^2$ 墙面中结合层砂浆净用量＝100×0.01＝1（m^3）。

每 $100m^2$ 墙面中灰缝砂浆净用量＝（100－4 930×0.1×0.2）×0.005＝0.007（m^3）。

每 $100m^2$ 瓷砖墙面砂浆总消耗量＝（1＋0.007）×（1＋1%）≈1.017（m^3）。

4.3.2 装饰装修工程消耗量的确定

室内装饰工程消耗量的确定是指预算的人工、材料、机械台班三者（俗称“三量”）的定额消耗数量的确定。

1. 人工定额消耗量的确定

装饰工程预算定额中的人工消耗量，是指在正常的生产条件和社会平均劳动熟练程度下完成某合格的分部分项室内装饰项目所需要的人工工日。确定的主要依据是装饰工程劳动定额的时间定额，即指完成一个定额单位的装饰产品所必需的各种用工量的总和，包括基本用工量和其他用工量。

1）基本用工量

基本用工量是指完成一个定额单位的装饰产品所必需的主要用工量。计算公式为

$$基本用工量=\sum（工序工程量×对应的时间定额） \quad (4\text{-}39)$$

式中：

$$时间定额=1÷每单位工日完成的产量（每工产量） \quad (4\text{-}40)$$

或

$$=小组成员工日数之和÷组台班产量（班组完成产品数量） \quad (4\text{-}41)$$

2）其他用工量

其他用工量通常包括超运距用工、辅助用工和人工幅度差三部分。

（1）超运距用工是指编制装饰预算定额时，材料运输距离超过劳动定额规定的距离而需增加的工日数量。计算公式为

$$超运距=装饰工程预算定额的运距-劳动定额规定的运距 \quad (4\text{-}42)$$

$$超运距用工量=\sum（超运距材料数量×对应的时间定额）\tag{4-43}$$

（2）辅助用工是指基本用工以外的材料加工等所需要的用工量。计算公式为

$$辅助用工量=\sum（材料加工数量×对应的时间定额）\tag{4-44}$$

（3）人工幅度差是指劳动定额中没有包括，但在装饰工程预算定额中应考虑到的正常情况下不可避免的零星用工量，如各工种间的工序搭接及交叉作业互相配合或影响所发生的停歇用工，施工机械在单位工程之间转移及临时水电线路移运所造成的停工；质量检查和隐蔽工程验收工作的影响；班组操作地点转移用工；工序交接时对前一工序不可避免的修整用工；施工中不可避免的其他零星用工。人工幅度差的计算公式为

$$人工幅度差=（基本用工+超运距用工+辅助用工）×人工幅度差系数\tag{4-45}$$

人工幅度差系数一般为10%～15%，在预算定额中，人工幅度差列入其他用工中。

综上所述，装饰工程预算定额中的人工消耗指标，计算公式为

$$综合人工工日数=（基本用工+超运距用工+辅助用工）×（1+人工幅度差系数）\tag{4-46}$$

2. 材料定额消耗量的确定

在正常的装饰施工条件和节约、合理使用装饰材料的条件下，完成单位合格的装饰产品所必须消耗的一定品种规格的材料、成品、半成品等的数量标准。其计量单位为实物的计量单位。完成单位合格装饰产品所必需的装饰材料消耗量包括净用量和合理损耗量。

净用量是指直接组成工程实体的材料用量。

合理损耗量是指不可避免的材料损耗，例如，场内运输及场内堆放中在允许范围内不可避免的损耗、加工制作中的合理损耗及施工操作中的合理损耗等。

材料的消耗量计算公式为

$$装饰材料消耗量=材料净用量+损耗量\tag{4-47}$$

$$装饰材料损耗量=材料净用量×材料损耗率\tag{4-48}$$

由式（4-46）和式（4-47）可知

$$装饰材料消耗量=材料净用量×（1+材料损耗率）\tag{4-49}$$

材料损耗率是由国家有关部门根据观察和统计资料确定的（对大多数材料可直接查预算手册，对一些新型材料可采用现场实测，报有关部门批准）。

3. 机械台班定额消耗量的确定

机械台班定额消耗量是指在正常装饰施工条件下（合理组织生产、合理使用机械），某种专业的工人班组使用机械、完成单位合格装饰产品所必须消耗的工作时间（台班）或在一定工作台班内完成质量合格的装饰产品的数量标准。其表现形式有两种：机械时间定额和机械台班产量定额。

（1）机械时间定额：是指在合理施工条件下，生产单位合格装饰产品所必须消耗的时间，以“台班”表示。计算公式为

$$机械时间定额=1÷机械台班产量\tag{4-50}$$

$$机械时间定额=小组成员工日数之和（工人配合机械）÷机械台班产量\tag{4-51}$$

（2）机械台班产量定额：是指在合理施工条件和劳动组织情况下，每一机械台班时间中，必须完成合格装饰产品的数量。计算公式为

$$机械台班产量定额=1\div 机械时间定额 \tag{4-52}$$

$$机械台班产量定额=机械台班产量\div 小组成员工日数之和（工人配合机械） \tag{4-53}$$

机械时间定额和机械台班产量定额互为倒数。例如，塔式起重机吊装一块混凝土楼板，建筑物层数在6层以内，楼板重量在0.5t以内，如果规定机械时间定额为0.008台班，则该塔式起重机的台班产量定额应为

$$1\div 0.008=125（块）$$

装饰工程消耗量定额项目中的机械台班消耗指标，是以“台班”为单位计量的。它是根据全国统一劳动定额中各种机械施工项目所规定的台班产量加上机械幅度差进行计算的。若按实际需要计算施工机械台班消耗时，不应再加机械幅度差。

机械幅度差，是指劳动定额中没有包括，但在编制预算定额时必须考虑的因机械停歇引起的机械台班损耗量，内容包括机械转移工作面的损失时间、配套机械相互影响的损失时间、开工或结尾工作量不饱满的损失时间、临时停水停电影响的时间、检查工程质量影响机械操作的时间等。

小　结

室内装饰工程费用包含的项目繁多，计算复杂。室内装饰工程预算费用主要是指施工图预算费用，由工程直接费、间接费、计划利润和税金组成；当用清单计价时，室内装饰工程预算费用又包括分部分项工程清单费用、措施项目清单费用、其他项目清单费用和零星项目清单费用等。由于室内装饰工程及生产的技术经济特点，室内装饰工程的费用构成、费用计算基础和取费标准等，必须按工程的类别、标准、等级、地区、企业级别等的不同而发生变化，同时室内装饰工程费用随着时间的推移及生产力和科学技术水平的提高，其费用构成、取费标准等也将发生变化，以适应相应时期室内装饰工程产品的价值变化。

在我国工程造价的计算发展过程中，主要包括定额计价和工程量清单计价两种计价方法。它们的计算方法不同，计算费用的称呼不同，计算的程序也不同。本章通过经典例题分别分析了采用两种计价方法来计算工程造价。

习　题

一、选择题

1～28为单选题

1．措施项目是指为完成项目，发生于工程施工前和施工过程中的（　　）方面的非工程实体项目。

A．技术　　B．生活　　C．安全　　D．以上都是

2．措施项目清单包括整体措施项目清单和（　　）措施项目清单。

A．分部工程　　B．分项工程　　C．专业工程　　D．单位工程

3．措施项目中属于周转材料．设备，均按（　　）报价。

A．一次使用量　　B．单次摊销量

C．市场价　　D．协商价

4．预留金是（　　）为可能发生的工程量变更而预留的金额。

A．招标人　　B．投标人　　C．双方　　D．监理方

5．安全施工、文明施工等四项保证措施项目费用的投标报价总额不得低于《取费定额》（2010）规定的弹性费率中值计算所需费用总额的（　　）。

A．50%　　B．70%　　C．80%　　D．90%

6．（　　）是指由施工过程中耗费的构成工程实体和有助于工程形成的各项费用，包括人工费、材料费、施工机械使用费等。

A．直接费　　B．直接工程费　　C．造价　　D．现场经费

7．室内装饰工程直接费主要包括（　　）。

A．人工费、材料费、施工机械费

B．人工费、材料费、施工机械使用费和规费

C．人工费、材料费、施工机械使用费和现场管理费

D．人工费、材料费、施工机械费和措施费

8．在下列建筑安装工程费用中，应列入直接工程费的是（　　）。

A．二次搬运费　　B．仪器仪表使用费

C．检验试验费　　D．夜间施工增加费

9．在建筑安装工程费用构成中，施工降水费是（　　）的组成部分之一。

A．直接工程费　　B．间接费

C．施工技术措施费　　D．施工组织措施费

10．在下列建筑安装工程费用中，应列入直接工程费的是（　　）。

A．二次搬运费　　B．仪器仪表使用费

C．检验试验费　　D．夜间施工增加费

11．在室内装饰工程费用中，教育费附加是（　　）的组成部分之一。

A．企业管理费　　B．财务费用　　C．利润　　D．税金

12．（　　）是指由施工过程中耗费的构成工程实体和有助于工程形成的各项费用，包括人工费、材料费、施工机械使用费等。

A．直接费　　B．直接工程费　　C．造价　　D．现场经费

13．我国现行建筑安装工程费用项目由直接费、间接费、（　　）和税金组成。

A．财务费　　B．利润　　C．规费　　D．措施费

14．建筑安装工程施工中的工程排污费属于（　　）。

A．间接费　　B．规费　　C．现场管理费　　D．其他直接费

15．建筑安装企业组织施工生产和经营管理所需的费用是指（　　）。

A．其他直接费　　B．企业管理费

C．规费　　D．措施费

16．某项目购买一台国产设备，其购置费为1325万元，运杂费率为12%，则设备的原价为（　　）万元。

A．1506　　B．1484　　C．1183　　D．1166

17．建筑安装工程直接费中的人工费是指（　　）。

A．从事建筑安装工程施工的生产工人及机械操作人员的开支的各项费用

B．直接从事建筑安装工程施工的生产工人开支的各项费用

C．施工现场与建筑安装施工直接有关的人员的工资性费用

D．施工现场所有人员的工资性费用

18．在下列费用中，不属于直接费的是（　　）。

A．二次搬运费　　B．技术开发费

C．夜间施工费　　D．施工单位搭设的临时设施费

19．进口设备运杂费中，运输费的运输区间是指（　　）。

A．出口国供货地至进口国边境港口或车站

B．出口国的边境港口或车站至进口国的边境港口或车站

C．进口国的边境港口或车站至工地仓库

D．出口国的边境港口或车站至工地仓库

20．工器具及生产家具购置费的计算基础是（　　）。

A．进口设备抵岸价　　B．设备运杂费

C．设备购置费　　D．设备原价

21．按建标[2003]206号文的规定，建筑安装工程费用中的规费包括了（　　）费用。

A．工程排污、社会保障、危险作业意外伤害保险

B．住房公积金、工程排污、环境保护

C．社会保障、安全施工、环境保护

D．住房公积金、危险作业意外伤害保险、安全施工

22．按建标[2003]206号文的规定，对建筑材料、构件和建筑安装物进行一般鉴定和检查所发生的费用属于（　　）。

A．其他直接费　　B．现场经费

C．研究试验费　　D．直接工程费

23．按土地管理法规定，因建设需要征用耕地的安置补助费，最高不得超过（　　）。

A．被征用前5年平均年产值的4～6倍　　B．被征用前5年平均年产值的10倍

C．被征用前3年平均年产值的12倍　　D．被征用前3年平均年产值的15倍

24、在建设投资中，（　　）属于动态投资部分。

A．基本预备费　　B．建设期利息

C．设备运杂费　　D．建设单位管理费

25．根据设计要求，在施工过程中对某房屋结构进行破坏性试验，以提供和验证设计数据，则该费用应在（　　）中。

A．业主方的研究试验费　　B．施工方的检验试验费

C．业主方管理费　　D．勘察设计费

26．下列费用中属于直接工程费中人工费的是（　　）。

A．电焊工产、婚假期的工资　　B．挖掘机司机工资

C．监理人员工资　　D．公司安全监督人员工资

27．根据国家税法规定的应计入建筑安装工程费用税金中的税费有（　　）。

A．固定资产投资方向调节税　　B．印花税

C．城乡维护建设税　　D．营业税

28．以下不属于技术措施费的有（　　）。

A．大型设备安拆费　　B．脚手架费

C．二次搬运费　　D．施工排水费

29～36 为多选题

29．下列（　　）应列入建安工程的措施项目清单中。

A．文明施工费　　B．夜间施工费　　C．预留金

D．环境保护费　　E．社会保障费

30．下列不应列入建安工程的措施项目清单中的项目有（　　）。

A．临时设施费　　B．劳动保护费　　C．工具用具使用费

D．二次搬运费　　E．工程排污费

31．建安工程造价中，不含税工程造价加上（　　）等于工程造价。

A．增值税　　B．营业税　　C．城乡维护建设税

D．教育费附加　　E．利润

32．下列费用中，应列入招标人其他项目清单计价表的有（　　）。

A．材料购置费　　B．零星工作费　　C．预留金

D．已完工程及设备保护费　　E．总承包服务费

33．下列费用中的（　　）应计入措施费。

A．安全施工费　　B．二次搬运费　　C．工具用具使用费

D．临时设施费　　E．危险作业意外伤害保险费

34．用综合单价法计价时，各分部分项工程量乘以综合单价的合价汇总后，再加上（　　），便可生成建筑或安装工程造价。

A．间接费　　B．规费　　C．风险因素

D．税金　　E．利润

35．下列费用应计入规费的有（　　）。

A．环境保护费　　B．工程排污费　　C．社会保障费

D．财产保险费　　E．工程定额测定费

36．施工成本是在施工的全过程中发生的全部施工费用支出的总和，包括（　　）。

A．直接成本　　B．完全成本　　C．间接成本

D．制造成本　　E．实际成本

二、案例分析题

1．某市地税大楼工程由该市第三建筑公司中标承建，依据设计图纸、合同和招标文件等有关资料，以工料单价法经过计算汇总得到其人工费、材料费、机械费的合价为 1354 万元。其中

人工费和机械费占直接工程费的 12.0%；措施费费率为 7.5%，其中人工费和机械费占措施费的 14.3%；间接费费率为 60%，利润率为人工费和机械费的 120%，税金按规定取 3.4%。

问题：

（1）什么是直接工程费、措施费、规费?

（2）措施费、规费和企业管理费各包括哪些费用?

（3）列表计算该工程的建安工程造价（采用以人工费和机械费为计算基础）。（保留到小数点后三位数）

2．某地区原费用定额测算所选典型工程材料费占人工费、材料费和机械费合计的比例为 40%，该地区的某住宅楼工程中的材料费占人工费、材料费、机械费合计的比例为 45%，直接工程费为 982 万元，零星工程费占直接工程费的 3.5%，措施费费率为 6%，间接费费率为 8%，利润率为 5%，税金按规定取 3.4%。

问题：

（1）简要说明综合单价法的计算过程。

（2）综合单价法计算建筑安装工程费的程序有哪几种?

（3）列表计算该工程的建安工程造价（保留到小数点后三位数）。

三、计算题

1．某工程有黑金砂花岗岩楼梯 260m^2，消耗了规格 4mm×10mm 的铜防滑条 482m，试计算此花岗岩楼梯的工程造价。已知：人工合同单价为 46 元/工日，机械费及次材按规定暂不调整价差，调整价差的材料市场价已查出，黑金砂花岗岩单价为 620 元/m^2，水泥单价为 285 元/t，白水泥单价为 580 元/t，沙子单价为 42.21 元/t，铜防滑条单价为 18 元/m，综合间接费率为 10%，利润率为 7%，综合税率为 3.659%。

2．某工程一砖外墙面拟采用钢骨架上干挂花岗岩，工程量为 502m^2（密封），根据图纸计算主要材料设计用量如下：M12×130 铁膨胀螺栓 328 套（预算价为 1.62 元/套），镀锌形钢支架 9.8t，铁件 3.264t，不锈钢连接件 3 528 片，不锈钢插棍 3 528 根，不锈钢六角螺栓 MIO×40 计 3 528 套，已知花岗岩板钻孔由供应商完成，型钢支架镀锌市场单价为 1.0 元/kg。试确定综合计价。

第5章

室内装饰工程工程量计算

教学目标

本章介绍室内装饰各分部分项工程工程量的概念，以及室内装饰各分部工程工程量的计算内容、计算方法和计算案例。使学生了解工程量概念和工程量计算注意事项，了解建筑面积的计算及它在室内预算中的作用，掌握室内装饰各分部分项工程工程量所包含的内容和计算方法。

教学要求

知识要点	能力要求	相关知识
工程量概述及建筑面积的计算	（1）了解工程量的概念、计算一般规则和注意事项； （2）了解计算建筑面积和不计算建筑面积的范围	工程量、物理计量单位、自然计量单位、建筑面积
室内装饰工程各分部工程工程量计算	（1）掌握各分部工程工程量计算规则； （2）掌握各分部工程工程量计算方法	计算规则、楼地面工程、墙柱面工程、顶棚工程、油漆裱糊工程、满堂脚手架

基本概念

工程量、物理计量单位、自然计量单位、建筑面积、计算规则、楼地面工程、墙柱面工程、顶棚工程、油漆裱糊工程、满堂脚手架。

引例

在介绍完工程费用构成及工程定额构成等概念后，工程计量是室内装饰工程预算又一个核心要解决的问题，也是这门课的核心内容。工程量与费用构成是什么关系？工程量计算规则有哪些？室内装饰工程的工程计算内容有哪些？工程量计算方法有哪些等是本章要介绍的重点内容。

例如，某学校会议室进行室内装修，室内净面积为 $12\times7.8\text{m}^2$，有两个 1800×2100 实木大门、两个 1200×2100 实木门、4 个 2100×1500 的实木带纱玻璃窗。主要工程内容为地面铺玻化砖、墙面刷白色乳胶漆、顶棚为轻钢龙骨纸面石膏板、实木门窗油清漆，请计算出各分部分项工程的工程量。

5.1 工程量概述

5.1.1 工程量概念

工程量是指以物理计量单位或自然计量单位来表示室内装饰工程中的各个具体分部分项工程和构配件的实物量，工程量的计量单位必须与定额规定的计量单位一致。

工程量的计量单位包括物理计量单位和自然计量单位两种。

物理计量单位是指需要通过度量工具来衡量物体量的性质的单位，也就是采用法定计量单位表示工程完成的数量。例如，长度以米（m）为计量单位，窗帘盒、木压条等的工程量以米计算；面积以平方米（m^2）为计量单位，如墙面、柱面工程和门窗工程等工程量以平方米（m^2）计算；体积以立方米（m^3）为计量单位，如砌砖、水泥砂浆等工程量以立方米（m^3）为单位，质量以千克（kg）或吨（t）为计量单位等。

自然计量单位指不需要量纲的、具有自然属性的单位，如屋顶水箱以“座”为计量单位，施工机械以“台班”为计量单位，设备安装工程以“台”、“组”、“件”等为计量单位，卫生洁具安装以“组”为计量单位，灯具安装以“套”为计量单位，回、送风口以“个”为计量单位等。

5.1.2 工程量计算的一般规则和注意事项

1. 工程量计算规则

工程量必须按照工程量计算规则和定额规定进行正确的计算，工程量计算必须遵守以下几个原则。

（1）工作内容、范围要与定额中相应的分项工程所包括的内容和范围一致。

计算工程量时，要熟悉定额中每个分项工程所包括的内容和范围，以避免重复列项或漏计项目。例如，抹灰工程分部中规定，室内墙面一般抹灰的定额内容不包括刷素水泥浆工和料，如果设计中要求刷素水泥浆一遍，就应当另列项计算。又如，该分部规定天棚抹灰的定额内容中包括基层刷含 107 胶的水泥浆一遍的工和料，在计算天棚抹灰工程量时，就已包括这项内容，不能再列项重复计算。

（2）工程量的计量单位同定额规定的计量单位一致。

计算工程量，首先要弄清楚定额的计量单位。例如，室内墙面抹灰，楼地面层均以面积计算，计量单位为平方米（m^2）；而踢脚线以长度米（m）计算。计算工程量时如果都以面积计算，就必然会影响工程量的准确性。

（3）工程量计算规则与现行定额规定的计算原则要一致。

在按施工图样计算工程量时，采用的计算规则必须与本地区现行的预算定额的工程量计算规则相一致，这样才能有统一的计算标准，防止错算。

（4）工程量计算简明扼要。

工程量计算式要简单明了，并按一定顺序排列以便于核对工程量，在计算工程量时要注明层次、部位、断面、图号等。工程量计算式一般按长、宽、厚的顺序排列。在计算面积时，按长×宽（高）；计算体积时，按长×宽×厚或厚×宽×高等。

（5）工程量精度原则。

工程量在计算的过程中一般要求保留三位小数，计算结果则四舍五入后保留两位小数。但对于钢材、木材的计算结果要求保留三位小数，建筑面积计算结果一般要取整数，如有小数时，按四舍五入规则取整。

2. 工程量计算注意事项

工程量计算是根据已会审的施工图所规定的各分项工程的尺寸、数量，以及设备、构件、门窗等明细表和预算定额各分部工程量计算规则进行计算。在计算过程中，应注意以下几个问题。

（1）必须在熟悉和审查施工图的基础上进行，要严格按照定额规定和工程量计算规则进行计算，不得任意加大或缩小各部位的尺寸，例如，不能以轴线间距作为内墙净长距离。

（2）为了便于核对和检查，避免重算或漏算，在计算工程量时，一定要注明层次、部位、轴线编号、断面符号。

（3）工程量计算公式中的各项应按一定顺序排列，以方便校核。计算面积时，一般按长、宽（高）顺序排列，数字精确度一般计算到小数点后两位；在汇总列项时，可四舍五入取小数点后两位。

（4）为了减少重复劳动，提高编制预算工作效率，应尽量利用图样上已注明的数据表和各种附表，如门窗、灯具明细表。

（5）为了防止重算或漏算，计算工程量时要按施工顺序，并结合定额手册中定额项目排列的顺序，以及计算方法顺序进行计算。

（6）计算工程量时，应采用表格方式进行，以利于审核。

（7）计量单位必须和定额规定一致。

5.1.3　工程量计算的意义

工程量计算就是根据施工图、预算定额划分的项目及定额规定的工程量计算规则列出分项工程名称和计算式，并计算出结果。

工程量计算的工作是编制施工图预算的重要环节，在整个预算编制过程中是最繁重的一项工作。一方面，工程量计算工作在整个预算编制工作中所花的时间最长，它直接影响到预算的及时性；另一方面，工程量计算正确与否直接影响到各个分项工程定额直接费计算的准确性，从而影响工程预算造价的准确性。因此，要求预算人员具有高度的责任感，耐心细致地进行计算。

5.2 建筑面积的计算

5.2.1 建筑面积计算的意义

建筑面积是指建筑物外墙结构所围合的水平投影面积之和，是根据建筑平面图在统一计算规则下计算出来的一项重要经济数据。根据建筑的不同建设阶段划分，有基本建设计划面积、房屋竣工面积、在建房屋建筑面积等数据；根据建筑的功能划分，有结构面积、交通面积、使用面积。建筑面积是衡量建筑或室内的经济性能指标，也是计算某些分项工程工程量的基本数据，如综合脚手架、建筑物超高施工增加费、垂直运输等工程量都是以建筑面积为基数计算的。

建筑面积的计算不仅关系到工程量计算的准确性，而且对于控制基建投资规模、设计、施工管理方面都具有重要意义。所以，在计算建筑面积时，要认真对照定额中的计算规则，弄清楚哪些部位该计算，哪些部位不该计算，以及如何计算。

5.2.2 计算建筑面积和不计算建筑面积的范围

1. 计算建筑面积的范围

（1）单层建筑物不论其高度如何，均按一层计算建筑面积，其建筑面积按建筑物外墙勒脚以上结构的外围水平面积计算。单层建筑物内设有部分楼层者，首层建筑面积已包括在单层建筑物内，首层以上应计算建筑面积。高低联跨的单层建筑物，需分别计算建筑面积时，应以结构外边线为界分别计算。

（2）多层建筑物建筑面积，按各层建筑面积之和计算，首层建筑面积按外墙勒脚以上结构的外围水平面积计算，首层以上按外墙结构的外围水平面积计算。

（3）同一建筑物的结构、层数不同时，应分别计算建筑面积。

（4）地下室、半地下室、地下车间、仓库、商店、车站、地下指挥部等建筑物及相应的出入口的建筑面积，按其上口外墙（不包括采光井、防潮层及其保护墙）外围水平面积计算。

（5）建于坡地的建筑物利用吊脚空间设置架空层和深基础地下架空层设计加以利用时，其层高在 2.2m 以上时，按围护结构外围水平面积计算建筑面积。

（6）穿过建筑物的通道，建筑物内的门厅、大厅，不论其高度如何均按一层建筑面积计算。门厅、大厅内设有回廊时，按其自然层的水平投影面积计算建筑面积。

（7）室内楼梯间、电梯井、提物井、垃圾道、管道井等均按建筑物的自然层计算建筑面积。

（8）书库、立体仓库有结构层的，按结构层计算建筑面积，没有结构层的，按承重书架层或两架层计算建筑面积。

（9）有围护结构的舞台灯光控制室，按其围护结构外围水平面积乘以层数计算建筑面积。

（10）建筑物内设备管道层、储藏室等层高在 2.2m 以上时，应计算建筑面积。

（11）有柱的雨篷、车棚、货棚、站台等，按柱外围水平面积计算建筑面积；独立柱的雨篷、单排柱的车棚、货棚、站台等，按其顶盖水平投影面积的一半计算建筑面积。

（12）屋面上部有围护结构的楼梯间、水箱间、电梯机房等，按围护结构外围水平面积计算建筑面积。

（13）建筑物外有围护结构的门斗、眺望间、观望电梯间、阳台、橱窗、挑廊、走廊等，按其围护结构外围水平面积计算建筑面积。

（14）建筑物外有支柱和顶盖走廊、檐廊，按外围水平面积计算建筑面积；有盖天柱的走廊、檐廊挑出墙外宽度在 1m 以上时，按其顶盖投影面积的一半计算建筑面积。无围护结构的凹阳台、挑阳台，按其水平面积的一半计算建筑面积。建筑物间有顶盖的架空走廊，按其顶盖水平投影面积计算建筑面积。

（15）室外楼梯，按自然层投影面积之和计算建筑面积。

（16）建筑物内变形缝、沉降缝等，凡缝宽在 300mm 以内者，均依其缝宽按自然层计算建筑面积，并入建筑物建筑面积之内计算。

2. 不计算的建筑面积

不予计算的建筑面积内容如下。

（1）突出外墙的构件、配件、附墙柱、垛、勒脚、台阶、悬挑雨篷、墙面抹灰、镶贴块材、装饰面等。

（2）用于检修、消防等用途的室外爬梯。

（3）层高 2.2m 以内的设备管道层、储藏室、设计不利用的深基础架空层及吊脚架空层。

（4）建筑物内操作平台、上料平台、安装箱或罐体平台；没有围护结构的屋顶水箱、花架、凉棚等。

（5）立烟囱、烟道、地沟、油（水）罐、气柜、水塔、储油（水）池、储仓、栈桥、地下人防通道等构筑物。

（6）单层建筑物内分隔单层房间，舞台及后台悬挂的幕布、布景天桥、挑台。

（7）建筑物内宽度在 300 mm 以上的变形缝、沉降缝。

5.3 楼地面工程

5.3.1 基本内容

楼地面是楼面和地面的总称，是构成楼地层的组成部分。一般来说，地层（又称为地坪）主要由垫层、找平层和面层所组成，构成地层的项目都能在楼地面工程项目中找到。楼层主要由结构层、找平层、保温隔热层和面层组成。

楼地面工程包括天然石材、人造石材、水磨石、地砖、陶瓷地砖、玻璃地砖、塑料地板、地毯、竹木地板、防静电地板等内容。

5.3.2 计算规则

1. 楼地面抹灰

楼地面抹灰包括水泥砂浆楼地面、现浇水磨石楼地面、细石混凝土楼地面、菱苦土楼地面、自流坪楼地面、平面砂浆找平层等，它们的工程量清单项目的设置、项目特征描述的内容、计量单位、工程量计算规则应按如表 5-1 所示执行。

表 5-1　楼地面抹灰（编码：011101）

项目编码 项目名称	项目特征	计量单位	工程量计算规则	工作内容
011101001 水泥砂浆楼地面	1. 垫层材料种类、厚度； 2. 找平层厚度、砂浆配合比； 3. 素水泥浆遍数； 4. 面层厚度、砂浆配合比； 5. 面层做法要求面积	m^2	按设计图示尺寸以面积计算。扣除凸出地面构筑物、设备基础、室内管道、地沟等所占面积，不扣除间壁墙及≤0.3 附墙烟囱及孔洞所占面积。门洞、空圈、暖气包槽、壁龛的开口部分不增加面积。柱、垛、按设计图示尺寸以面积计算	1. 基层清理； 2. 垫层铺设； 3. 抹找平层； 4. 抹面层； 5. 材料运输
011101002 现浇水磨石楼地面	1. 垫层材料种类、厚度； 2. 找平层厚度、砂浆配合比； 3. 面层厚度、水泥石子浆配合比； 4. 嵌条材料种类、规格； 5. 石子种类、规格、颜色； 6. 颜料种类、颜色； 7. 图案要求； 8. 磨光、酸洗、打蜡要求			1. 基层清理； 2. 垫层铺设； 3. 抹找平层； 4. 面层铺设； 5. 嵌缝条安装； 6. 磨光、酸洗打蜡； 7. 材料运输
011101003 细石混凝土楼地面	1. 垫层材料种类、厚度； 2. 找平层厚度、砂浆配合比； 3. 面层厚度、混凝土强度等级			1. 基层清理； 2. 垫层铺设； 3. 抹找平层； 4. 面层铺设； 5. 材料运输
011101004 菱苦土楼地面	1. 垫层材料种类、厚度； 2. 找平层厚度、砂浆配合比； 3. 面层厚度； 4. 打蜡要求			1. 基层清理； 2. 垫层铺设； 3. 抹找平层； 4. 面层铺设； 5. 打蜡； 6. 材料运输
011101005 自流坪楼地面	1. 垫层材料种类、厚度； 2. 找平层厚度、砂浆配合比			1. 基层清理； 2. 垫层铺设； 3. 抹找平层； 4. 材料运输
011101006 平面砂浆找平层	1. 找平层砂浆配合比、厚度； 2. 界面剂材料种类； 3. 中层漆材料种类、厚度； 4. 面漆材料种类、厚度； 5. 面层材料种类			1. 基层处理； 2. 抹找平层； 3. 涂界面剂； 4. 涂刷中层漆； 5. 打磨、吸尘； 6. 镘自流平面漆（浆）； 7. 拌和自流平浆料； 8. 铺面层

注：①水泥砂浆面层处理是拉毛还是提浆压光应在面层做法要求中描述。②平面砂浆找平层只适用于仅做找平层的平面抹灰。③间壁墙指墙厚≤120mm 的墙。

2. 块料面层

块料面层包括石材楼地面、碎石材楼地面、块料楼地面等，它们的工程量清单项目的设置、项目特征描述的内容、计量单位、工程量计算规则应按如表 5-2 所示执行。

表 5-2　楼地面镶贴（编码：011102）

项目编码 项目名称	项目特征计量	计量 单位	工程量计算规则	工作内容
011102001 石材楼地面	1. 找平层厚度、砂浆配合比； 2. 结合层厚度、砂浆配合比； 3. 面层材料品种、规格、颜色； 4. 嵌缝材料种类； 5. 防护层材料种类； 6. 酸洗、打蜡要求 m^2	m^2	按设计图示尺寸以面积计算。门洞、空圈、暖气包槽、壁龛的开口部分并入相应的工程量内	1. 基层清理、抹找平层； 2. 面层铺设、磨边； 3. 嵌缝； 4. 刷防护材料； 5. 酸洗、打蜡； 6. 材料运输
011102002 碎石材楼地面				
011102003 块料楼地面	1. 垫层材料种类、厚度； 2. 找平层厚度、砂浆配合比； 3. 结合层厚度、砂浆配合比； 4. 面层材料品种、规格、颜色； 5. 嵌缝材料种类； 6. 防护层材料种类； 7. 酸洗、打蜡要求			

注：① 在描述碎石材项目的面层材料特征时可不用描述规格、品牌、颜色。②石材、块料与黏结材料的结合面刷防渗材料的种类在防护层材料种类中描述。③上表工作内容中的磨边指施工现场磨边，后面章节工作内容中涉及的磨边含义同此条。

3. 橡塑面层

橡塑面层包括塑料卷材楼地面、橡胶板卷材楼地面、塑料板楼地面、橡胶板楼地面等，它们的工程量清单项目的设置、项目特征描述的内容、计量单位、工程量计算规则应按如表 5-3 所示执行。

表 5-3　橡塑面层（编码：011103）

项目编码 项目名称	项目特征	计量 单位	工程量计算规则	工作内容
011103001 橡胶板楼地面	1. 黏结层厚度、材料种类； 2. 面层材料品种、规格、颜色； 3. 压线条种类	m^2	按设计图示尺寸以面积计算。门洞、空圈、暖气包槽、壁龛的开口部分并入相应的工程量内	1. 基层清理； 2. 面层铺贴； 3. 压缝条装钉； 4. 材料运输
011103002 橡胶板卷材楼地面				
011103003 塑料板楼地面				
011103004 塑料卷材楼地面				

4. 其他材料面层

其他材料面层包括地毯楼地面、竹木地板、金属复合地板、防静电活动地板等，它们的工程量清单项目的设置、项目特征描述的内容、计量单位、工程量计算规则应按如表 5-4 所示执行。

表 5-4　其他材料面层（编码：011104）

项目编码 项目名称	项目特征	计量单位	工程量计算规则	工作内容
011104001 地毯楼地面	1. 面层材料品种、规格、颜色； 2. 防护材料种类； 3. 黏结材料种类； 4. 压线条种类	m^2	按设计图示尺寸以面积计算。门洞、空圈、暖气包槽、壁龛的开口部分并入相应的工程量内	1. 基层清理； 2. 铺贴面层； 3. 刷防护材料； 4. 装钉压条； 5. 材料运输
011104002 竹木地板	1. 龙骨材料种类、规格、铺设间距； 2. 基层材料种类、规格； 3. 面层材料品种、规格、颜色； 4. 防护材料种类			1. 基层清理； 2. 龙骨铺设； 3. 基层铺设； 4. 面层铺贴； 5. 刷防护材料； 6. 材料运输
011104003 金属复合地板	1. 龙骨材料种类、规格、铺设间距； 2. 基层材料种类、规格； 3. 面层材料品种、规格、颜色； 4. 防护材料种类			
011104004 防静电活动地板	1. 支架高度、材料种类； 2. 面层材料品种、规格、颜色； 3. 防护材料种类			1. 基层清理； 2. 固定支架安装； 3. 活动面层安装； 4. 刷防护材料； 5. 材料运输

5. 踢脚线

踢脚线一般包括水泥砂浆踢脚线、石材踢脚线、块料踢脚线、塑料板踢脚线、木质踢脚线、金属踢脚线、防静电踢脚线等，它们的工程量清单项目的设置、项目特征描述的内容、计量单位、工程量计算规则应按如表 5-5 所示执行。

表 5-5　踢脚线（编码：011105）

项目编码 项目名称	项目特征	计量单位	工程量计算规则	工作内容
011105001 水泥砂浆踢脚线	1. 踢脚线高度； 2. 底层厚度、砂浆配合比； 3. 面层厚度、砂浆配合比	1. m^2 2. m	1. 按设计图示长度乘高度，以面积计算 2. 按延长米计算	1. 基层清理； 2. 底层和面层抹灰； 3. 材料运输
011105002 石材踢脚线	1. 踢脚线高度； 2. 粘贴层厚度、材料种类； 3. 面层材料品种、规格、颜色； 4. 防护材料种类			1. 基层清理； 2. 底层抹灰； 3. 面层铺贴、磨边； 4. 擦缝； 5. 磨光、酸洗、打蜡； 6. 刷防护材料； 7. 材料运输
011105003 块料踢脚线				
011105004 塑料板踢脚线	1. 踢脚线高度； 2. 黏结层厚度、材料种类； 3. 面层材料种类、规格、颜色			1. 基层清理； 2. 基层铺贴； 3. 面层铺贴； 4. 材料运输
011105005 木质踢脚线	1. 踢脚线高度； 2. 基层材料种类、规格； 3. 面层材料品种、规格、颜色			
011105006 金属踢脚线				
011105007 防静电踢脚线				

注：石材、块料与黏结材料的结合面刷防渗材料的种类在防护层材料种类中描述。

6. 楼梯面层

楼梯面层包括石材楼梯面层、块料楼梯面层、拼碎块料面层、水泥砂浆楼梯面层、现浇水磨石楼梯面层、地毯楼梯面层、木板楼梯面层、橡胶板楼梯面层和塑料板楼梯面层等，它们的工程量清单项目的设置、项目特征描述的内容、计量单位、工程量计算规则应按如表 5-6 所示执行。

表 5-6　楼梯面层（编码：011106）

<table>
<tr><th>项目编码
项目名称</th><th>项目特征</th><th>计量单位</th><th>工程量计算规则</th><th>工作内容</th></tr>
<tr><td>011106001
石材楼梯面层</td><td rowspan="3">1. 找平层厚度、砂浆配合比；
2. 黏结层厚度、材料种类；
3. 面层材料品种、规格、颜色；
4. 防滑条材料种类、规格；
5. 勾缝材料种类；
6. 防护层材料种类；
7. 酸洗、打蜡要求</td><td rowspan="9">m^2</td><td rowspan="9">按设计图示尺寸以楼梯（包括踏步、休息平台及≤500mm 的楼梯井）水平投影面积计算。楼梯与楼地面相连时，算至梯口梁内侧边沿；无梯口梁者，算至最上一层踏步边沿加 300mm</td><td rowspan="3">1. 基层清理；
2. 抹找平层；
3. 面层铺贴、磨边；
4. 贴嵌防滑条；
5. 勾缝；
6. 刷防护材料；
7. 酸洗、打蜡；
8. 材料运输</td></tr>
<tr><td>011106002
块料楼梯面层</td></tr>
<tr><td>011106003
拼碎块料面层</td></tr>
<tr><td>011106004
水泥砂浆楼梯面层</td><td>1. 找平层厚度、砂浆配合比；
2. 面层厚度、砂浆配合比；
3. 防滑条材料种类、规格</td><td>1. 基层清理；
2. 抹找平层；
3. 抹面层；
4. 抹防滑条；
5. 材料运输</td></tr>
<tr><td>011106005
现浇水磨石楼梯面层</td><td>1. 找平层厚度、砂浆配合比；
2. 面层厚度、水泥石子浆配合比；
3. 防滑条材料种类、规格；
4. 石子种类、规格、颜色；
5. 颜料种类、颜色；
6. 磨光、酸洗打蜡要求</td><td>1. 基层清理；
2. 抹找平层；
3. 抹面层；
4. 贴嵌防滑条；
5. 磨光、酸洗、打蜡；
6. 材料运输</td></tr>
<tr><td>011106006
地毯楼梯面层</td><td>1. 基层种类；
2. 面层材料品种、规格、颜色；
3. 防护材料种类；
4. 黏结材料种类；
5. 固定配件材料种类、规格</td><td>1. 基层清理；
2. 铺贴面层；
3. 固定配件安装；
4. 刷防护材料；
5. 材料运输</td></tr>
<tr><td>011106007
木板楼梯面层</td><td>1. 基层材料种类、规格；
2. 面层材料品种、规格、颜色；
3. 黏结材料种类；
4. 防护材料种类</td><td>1. 基层清理；
2. 基层铺贴；
3. 面层铺贴；
4. 刷防护材料；
5. 材料运输</td></tr>
<tr><td>011106008
橡胶板楼梯面层</td><td rowspan="2">1. 黏结层厚度、材料种类；
2. 面层材料品种、规格、颜色；
3. 压线条种类</td><td rowspan="2">1. 基层清理；
2. 面层铺贴；
3. 压缝条装钉；
4. 材料运输</td></tr>
<tr><td>011106009
塑料板楼梯面层</td></tr>
</table>

注：① 在描述碎石材项目的面层材料特征时可不用描述规格、品牌、颜色。②石材、块料与黏结材料的结合面刷防渗材料的种类在防护层材料种类中描述。

7. 台阶装饰

台阶装饰包括石材台阶面、块料台阶面、拼碎块料台阶面、水泥砂浆台阶面、现浇水磨石台阶面和剁假石台阶面等，它们的工程量清单项目的设置、项目特征描述的内容、计量单位、工程量计算规则应按如表 5-7 所示执行。

表 5-7　台阶装饰（编码：011107）

项目编码 项目名称	项目特征	计量单位	工程量计算规则	工作内容
011107001 石材台阶面	1. 找平层厚度、砂浆配合比； 2. 黏结层材料种类； 3. 面层材料品种、规格、颜色； 4. 勾缝材料种类； 5. 防滑条材料种类、规格； 6. 防护材料种类	m^2	按设计图示尺寸以台阶（包括最上层踏步边沿加 300mm）水平投影面积计算	1. 基层清理； 2. 抹找平层； 3. 面层铺贴； 4. 贴嵌防滑条； 5. 勾缝； 6. 刷防护材料； 7. 材料运输
011107002 块料台阶面				
011107003 拼碎块料台阶面				
011107004 水泥砂浆台阶面	1. 垫层材料种类、厚度； 2. 找平层厚度、砂浆配合比； 3. 面层厚度、砂浆配合比； 4. 防滑条材料种类			1. 基层清理； 2. 铺设垫层； 3. 抹找平层； 4. 抹面层； 5. 抹防滑条； 6. 材料运输
011107005 现浇水磨石台阶面	1. 垫层材料种类、厚度； 2. 找平层厚度、砂浆配合比； 3. 面层厚度、水泥石子浆配合比； 4. 防滑条材料种类、规格； 5. 石子种类、规格、颜色； 6. 颜料种类、颜色； 7. 磨光、酸洗、打蜡要求			1. 清理基层； 2. 铺设垫层； 3. 抹找平层； 4. 抹面层； 5. 贴嵌防滑条； 6. 打磨、酸洗、打蜡； 7. 材料运输
011107006 剁假石台阶面	1. 垫层材料种类、厚度； 2. 找平层厚度、砂浆配合比； 3. 面层厚度、砂浆配合比； 4. 剁假石要求			1. 清理基层； 2. 铺设垫层； 3. 抹找平层； 4. 抹面层； 5. 剁假石； 6. 材料运输

注：① 在描述碎石材项目的面层材料特征时可不用描述规格、品牌、颜色。②石材、块料与黏结材料的结合面刷防渗材料的种类在防护层材料种类中描述。

8. 零星装饰项目

零星装饰项目包括石材零星项目、拼碎石材零星项目、块料零星项目和水泥砂浆零星项目等，它们的工程量清单项目的设置、项目特征描述的内容、计量单位、工程量计算规则应按如表 5-8 所示执行。

表 5-8　零星装饰项目（编码：011108）

<table>
<tr><th>项目编码
项目名称</th><th>项目特征</th><th>计量
单位</th><th>工程量计算规则</th><th>工作内容</th></tr>
<tr><td>011108001
石材零星项目</td><td rowspan="3">1. 工程部位；
2. 找平层厚度、砂浆配合比；
3. 贴结合层厚度、材料种类；
4. 面层材料品种、规格、颜色；
5. 勾缝材料种类；
6. 防护材料种类；
7. 酸洗、打蜡要求</td><td rowspan="4">m^2</td><td rowspan="4">按设计图示尺寸以面积计算</td><td rowspan="3">1. 清理基层；
2. 抹找平层；
3. 面层铺贴、磨边；
4. 勾缝；
5. 刷防护材料；
6. 酸洗、打蜡；
7. 材料运输</td></tr>
<tr><td>011108002
拼碎石材零星项目</td></tr>
<tr><td>011108003
块料零星项目</td></tr>
<tr><td>011108004
水泥砂浆零星项目</td><td>1. 工程部位；
2. 找平层厚度、砂浆配合比；
3. 面层厚度、砂浆厚度</td><td>1. 清理基层；
2. 抹找平层；
3. 抹面层；
4. 材料运输</td></tr>
</table>

注：①楼梯、台阶牵边和侧面镶贴块料面层，≤0.5 m^2 的少量分散的楼地面镶贴块料面层，应按表 5-8 零星装饰项目执行。②石材、块料与黏结材料的结合面刷防渗材料的种类在防护层材料种类中描述。

5.3.3　计算实例

【例 5-1】 如图 5-1 所示，某室内地面采用 20mm 厚 1∶3 水泥浆找平，8mm 厚 1∶1 水泥砂浆镶贴大理石面层；其踢脚线为同质的大理石（上口磨指甲圆边）水泥砂浆镶贴，高为 120mm。计算大理石地面面层和踢脚线的工程量（门宽为 1 000mm，门内侧墙宽 250mm）。

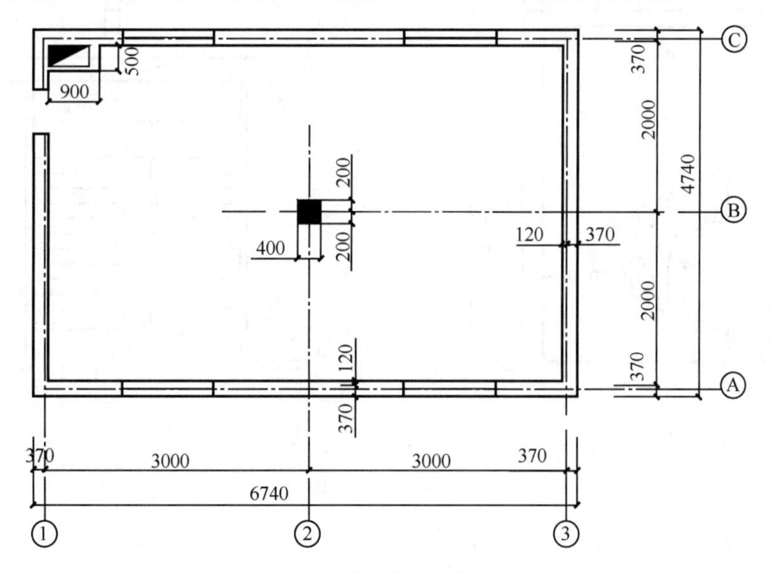

图 5-1　某室内地面铺大理石

【解】（1）块料面层镶贴按主墙间的面积计算，应扣除凸出地面的构筑物、柱等不做面层的部分，门洞空圈开口部分也相应增加。镶贴大理石面层的工程量：

（6.74－0.49×2）×（4.74－0.49×2）－0.9×0.5－0.4×0.4＋0.49×1.0＝21.54（m^2）

（2）计算块料面层踢脚线长度时，门洞不扣除、侧壁不另加。大理石踢脚线的工程量为

（6.74－0.49×2＋4.74－0.49×2）×2＝19.04（m）

【例 5-2】 某建筑物门前台阶如图 5-2 所示，试分别计算面层采用花岗岩（水泥砂浆粘贴）或水磨石面层的工程量（每步台阶高 150mm）。

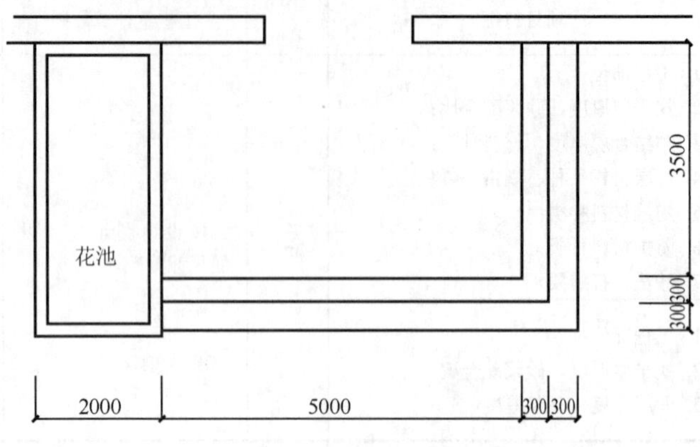

图 5-2 某建筑台阶设计图

【解】 水磨石台阶按水平投影面积计算；台阶镶贴花岗岩块料面层按展开面积计算。

水磨石台阶面层的工程量：（5＋0.3×2）×0.3×3＋（3.5－0.3）×0.3×3＝7.92（m^2）

花岗岩台阶面层的工程量＝水磨石台阶面层的工程量：7.92（m^2）

【例 5-3】 如图 5-3 所示的某楼梯，扶手为硬木扶手（靠墙没有扶手），栏板为铁艺栏板，面贴贴大理石面层，楼梯踢脚板为同质大理石，试求与楼梯相关的工程量。

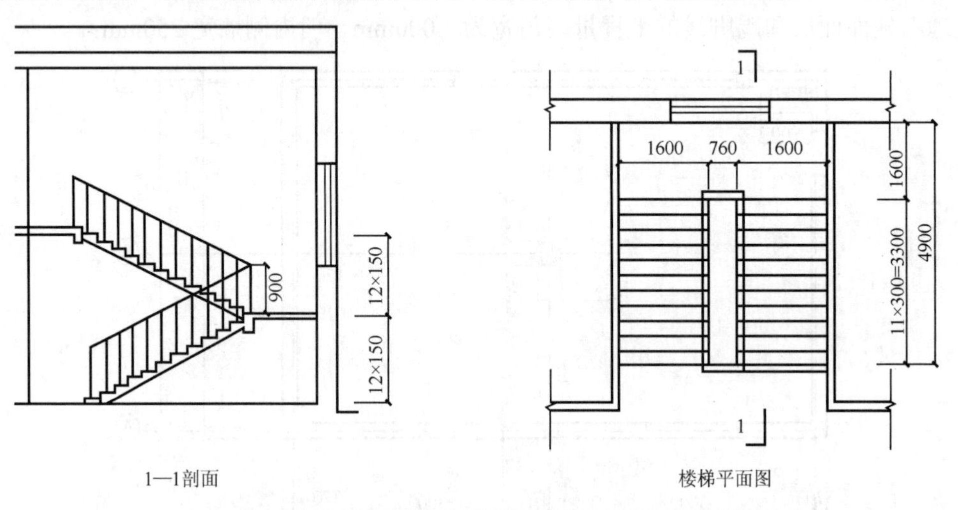

图 5-3 某楼梯贴大理石面层

【解】 （1）因楼梯井的宽度超过 50cm，故楼梯装饰面层的工程量：

$$(1.6\times2+0.76)\times4.9-0.76\times3.3=16.90\ (m^2)$$

（2）楼梯踢脚板的工程量：楼梯梯段踢脚板工程量乘以系数 1.66。

$$[12\times1.6\times2+(\sqrt{3.3^2+1.8^2})\times2]\times1.66+1.6\times2+(1.6+1.6+0.76)=83.38\ (m)$$

（3）楼梯扶手工程量：

$$(\sqrt{3.3^2+1.8^2})\times2+0.76=8.28\ (m)$$

（4）扶手弯头的工程量：2（个）。

（5）楼梯铁艺栏板的工程量与扶手的工程量相同，即 8.28（m）。

5.4 墙柱面装饰工程

5.4.1 基本内容

墙柱面装饰工程包括一般抹灰、装饰抹灰、镶贴块料面层及墙柱面装饰等内容。

一般抹灰指使用石灰砂浆、水泥砂浆、混合砂浆和其他砂浆对内、外墙面和柱面粉刷，根据抹灰材料、抹灰部位、抹灰遍数和基层等分项。

装饰性抹灰和镶贴块料按面层材料、基层、粘贴材料等分项。

墙柱面装饰适用于隔墙、隔断、墙柱面的龙骨、面层、饰面、木作等工程。

墙柱面装饰内容包括单列的龙骨基层和面层，以及综合龙骨及饰面的墙柱装饰项目。龙骨材料有木龙骨、轻钢龙骨、铝合金龙骨等。

墙柱面抹灰和各项装饰项目均包括了3.6m以下简易脚手架的搭设，一些独立承包的墙面“二次装修”，如果施工高度在3.6m以下时，不应再计脚手架。

5.4.2 计算规则

1. 墙柱面抹灰工程

1）墙面抹灰

墙面抹灰包括墙面一般抹灰、墙面装饰抹灰、墙面勾缝和立面砂浆找平层等，它们的工程量清单项目的设置、项目特征描述的内容、计量单位、工程量计算规则应按如表5-9所示执行。

表5-9　墙面抹灰（编码：011201）

<table>
<tr><th>项目编码
项目名称</th><th>项目特征</th><th>计量单位</th><th>工程量计算规则</th><th>工作内容</th></tr>
<tr><td>011201001
墙面一般抹灰</td><td rowspan="2">1. 墙体类型；
2. 底层厚度、砂浆配合比；
3. 面层厚度、砂浆配合比；
4. 装饰面材料种类；
5. 分格缝宽度、材料种类</td><td rowspan="4">m²</td><td rowspan="4">按设计图示尺寸以面积计算。扣除墙裙、门窗洞口及单个＞0.3m² 的孔洞面积，不扣除踢脚线、挂镜线和墙与构件交接处的面积，门窗洞口和孔洞的侧壁及顶面不增加面积。附墙柱、梁、垛、烟囱侧壁并入相应的墙面面积内
1. 外墙抹灰面积按外墙垂直投影面积计算
2. 外墙裙抹灰面积按其长度乘以高度计算
3. 内墙抹灰面积按主墙间的净长乘以高度计算
（1）无墙裙的，高度按室内楼地面至天棚底面计算
（2）有墙裙的，高度按墙裙顶至天棚底面计算
4. 内墙裙抹灰面按内墙净长乘以高度计算</td><td rowspan="2">1. 基层清理；
2. 砂浆制作、运输；
3. 底层抹灰；
4. 抹面层；
5. 抹装饰面；
6. 勾分格缝</td></tr>
<tr><td>011201002
墙面装饰抹灰</td></tr>
<tr><td>011201003
墙面勾缝</td><td>1. 墙体类型；
2. 勾缝类型；
3. 勾缝材料种类</td><td>1. 基层清理；
2. 砂浆制作、运输；
3. 勾缝</td></tr>
<tr><td>011201004
立面砂浆找平层</td><td>1. 墙体类型；
2. 找平的砂浆厚度、配合比</td><td>1. 基层清理；
2. 砂浆制作、运输；
3. 抹灰找平</td></tr>
</table>

注：①立面砂浆找平项目适用于仅做找平层的立面抹灰。②抹石灰砂浆、水泥砂浆、混合砂浆、聚合物水泥砂浆、麻刀石灰浆、石膏灰浆等按墙面一般抹灰列项，水刷石、斩假石、干黏石、假面砖等按墙面装饰抹灰列项。③飘窗凸出外墙面增加的抹灰不计算工程量，在综合单价中考虑。

2）柱（梁）面抹灰

柱（梁）面抹灰包括柱（梁）面一般抹灰、柱（梁）面装饰抹灰、柱（梁）面勾缝和柱（梁）砂浆找平层等，它们的工程量清单项目的设置、项目特征描述的内容、计量单位、工程量计算规则应按如表 5-10 所示执行。

表 5-10　柱（梁）面抹灰（编码：011202）

项目编码 项目名称	项目特征	计量单位	工程量计算规则	工作内容
011201001 柱、梁面一般抹灰	1. 柱、梁体类型； 2. 底层厚度、砂浆配合比； 3. 面层厚度、砂浆配合比； 4. 装饰面材料种类； 5. 分格缝宽度、材料种类	m²	1. 柱面抹灰：按设计图示柱断面周长乘高度以面积计算 2. 梁面抹灰：按设计图示梁断面周长乘长度以面积计算	1. 基层清理； 2. 砂浆制作、运输； 3. 底层抹灰； 4. 抹面层； 5. 抹装饰面； 6. 勾分格缝
011201002 柱、梁面装饰抹灰				
011201003 柱、梁砂浆找平层	1. 柱、梁体类型； 2. 找平的砂浆厚度、配合比			1. 基层清理； 2. 砂浆制作、运输； 3. 抹灰找平
011201004 柱、梁面勾缝	1. 柱、梁体类型； 2. 勾缝类型； 3. 勾缝材料种类		按设计图示柱断面周长乘高度以面积计算	1. 基层清理； 2. 砂浆制作、运输； 3. 勾缝

注：①砂浆找平项目适用于仅做找平层的柱（梁）面抹灰。②抹石灰砂浆、水泥砂浆、混合砂浆、聚合物水泥砂浆、麻刀石灰浆、石膏灰浆等按柱（梁）面一般抹灰编码列项，水刷石、斩假石、干黏石、假面砖等按柱（梁）面装饰抹灰编码列项。

3）零星抹灰

零星抹灰包括零星项目一般抹灰、零星项目装饰抹灰和零星项目砂浆找平等，它们的工程量清单项目的设置、项目特征描述的内容、计量单位、工程量计算规则应按如表 5-11 所示执行。

表 5-11　零星抹灰（编码：011203）

项目编码 项目名称	项目特征	计量单位	工程量计算规则	工作内容
011203001 零星项目一般抹灰	1. 墙体类型； 2. 底层厚度、砂浆配合比； 3. 面层厚度、砂浆配合比； 4. 装饰面材料种类； 5. 分格缝宽度、材料种类	m²	按设计图示尺寸以面积计算	1. 基层清理； 2. 砂浆制作、运输； 3. 底层抹灰； 4. 抹面层； 5. 抹装饰面； 6. 勾分格缝
011203002 零星项目装饰抹灰	1. 墙体类型； 2. 底层厚度、砂浆配合比； 3. 面层厚度、砂浆配合比； 4. 装饰面材料种类； 5. 分格缝宽度、材料种类			
011203003 零星项目砂浆找平	1. 基层类型； 2. 找平的砂浆厚度、配合比			1. 基层清理； 2. 砂浆制作、运输； 3. 抹灰找平

注：①抹石灰砂浆、水泥砂浆、混合砂浆、聚合物水泥砂浆、麻刀石灰浆、石膏灰浆等按零星项目一般抹灰编码列项，水刷石、斩假石、干黏石、假面砖等按零星项目装饰抹灰编码列项。②墙、柱（梁）面≤$0.5m^2$的少量分散的抹灰按零星抹灰项目编码列项。

2. 块料镶贴

1）墙面块料面层

墙面块料面层包括石材墙面、拼碎石材墙面、块料墙面和干挂石材钢骨架等，它们的工程量清单项目的设置、项目特征描述的内容、计量单位、工程量计算规则应按如表 5-12 所示执行。

表 5-12　墙面块料面层（编码：011204）

项目编码 项目名称	项目特征	计量单位	工程量计算规则	工作内容
011204001 石材墙面	1. 墙体类型； 2. 安装方式； 3. 面层材料品种、规格、颜色； 4. 缝宽、嵌缝材料种类； 5. 防护材料种类； 6. 磨光、酸洗、打蜡要求	m^2	按镶贴表面积计算	1. 基层清理； 2. 砂浆制作、运输； 3. 黏结层铺贴； 4. 面层安装； 5. 嵌缝； 6. 刷防护材料； 7. 磨光、酸洗、打蜡
011204002 拼碎石材墙面				
011204003 块料墙面				
011204004 干挂石材钢骨架	1. 骨架种类、规格； 2. 防锈漆品种遍数	t	按设计图示以质量计算	1. 骨架制作、运输、安装； 2. 刷漆

注：①在描述碎块项目的面层材料特征时可不用描述规格、品牌、颜色。②石材、块料与黏结材料的结合面刷防渗材料的种类在防护层材料种类中描述。③安装方式可描述为砂浆或黏结剂粘贴、挂贴、干挂等，不论哪种安装方式，都要详细描述与组价相关的内容。

2）柱（梁）面面镶贴块料

柱（梁）面镶贴块料包括石材柱面、块料柱面、拼碎石材柱面、石材梁面和块料梁面等，它们的工程量清单项目的设置、项目特征描述的内容、计量单位、工程量计算规则应按如表 5-13 所示执行。

表 5-13　柱（梁）面块料面层（编码：011205）

项目编码 项目名称	项目特征	计量单位	工程量计算规则	工作内容
0 011205001 石材柱面	1. 柱截面类型、尺寸； 2. 安装方式； 3. 面层材料品种、规格、颜色； 4. 缝宽、嵌缝材料种类； 5. 防护材料种类； 6. 磨光、酸洗、打蜡要求	m^2	按镶贴表面积计算	1. 基层清理； 2. 砂浆制作、运输； 3. 黏结层铺贴； 4. 面层安装； 5. 嵌缝； 6. 刷防护材料； 7. 磨光、酸洗、打蜡
011205002 块料柱面				
011205003 拼碎石材柱面				
011205004 石材梁面	1. 安装方式； 2. 面层材料品种、规格、颜色； 3. 缝宽、嵌缝材料种类； 4. 防护材料种类； 5. 磨光、酸洗、打蜡要求			
011205005 块料梁面				

注：①在描述碎块项目的面层材料特征时可不用描述规格、品牌、颜色。②石材、块料与黏结材料的结合面刷防渗材料的种类在防护层材料种类中描述。③柱梁面干挂石材的钢骨架按表 L.4 相应项目编码列项。

3）镶贴零星块料

镶贴零星块料包括石材零星项目、块料零星项目和拼碎块零星项目等，它们的工程量清单项目的设置、项目特征描述的内容、计量单位、工程量计算规则应按如表 5-14 所示执行。

表 5-14　镶贴零星块料（编码：011206）

项目编码 项目名称	项目特征	计量单位	工程量计算规则	工作内容
0 011206001 石材零星项目	1. 安装方式； 2. 面层材料品种、规格、颜色； 3. 缝宽、嵌缝材料种类； 4. 防护材料种类； 5. 磨光、酸洗、打蜡要求	m^2	按镶贴表面积计算	1. 基层清理； 2. 砂浆制作、运输； 3. 面层安装； 4. 嵌缝； 5. 刷防护材料； 6. 磨光、酸洗、打蜡
011206002 块料零星项目				
011206003 拼碎块零星项目				

注：①在描述碎块项目的面层材料特征时可不用描述规格、品牌、颜色。②石材、块料与黏结材料的结合面刷防渗材料的种类在防护层材料种类中描述。③零星项目干挂石材的钢骨架按表 5-14 相应项目编码列项。④墙柱面≤0.5m^2 的少量分散的镶贴块料面层应按零星项目执行。

3. 墙柱面饰面

墙柱（梁）饰面板主要包括如木质板材饰面、金属板材饰面等，它们的工程量清单项目的设置、项目特征描述的内容、计量单位、工程量计算规则应按如表 5-15 所示执行。

表 5-15　墙柱饰面（编码：011207、011208）

项目编码 项目名称	项目特征	计量单位	工程量计算规则	工作内容
011207001 墙面装饰板	1. 龙骨材料种类、规格、中距； 2. 隔离层材料种类、规格； 3. 基层材料种类、规格； 4. 面层材料品种、规格、颜色； 5. 压条材料种类、规格	m^2	按设计图示墙净长乘净高以面积计算。扣除门窗洞口及单个＞0.3m^2 的孔洞所占面积	1. 基层清理； 2. 龙骨制作、运输、安装； 3. 钉隔离层； 4. 基层铺钉； 5. 面层铺贴
011208001 柱（梁）面装饰			按设计图示饰面外围尺寸以面积计算。柱帽、柱墩并入相应柱饰面工程量内	

4. 幕墙工程

幕墙工程主要包括带骨架幕墙和全玻（无框玻璃）幕墙等，它们的工程量清单项目的设置、项目特征描述的内容、计量单位、工程量计算规则应按如表 5-16 所示执行。

表 5-16　幕墙工程（编码：011209）

项目编码 项目名称	项目特征	计量单位	工程量计算规则	工作内容
011209001 带骨架幕墙	1. 骨架材料种类、规格、中距； 2. 面层材料品种、规格、颜色； 3. 面层固定方式； 4. 隔离带、框边封闭材料品种、规格； 5. 嵌缝、塞口材料种类	m^2	按设计图示框外围尺寸以面积计算。与幕墙同种材质的窗所占面积不扣除	1. 骨架制作、运输、安装； 2. 面层安装； 3. 隔离带、框边封闭； 4. 嵌缝、塞口； 5. 清洗

续表

项目编码 项目名称	项目特征	计量单位	工程量计算规则	工作内容
011209002 全玻（无框玻璃）幕墙	1. 玻璃品种、规格、颜色； 2. 黏结塞口材料种类； 3. 固定方式		按设计图示尺寸以面积计算。带肋全玻幕墙按展开面积计算	1. 幕墙安装； 2. 嵌缝、塞口； 3. 清洗

5. 隔断工程

隔断工程主要包括木隔断、玻璃隔断、塑料隔断和成品隔断等它们的工程量清单项目的设置、项目特征描述的内容、计量单位、工程量计算规则应按如表 5-17 所示执行。

表 5-17　隔断（编码：011210）

<table>
<tr><th>项目编码
项目名称</th><th>项目特征</th><th>计量单位</th><th>工程量计算规则</th><th>工作内容</th></tr>
<tr><td>011210001
木隔断</td><td>1. 骨架、边框材料种类、规格；
2. 隔板材料品种、规格、颜色；
3. 嵌缝、塞口材料品种；
4. 压条材料种类</td><td rowspan="3">m^2</td><td>按设计图示框外围尺寸以面积计算。不扣除单个≤$0.3m^2$的孔洞所占面积；浴厕门的材质与隔断相同时，门的面积并入隔断面积内</td><td>1. 骨架及边框制作、运输、安装；
2. 隔板制作、运输、安装；
3. 嵌缝、塞口；
4. 装钉压条</td></tr>
<tr><td>011210003
玻璃隔断</td><td>1. 边框材料种类、规格；
2. 玻璃品种、规格、颜色；
3. 嵌缝、塞口材料品种</td><td rowspan="2">按设计图示框外围尺寸以面积计算。不扣除单个≤$0.3m^2$的孔洞所占面积</td><td>1. 边框制作、运输、安装；
2. 玻璃制作、运输、安装；
3. 嵌缝、塞口</td></tr>
<tr><td>011210004
塑料隔断</td><td>1. 边框材料种类、规格；
2. 隔板材料品种、规格、颜色；
3. 嵌缝、塞口材料品种</td><td>1. 骨架及边框制作、运输、安装；
2. 隔板制作、运输、安装；
3. 嵌缝、塞口</td></tr>
<tr><td>011210005
成品隔断</td><td>1. 隔断材料品种、规格、颜色；
2. 配件品种、规格</td><td>1. m^2
2.间</td><td>1. 按设计图示框外围尺寸以面积计算
2. 按设计间的数量以间计算</td><td>1. 隔断运输、安装；
2. 嵌缝、塞口</td></tr>
<tr><td>011210006
其他隔断</td><td>1. 骨架、边框材料种类、规格；
2. 隔板材料品种、规格、颜色；
3. 嵌缝、塞口材料品种</td><td>m^2</td><td>按设计图示框外围尺寸以面积计算。不扣除单个≤$0.3m^2$的孔洞所占面积</td><td>1. 骨架及边框安装；
2. 隔板安装；
3. 嵌缝、塞口</td></tr>
</table>

5.4.3　计算实例

【例 5-4】 某工程有弧形内墙面，拟采用素水泥浆粘贴 600mm×400mm 文化石（密缝），其中顶端弧边长为 6.0m，室内净高为 3.6m，计算该弧形墙面工程量。若文化石损耗率为 10%，求它的用量。

【解】 弧形墙面工程量：6.0×3.6＝21.6m^2

文化石用量：21.6÷（0.6×0.4）÷（1－0.10）＝100（块）

【例 5-5】 某会议室工程采用凹凸木墙裙（凹面∶凸面＝1∶2），墙裙高为 1.0m；室内净面积为（6.8×5.3）m^2，会议室入口门的尺寸 1.2m×2.1m（全包门），2 个窗户尺寸为 1.8m×1.5m（在墙裙上方）。工程做法：木龙骨采用 20×30@350×350。龙骨与墙面用木针固定，面板均采用普通切片三夹板，凹进部分基层板采用一层杨木芯十二厘板，凸出部分基层板采用一层杨木芯十二厘板及一层十八厘板。求木墙裙和木龙骨的工程量、木龙骨、十二厘板和十八厘板的用量（木材损耗率为5%）。

【解】 根据题意可得

（1）木墙裙的工程量：（6.8＋5.3）×2×1.0－1.2×1.0＝23.00（m^2）

（2）木龙骨的工程量：23.00（m^2）

（3）木龙骨的用量。

木龙骨的净用量：[（6.8÷0.35）$_{(进位取整)}$＋1）＋（5.3÷0.35）$_{(进位取整)}$＋1）]×2×1.0＋（6.8＋5.3）×2×[（1.0 ÷0.35）$_{(进位取整)}$＋1]－（1.2÷0.35＋1）×1.0－（1.0÷0.35＋1）×1.2＝163.00（m）

木龙骨的消耗量（m）：163×（1＋0.05）＝171.15（m）

木龙骨材积：163×（0.02×0.03）×（1＋0.05）＝0.102（m^3）

（4）十二厘板的用量。

十二厘板的净用量：[（6.8＋5.3）×2－1.2]×1.0＝23（m^2）

十二厘板的数量：23×（1＋0.05）÷（1.22×2.44）＝9（块）

十二厘板的材积：23×（1＋0.05）×0.012＝0.290（m^3）

（5）十八厘板的用量。

十八厘板的净用量：23×（2÷3）＝15.34（m^2）

十八厘板的数量：23×（2÷3）×（1＋0.05）÷（1.22×2.44）＝6（块）

十八厘板的材积：23×（2÷3）×（1＋0.05）×0.018＝0.290（m^3）

【例 5-6】 图 5-4 所示为某墙面设计图，试求出该墙面工程的工程量。

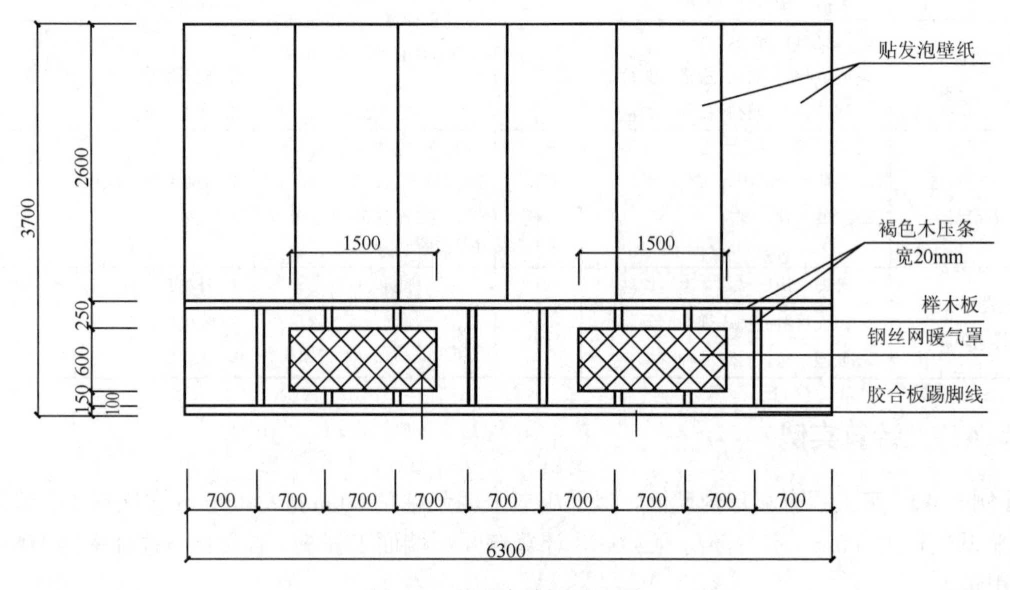

图 5-4　某室内墙面设计图

【解】（1）墙面贴壁纸的工程量：6.30×2.6＝16.38（m^2）

（2）贴柚木板墙裙的工程量：

6.30×（0.15＋0.60＋0.25）－1.50×0.60×2＝4.5（m^2）

（3）铜丝网暖气罩的工程量：1.50×0.60×2＝1.8（m^2）

（4）木压条的工程量：6.3＋（0.15＋0.60＋0.25－0.02）×8－0.6×4＝11.74（m）
（5）踢脚线的工程量：6.3（m）

5.5 顶棚装饰工程

5.5.1 基本内容

顶棚装饰工程包括抹灰面层、顶棚龙骨、顶棚面层、龙骨及饰面等部分。

吊顶天棚包括顶棚龙骨与顶棚面层两个部分，预算中应分别列项，按相应的设计项目配套使用。

龙骨及饰面部分则综合了骨架和面层，各项目中包括了龙骨和饰面的工料。

吊顶龙骨按其吊挂方式的不同分为双层龙骨和单层龙骨两种。龙骨底面不在同一水平面、下层紧贴上层的为双层龙骨；龙骨在同一水平面的为单层龙骨。造型顶棚分一级和多级天棚，顶棚面层在同一标高的为一级顶棚，顶棚面层不在同一标高且高差在 200mm 以上者，称为二级或三级顶棚。

顶棚龙骨中，对剖圆木楞、方木楞按主楞跨度 3m 以内、4m 以内划分。轻钢龙骨和铝合金龙骨按一级天棚和多级天棚分别列项，同时，按面层规格 300mm×300mm、450mm×450mm、600mm×600mm 和 600mm×600mm 四个规格划分。

定额龙骨是按常用材料及规格组合编制的，如果与设计规定的不同，可以换算，人工费不变。二级或三级以上的造型天棚，套用其面层定额时，面层人工费乘以系数 1.3。

顶棚装饰工程项目已经包括了 3.6m 以下简易脚手架的搭设及拆除。

5.5.2 计算规则

1. 天棚抹灰

天棚抹灰的工程量清单项目的设置、项目特征描述的内容、计量单位、工程量计算规则应按如表 5-18 所示执行。

表 5-18　天棚抹灰（编码：011301）

项目编码 项目名称	项目特征	计量单位	工程量计算规则	工作内容
011301001 天棚抹灰	1. 基层类型； 2. 抹灰厚度、材料种类； 3. 砂浆配合比	m^2	按设计图示尺寸以水平投影面积计算。不扣除间壁墙、垛、柱、附墙烟囱、检查口和管道所占的面积，带梁天棚、梁两侧抹灰面积并入天棚面积内，板式楼梯底面抹灰按斜面积计算，锯齿形楼梯底板抹灰按展开面积计算	1. 基层清理； 2. 底层抹灰； 3. 抹面层

2. 天棚吊顶

天棚吊顶包括吊顶天棚、格栅吊顶、吊筒吊顶、藤条造型悬挂吊顶、织物软雕吊顶和网架（装饰）吊顶等，它们的工程量清单项目的设置、项目特征描述的内容、计量单位、工程量计算规则应按如表 5-19 所示执行。

表 5-19　天棚吊顶（编码：011302）

<table>
<tr><th>项目编码
项目名称</th><th>项目特征</th><th>计量单位</th><th>工程量计算规则</th><th>工作内容</th></tr>
<tr><td>011302001
吊顶天棚</td><td>1. 吊顶形式、吊杆规格、高度；
2. 龙骨材料种类、规格、中距；
3. 基层材料种类、规格；
4. 面层材料品种、规格；
5. 压条材料种类、规格；
6. 嵌缝材料种类；
7. 防护材料种类</td><td rowspan="6">m²</td><td>按设计图示尺寸以水平投影面积计算。天棚面中的灯槽及跌级、锯齿形、吊挂式、藻井式天棚面积不展开计算。不扣除间壁墙、检查口、附墙烟囱、柱垛和管道所占面积，扣除单个>0.3m² 的孔洞、独立柱及与天棚相连的窗帘盒所占的面积</td><td>1. 基层清理、吊杆安装；
2. 龙骨安装；
3. 基层板铺贴；
4. 面层铺贴；
5. 嵌缝；
6. 刷防护材料</td></tr>
<tr><td>011302002
格栅吊顶</td><td>1. 龙骨材料种类、规格、中距；
2. 基层材料种类、规格；
3. 面层材料品种、规格；
4. 防护材料种类</td><td rowspan="5">按设计图示尺寸以水平投影面积计算</td><td>1. 基层清理；
2. 安装龙骨；
3. 基层板铺贴；
4. 面层铺贴；
5. 刷防护材料</td></tr>
<tr><td>011302003
吊筒吊顶</td><td>1. 吊筒形状、规格；
2. 吊筒材料种类；
3. 防护材料种类</td><td>1. 基层清理；
2. 吊筒制作安装；
3. 刷防护材料</td></tr>
<tr><td>011302004
藤条造型悬挂吊顶</td><td rowspan="2">1. 骨架材料种类、规格；
2. 面层材料品种、规格；</td><td rowspan="2">1. 基层清理；
2. 龙骨安装；
3. 铺贴面层</td></tr>
<tr><td>011302005
织物软雕吊顶</td></tr>
<tr><td>011302006
网架（装饰）吊顶</td><td>网架材料品种、规格</td><td>1. 基层清理；
2. 网架制作安装</td></tr>
</table>

3. 采光天棚工程

采光天棚工程的工程量清单项目的设置、项目特征描述的内容、计量单位、工程量计算规则应按如表 5-20 所示执行。

表 5-20　采光天棚工程（编码：011303）

项目编码 项目名称	项目特征	计量单位	工程量计算规则	工作内容
011303001 采光天棚	1. 骨架类型； 2. 固定类型、固定材料品种、规格； 3. 面层材料品种、规格； 4. 嵌缝、塞口材料种类	m²	按框外围展开面积计算	1. 清理基层； 2. 面层制作安装； 3. 嵌缝、塞口； 4. 清洗

注：采光天棚骨架不包括在本节中，应单独按“金属结构工程章节”的工程量计算规则。

4. 天棚其他装饰

天棚其他装饰主要包括灯带、灯槽、送风口、回风口等，它们的工程量清单项目的设置、项目特征描述的内容、计量单位、工程量计算规则应按如表 5-21 所示执行。

表 5-21　天棚其他装饰（编码：011304）

项目编码 项目名称	项目特征	计量单位	工程量计算规则	工作内容
011304001 灯带（槽）	1. 灯带形式、尺寸； 2. 格栅片材料品种、规格； 3. 安装固定方式	m^2	按设计图示尺寸以框外围面积计算	安装、固定
011304002 送风口、回风口	1. 风口材料品种、规格； 2. 安装固定方式； 3. 防护材料种类	个	按设计图示数量计算	1. 安装、固定； 2. 刷防护材料

5.5.3　计算实例

【例 5-7】 如图 5-5 所示，天棚为不上人型轻钢龙骨石膏板吊顶。求轻钢龙骨和石膏板的工程量。

【解】 天棚净面积：（1.50＋3.96＋1.50）×（1.50＋4.16＋1.50）＝49.83（m^2）。

凹天棚侧面面积：（3.96＋4.16）×2×0.2＝3.25（m^2）。

（1）轻钢龙骨的工程量：49.83（m^2）。

（2）石膏板的工程量：49.83＋3.25＝53.08（m^2）。

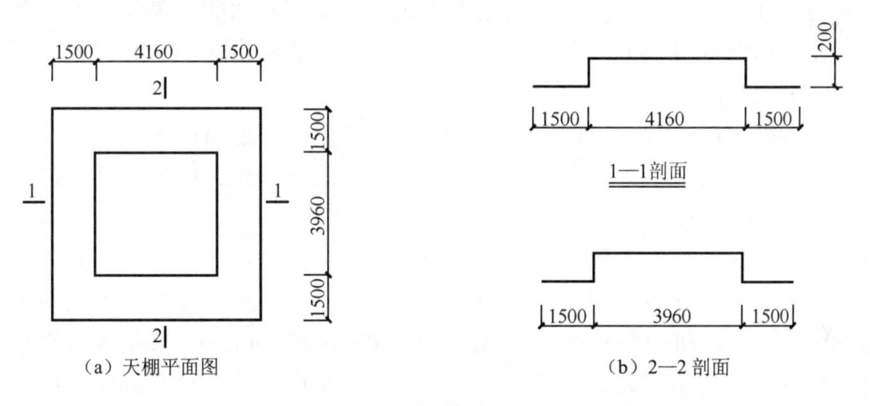

（a）天棚平面图　　（b）2—2 剖面

图 5-5　某顶棚设计图

【例 5-8】 某房间净尺寸为 6.6m×3.9m，采用木龙骨硅酸钙板吊平顶（吊在混凝土板下），木吊筋为 40mm×50mm，高度为 350mm，大龙骨断面为 55mm×40mm，中距为 600mm（沿 3.9m 方向布置），小龙骨断面为 30mm×30mm，中距为 400mm（双向布置），硅酸钙板规格为 1.22m×2.44m，厚为 8mm，四周采用 50mm×50mm 红松阴角线条，板缝用自黏胶带粘贴，清油封底、满批泥子 2 遍，并刷白色乳胶漆 3 遍，求该顶棚各项目工程量和板材、线材的用量（木材损耗率和硅酸钙板损耗率均为 5%）。

【解】（1）木龙骨的工程量：6.6×3.9＝25.74（m^2）。

吊筋的用量（m）：[（6.6÷0.6＋1）×（3.9÷0.6＋1）×0.35]×（1＋0.05）＝33.08（m）

吊筋的材积（m^3）：30.87×0.04×0.05＝0.0617（m^3）

大木龙骨的用量（m）：（6.6÷0.6＋1）×3.9×（1＋0.05）＝49.14（m）

大木龙骨的材积（m^3）：49.14×0.055×0.04＝0.108 1（m^3）

小木龙骨的用量（m）：[（6.6÷0.4＋1）×3.9＋（3.9÷0.4＋1）×6.6]×（1.0＋0.05）＝149.94（m）

小木龙骨的材积（m^3）：149.94×0.03×0.03＝0.135（m^3）

（2）硅酸钙板的工程量：6.6×3.9＝25.74（m^2）。

硅酸钙板的用量：25.74×（1＋0.05）÷（1.22×2.44）＝10（块）

（3）顶棚红松阴角线的工程量：（6.6＋3.9）×2＝21（m）。

红松阴角线的用量（m）：21×（1＋0.05）＝22.05（m）

红松阴角线的材积（m^3）：21×（1＋0.05）×0.05×0.05＝0.055（m^3）

（4）顶棚红松阴角线清漆的工程量：21×0.35＝7.35（m）。

（5）白色乳胶漆的工程量：25.74（m^2）。

5.6 门窗和木结构装饰工程

5.6.1 基本内容

1. 门窗装饰工程

随着社会的发展，门窗从单纯符合功能需要的普通型，向功能和美观齐备的装饰型发展，为适应这种变化，门窗项目划分为普通木门、特种门、普通木窗、铝合金门窗、塑料门窗、钢门窗、铝合金踢脚板及门锁等部分。

普通木门分为镶板门、胶合板门、半截玻璃门、自由门、连窗门五类；每一类又按带纱或不带纱、单扇或双扇、带亮或不带亮等来划分项目，将门框制作、门框安装、门扇制作、门扇安装分别列项，可单独计算，也可合并计算。

厂库房大门、特种门分为木板大门、平开钢木大门、推拉钢木大门、冷藏库门、冷藏冻结间门、防火门、保温门、变电室门、折叠门九种。按平开或推拉、带采光窗或不带采光窗、一面板或二面板（防风型、防严寒两种）、保温层厚100mm或150mm、实拼式或框架式等方法划分项目；将门扇制作和门扇安装、门樘制作安装和门扇制作安装、衬石棉板（单、双）或不衬石棉板分别列项。

普通木窗分为单层玻璃窗、一玻一纱窗、双层玻璃窗、双层带纱窗、百叶窗、天窗、推拉传递窗、圆形玻璃窗、半圆形玻璃窗、门窗扇包镀锌铁皮、门窗框包镀锌铁皮等11个部分。每一部分又可分为单扇无亮、双扇带亮、三扇带亮、四扇带亮、带木百叶片等。

铝合金门窗制作、安装分为单扇地弹门、双扇地弹门、四扇地弹门、全玻地弹门、单扇平开门、单扇平开窗、推拉窗、固定窗、不锈钢片包门框九种，每一种又按无上亮或带上亮、无侧亮或带侧亮或带顶窗等方法划分项目，铝合金、不锈钢门窗安装分为地弹门、不锈钢地弹门、平开门、推拉窗、固定窗、平开窗、防盗窗、百叶窗、卷闸门九种。

彩板组角钢门窗安装分为彩板门、彩板窗、附框三个项目。

塑料门窗安装分为塑料门带亮、不带亮、塑料窗单层、带纱四个项目。

钢门窗安装分为普通钢门、普通钢窗、钢天窗、组合钢窗、防盗钢窗、钢门窗安玻璃、全钢板大门、围墙钢大门 8 种，共 18 个项目；按单层或带纱、平开式或推拉式或折叠门、钢管框铁丝网或角钢框铁丝网等方法划分项目；将钢大门的门扇制作和门扇安装分别列项。

铝合金踢脚板及门锁安装分为门扇铝合金踢脚板安装和门扇安装 2 个项目。

2. 木结构装饰工程

木屋架分为圆木木屋架、方木木屋架、圆木钢屋架、方木钢屋架四种；每一种又按 10m 以内、10m 以外、15m 以内、20m 以内、25m 以内等来划分项目。

屋面木基层分为檩条、屋面板制作、钉椽子挂瓦条、钉屋面板油毡挂瓦条、钉屋面板、钉檩条、封檐板七种；按方檩或圆檩、平口或错口、檩木斜中距 1.0m 以内或 1.5m 以内，封檐板高 20cm 或 30cm 以内划分项目。

木楼梯、木柱、木梁分为木楼梯、圆木柱、方木柱、圆木梁、方木梁五个项目。

此外，木结构工程还包括门窗木贴脸、披水板、盖口条、明式暖气罩、木搁板、木格踏板六个项目。

5.6.2 计算规则

1. 门

1）木门

木门主要包括木质门、木质门带套、木质连窗门、木质防火门、木门框和门锁安装等，它们的工程量清单项目设置、项目特征描述、计量单位及工程量计算规则应按如表 5-22 所示的规定执行。

表 5-22　木门（编码：010801）

<table>
<tr><th>项目编码
项目名称</th><th>项目特征</th><th>计量
单位</th><th>工程量计算规则</th><th>工作内容</th></tr>
<tr><td>010801001
木质门</td><td rowspan="3">1. 门代号及洞口尺寸；
2. 镶嵌玻璃品种、厚度</td><td rowspan="5">1. 樘
2. m²</td><td rowspan="5">1. 以樘计量，按设计图示数量计算
2. 以平方米计量，按设计图示洞口尺寸以面积计算</td><td rowspan="4">1. 门安装；
2. 玻璃安装；
3. 五金安装</td></tr>
<tr><td>010801002
木质门带套</td></tr>
<tr><td>010801003
木质连窗门</td></tr>
<tr><td>010801004
木质防火门</td><td>1. 门代号及洞口尺寸；
2. 镶嵌玻璃品种、厚度</td></tr>
<tr><td>010801005
木门框</td><td>1. 门代号及洞口尺寸；
2. 框截面尺寸；
3. 防护材料种类</td><td>1. 木门框制作、安装；
2. 运输；
3. 刷防护材料</td></tr>
<tr><td>010801006
门锁安装</td><td>1. 锁品种；
2. 锁规格</td><td>个
（套）</td><td>按设计图示数量计算</td><td>安装</td></tr>
</table>

注：①木质门应区分镶板木门、企口木板门、实木装饰门、胶合板门、夹板装饰门、木纱门、全玻门（带木质扇框）、木质半玻门（带木质扇框）等项目，分别编码列项；②木门五金应包括折页、插销、门碰珠、弓背拉手、搭机、木螺丝、弹簧折页（自动门）、管子拉手（自由门、地弹门）、地弹簧（地弹门）、角铁、门轧头（地弹门、自由门）等；③木质门带套计量按洞口尺寸以面积计算，不包括门套的面积；④以樘计量，项目特征必须描述洞口尺寸，以平方米计量，项目特征可不描述洞口尺寸；⑤单独制作安装木门框按木门框项目编码列项。

2）金属门

金属门主要包括金属（塑钢）门、彩板门、钢质防火门、防盗门等，它们的工程量清单项目设置、项目特征描述、计量单位及工程量计算规则应按如表 5-23 所示的规定执行。

表 5-23　金属门（编码：010802）

项目编码 项目名称	项目特征	计量 单位	工程量计算规则	工作内容
010802001 金属（塑钢）门	1. 门代号及洞口尺寸； 2. 门框或扇外围尺寸； 3. 门框、扇材质； 4. 玻璃品种、厚度	1. 樘 2. m^2	1. 以樘计量，按设计图示数量计算 2. 以平方米计量，按设计图示洞口尺寸以面积计算	1. 门安装； 2. 五金安装； 3. 玻璃安装
010802002 彩板门	1. 门代号及洞口尺寸； 2. 门框或扇外围尺寸			
010802003 钢质防火门	1. 门代号及洞口尺寸； 2. 门框或扇外围尺寸； 3. 门框、扇材质			
010702004 防盗门	1. 门代号及洞口尺寸； 2. 门框或扇外围尺寸； 3. 门框、扇材质			1. 门安装； 2. 五金安装

注：①金属门应区分金属平开门、金属推拉门、金属地弹门、全玻门（带金属扇框）、金属半玻门（带扇框）等项目，分别编码列项；②铝合金门五金包括地弹簧、门锁、拉手、门插、门铰、螺丝等；③其他金属门五金包括 L 型执手插锁（双舌）、执手锁（单舌）、门轨头、地锁、防盗门机、门眼（猫眼）、门碰珠、电子锁（磁卡锁）、闭门器、装饰拉手等；④以樘计量，项目特征必须描述洞口尺寸，没有洞口尺寸必须描述门框或扇外围尺寸，以平方米计量，项目特征可不描述洞口尺寸及框、扇的外围尺寸；⑤以平方米计量，无设计图示洞口尺寸，按门框、扇外围以面积计算。

3）金属卷帘（闸）门

金属卷帘（闸）门主要包括金属卷帘（闸）门、防火卷帘（闸）门，它们的工程量清单项目设置、项目特征描述、计量单位及工程量计算规则应按如表 5-24 所示的规定执行。

表 5-24　金属卷帘（闸）门（编码：010803）

项目编码 项目名称	项目特征	计量 单位	工程量计算规则	工作内容
010803001 金属卷帘（闸）门	1. 门代号及洞口尺寸； 2. 门材质； 3. 启动装置品种、规格	1.樘 2.m^2	1. 以樘计量，按设计图示数量计算 2. 以平方米计量，按设计图示洞口尺寸以面积计算	1. 门运输、安装； 2. 启动装置、活动小门、五金安装
010803002 防火卷帘（闸）门				

注：以樘计量，项目特征必须描述洞口尺寸，以平方米计量，项目特征可不描述洞口尺寸。

4）厂库房大门

厂库房大门主要包括木板大门、钢木大门、全钢板大门、防护铁丝门、金属格栅门、钢质花饰大门和特种门等，它们的工程量清单项目设置、项目特征描述、计量单位及工程量计算规则应按如表 5-25 所示的规定执行。

表 5-25　厂库房大门、特种门（编码：010804）

项目编码 项目名称	项目特征	计量单位	工程量计算规则	工作内容
010804001 木板大门	1. 门代号及洞口尺寸； 2. 门框或扇外围尺寸； 3. 门框、扇材质； 4. 五金种类、规格； 5. 防护材料种类	1. 樘 2. m^2	1. 以樘计量，按设计图示数量计算 2. 以平方米计量，按设计图示洞口尺寸以面积计算	1. 门（骨架）制作、运输； 2. 门、五金配件安装； 3. 刷防护材料
010804002 钢木大门				
010804003 全钢板大门				
010804004 防护铁丝门			1. 以樘计量，按设计图示数量计算 2. 以平方米计量，按设计图示门框或扇以面积计算	
010804005 金属格栅门	1. 门代号及洞口尺寸； 2. 门框或扇外围尺寸； 3. 门框、扇材质； 4. 启动装置的品种、规格		1. 以樘计量，按设计图示数量计算 2. 以平方米计量，按设计图示洞口尺寸以面积计算	1. 门安装； 2. 启动装置、五金配件安装
010804006 钢质花饰大门	1. 门代号及洞口尺寸； 2. 门框或扇外围尺寸； 3. 门框、扇材质		1. 以樘计量，按设计图示数量计算 2. 以平方米计量，按设计图示门框或扇以面积计算	1. 门安装； 2. 五金配件安装
010804007 特种门			1. 以樘计量，按设计图示数量计算 2. 以平方米计量，按设计图示洞口尺寸以面积计算	

注：①特种门应区分冷藏门、冷冻间门、保温门、变电室门、隔音门、防射电门、人防门、金库门等项目，分别编码列项；②以樘计量，项目特征必须描述洞口尺寸，没有洞口尺寸必须描述门框或扇外围尺寸，以平方米计量，项目特征可不描述洞口尺寸及框、扇的外围尺寸；③以平方米计量，无设计图示洞口尺寸，按门框、扇外围以面积计算；④门开启方式是指推拉或平开。

5）其他门

其他门主要有平开电子感应门、旋转门、电子对讲门、电动伸缩门、全玻自由门和镜面不锈钢饰面门等，它们的工程量清单项目设置、项目特征描述、计量单位及工程量计算规则应按如表 5-26 所示的规定执行。

表 5-26　其他门（编码：010805）

项目编码 项目名称	项目特征	计量单位	工程量计算规则	工作内容
010805001 平开电子感应门	1. 门代号及洞口尺寸； 2. 门框或扇外围尺寸； 3. 门框、扇材质； 4. 玻璃品种、厚度； 5. 启动装置的品种、规格； 6. 电子配件品种、规格	1. 樘 2. m^2	1. 以樘计量，按设计图示数量计算 2. 以平方米计量，按设计图示洞口尺寸以面积计算	1. 门安装； 2. 启动装置、五金、电子配件安装
010805002 旋转门				

续表

项目编码 项目名称	项目特征	计量 单位	工程量计算规则	工作内容
010805003 电子对讲门	1. 门代号及洞口尺寸； 2. 门框或扇外围尺寸； 3. 门材质； 4. 玻璃品种、厚度； 5. 启动装置的品种、规格； 6. 电子配件品种、规格	1. 樘 2. m^2	1. 以樘计量，按设计图示数量计算 2. 以平方米计量，按设计图示洞口尺寸以面积计算	1. 门安装； 2. 启动装置、五金、电子配件安装
010805004 电动伸缩门				
010805005 全玻自由门	1. 门代号及洞口尺寸； 2. 门框或扇外围尺寸； 3. 框材质； 4. 玻璃品种、厚度			1. 门安装； 2. 五金安装
010805006 镜面不锈钢饰面门				1. 门代号及洞口尺寸； 2. 门框或扇外围尺寸； 3. 框、扇材质； 4. 玻璃品种、厚度

注：①以樘计量，项目特征必须描述洞口尺寸，没有洞口尺寸必须描述门框或扇外围尺寸，以平方米计量，项目特征可不描述洞口尺寸及框、扇的外围尺寸；②以平方米计量，无设计图示洞口尺寸，按门框、扇外围以面积计算。

2. 窗

1）木窗

木窗主要包括木质窗、木橱窗、木飘（凸）窗、木质成品窗等，它们的工程量清单项目设置、项目特征描述、计量单位及工程量计算规则应按如表5-27所示的规定执行。

表5-27　木窗（编码：010806）

项目编码 项目名称	项目特征	计量 单位	工程量计算规则	工作内容
010806001 木质窗	1. 窗代号及洞口尺寸； 3. 玻璃品种、厚度； 4. 防护材料种类	1. 樘 2. m^2	1. 以樘计量，按设计图示数量计算 2. 以平方米计量，按设计图示洞口尺寸以面积计算	1. 窗制作、运输、安装； 2. 五金、玻璃安装； 3. 刷防护材料
010806002 木橱窗	1. 窗代号； 2. 框截面及外围展开面积； 3. 玻璃品种、厚度； 4. 防护材料种类		1. 以樘计量，按设计图示数量计算 2. 以平方米计量，按设计图示尺寸以框外围展开面积计算	
010806003 木飘（凸）窗				
010806004 木质成品窗	1. 窗代号及洞口尺寸； 2. 玻璃品种、厚度		1. 以樘计量，按设计图示数量计算 2. 以平方米计量，按设计图示洞口尺寸以面积计算	1. 窗安装； 2. 五金、玻璃安装

注：①木质窗应区分木百叶窗、木组合窗、木天窗、木固定窗、木装饰空花窗等项目，分别编码列项；②以樘计量，项目特征必须描述洞口尺寸，没有洞口尺寸必须描述窗框外围尺寸，以平方米计量，项目特征可不描述洞口尺寸及框的外围尺寸；③以平方米计量，无设计图示洞口尺寸，按窗框外围以面积计算；④木橱窗、木飘（凸）窗以樘计量，项目特征必须描述框截面及外围展开面积；⑤木窗五金包括折页、插销、风钩、木螺丝、滑楞滑轨（推拉窗）等；⑥窗开启方式是指平开、推拉、上或中悬；⑦窗形状是指矩形或异形。

2）金属窗

金属窗主要包括金属（塑钢、断桥）窗、金属防火窗、金属百叶窗、金属纱窗、金属格栅窗、金属（塑钢、断桥）橱窗和金属（塑钢、断桥）橱飘（凸）窗等，它们的工程量清单项目设置、项目特征描述、计量单位及工程量计算规则应按如表 5-28 所示的规定执行。

表 5-28　金属窗（编码：010807）

<table>
<tr><th>项目编码
项目名称</th><th>项目特征</th><th>计量
单位</th><th>工程量计算规则</th><th>工作内容</th></tr>
<tr><td>010807001
金属（塑钢、断桥）窗</td><td rowspan="3">1. 窗代号及洞口尺寸；
2. 框、扇材质；
3. 玻璃品种、厚度</td><td rowspan="8">1. 樘
2. m^2</td><td rowspan="5">1. 以樘计量，按设计图示数量计算
2. 以平方米计量，按设计图示洞口尺寸以面积计算</td><td rowspan="2">1. 窗安装；
2. 五金、玻璃安装</td></tr>
<tr><td>010807002
金属防火窗</td></tr>
<tr><td>010807003
金属百叶窗</td><td rowspan="2">1. 窗安装；
2. 五金安装</td></tr>
<tr><td>010807004
金属纱窗</td><td>1. 窗代号及洞口尺寸；
2. 框材质；
3. 窗纱材料品种、规格</td></tr>
<tr><td>010807005
金属格栅窗</td><td>1. 窗代号及洞口尺寸；
2. 框外围尺寸；
3. 框、扇材质</td><td>1. 窗安装；
2. 五金安装</td></tr>
<tr><td>010807006
金属（塑钢、断桥）橱窗</td><td>1. 窗代号；
2. 框外围展开面积；
3. 框、扇材质；
4. 玻璃品种、厚度；
5. 防护材料种类</td><td rowspan="2">1. 以樘计量，按设计图示数量计算
2. 以平方米计量，按设计图示尺寸以框外围展开面积计算</td><td>1. 窗制作、运输、安装；
2. 五金、玻璃安装；
3. 刷防护材料</td></tr>
<tr><td>010807007
金属（塑钢、断桥）橱窗和金属（塑钢、断桥）橱飘（凸）窗</td><td>1. 窗代号；
2. 框外围展开面积；
3. 框、扇材质；
4. 玻璃品种、厚度</td><td rowspan="2">1. 窗安装；
2. 五金、玻璃安装</td></tr>
<tr><td>010807008
彩板窗</td><td>1. 窗代号及洞口尺寸；
2. 框外围尺寸；
3. 框、扇材质；
4. 玻璃品种、厚度</td><td>1. 以樘计量，按设计图示数量计算
2. 以平方米计量，按设计图示洞口尺寸或框外围以面积计算</td></tr>
</table>

注：①金属窗应区分金属组合窗、防盗窗等项目，分别编码列项；②以樘计量，项目特征必须描述洞口尺寸，没有洞口尺寸必须描述窗框外围尺寸，以平方米计量，项目特征可不描述洞口尺寸及框的外围尺寸；③以平方米计量，无设计图示洞口尺寸，按窗框外围以面积计算；④金属橱窗、飘（凸）窗以樘计量，项目特征必须描述框外围展开面积；⑤金属窗中铝合金窗五金应包括卡锁、滑轮、铰拉、执手、拉把、拉手、风撑、角码、牛角制等；⑥其他金属窗五金包括折页、螺丝、执手、卡锁、风撑、滑轮滑轨（推拉窗）等。

3）门窗套

门窗套主要包括木门窗套、木筒子板、饰面夹板筒子板、金属门窗套、石材门窗套、门窗木贴脸和成品木门窗套等，它们的工程量清单项目设置、项目特征描述、计量单位及工程量计算规则应按如表 5-29 所示的规定执行。

表 5-29　门窗套（编码：010808）

项目编码 项目名称	项目特征	计量 单位	工程量计算规则	工作内容
010808001 木门窗套	1. 窗代号及洞口尺寸； 2. 门窗套展开宽度； 3. 基层材料种类； 4. 面层材料品种、规格； 5. 线条品种、规格； 6. 防护材料种类	1. 樘 2. m^2 3. m	1. 以樘计量，按设计图示数量计算 2. 以平方米计量，按设计图示尺寸以展开面积计算 3. 以米计量，按设计图示中心以延长米计算	1. 清理基层； 2. 立筋制作、安装； 3. 基层板安装； 4. 面层铺贴； 5. 线条安装； 6. 刷防护材料
010808002 木筒子板	1. 筒子板宽度； 2. 基层材料种类； 3. 面层材料品种、规格； 4. 线条品种、规格； 5. 防护材料种类			
010808003 饰面夹板筒子板	1. 筒子板宽度； 2. 基层材料种类； 3. 面层材料品种、规格； 4. 线条品种、规格； 5. 防护材料种类			
010808004 金属门窗套	1. 窗代号及洞口尺寸； 2. 门窗套展开宽度； 3. 基层材料种类； 4. 面层材料品种、规格； 5. 防护材料种类			1. 清理基层； 2. 立筋制作、安装； 3. 基层板安装； 4. 面层铺贴； 5. 刷防护材料
010808005 石材门窗套	1. 窗代号及洞口尺寸； 2. 门窗套展开宽度； 3. 底层厚度、砂浆配合比； 4. 面层材料品种、规格； 5. 线条品种、规格			1. 清理基层； 2. 立筋制作、安装； 3. 基层抹灰； 4. 面层铺贴； 5. 线条安装
010808006 门窗木贴脸	1. 门窗代号及洞口尺寸； 2. 贴脸板宽度； 5. 防护材料种类	1. 樘 2. m	1. 以樘计量，按设计图示数量计算 2. 以米计量，按设计图示尺寸以延长米计算。	贴脸板安装
010808007 成品木门窗套	1. 窗代号及洞口尺寸； 2. 门窗套展开宽度； 3. 门窗套材料品种、规格	1. 樘 2. m^2 3. m	1. 以樘计量，按设计图示数量计算 2. 以平方米计量，按设计图示尺寸以展开面积计算 3. 以米计量，按设计图示中心以延长米计算	1. 清理基层； 2. 立筋制作、安装； 3. 板安装

注：①以樘计量，项目特征必须描述洞口尺寸、门窗套展开宽度；②以平方米计量，项目特征可不描述洞口尺寸、门窗套展开宽度；③以米计量，项目特征必须描述门窗套展开宽度、筒子板及贴脸宽度。

4）窗台板

窗台板主要包括木窗台板、铝塑窗台板、金属窗台板和石材窗台板等，它们的工程量清单项目设置、项目特征描述、计量单位及工程量计算规则应按如表 5-30 所示的规定执行。

表 5-30　窗台板（编码：010809）

项目编码 项目名称	项目特征	计量单位	工程量计算规则	工作内容
010809001 木窗台板	1. 基层材料种类； 2. 窗台面板材质、规格、颜色； 3. 防护材料种类	m^2	按设计图示尺寸以展开面积计算	1. 基层清理； 2. 基层制作、安装； 3. 窗台板制作、安装； 4. 刷防护材料
010809002 铝塑窗台板				
010809003 金属窗台板				
010809004 石材窗台板	1. 黏结层厚度、砂浆配合比； 2. 窗台板材质、规格、颜色			1. 基层清理； 2. 抹找平层； 3. 窗台板制作、安装

5）窗帘、窗帘盒、轨

窗帘、窗帘盒、轨主要包括窗帘（杆）、木窗帘盒、饰面夹板、塑料窗帘盒、铝合金窗帘盒、窗帘轨等，它们的工程量清单项目设置、项目特征描述、计量单位及工程量计算规则应按如表 5-31 所示的规定执行。

表 5-31　窗帘、窗帘盒、轨（编码：010810）

项目编码 项目名称	项目特征	计量单位	工程量计算规则	工作内容
010810001 窗帘（杆）	1. 窗帘材质； 2. 窗帘高度、宽度； 3. 窗帘层数； 4. 带幔要求	1. m 2. m^2	1. 以米计量，按设计图示尺寸以长度计算 2. 以平方米计量，按图示尺寸以展开面积计算	1. 制作、运输； 2. 安装
010810002 木窗帘盒	1. 窗帘盒材质、规格； 2. 防护材料种类	m	按设计图示尺寸以长度计算	1. 制作、运输、安装； 2. 刷防护材料
010810003 饰面夹板、塑料窗帘盒				
010810004 铝合金窗帘盒				
010810005 窗帘轨	1. 窗帘轨材质、规格； 3. 防护材料种类			

注：①窗帘若是双层，项目特征必须描述每层材质；②窗帘以米计量，项目特征必须描述窗帘高度和宽。

3. 木结构工程

1）木屋架

木屋架主要包括木屋架、钢木屋架，它们的工程量清单项目设置、项目特征描述、计量单位及工程量计算规则应按如表 5-32 所示的规定执行。

表 5-32　木屋架（编码：010701）

项目编码 项目名称	项目特征	计量 单位	工程量计算规则	工作内容
010701001 木屋架	1. 跨度； 2. 材料品种、规格； 3. 刨光要求； 4. 拉杆及夹板种类； 5. 防护材料种类	1. 榀 2. m^3	1. 以榀计量，按设计图示数量计算 2. 以立方米计量，按设计图示的规格尺寸以体积计算	1. 制作； 2. 运输； 3. 安装； 4. 刷防护材料
010701002 钢木屋架	1. 跨度； 2. 木材品种、规格； 3. 刨光要求； 4. 钢材品种、规格； 5. 防护材料种类	榀	以榀计量，按设计图示数量计算	

注：①屋架的跨度应以上、下弦中心线两交点之间的距离计算；②带气楼的屋架和马尾、折角及正交部分的半屋架，按相关屋架项目编码列项；③以榀计量,按标准图设计，项目特征必须标注标准图代号。

2）木构件

木构件主要包括木柱、木梁、木檩、木楼梯、其他木构件，它们的工程量清单项目设置、项目特征描述、计量单位及工程量计算规则应按如表 5-33 所示的规定执行。

表 5-33　木构件（编码：010702）

项目编码 项目名称	项目特征	计量 单位	工程量计算规则	工作内容
010702001 木柱	1. 构件规格尺寸； 2. 木材种类； 3. 刨光要求； 4. 防护材料种类	m^3	按设计图示尺寸以体积计算	1. 制作； 2. 运输； 3. 安装； 4. 刷防护材料
010702002 木梁				
010702003 木檩		1. m^3 2. m	1. 以立方米计量，按设计图示尺寸以体积计算 2. 以米计量，按设计图示尺寸以长度计算	
010702004 木楼梯	1. 楼梯形式； 2. 木材种类； 3. 刨光要求； 4. 防护材料种类	m^2	按设计图示尺寸以水平投影面积计算。不扣除宽度≤300mm 的楼梯井，伸入墙内部分不计算	
010702005 其他木构件	1. 构件名称； 2. 构件规格尺寸； 3. 木材种类； 4. 刨光要求； 5. 防护材料种类	1. m^3 2. m	1. 以立方米计量，按设计图示尺寸以体积计算 2. 以米计量，按设计图示尺寸以长度计算	

注：①木楼梯的栏杆（栏板）、扶手，应按后面章节的相关项目编码列项；②以米计量,项目特征必须描述构件规格尺寸。

3）屋面木基层

屋面木基层的工程量清单项目设置、项目特征描述、计量单位及工程量计算规则应按如表 5-34 所示的规定执行。

表 5-34　屋面木基层（编码：010703）

项目编码 项目名称	项目特征	计量单位	工程量计算规则	工作内容
010703001 屋面木基层	1. 椽子断面尺寸及椽距； 2. 望板材料种类、厚度； 3. 防护材料种类	m^2	按设计图示尺寸以斜面积计算。不扣除房上烟囱、风帽底座、风道、小气窗、斜沟等所占面积。小气窗的出檐部分不增加面积	1. 椽子制作、安装； 2. 望板制作、安装； 3. 顺水条和挂瓦条制作、安装； 4. 刷防护材料

5.6.3　计算实例

【例 5-9】 某工程采用 70 系列银白色带上亮双扇铝合金推拉窗（框外围尺寸为 1 450mm×2 050mm，上亮高为 650mm），型材厚为 1.3mm，现场制作及安装，试确定其工程量。

【解】 铝合金推拉窗的工程量：1.45×2.05＋1.45×0.65＝3.92（m^2）。

【例 5-10】 某室内装饰工程有 15 樘实木门框单扇无纱切片板门（洞口尺寸为 900mm×2 100mm），门扇为细木工板上双面贴花式切片板，门框设计断面尺寸为 52mm×95mm，每樘门装球形锁 1 把，100mm 厚型铜铰链 1 副，铜门吸 1 只，求该工程项目工程量。

【解】（1）实木门框工程量：15×（0.9＋2.1×2）＝76.5（m）。

门套工程量：15×（0.9＋2.1×2）＝76.5（m）

门套线工程量（外）：15×（0.9＋2.1×2）＝76.5（m）

门套线工程量（内）：15×（0.9＋2.1×2）＝76.5（m）

（2）门扇工程量：15×0.9×2.1＝28.35（m^2）。

（3）门锁工程量：15（把）。

（4）门铰链工程量：15（副）。

（5）门吸工程量：15（只）。

5.7　油漆、涂料、裱糊装饰工程

5.7.1　基本内容

油漆装饰工程项目按基层不同分为木材面油漆、金属面油漆和抹灰面油漆，在此基础上，按油漆品种、刷漆部位分项。涂料、裱糊装饰工程按涂刷、裱糊和装饰部位分项。有木材面油漆、金属面油漆、抹灰面油漆、喷（刷）涂料和喷塑等；墙面、梁柱面、天棚面的墙纸、金属墙纸、织锦缎等的裱糊。

5.7.2　计算规则

1. 门窗油漆

1）门油漆

门油漆工程量清单项目设置、项目特征描述的内容、计量单位、工程量计算规则应按如表 5-35 所示的规定执行。

表 5-35　门油漆（编号：011401）

项目编码 项目名称	项目特征	计量单位	工程量计算规则	工作内容
011401001 木门油漆	1. 门类型； 2. 门代号及洞口尺寸； 3. 腻子种类； 4. 刮腻子遍数； 5. 防护材料种类； 6. 油漆品种、刷漆遍数	1. 樘 2. m^2	1. 以樘计量，按设计图示数量计量 2. 以平方米计量，按设计图示洞口尺寸以面积计算以樘计量，按设计图示数量计量	1. 基层清理； 2. 刮腻子； 3. 刷防护材料、油漆
011401002 金属门油漆	1. 除锈、基层清理； 2. 刮腻子； 3. 刷防护材料、油漆			

注：①木门油漆应区分木大门、单层木门、双层（一玻一纱）木门、双层（单裁口）木门、全玻自由门、半玻自由门、装饰门及有框门或无框门等项目，分别编码列项；②金属门油漆应区分平开门、推拉门、钢制防火门列项；③以平方米计量，项目特征可不必描述洞口尺寸。

木门刷油漆工程量，按不同木门类型、油漆品种、油漆工序、油漆遍数，以木门洞口单面面积乘以木门工程量系数计算（执行单层木门定额）。木门工程量系数如表 5-36 所示。

表 5-36　木门工程量系数

项　　目	木门工程量系数	计算方法
单层木门	1.00	按单面洞口面积（注：双层（单裁口）木门是指双层框厨）
双层（一玻一纱）木门	1.36	
双层（单裁口）木门	2.00	
单层全玻门	0.83	
单层半玻门	0.91	
木百叶门、木格门	1.25	
厂库大门	1.10	

2）窗油漆

窗油漆工程量清单项目设置、项目特征描述的内容、计量单位、工程量计算规则应按如表 5-37 所示的规定执行。

表 5-37　窗油漆（编号：011402）

项目编码 项目名称	项目特征	计量单位	工程量计算规则	工作内容
011402001 木窗油漆	1. 窗类型； 2. 窗代号及洞口尺寸； 3. 腻子种类； 4. 刮腻子遍数； 5. 防护材料种类； 6. 油漆品种、刷漆遍数	1. 樘 2. m^2	1. 以樘计量，按设计图示数量计量 2. 以平方米计量，按设计图示洞口尺寸以面积计算	1. 基层清理； 2. 刮腻子； 3. 刷防护材料、油漆
011402002 金属窗油漆				1. 除锈、基层清理； 2. 刮腻子； 3. 刷防护材料、油漆

注：①木窗油漆应区分单层木门、双层（一玻一纱）木窗、双层框扇（单裁口）木窗、双层框三层（二玻一纱）木窗、单层组合窗、双层组合窗、木百叶窗、木推拉窗等项目，分别编码列项；②金属窗油漆应区分平开窗、推拉窗、固定窗、组合窗、金属隔栅窗分别列项；③以平方米计量，项目特征可不必描述洞口尺寸。

木窗刷油漆工程量，按不同木窗类型、油漆品种、油漆工序、油漆遍数，以木窗洞口单面面积乘以木窗工程量系数计算（执行单层木窗定额）。木窗工程量系数如表 5-38 所示。

表 5-38　木窗工程量系数

项　目	木窗工程量系数	计算方法
单层玻璃窗	1.00	按单面洞口面积
双层（一玻一纱）木窗	1.36	
双层框扇（单裁口）木窗	2.00	
双层框三层（二玻一纱）木窗	2.60	
单层组合窗	0.83	
双层组合窗	1.13	
木百叶窗	1.50	

2. 木扶手及其他板条、线条油漆

木扶手、窗帘盒、封檐板、顺水板、挂衣板、黑板框、单独木线、挂镜线、窗帘棍等的油漆的工程量清单项目设置、项目特征描述的内容、计量单位、工程量计算规则应按如表 5-39 所示的规定执行。

表 5-39　木扶手及其他板条、线条油漆（编号：011403）

<table>
<tr><th>项目编码
项目名称</th><th>项目特征</th><th>计量
单位</th><th>工程量计算规则</th><th>工作内容</th></tr>
<tr><td>011403001
木扶手油漆</td><td rowspan="5">1. 断面尺寸；
2. 腻子种类；
3. 刮腻子遍数；
4. 防护材料种类；
5. 油漆品种、刷漆遍数</td><td rowspan="5">m</td><td rowspan="5">按设计图示尺寸以长度计算</td><td rowspan="5">1. 基层清理；
2. 刮腻子；
3. 刷防护材料、油漆</td></tr>
<tr><td>011403002
窗帘盒油漆</td></tr>
<tr><td>011403003
封檐板、顺水板油漆</td></tr>
<tr><td>011403004
挂衣板、黑板框油漆</td></tr>
<tr><td>011403005
单独木线、
挂镜线、窗帘棍油漆</td></tr>
</table>

注：木扶手应区分带托板与不带托板，分别编码列项，若是木栏杆带扶手，木扶手不应单独列项，应包含在木栏杆油漆中。

木扶手、窗帘盒、封檐板、顺水板、挂衣板、黑板框、单独木线条、挂镜线、窗帘棍油漆工程量，按不同类型、油漆品种、油漆工序、油漆遍数，以其长度乘以木扶手工程量系数计算[执行木扶手（不带托板）定额]。木扶手工程量系数如表 5-40 所示。

表 5-40　木扶手工程量系数

项　目	木扶手工程量系数	计算方法
木扶手（不带托板）	1.00	按延长米
木扶手（带托板）	2.60	
窗帘盒	2.04	
封檐板、顺水板	1.74	
挂衣板、黑板框、单独木线条（100mm 以外）	0.52	
挂镜线、窗帘棍、单独木线条（100mm 以内）	0.35	

3. 木材面油漆

木材面油漆主要包括木地板、木护墙、木墙裙、窗台板、筒子板、盖板、门窗套、踢脚线、清水板条天棚、檐口、木方格吊顶天棚、吸音板墙面、天棚面、暖气罩、木间壁、木隔断、玻璃间壁露明墙筋、木栅栏、木栏杆（带扶手）、衣柜、壁柜、梁柱饰面、零星木装修、木地板木板、纤维板、胶合板等项目，它们的工程量清单项目设置、项目特征描述的内容、计量单位、工程量计算规则应按如表 5-41 所示的规定执行。

表 5-41　木材面油漆（编号：011404）

<table>
<tr><th>项目编码
项目名称</th><th>项目特征</th><th>计量
单位</th><th>工程量计算规则</th><th>工作内容</th></tr>
<tr><td>011404001
木板、纤维板、胶合板油漆</td><td rowspan="14">1. 腻子种类；
2. 刮腻子遍数；
3. 防护材料种类；
4. 油漆品种、刷漆遍数</td><td rowspan="15">m^2</td><td rowspan="7">按设计图示尺寸以面积计算</td><td rowspan="14">1. 基层清理；
2. 刮腻子；
3. 刷防护材料、油漆</td></tr>
<tr><td>011404002
木护墙、木墙裙油漆</td></tr>
<tr><td>011404003
窗台板、筒子板、
盖板、门窗套、踢脚线油漆</td></tr>
<tr><td>011404004
清水板条天棚、檐口油漆</td></tr>
<tr><td>011404005
木方格吊顶天棚油漆</td></tr>
<tr><td>011404006
吸音板墙面、天棚面油漆</td></tr>
<tr><td>011404007
暖气罩油漆</td></tr>
<tr><td>011404008
木间壁、木隔断油漆</td><td rowspan="3">按设计图示尺寸以单面外围面积计算</td></tr>
<tr><td>011404009
玻璃间壁露明墙筋油漆</td></tr>
<tr><td>011404010
木栅栏、木栏杆（带扶手）油漆</td></tr>
<tr><td>011404011
衣柜、壁柜油漆</td><td rowspan="3">按设计图示尺寸以油漆部分展开面积计算</td></tr>
<tr><td>011404012
梁柱饰面油漆</td></tr>
<tr><td>011404013
零星木装修油漆</td></tr>
<tr><td>011404014
木地板油漆</td><td rowspan="2">按设计图示尺寸以面积计算。空洞、空圈、暖气包槽、壁龛的开口部分并入相应的工程量内</td></tr>
<tr><td>011404015
木地板烫硬蜡面</td><td>1. 硬蜡品种；
2. 面层处理要求</td><td>1. 基层清理；
2. 烫蜡</td></tr>
</table>

木材面油漆工程量，按不同类型、油漆品种、油漆工序、油漆遍数，以其油漆计算面积乘以其他木材面工程量系数计算（执行其他木材面定额）。木材面工程量系数参如表 5-42 所示。

表 5-42　木材面工程量系数

项　目	木材面工程量系数	计算方法
木板、纤维板、胶合板顶棚、檐口	1.00	按实际面积
清水板条天棚、檐口	1.07	
窗台板、筒子板、盖板	0.82	
木方格吊顶顶棚	1.20	
吸声板墙面、顶棚面	0.87	
暖气罩	1.28	
鱼鳞板墙	2.48	
木间壁、木隔断	1.90	按单面外围面积
玻璃间壁露明墙筋	1.65	
木栅栏、木栏杆（带扶手）	1.82	
木制家具	1.00	按实际面积或延长米
零星木装修	0.87	按展开面积
木屋架	1.79	跨长（长）×中高×1/2
屋面板（带檩条）	1.11	斜长×宽

注：顶棚线脚和基面同时油漆，其工程量在基面基础上乘以 1.05 即可，不再重复计算其线脚的工程量。

4. 金属面油漆

金属面油漆的工程量清单项目设置、项目特征描述的内容、计量单位、工程量计算规则应按如表 5-43 所示的规定执行。

表 5-43　金属面油漆（编号：011405）

项目编码 项目名称	项目特征	计量单位	工程量计算规则	工作内容
011405001 金属面油漆	1. 构件名称； 2. 腻子种类； 3. 刮腻子要求； 4. 防护材料种类； 5. 油漆品种、刷漆遍数	1. t 2. m^2	1. 以 t 计量，按设计图示尺寸以质量计算 2. 以 m^2 计量，按设计展开面积计算	1. 基层清理； 2. 刮腻子； 3. 刷防护材料、油漆

5. 抹灰面油漆

抹灰面油漆主要有抹灰线条、抹灰面和满刮腻子等项目，它们的工程量清单项目设置、项目特征描述的内容、计量单位、工程量计算规则应按如表 5-44 所示的规定执行。

表 5-44　抹灰面油漆（编号：011406）

项目编码	项目名称	项目特征	计量单位	工程量计算规则	工作内容
011406001	抹灰面油漆	1. 基层类型； 2. 腻子种类； 3. 刮腻子遍数； 4. 防护材料种类； 5. 油漆品种、刷漆遍数	m^2	按设计图示尺寸以面积计算	1. 基层清理； 2. 刮腻子； 3. 刷防护材料、油漆
011406002	抹灰线条油漆	1. 线条宽度、道数； 2. 腻子种类； 3. 刮腻子遍数； 4. 防护材料种类； 5. 油漆品种、刷漆遍数	m	按设计图示尺寸以长度计算	
011406003	满刮腻子	1. 基层类型； 2. 腻子种类； 3. 刮腻子遍数	m^2	按设计图示尺寸以面积计算	1. 基层清理； 2. 刮腻子

抹灰面刷油漆工程量，按不同油漆品种、油漆遍数、油漆部位、施工方法，以油漆计算面积乘以抹灰面工程量系数计算。抹灰面工程量系数如表 5-45 所示。

表 5-45　抹灰面工程量系数

项　目	抹灰面工程量系数	计算方法
楼地面、顶棚、墙、柱、梁面	1.00	按水平投影面积
混凝土楼梯底（板式）	1.18	
混凝土楼梯底（梁式）	1.42	
混凝土花格窗、栏杆花饰	2.00	按外围面积
槽形底板混凝土折板 梁高 500mm 以内（非墙位）底板 梁高 500mm 以内（非墙位）密肋梁、井字梁底板		按主墙间净面积

6. 喷刷涂料

喷刷涂料主要包括墙面喷刷、天棚喷刷、空花格刷涂料、栏杆刷涂料、线条刷涂料、金属构件喷刷防火涂料、木材构件喷刷防火涂料等项目，它们的工程量清单项目设置、项目特征描述的内容、计量单位、工程量计算规则应按如表 5-46 所示的规定执行。

表 5-46　喷刷涂料（编号：011407）

项目编码 项目名称	项目特征	计量单位	工程量计算规则	工作内容
011407001 墙面喷刷涂料	1. 基层类型； 2. 喷刷涂料部位； 3. 腻子种类； 4. 刮腻子要求； 5. 涂料品种、喷刷遍数	m^2	按设计图示尺寸以面积计算	1. 基层清理； 2. 刮腻子； 3. 刷、喷涂料
011407002 天棚喷刷涂料				

续表

项目编码 项目名称	项目特征	计量 单位	工程量计算规则	工作内容
011407003 空花格、栏杆刷涂料	1. 腻子种类； 2. 刮腻子遍数； 3. 涂料品种、刷喷遍数		按设计图示尺寸以单面外围面积计算	1. 基层清理； 2. 刮腻子； 3. 刷、喷涂料
011407004 线条刷涂料	1. 基层清理； 2. 线条宽度； 3. 刮腻子遍数； 4. 刷防护材料、油漆	m	按设计图示尺寸以长度计算	
011407005 金属构件 喷刷防火涂料	1. 喷刷防火涂料构件名称； 2. 防火等级要求； 3. 涂料品种、喷刷遍数	1. m^2 2. t	1. 以 t 计量，按设计图示尺寸以质量计算 2. 以 m^2 计量，按设计展开面积计算	1. 基层清理； 2. 刷防护材料、油漆
011407006 木材构件 喷刷防火涂料		1. m^2 2. m^3	1. 以 m^2 计量，按设计图示尺寸以面积计算 2. 以 m^3 计量，按设计结构尺寸以体积计算	1. 基层清理； 2. 刷防火材料

注：喷刷墙面涂料部位要注明内墙或外墙。

7. 裱糊

墙纸和织物锦缎裱糊的工程量清单项目设置、项目特征描述的内容、计量单位、工程量计算规则应按如表 5-47 所示的规定执行。

表 5-47　裱糊（编号：011408）

项目编码 项目名称	项目特征	计量 单位	工程量计算规则	工作内容
011408001 墙纸裱糊	1. 基层类型； 2. 裱糊部位； 3. 腻子种类； 4. 刮腻子遍数； 5. 黏结材料种类； 6. 防护材料种类； 7. 面层材料品种、规格、颜色	m^2	按设计图示尺寸以面积计算	1. 基层清理； 2. 刮腻子； 3. 面层铺粘； 4. 刷防护材料
011408002 织物锦缎裱糊				

5.7.3　计算实例

【例 5-11】 某室内装饰工程有纸面石膏板面层刷乳胶漆，石膏线脚，并知室内净尺寸为 4.5m×5.4m。求该顶棚工程项目油漆工程的工程量。

【解】 室内顶棚净面积：4.5×5.4＝24.3（m^2）。

由于纸面石膏板面层和顶棚石膏线脚乳胶漆同时油漆（表 5-42），因此，该顶棚乳胶漆的工程量为

$$24.3\times1.0\times1.05=25.52\ (m^2)$$

【例 5-12】 某室内装饰门窗工程，分别是双层木窗 760m^2，双层木门 170m^2，单层木门 420m^2，

试计算该工程木门窗的油漆工程量。

【解】 由表 5-36 和表 5-38 查得，木门窗油漆工程量计算系数：单层木门为 1.00、双层木门为 2.00，双层木窗为 2.00。故该木门窗的油漆工程量为

$$760\times2.00+170\times2.00+420\times1.0=2\ 280.00\ (\mathrm{m}^2)$$

5.8 室内拆除工程

5.8.1 基本内容

本节主要包括砖砌体拆除、装修构件拆除以及打孔打洞等工程项目。

5.8.2 计算规则

1. 建筑构件拆除

1）砖砌体拆除

砖砌体拆除的工程量清单项目的设置、项目特征描述的内容、计量单位、工程量计算规则应按如表 5-48 所示执行。

表 5-48 砖砌体拆除（编码：011601）

项目编码 项目名称	项目特征	计量单位	工程量计算规则	工作内容
011601001 砖砌体拆除	1. 砌体名称； 2. 砌体材质； 3. 拆除高度； 4. 拆除砌体的截面尺寸； 5. 砌体表面的附着物种类	1. m^3 2. m	1. 以 m^3 计量，按拆除的体积计算 2. 以 m 计量，按拆除的延长米计算	1. 拆除； 2. 控制扬尘； 3. 清理； 4. 建渣场内、外运输

注：①砌体名称指墙、柱、水池等；②砌体表面的附着物种类指抹灰层、块料层、龙骨及装饰面层等。③以 m 计量，如砖地沟、砖明沟等必须描述拆除部位的截面尺寸；以 m^3 计量，截面尺寸则不必描述。

2）混凝土及钢筋混凝土构件拆除

混凝土及钢筋混凝土构件拆除的工程量清单项目的设置、项目特征描述的内容、计量单位、工程量计算规则应按如表 5-49 所示执行。

表 5-49 混凝土及钢筋混凝土构件拆除（编码：011602）

项目编码 项目名称	项目特征	计量单位	工程量计算规则	工作内容
011602001 混凝土构件拆除	1. 构件名称； 2. 拆除构件的厚度或规格尺寸； 3. 构件表面的附着物种类	1. m^3 2. m^2 3. m	1. 以 m^3 计算，按拆除构件的混凝土体积计算 2. 以 m^2 计算，按拆除部位的面积计算 3. 以 m 计算，按拆除部位的延长米计算	1. 拆除； 2. 控制扬尘； 3. 清理； 4. 建渣场内、外运输
011602002 钢筋混凝土构件拆除				

注：①以 m^3 作为计量单位时，可不描述构件的规格尺寸，以 m^2 作为计量单位时，则应描述构件的厚度，以 m 作为计量单位时，则必须描述构件的规格尺寸。②构件表面的附着物种类指抹灰层、块料层、龙骨及装饰面层等。

3）木构件拆除

木构件拆除的工程量清单项目的设置、项目特征描述的内容、计量单位、工程量计算规则应按如表 5-50 所示执行。

表 5-50 木构件拆除（编码：011603）

项目编码 项目名称	项目特征	计量单位	工程量计算规则	工作内容
011603001 木构件拆除	1. 构件名称； 2. 拆除构件的厚度或规格尺寸； 3. 构件表面的附着物种类	1. m^3 2. m^2 3 m	1. 以 m^3 计算，按拆除构件的体积计算； 2. 以 m^2 计算，按拆除部位的面积计算； 3. 以 m 计算，按拆除部位的延长米计算	1. 拆除； 2. 控制扬尘； 3. 清理； 4. 建渣场内、外运输

注：①拆除木构件应按木梁、木柱、木楼梯、木屋架、承重木楼板等分别在构件名称中描述。②以 m^3 作为计量单位时，可不描述构件的规格尺寸，以 m^2 作为计量单位时，则应描述构件的厚度，以 m 作为计量单位时，则必须描述构件的规格尺寸。③构件表面的附着物种类指抹灰层、块料层、龙骨及装饰面层等。

2. 装修构件拆除

1）抹灰层拆除

抹灰层拆除的工程量清单项目的设置、项目特征描述的内容、计量单位、工程量计算规则应按如表 5-51 所示执行。

表 5-51 抹灰面拆除（编码：011604）

项目编码 项目名称	项目特征	计量单位	工程量计算规则	工作内容
011604001 平面抹灰层拆除	1. 拆除部位； 2. 抹灰层种类	m^2	以 m^2 计算，按拆除部位的面积计算	1. 拆除； 2. 控制扬尘； 3. 清理； 4. 建渣场内、外运输
011604002 立面抹灰层拆除				
011604003 天棚抹灰面拆除				

注：①单独拆除抹灰层应按表 P.4 项目编码列项。②抹灰层种类可描述为一般抹灰或装饰抹灰。

2）块料面层拆除

块料面层拆除的工程量清单项目的设置、项目特征描述的内容、计量单位、工程量计算规则应按如表 5-52 所示执行。

表 5-52 块料面层拆除（编码：011605）

项目编码 项目名称	项目特征	计量单位	工程量计算规则	工作内容
011605001 平面块料拆除	1. 拆除的基层类型； 2. 饰面材料种类	m^2	以 m^2 计算，按拆除部位的面积计算	1. 拆除； 2. 控制扬尘； 3. 清理； 4. 建渣场内、外运输
011605002 立面块料拆除				

注：①如仅拆除块料层，拆除的基层类型不用描述。②拆除的基层类型的描述指砂浆层、防水层、干挂或挂贴所采用的钢骨架层等。

3）龙骨及饰面拆除

龙骨及饰面拆除的工程量清单项目的设置、项目特征描述的内容、计量单位、工程量计算规则应按如表 5-53 所示执行。

表 5-53　龙骨及饰面拆除（编码：011606）

项目编码 项目名称	项目特征	计量单位	工程量计算规则	工作内容
011606001 楼地面龙骨及饰面拆除	1. 拆除的基层类型； 2. 龙骨及饰面种类	m^2	以 m^2 计算，按拆除部位的面积计算	1. 拆除； 2. 控制扬尘； 3. 清理； 4. 建渣场内、外运输
011606002 墙柱面龙骨及饰面拆除				
011606003 天棚面龙骨及饰面拆除				

注：①基层类型的描述指砂浆层、防水层等。②如仅拆除龙骨及饰面，拆除的基层类型不用描述。③如只拆除饰面，不用描述龙骨材料种类。

4）屋面拆除

屋面拆除的工程量清单项目的设置、项目特征描述的内容、计量单位、工程量计算规则应按如表 5-54 所示执行。

表 5-54　屋面拆除（编码：011607）

项目编码 项目名称	项目特征	计量单位	工程量计算规则	工作内容
011607001 刚性层拆除	刚性层厚度	m^2	以 m^2 计算，按铲除部位的面积计算	1. 拆除； 2. 控制扬尘； 3. 清理； 4. 建渣场内、外运输
011607002 防水层拆除	防水层种类			

5）铲除油漆涂料裱糊面

铲除油漆涂料裱糊面的工程量清单项目的设置、项目特征描述的内容、计量单位、工程量计算规则应按如表 5-55 所示执行。

表 5-55　铲除油漆涂料裱糊面（编码：011608）

项目编码 项目名称	项目特征	计量单位	工程量计算规则	工作内容
011608001 铲除油漆面	1. 铲除部位名称； 2. 铲除部位的截面尺寸	1. m^2 2. m	1. 以 m^2 计算，按铲除部位的面积计算 2. 以 m 计算，按铲除部位的延长米计算	1. 拆除； 2. 控制扬尘； 3. 清理； 4. 建渣场内、外运输
011608002 铲除涂料面				
011608003 铲除裱糊面				

注：①单独铲除油漆涂料裱糊面的工程按表 5-55 编码列项。②铲除部位名称的描述指墙面、柱面、天棚、门窗等。③按 m 计量，必须描述铲除部位的截面尺寸，以 m^2 计量时，则不用描述铲除部位的截面尺寸。

6）栏杆栏板、轻质隔断隔墙拆除

栏杆栏板、轻质隔断隔墙拆除的工程量清单项目的设置、项目特征描述的内容、计量单位、工程量计算规则应按如表 5-56 所示执行。

表 5-56　栏杆、轻质隔断隔墙拆除（编码：011609）

项目编码 项目名称	项目特征	计量 单位	工程量计算规则	工作内容
011609001 栏杆、栏板拆除	1. 栏杆（板）的高度； 2. 栏杆、栏板种类	1. m^2 2. m	1. 以 m^2 计算，按铲除部位的面积计算 2. 以 m 计算，按铲除部位的延长米计算	1. 拆除； 2. 控制扬尘； 3. 清理； 4. 建渣场内、外运输
011609002 隔断隔墙拆除	1. 拆除隔墙的骨架种类； 2. 拆除隔墙的饰面种类	m^2	按拆除部位的面积计算	

注：以 m^2 计量，不用描述栏杆（板）的高度。

7）门窗拆除

门窗拆除的工程量清单项目的设置、项目特征描述的内容、计量单位、工程量计算规则应按如表 5-57 所示执行。

表 5-57　门窗拆除（编码：011610）

项目编码 项目名称	项目特征	计量 单位	工程量计算规则	工作内容
011610001 木门窗拆除	1. 室内高度； 2. 门窗洞口尺寸	1. m^2 2. 樘	1. 以 m^2 计算，按拆除部位的面积计算 2. 以樘计量，按拆除樘数计算	1. 拆除； 2. 控制扬尘； 3. 清理； 4. 建渣场内、外运输
011610002 4. 金属门窗拆除	1. 拆除隔墙的骨架种类； 2. 拆除隔墙的饰面种类	m^2	按拆除部位的面积计算	

注：门窗拆除以 m^2 计量，不用描述门窗的洞口尺寸。室内高度指室内楼地面至门窗的上边框。

8）金属构件拆除

金属构件拆除的工程量清单项目的设置、项目特征描述的内容、计量单位、工程量计算规则应按如表 5-58 所示执行。

表 5-58　金属构件拆除（编码：011611）

项目编码 项目名称	项目特征	计量 单位	工程量计算规则	工作内容
011611001 钢梁拆除	1. 构件名称； 2. 拆除构件的规格尺寸	1. t 2. m	1. 以 t 计算，按拆除构件的质量计算 2. 以 m 计算，按拆除延长米计	1. 拆除； 2. 控制扬尘； 3. 清理； 4. 建渣场内、外运输
011611002 钢柱拆除				
011611003 钢网架拆除		t	按拆除构件的质量计算	
011611004 钢支撑、钢墙架拆除		1. t 2. m	1. 以 t 计算，按拆除构件的质量计算 2. 以 m 计算，按拆除延长米计算	
011611005 其他金属构件拆除				

注：拆除金属栏杆、栏板按表 5-58 相应清单编码执行。

9）管道及卫生洁具拆除

管道及卫生洁具拆除的工程量清单项目的设置、项目特征描述的内容、计量单位、工程量计算规则应按如表 5-59 所示执行。

表 5-59　管道及卫生洁具拆除（编码：011612）

项目编码 项目名称	项目特征	计量单位	工程量计算规则	工作内容
011612001 管道拆除	1. 管道种类、材质； 2. 管道上的附着物种类	m	按拆除管道的延长米计算	1. 拆除； 2. 控制扬尘； 3. 清理； 4. 建渣场内、外运输
011612002 卫生洁具拆除	卫生洁具种类	1. 套 2.个	按拆除的数量计算	

10）灯具、玻璃、其他构件拆除

灯具、玻璃、其他构件拆除的工程量清单项目的设置、项目特征描述的内容、计量单位、工程量计算规则应按如表 5-60 和表 5-61 所示执行。

表 5-60　灯具、玻璃拆除（编码：011613）

项目编码 项目名称	项目特征	计量单位	工程量计算规则	工作内容
011613001 灯具拆除	1. 拆除灯具高度； 2. 灯具种类	套	按拆除的数量计算	1. 拆除； 2. 控制扬尘； 3. 清理； 4. 建渣场内、外运输
011613002 玻璃拆除	1. 玻璃厚度； 2. 拆除部位	m^2	按拆除的面积计算	

表 5-61　其他拆除（编码：011614）

项目编码 项目名称	项目特征	计量单位	工程量计算规则	工作内容
011614001 暖气罩拆除	暖气罩材质	1. 个 2. m	1. 以个为单位计量，按拆除个数计算 2. 以 m 为单位计量，按拆除延长米计算	1. 拆除； 2. 控制扬尘； 3. 清理； 4. 建渣场内、外运输
011614002 柜体拆除	1. 柜体材质； 2. 柜体尺寸：长、宽、高			
011614003 窗台板拆除	窗台板平面尺寸	1. 块 2. m	1. 以块计量，按拆除数量计算 2. 以 m 计量，按拆除的延长米计算	
011614004 筒子板拆除	筒子板的平面尺寸			
011614005 窗帘盒拆除	窗帘盒的平面尺寸	m	按拆除的延长米计算	
011614006 窗帘轨拆除	窗帘轨的材质			

注：双轨窗帘轨拆除按双轨长度分别计算工程量。

3. 开孔（打洞）

开孔（打洞）的工程量清单项目的设置、项目特征描述的内容、计量单位、工程量计算规则应按如表 5-62 所示执行。

表 5-62　开孔（打洞）（编码：0116015）

项目编码 项目名称	项目特征	计量单位	工程量计算规则	工作内容
011615001 开孔（打洞）	1. 部位； 2. 打洞部位材质； 3. 洞尺寸	个	按数量计算	1. 拆除； 2. 控制扬尘； 3. 清理； 4. 建渣场内、外运输

注：①部位可描述为墙面或楼板；②打洞部位材质可描述为页岩砖或空心砖或钢筋混凝土等。

5.9　室内其他装饰工程

5.9.1　基本内容

室内其他装饰工程的内容包括家具、压条、装饰线、扶手、栏杆、栏板装饰、暖气罩、浴厕配件、雨篷、旗杆、招牌、灯箱、美术字等。

5.9.2　计算规则

1. 家具

家具包括室内装饰的各种柜类、货架及台类家具等项目，它们的工程量清单项目设置、项目特征描述的内容、计量单位、工程量计算规则应按如表 5-63 所示的规定执行。

表 5-63　柜类、货架（编号：011501）

项目编码	项目名称	项目特征	计量单位	工程量计算规则	工作内容
011501001	柜台	1. 台柜规格； 2. 材料种类、规格； 3. 五金种类、规格； 4. 防护材料种类； 5. 油漆品种、刷漆遍数	1. 个 2. m 3. m^3	1. 以个计量，按设计图示数量计量 2. 以米计量，按设计图示尺寸以延长米计算	1. 台柜制作、运输、安装（安放）； 2. 刷防护材料、油漆； 3. 五金件安装
011501002	酒柜				
011501003	衣柜				
011501004	存包柜				
011501005	鞋柜				
011501006	书柜				
011501007	厨房壁柜				
011501008	木壁柜				
011501009	厨房低柜				
011501010	厨房吊柜				
011501011	矮柜				
011501012	吧台背柜				
011501013	酒吧吊柜				
011501014	酒吧台				
011501015	展台				
011501016	收银台				
011501017	试衣间				
011501018	货架				
011501019	书架				
011501020	服务台				

2. 压条、装饰线

金属、木质、石材、石膏、铝塑、塑料装饰线和镜面玻璃线的工程量清单项目设置、项目特征描述的内容、计量单位、工程量计算规则应按如表 5-64 所示的规定执行。

表 5-64　装饰线（编号：011502）

项目编码 项目名称	项目特征	计量单位	工程量计算规则	工作内容
011502001 金属装饰线	1. 基层类型； 2. 线条材料品种、规格、颜色； 3. 防护材料种类	m	按设计图示尺寸以长度计算	1. 线条制作、安装； 2. 刷防护材料
011502002 木质装饰线				
011502003 石材装饰线				
011502004 石膏装饰线				
011502005 镜面玻璃线	1. 基层类型； 2. 线条材料品种、规格、颜色； 3. 防护材料种类			
011502006 铝塑装饰线				
011502007 塑料装饰线				

3. 扶手、栏杆、栏板装饰

金属或硬木或塑料扶手、栏杆、栏板、金属或硬木靠墙扶手、玻璃栏板等装饰工程项目的工程量清单项目的设置、项目特征描述的内容、计量单位、工程量计算规则应按如表 5-65 所示执行。

表 5-65　扶手、栏杆、栏板装饰（编码：011503）

项目编码 项目名称	项目特征	计量单位	工程量计算规则	工作内容
011503001 金属扶手、栏杆、栏板	1. 扶手材料种类、规格、品牌； 2. 栏杆材料种类、规格、品牌； 3. 栏板材料种类、规格、品牌、颜色； 4. 固定配件种类； 5. 防护材料种类	m	按设计图示以扶手中心线长度（包括弯头长度）计算	1. 制作； 2. 运输； 3. 安装； 4. 刷防护材料
011503002 硬木扶手、栏杆、栏板				
011503003 塑料扶手、栏杆、栏板				
011503004 金属靠墙扶手	1. 扶手材料种类、规格、品牌； 2. 固定配件种类； 3. 防护材料种类			
011503005 硬木靠墙扶手				
011503006 塑料靠墙扶手				
011503007 玻璃栏板	1. 栏杆玻璃的种类、规格、颜色、品牌； 2. 固定方式； 3. 固定配件种类		按设计图示以扶手中心线长度（包括弯头长度）计算	1. 制作； 2. 运输； 3. 安装； 4. 刷防护材料

4. 暖气罩

饰面板、塑料和金属等暖气罩的工程量清单项目设置、项目特征描述的内容、计量单位、工程量计算规则、应按如表 5-66 所示的规定执行。

表 5-66　暖气罩（编号：011504）

项目编码 项目名称	项目特征	计量单位	工程量计算规则	工作内容
011504001 饰面板暖气罩	1. 暖气罩材质； 2. 防护材料种类	m^2	按设计图示尺寸以垂直投影面积（不展开）计算	1. 暖气罩制作、运输、安装； 2. 刷防护材料、油漆
011504002 塑料板暖气罩				
011504003 金属暖气罩				

5. 浴厕配件

浴厕配件主要包括洗漱台、晒衣架、帘子杆、浴缸拉手、卫生间扶手、毛巾杆、(架)、毛巾环、卫生纸盒、肥皂盒、镜面玻璃和镜箱等，它们的工程量清单项目设置、项目特征描述的内容、计量单位、工程量计算规则应按如表 5-67 所示的规定执行。

表 5-67　浴厕配件（编号：011505）

项目编码 项目名称	项目特征	计量单位	工程量计算规则	工作内容
011505001 洗漱台	1. 材料品种、规格、品牌、颜色； 2. 支架、配件品种、规格、品牌	1. m^2 2. 个	1. 按设计图示尺寸以台面外接矩形面积计算。不扣除孔洞、挖弯、削角所占面积，挡板、吊沿板面积并入台面面积内 2. 按设计图示数量计算	1. 台面及支架、运输、安装； 2. 杆、环、盒、配件安装； 3. 刷油漆
011505002 晒衣架		个	按设计图示数量计算	
011505003 帘子杆				
011505004 浴缸拉手				
011505005 卫生间扶手				
011505006 毛巾杆（架）	1. 材料品种、规格、品牌、颜色； 2. 支架、配件品种、规格、品牌	套	按设计图示数量计算	1. 台面及支架制作、运输、安装； 2. 杆、环、盒、配件安装； 3. 刷油漆
011505007 毛巾环		副		
011505008 卫生纸盒		个		
011505009 肥皂盒				

续表

项目编码 项目名称	项目特征	计量 单位	工程量计算规则	工作内容
011505010 镜面玻璃	1. 镜面玻璃品种、规格； 2. 框材质、断面尺寸； 3. 基层材料种类； 4. 防护材料种类	m^2	按设计图示尺寸以边框外围面积计算	1. 基层安装； 2. 玻璃及框制作、运输、安装
011505011 镜箱	1. 箱材质、规格； 2. 玻璃品种、规格； 3. 基层材料种类； 4. 防护材料种类； 5. 油漆品种、刷漆遍数	个	按设计图示数量计算	1. 基层安装； 2. 箱体制作、运输、安装； 3. 玻璃安装； 4. 刷防护材料、油漆

6. 雨篷、旗杆

雨篷、旗杆的工程量清单项目设置、项目特征描述的内容、计量单位、工程量计算规则应按如表 5-68 所示的规定执行。

表 5-68 雨篷、旗杆（编号：011506）

项目编码 项目名称	项目特征	计量 单位	工程量计算规则	工作内容
011506001 雨篷吊挂饰面	1. 基层类型； 2. 龙骨材料种类、规格、中距； 3. 面层材料品种、规格、品牌； 4. 吊顶（天棚）材料品种、规格、品牌； 5. 嵌缝材料种类； 6. 防护材料种类	m^2	按设计图示尺寸以水平投影面积计算	1. 底层抹灰； 2. 龙骨基层安装； 3. 面层安装； 4. 刷防护材料、油漆
011506002 金属旗杆	1. 旗杆材料、种类、规格； 2. 旗杆高度； 3. 基础材料种类； 4. 基座材料种类； 5. 基座面层材料、种类、规格	根	按设计图示数量计算	1. 土石挖、填、运； 2. 基础混凝土浇注； 3. 旗杆制作、安装； 4. 旗杆台座制作、饰面
011506003 玻璃雨篷	1. 玻璃雨篷固定方式； 2. 龙骨材料种类、规格、中距； 3. 玻璃材料品种、规格、品牌； 4. 嵌缝材料种类； 5. 防护材料种类	m^2	按设计图示尺寸以水平投影面积计算	1. 龙骨基层安装； 2. 面层安装； 3. 刷防护材料、油漆

7. 招牌、灯箱

平面、箱式招牌、竖式标箱和灯箱等的工程量清单项目设置、项目特征描述的内容、计量单位、应按如表 5-69 所示的规定执行。

表 5-69　招牌、灯箱（编号：011507）

项目编码 项目名称	项目特征	计量单位	工程量计算规则	工作内容
011507001 平面、箱式招牌	1. 箱体规格； 2. 基层材料种类； 3. 面层材料种类； 4. 防护材料种类	m^2	按设计图示尺寸以正立面边框外围面积计算。复杂形的凸凹造型部分不增加面积	1. 基层安装； 2. 箱体及支架制作、运输、安装； 3. 面层制作、安装； 4. 刷防护材料、油漆
011507002 竖式标箱		个	按设计图示数量计算	
011507003 灯箱				

8. 美术字

美术字包括泡沫塑料字、有机玻璃字、木质字、金属字和吸塑字等项目，它们的工程量清单项目设置、项目特征描述的内容、计量单位，应按如表 5-70 所示的规定执行。

表 5-70　美术字（编号：011508）

项目编码 项目名称	项目特征	计量单位	工程量计算规则	工作内容
011508001 泡沫塑料字	1. 基层类型； 2. 镌字材料品种、颜色； 3. 字体规格； 4. 固定方式； 5. 油漆品种、刷漆遍数	个	按设计图示数量计算	1. 字制作、运输、安装； 2. 刷油漆
011508002 有机玻璃字				
011508003 木质字				
011508004 金属字				
011508005 吸塑字				

5.10 脚手架工程

5.10.1 基本内容

脚手架工程工程量，包括室内外装饰装修的内外墙面粉饰的脚手架、顶棚的满堂脚手架，以及其他项目的成品保护工程的工程量。

5.10.2 脚手架计算规则

（1）装饰装修内、外脚手架工程量，按不同檐高，以外墙的外边线长乘墙高计算，不扣除门窗洞口面积。檐高是指建筑物自设计室外地坪面至外墙顶点或构筑物顶面的高度。

（2）满堂脚手架工程量，按实际搭设的水平投影面积计算，不扣除附墙垛、柱所占的面积。其基本层高以 3.6～5.2m 为准。凡超过 3.6m 且在 5.2m 以内的顶棚抹灰及装饰装修，应计算脚手架基本层；层高超过 5.2m，每增加 1.0m 计算一个增加层，增加层的层数＝（层高－5.2）m÷1.0m，按四舍五入取整数。室内装饰工程中，凡计算了满堂脚手架者，其内墙面粉饰不再计算内墙面粉饰脚手架。

（3）装修砖砌体高度在 1.2m 以上时，按砌体长度乘以高度以平方米计算；高度在 3.6m 以内者，套用里脚手架项目；高度在 3.6m 以上者，套用单排脚手架项目乘以系数 3.33。

（4）石砌体高度在 1.2m 以上时，按砌体长度乘以高度以平方米计算；高度在 3.6m 以内者，套用单排脚手架乘以系数 3.33；高度 3.6m 以上者，套用双排脚手架项目乘以系数 3.33。

（5）独立的砖、石、钢筋混凝土柱，按柱结构外围周长加 3.6m 乘以柱高的面积计算；高度在 3.6m 以下者，套用单排脚手架定额乘以系数 3.33；高度在 3.6m 以上者，套用相应高度的双排脚手架项目并乘以系数 3.33。

（6）现浇钢筋混凝土墙，按墙结构长度乘以高度以平方米计算，套用相应高度的双排脚手架项目乘以系数 3.33。

（7）现浇钢筋混凝土单梁或连续梁，按梁结构长度乘以室外设计地坪面（或楼板面）至梁顶面的高度以平方米计算，套用相应高度的双排脚手架项目乘以系数 3.33，与之相关联的框架柱不再计算脚手架。

各项脚手架工程的工程量清单项目设置、项目特征描述的内容、计量单位及工程量计算规则，应按如表 5-71 所示的规定执行。

表 5-71　脚手架工程（编码：011702）

<table>
<tr><th>项目编码
项目名称</th><th>项目特征</th><th>计量
单位</th><th>工程量计算规则</th><th>工作内容</th></tr>
<tr><td>011702001
综合脚手架</td><td>1．建筑结构形式；
2．檐口高度</td><td>m²</td><td>按建筑面积计算</td><td>1．场内、场外材料搬运；
2．搭、拆脚手架、斜道、上料平台；
3．安全网的铺设；
4．选择附墙点与主体连接；
5．测试电动装置、安全锁等；
6．拆除脚手架后材料的堆放</td></tr>
<tr><td>011702002
外脚手架</td><td rowspan="2">1．搭设方式；
2．搭设高度；
3．脚手架材质</td><td rowspan="2">m²</td><td rowspan="2">按所服务对象的垂直投影面积计算</td><td rowspan="5">1．场内、场外材料搬运；
2．搭、拆脚手架、斜道、上料平台；
3．安全网的铺设；
4．拆除脚手架后材料的堆放</td></tr>
<tr><td>011702003
里脚手架</td></tr>
<tr><td>011702004
悬空脚手架</td><td rowspan="2">1．搭设方式；
2．悬挑宽度；
3．脚手架材质</td><td rowspan="2">m</td><td>按搭设的水平投影面积计算</td></tr>
<tr><td>011702005
挑脚手架</td><td>按搭设长度乘以搭设层数以延长米计算</td></tr>
<tr><td>011702006
满堂脚手架</td><td>1．搭设方式；
2．搭设高度；
3．脚手架材质</td><td>m²</td><td>按搭设的水平投影面积计算</td></tr>
</table>

续表

项目编码 项目名称	项目特征	计量单位	工程量计算规则	工作内容
011702007 整体提升架	1．搭设方式及启动装置； 2．搭设高度	m^2	按所服务对象的垂直投影面积计算	1．场内、场外材料搬运； 2．选择附墙点与主体连接； 3．搭、拆脚手架、斜道、上料平台； 4．安全网的铺设； 5．测试电动装置、安全锁等； 6．拆除脚手架后材料的堆放
011702008 外装饰吊篮	1．升降方式及启动装置； 2．搭设高度及吊篮型号	m^2	按所服务对象的垂直投影面积计算	1．场内、场外材料搬运； 2．吊篮的安装； 3．测试电动装置、安全锁、平衡控制器等； 4．吊篮的拆卸

注：①使用综合脚手架时，不再使用外脚手架、里脚手架等单项脚手架；综合脚手架适用于能够按“建筑面积计算规则”计算建筑面积的建筑工程脚手架，不适用于房屋加层、构筑物及附属工程脚手架。②同一建筑物有不同檐高时，按建筑物竖向切面分别按不同檐高编列清单项目。③整体提升架已包括 2m 高的防护架体设施。

5.10.3 计算实例

【例 5-13】 某建筑物室内平面如图 5-6 所示，试计算天棚抹灰满堂脚手架工程量。

【解】 房间 I 天棚高度 H_{I}＝6.8m＞3.6m，房间 II 天棚高度 H_{II}＝3.2m＜3.6m，房间 III 天棚高度 H_{III}＝3.4m＜3.6m，故只有房间 I 应按满堂脚手架另计算脚手架费用，且 H_{I}＞5.2m 时应有增加层。

（1）确定增加层数。

$$N=(H_{\text{I}}-5.2)/1.0=(6.8-5.2)/1.0\approx 2$$

（2）室内净空面积。

$$(6.4-0.12\times 2)^2-(3.2+0.12\times 2)^2=26.11\ (m^2)$$

（3）天棚抹灰满堂脚手架工程量。

基本层的满堂脚手架工程量：26.11（m^2）

增加层的满堂脚手架工程量：26.11×2＝52.22（m^2）

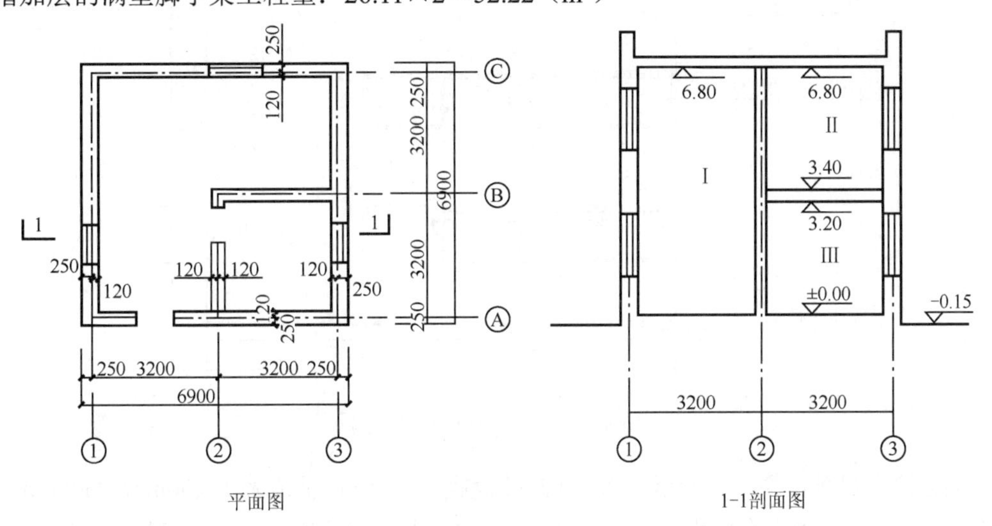

图 5-6 某室内平面图

小　结

工程量是用来表示工程的量，即指以物理计量单位或自然计量单位所表示的各个具体分项工程和构配件的实物量，工程量的计量单位必须与定额规定的单位一致。

室内装饰工程分部分项工程量是衡量室内装饰工程项目的量，是计算室内装饰工程造价的依据。所以，室内装饰工程分部分项工程量计算原则关系到造价是否准确，预算是否科学。本章系统地介绍了室内装饰工程分部分项工程量的基本内容和基本原则。

习　题

1．某多功能室内地面的净面积为（6.8×12.0）m^2，进行大理石施工，其设计的构造为素水泥浆一道；15mm 厚的 1∶3 水泥砂浆找平层；8mm 厚 1∶2 水泥砂浆粘贴 800mm×800mm 大理石面层；面层进行酸洗打蜡。求大理石面层的工程量和酸洗打蜡的工程量。

2．某室内地面铺设硬木企口木地板（成品），室内主墙间（建筑轴线间）的尺寸为（3.9×4.5）m^2，墙厚为 200mm，又已知木龙骨规格为 60mm×40mm×4 000mm，木地板的规格为 900mm×80mm×18mm。试求实木地板的工程量和木龙骨的工程量，并分析木龙骨和木地板的用量。

3．如图 5-7 所示为某室内墙面的设计图，试求该墙面工程的工程量。

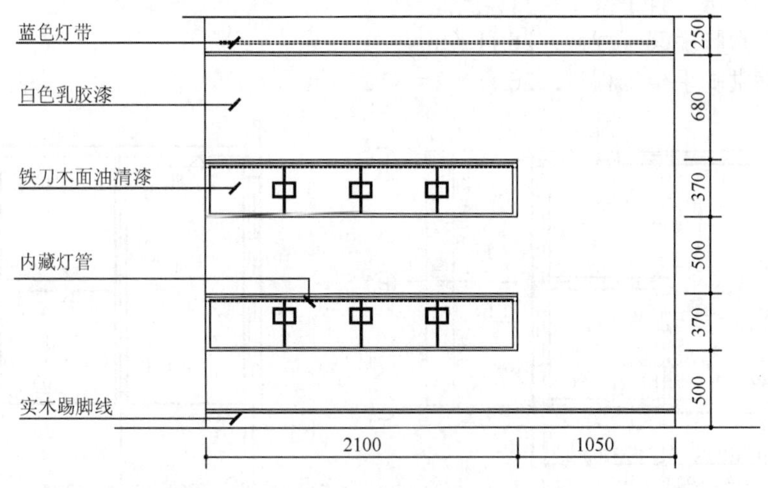

图 5-7　某室内墙面的设计图

4．某会议室吊顶如图 5-8 所示，地坪到砼楼板底高 4.80m。吊顶采用 400mm×600mm 型（上人）轻钢龙骨双层，纸面石膏板面层，暗式窗帘盒为细木工板和五夹板。天棚装饰线见右图 1-1

剖面，石膏板满批腻子 2 遍，清油封底，面刷白色乳胶漆 3 遍（不考虑粘贴自黏胶带）。装饰线及窗帘盒刷聚氨酯漆 2 遍，求该顶棚工程工程量。

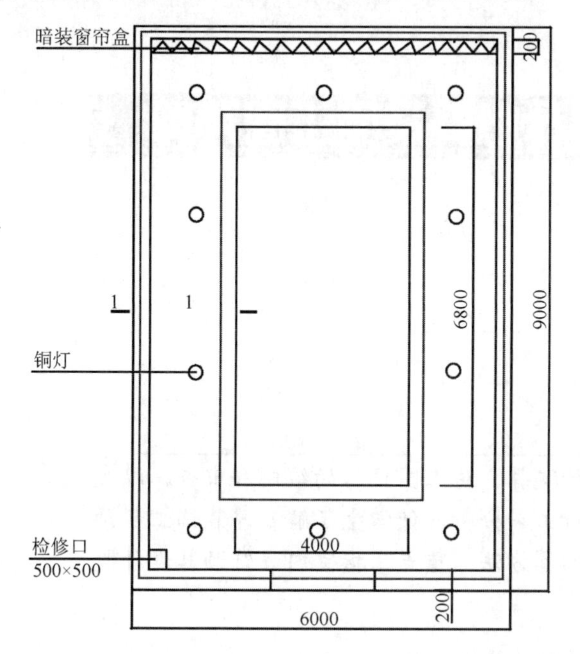

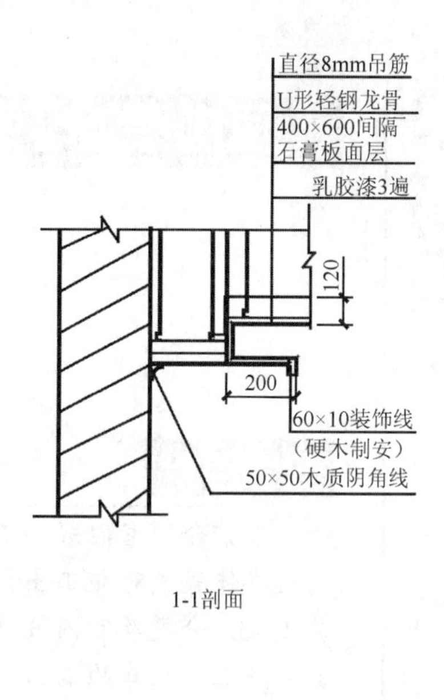

图 5-8　某顶棚的设计图

5．门大样如图 5-9 所示，采用木龙骨，三夹板基层，外贴白榉木切片板，整片开洞镶嵌红榉实木百叶风口装饰，红榉实木收边线封门边。门用硝基清漆，亚光硝基清漆罩面。求该门的工程量。

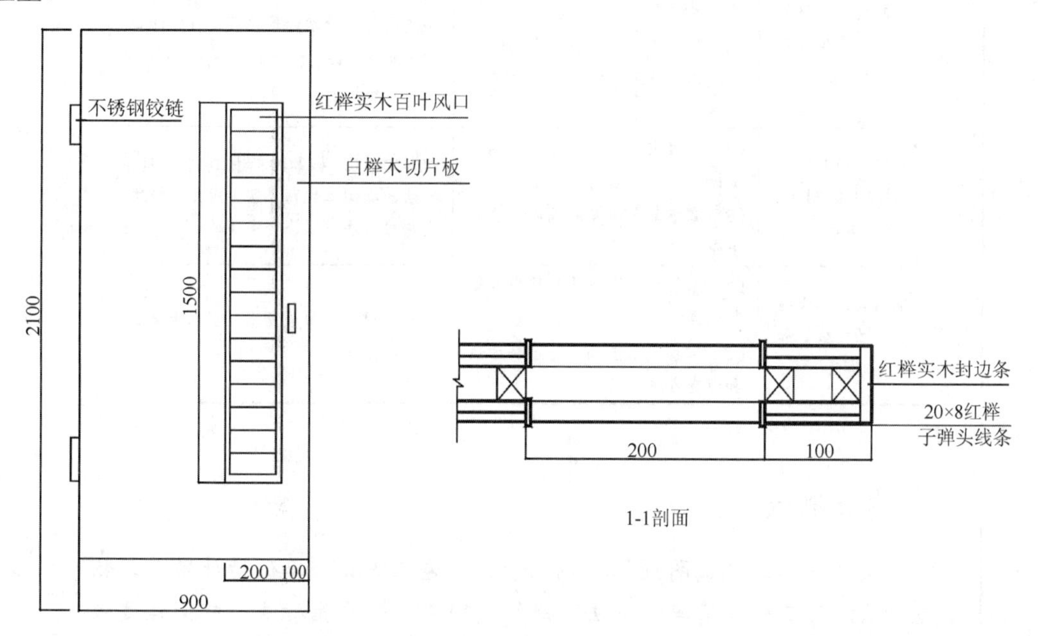

图 5-9　某门的设计图

第6章 室内装饰工程设计概算及施工图预算

教学目标

本章介绍室内装饰工程设计概算、施工图预算的编制和审查，以及通过具体案例对施工图预算进行工料分析。使学生了解室内装饰工程预算定义、分类及室内装饰工程预算方法；重点掌握室内装饰预算设计概算和施工图预算的编制。

教学要求

知识要点	能力要求	相关知识
室内装饰工程预算的种类和编制方法	(1)了解工程预算、室内装饰工程预算的概念、种类和作用； (2)掌握单位估计法、实物造价法、工程量清单计价法的概念、计算程序	(1)设计概算、施工图预算、施工预算、施工决算、物理计量单位、自然计量； (2)单位估计法、实物造价法、工程量清单计价法
室内装饰工程设计概算编制和审查	(1)掌握设计概算的作用和编制依据； (2)掌握设计概算的编制方法和审查方法	概算定额法、概算指标法、相似程度系数法、类似工程预算法、对比分析法、查询核实法、联合会审法
室内装饰工程施工图预算编制和审查	(1)掌握施工图预算的作用和编制依据； (2)掌握施工图预算的编制方法和审查方法	工料分析、全面审查法、重点审查法、经验审查法

基本概念

设计概算、施工图预算、施工预算、施工决算、单位估计法、实物造价法法、工程量清单计价法、概算定额法、概算指标法、相似程度系数法、类似工程预算法、对比分析法、查询核实法、联合会审法、工料分析、全面审查法、重点审查法、经验审查法。

 引例

在介绍完费用构成、定额应用及工程计算等章节后，我们要思考的问题：

（1）如何把以上这些内容应用到室内装饰工程预算中？

（2）室内装饰工程预算有哪些内容？

（3）设计概算和施工图预算有什么区别？

（4）什么是单位估价法、实物造价法？

（5）如何进行工料分析？

（6）在编制好预算后如何进行审核？

本章重点探讨以上问题。

例如，某施工好的室内装修工程，单方预算造价 1500 元／m^2，其中人工费占 20%，材料费占 65%，其他费用占 15%。拟建类似工程结构与该施工完的室内装修工程相似、其他拟施工的分部分项工程也相似，与已建工程的人工、材料和其他费用的差异系数分别为 0.8、1.2 和 1.1。

（1）选用类似工程预算法编制室内装饰工程设计概算，下列说法正确的是（　　）。

A. 当初步设计达到一定深度，建筑结构比较明确时，可选用类似工程预算法

B. 当设计对象的技术条件与已完工程或在建工程相类似时，可选用类似工程预算法

C. 当初步设计深度不够，但工程设计采用的技术比较成熟，且又有类似工程概算指标时，可采用类似工程预算法

D. 当拟建工程初步设计与已完工程设计相类似又没有可用的概算指标时，可采用类似工程预算法

（2）该拟建工程的单方概算造价为（　　）元／m。

A. 1657.5　　B. 1720.5　　C. 3680　　D. 4650

例如，甲建筑公司拟采用实物单价法进行某项目的投标报价。

（1）报价时首先应该做的工作是（　　）。

A. 准备资料，熟悉施工图样　　B. 编制工料分析表

C. 计算工程量　　D. 计算直接工程费

（2）计算人工、材料和施工机械台班消耗量时，需要采用的定额是（　　）。

A. 施工定额　　B. 预算定额　　C. 概算定额　　D. 补充定额

（3）有关人工、材料和施工机械台班的单价，应当采用（　　）。

A. 国家颁布的价格　　B. 地区统一的价格

C. 行业统一价格　　D. 当时当地的实际市场价格

（4）以分部分项工程量乘以对应分部分项工程单价后汇总，得到的是（　　）。

A. 分部工程直接费　　B. 单位工程直接工程费

C. 单位工程直接工程费和间接费　　D. 单位工程预算造价

（5）采用预算单价法编制施工图预算，当分项工程的主要材料品种与预算单价或单位估价表中规定材料不一致时，应当（　　）。

A. 直接套用预算单价　　B. 调整材料用量但不调价

C. 按实际使用材料换算预算单价　　D. 编制补充单位估价表

6.1 室内装饰工程预算的种类、作用与编制方法

6.1.1 预算和预算种类

1. 预算

概预算是指工程建设项目在开工前，是根据室内装饰工程的不同设计阶段的设计图样的具体内容和国家规定的定额、指标及各项取费标准，在装饰工程建设之前对所需的各种人力、物力资源及资金的预先估计和计算。其目的在于有效地确定和控制建设项目的投资和进行人力、物力、财力的准备工作，以保证工程项目的顺利建成。

概预算作为一种专业术语，实际上又存在着两种理解。广义理解应指概预算编制这样一个完整的工作过程，狭义理解则指这一过程必然产生的结果，即概预算文件。

2. 预算种类

1）根据编制对象的不同分类

（1）单位工程预算。单位工程预算，是根据设计文件和图样、结合施工方案和现场条件计算的工程量和套用预算费用定额，以此来确定单位工程造价。

（2）工程建设其他费用预算。工程建设其他费用预算，是指根据有关规定应在建设投资中计取的，建筑安装工程费用、设备购置费用、工器具及生产工具购置费、预备费以外的一切费用（详见第 5 章 5.2 节的内容）。装饰工程其他费用预算以独立的项目列入单项工程综合预算和总预算中。

（3）单项工程综合预算。单项工程综合预算，是由组成该单项工程的各个单位工程预算汇编而成的，用于确定单项工程（建筑单体）工程造价的综合性文件。

（4）建设项目总预算。建设项目总预算，是由组成该装饰工程的各个单项工程综合预算、设备购置费用、工器具及生产工具购置费、预备费加工程建设其他费用预算汇编而成的，用于确定装饰工程从筹建到竣工验收全部建设费用的综合性文件。

2）根据建设活动开展的阶段不同分类

（1）投资估算。投资估算是指在编制建设项目建议书和可行性研究阶段，对建设项目总投资的粗略估算，它是装饰工程项目决策时的一项主要参考性经济指标。

（2）设计概算。设计概算是指在工程项目的初步设计阶段，根据初步设计文件和图样、概算定额（或概算指标）及其有关费用定额等，对工程项目所应发生费用的概略计算。它是建设单位确定和控制基本建设投资额、编制基本建设计划、选择最优设计方案、推行限额设计的重要依据，也是计算工程设计收费、编制招标标底和投标报价、确定工程项目总承包合同价的主要依据。

（3）施工图预算。施工图预算是指一般意义上的预算，指当装饰工程项目的施工图设计完成后，在单位工程开工前，根据施工图样和设计说明、预算定额、预算基价及费用定额等，对工程项目所发生费用的较详细计算。它是确定单位工程、单项工程预算造价的依据；是确定招标工程标底和投标报价，签订工程承包合同价的依据；是建设单位与施工单位拨付工程款项和

竣工决算的依据；也是施工企业编制施工组织设计、进行成本核算的不可缺少的文件。在本书中，以介绍施工图预算为主。

（4）施工预算。施工预算是指施工单位在施工前为了确定建设工程项目发生的劳动力、材料和机械台班等编制的工程预算。它是施工单位编制施工作业进度计划、实行定额管理、班组核算的依据。

上述几种概预算文件均是在工程开工之前计算的。而在项目动工兴建过程中和竣工后还需要分阶段编制工程结算和竣工决算，以确定工程项目的实际建设费用。它们之间存在的差异，如表 6-1 所示。

表 6-1 不同阶段的概预（决）算特点对比

类 别	编制阶段	编制单位	编制依据	用 途
投资估算	可行性研究	工程咨询机构	投资估算指标	投资决策
设计概算	初步设计或扩大初步设计	设计单位	概算定额	控制投资及造价
施工图预算	工程承发包	建设单位委托的工程咨询机构和施工单位	预算定额	编制标底、投标报价、确定工程合同价
施工预算	施工阶段	施工单位	施工定额	企业内部成本、施工进度控制
竣工结算	竣工验收前	施工单位	预算定额、设计及施工变更资料	确定工程项目建造价格
竣工决算	竣工验收后	建设单位	预算定额、工程建设其他费用定额、竣工结算资料	确定工程项目实际投资

3）根据单位工程的专业项目分类

（1）建筑工程概（预）算，含土建工程及装饰工程。

（2）装饰工程概（预）算，专指二次装饰装修工程。

（3）安装工程概（预）算，含建筑电气照明、给排水、暖气空调等设备安装工程。

（4）市政工程概（预）算。

（5）仿古及园林建筑工程概（预）算。

（6）修缮工程预概（预）算。

（7）煤气管网工程概（预）算。

（8）抗震加固工程概（预）算。

6.1.2 室内装饰工程预算及其作用

1. 室内装饰工程预算

室内装饰工程预算，是指在执行室内装饰工程建设程序过程中，根据不同的设计阶段，设计文件的具体内容和国家规定的定额指标及各种取费标准，预先计算和确定每项新建、扩建、改建和重建工程中的装饰工程所需全部投资额的经济文件。它是室内装饰工程在不同建设阶段经济上的反映，是按照国家规定的特殊计划程序，预先计算和确定装饰工程价格的计划文件。

根据我国现行的设计和预算文件编制及管理方法，对工业与民用建设工程项目做了如下规定。

（1）采用两阶段设计的建设项目，在扩大初步设计阶段，必须编制设计概算；在施工图设计阶段，必须编制施工图预算。

（2）采用三阶段设计的建设项目，除在初步设计、施工图设计阶段，必须编制相应的概算和施工图预算外，还必须在技术设计阶段编制修正概算。因此，不同阶段设计的室内装饰工程，也必须编制相应的概算和预算。

室内装饰工程预算所确定的投资额，实质上就是室内装饰工程的计划价格。这种计划价格在工程建设工作中，通常又称为“概算造价”或“预算造价”。

2. 室内装饰工程预算的作用

室内装饰工程预算的作用体现在以下 5 点。

（1）室内装饰工程预算是室内装饰施工单位（施工企业或称乙方）和建设单位（房主或称甲方）签订工程承包合同和办理工程结算价款的依据。经过甲、乙双方编制、审定、认可的装饰工程预算，是双方装饰工程结算的依据。单位工程完工后，根据变更工程增、减项目调整预算，进行结算。如果条件具备，根据甲、乙双方签订的工程合同，双方认可的装饰工程预算可以直接作为工程造价包干价款结算的依据。

（2）室内装饰工程预算是银行拨付工程价款的依据。银行（建设银行或工商银行）根据双方审定的装饰工程预算，办理工程拨款，监督甲、乙双方履行合同，按工程进度拨付工程进度款和竣工结算。如施工超出预算时，由建设单位（甲方）与工程设计单位做修改设计或增加项目投资，需要编制补充预算。

（3）室内装饰工程预算是施工企业（乙方）编制计划、统计和完成施工产值的依据。室内装饰工程预算是施工单位正确编制计划，进行装饰工程施工准备，组织施工力量，组织材料供应，统计上报完成施工产值的依据。

（4）装饰工程预算是加强施工企业经济核算的依据。室内装饰工程预算是企业实行经济核算、考核经营成果的依据，有了工程预算，就可以进行工、料核算，对比实际消耗量，进行经济活动分析，加强企业内部管理。

（5）室内装饰工程预算在实行招标承包制的情况下，是建设单位（甲方）确定标底和施工单位（乙方）投标、报价的依据。

6.1.3 室内装饰工程预算种类和预算编制方法

1. 室内装饰工程预算种类

按照装饰工程的基本建设阶段和编制依据的不同，室内装饰工程投资文件可分为工程投资估算、设计概算、施工图预算、施工预算和竣工决算 5 种形式。

1）工程投资估算

根据室内装饰设计任务书规划的工程项目，依照概算指标所确定的工程投资额、主要材料用量等经济指标，称为“室内工程投资估算”。

室内装饰工程投资估算的作用：是室内装饰设计任务书的主要内容之一，也是审批项目、立项的主要依据之一。

2）设计概算

设计概算是指在初步设计阶段，由设计单位根据初步设计或扩大初步设计图样、概算定额或概算指标、各项费用定额或取费标准等有关资料，预先计算和确定室内装饰工程费用的文件。在投资估算的控制下由设计单位根据初步设计（或技术设计）图样及说明、概算定额（概算指标）、各项费用定额或取费标准（指标）、设备、材料预算价格等资料，编制和确定的室内装饰工程项目从筹建至竣工交付使用所需全部建设费用的文件。设计概算文件应该包括建设项目总概算、单项工程综合概算、单位工程，以及其他工程的费用概算。

设计概算的作用：室内装饰工程设计概算是控制室内装饰工程建设投资、编制工程计划的依据，也是确定工程投资最高限额和分期拨款的依据。

3）施工图预算

室内装饰工程施工图预算是确定室内装饰工程造价的基础文件。施工图预算是指在施工图设计阶段，当工程设计完成后，在工程开工之前，由施工单位根据施工图样计算的工程量、施工组织设计和国家或地方主管部门规定的现行预算定额、单位估价表，以及各项费用定额或取费标准等有关资料，预先计算确定的建筑装饰工程费用的文件。施工图预算的内容应包括单位工程总预算、分部和分项工程预算、其他项目及费用预算等。

施工图预算的作用：施工图预算是确定工程施工造价、签订承建合同、实行经济核算、进行拨款决算、安排施工计划、核算工程成本的主要依据，也是工程施工阶段的法定经济文书。

4）施工预算

施工预算是施工单位内部编制的一种预算，是指施工阶段在施工图预算的控制下，施工队根据施工图计算的工程量、施工定额、单位工程施工组织设计等资料，通过工料分析，预先计算和确定完成一个单位工程或其中的分部工程所需的人工、材料、机械台班消耗量及其相应费用的文件。施工预算的主要内容包括工料分析、构件加工、材料消耗量、机械台班等分析计算资料，适用于劳动力组织、材料储备、加工订货、机具安排、成本核算、施工调度、作业计划、下达任务、经济包干、限额领料等项管理工作。

施工预算的作用：施工预算是签发施工任务单、限额领料、开展定额经济包干、实行按劳分配的依据，也是施工企业开展经济活动分析和进行施工预算与施工图预算对比的依据。

5）竣工决算

室内装饰工程竣工后，根据实际施工完成情况，按照施工图预算的规定和编制方法，所编制的工程施工实际造价，以及各项费用的经济文书，称为“竣工决算”。它是由施工企业编制的最终付款凭据，经建设单位和建设银行审核无误后生效。

竣工决算的作用：是施工企业和建设单位进行最终付款的依据，是分析工程施工方案的依据。

6）施工预算和施工图预算的关系

室内装饰施工预算的作用是可以提供给施工企业准确的施工量，作为编制施工计划、劳动力使用计划、材料需用计划、机械台班使用计划、对外订货加工计划的依据。另外，它还是对班组实行经济核算、按定额下达任务单、限额领料、保证工程工期、考核施工图预算、降低工程成本的依据。施工预算确定的是装饰企业内部的工程计划成本。

室内装饰施工图预算的作用是组织施工管理，加强经济核算的基础；是签订施工承包合同、拨付工程进度款、甲乙双方办理竣工工程价款的依据。施工图预算为室内装饰工程造价和预算成本。

将确定室内装饰工程计划成本的施工预算与确定装饰工程预算成本的施工图预算之间进行

对比，或者施工预算与施工图预算或工程计划成本与工程预算成本之间相比较称为“两算”对比。它是装饰施工企业为了防止工程预算成本超支而采取的一种防范措施。施工预算和施工图预算是从不同角度计算的两本经济账，通过“两算”对比分析，可以预先找出节约的途径，防止超支，如若超支，可找出原因，研究解决的办法，更改方案，防患于未然。

总之，施工预算和施工图预算，虽然两者编制的依据都是施工图，但两者编制的出发点不同、方法不同、深度不同、两者的作用不同，因而两者不能混为一谈。

2. 室内装饰工程预算编制方法

室内装饰工程预算的编制方法主要有单位估价法、实物造价法和工程量清单造价法等。一般的室内装饰工程预算，按常规应采用单位估价法编制施工图预算，但由于装饰工程多使用新材料、新技术、新机械设备，在必要时需要采用实物造价法编制工程预算；而在装饰工程招投标时预算编制多采用工程量清单造价法。

1）单位估价法

单位估价法是指利用分部分项工程单价计算工程造价的方法，即根据各分项工程的工程量、装饰预算定额或单位估价表，计算工程定额基价、其他直接费，并由此计算间接费、计划利润、税金和其他费用，最后汇总形成装饰工程预算造价的方法。

它是目前普遍采用的方法。其计算程序如下。

（1）根据施工图计算出分部分项工程量。

（2）根据地区装饰工程预算定额单位估价表或预算定额单价计算分部分项工程直接费，汇总为单位工程直接费。

（3）根据取费规定，计算间接费、计划利润、直接费汇总，计算得出单位工程预算造价。

（4）进一步汇总得出综合预算和总预算造价。

2）实物造价法

实物造价法是指以实际用工、料数量来计算工程造价的方法，即根据实际施工中所用的人工、装饰材料和机械等数量，按现行的劳动定额、地区人工工资标准、装饰材料预算价格和机械台班价格等计算人工费、材料费和机械费，汇总后在此基础上计算其他费用，然后再按照相应的费用定额计算间接费、计划利润、税金、其他费用，最后汇总形成装饰工程预算造价的方法。它主要用于新材料、新工艺、新设备或定额的缺项。其计算程序如下。

（1）利用施工图设计计算材料消耗数量。

（2）按照劳动定额计算人工工日。

（3）按照室内装饰机械台班费用定额计算施工机械使用费。

（4）根据人工日工资标准、材料预算价格、机械台班费用单价等资料，计算单位工程直接费。

（5）算出间接费、计划利润，并与直接费汇总成单位工程预算造价。

（6）进一步汇总，得出综合造价和总预算造价。

3）工程量清单计价法

工程量清单计价法是指以招标文件规定完成工程量清单来计算工程造价的方法，即根据室内装饰工程建设单位提供的工程量清单、装饰工程的地区计价规定和相关的取费标准，而编制工程项目的分部分项工程费用、措施项目费用和其他项目费用，以及利润税收后再汇总装饰工程造价的方法。其计算程序如下。

（1）编制分部分项工程量清单、措施项目清单和其他项目清单等清单内容。
（2）计算分部分项工程量清单费用。
（3）计算措施项目费。
（4）计算其他措施项目费。
（5）计算规费和税金。
（6）汇总计算工程造价。

6.2 室内装饰工程设计概算编制与审查

6.2.1 设计概算编制

1. 室内装饰工程设计概算的作用

室内装饰工程设计概算是室内装饰工程设计文件的重要组成部分，是在投资估算的控制下由设计单位对某室内装饰工程造价的粗略计算。它包括分部分项工程概算、给排水及采暖工程概算、通风及空调工程概算、电气照明工程概算和弱电工程概算等。室内装饰工程属单位工程的范畴，其设计概算为单位工程设计概算。其主要作用体现在以下几个方面。

（1）设计概算是国家制定和控制建设投资的依据。对于国家投资项目按照规定报请有关部门或单位批准初步设计及总概算，一经上级批准，总概算就是总造价的最高限额，不得有任意突破，如有突破必须报原审批部门批准。

（2）设计概算是编制工程项目进度计划的依据。工程项目施工计划、投资需要量的确定和建设物资供应计划等，都以主管部门批准的设计概算为依据。若实际投资超过了总概算，设计单位和建设单位共同提出追加投资的申请报告，经上级计划部门批准后，方能追加投资。

（3）设计概算是进行拨款和贷款的依据。建设银行根据批准的设计概算和项目进度计划，进行拨款和贷款，并严格实行监督控制。

（4）设计概算是签订总承包合同的依据。对于施工期限较长的大中型室内装饰工程项目，可以根据批准的建设计划、初步设计和设计概算文件确定工程项目的总承包价，采用工程总承包的方式进行建设。

（5）设计概算是考核设计方案的经济合理性、控制施工图预算和施工图设计的依据。

（6）设计概算是考核、评价工程建设项目成本和投资效果的依据。工程建设项目的投资转化为建设项目法人单位的新增资产，可根据建设项目的生产能力计算建设项目的成本、回收期及投资效果系数等技术经济指标，并将以概算造价为基础计算的指标与以实际发生造价为基础计算的指标进行对比，从而对工程建设项目成本及投资效果进行评价。

2. 设计概算的编制依据

设计概算的编制依据如下。
（1）国家和地方发布的有关法律、法规、规章、规程等。
（2）批准的可行性研究报告及投资估算、设计图样等有关资料。
（3）有关部门颁布的现行概算定额、概算指标、费用定额等和建设项目设计概算编制办法。

（4）有关部门发布的人工、材料价格，有关设备原价及运杂费率，造价指数等。

（5）建设场地自然条件和施工条件，有关合同、协议等。

（6）其他有关资料。

3. 设计概算编制方法

室内装饰工程设计概算主要有概算定额法、概算指标法和类似工程预算法等，现分述如下。

1）概算定额法

利用概算定额编制单位室内装饰工程设计概算的方法，与利用预算定额编制单位室内装饰工程施工图预算的方法基本相同，概算书所用表式与预算书表式也基本相同。不同之处是设计概算项目划分比施工图预算较粗略，是把施工图预算中的若干个项目合并为一项，并且采用的是概算工程量计算规则。它要求设计具有一定深度，图样内容比较齐全、完善，可以较为准确算出工程量，其具体步骤如下所述。

（1）熟悉设计图样，了解设计意图、施工条件和施工方法。

（2）计算工程量。按照概算定额分部分项顺序，列出各分项工程的名称，并计算工程量。工程量计算应按概算定额中规定的工程量计算规则进行，并将计算所得各分项工程量按概算定额编号顺序，填入工程概算表内。

（3）确定各分部分项工程项目的概算定额单价。工程量计算完毕后，逐项套用相应概算定额单价和人工、材料消耗指标，然后分别将其填入工程概算表和工料分析表中。如遇到设计图中的分项工程项目名称、内容与采用的概算定额手册中相应的项目有某些不相符时，则按规定对定额进行换算后方可套用。

有些地区根据地区人工工资、物价水平和概算定额编制与概算定额配合使用的扩大单位估价表，该表确定了概算定额中各扩大分项工程或扩大结构构件所需的全部人工费、材料费、机械台班使用费之和，即概算定额单价。在采用概算定额法编制概算时，可以将计算出的扩大分部分项工程的工程量，乘以扩大单位估价表中的概算定额单价进行直接工程费的计算。计算概算定额单价的计算公式为

$$\text{概算定额单价}=\text{概算定额人工费}+\text{概算定额材料费}+\text{概算定额机械台班使用费} \tag{6-1}$$

$$\begin{aligned}&=\sum(\text{概算定额中人工消耗量}\times\text{人工单价})+\\&\quad\sum(\text{概算定额中材料消耗量}\times\text{材料预算单价})+\\&\quad\sum(\text{概算定额中机械台班消耗量}\times\text{机械台班单价})\end{aligned} \tag{6-2}$$

（4）计算室内装饰工程直接工程费和直接费。将已算出的各分部分项工程项目的工程量及在概算定额中已查出的相应定额单价和单位人工、材料消耗指标分别相乘，即可得出各分项工程的直接工程费和人工、材料消耗量。再汇总各分项工程的直接工程费及人工、材料消耗量，即可得到该单位工程的直接工程费和工料总消耗量。最后，再汇总措施费即可得到该单位工程的直接费。如果规定有地区的人工、材料价差调整指标，计算直接工程费时，按规定的调整系数或其他调整方法进行调整计算。

（5）根据直接费，结合其他各项取费标准，分别计算间接费、利润和税金。

（6）计算单位工程概算造价。

单位工程概算造价的计算公式为

$$\text{单位工程概算造价}=\text{直接费}+\text{间接费}+\text{利润}+\text{税金} \tag{6-3}$$

2）概算指标法

当室内装饰工程采用的技术比较成熟而且又有类似的工程资料可以利用时，可采用概算指标法来编制设计概算。根据类似室内装饰工程的预算或竣工结算的资料来编制拟建装饰工程的设计概算指标。采用概算指标法计算精度较低，是一种对工程造价估算的方法，但由于其编制速度快，故有一定实用价值。

在初步设计阶段编制设计概算，如已有初步设计图样，则可根据初步设计图样、设计说明和概算指标，按设计的要求、条件和结构特征（如地面、墙面、顶棚等结构及其施工工艺等），查阅概算指标中的相似类型的室内装饰工程项目的简要说明和结构特征，来编制设计概算；如无初步设计图样无法计算工程量或在可行性研究阶段只具有轮廓方案，也可用概算指标来编制设计概算。

（1）直接套用概算指标编制概算。如果拟建室内装饰工程项目在设计上与概算指标中的某室内装饰工程项目相符，则可直接套用指标进行编制。当指标规定了装饰工程每百平方米或每平方米的人工、主要材料消耗量时。概算具体步骤及计算公式如下。

① 根据概算指标中的人工工日数及现行工资标准计算人工费。

每平方米建筑面积人工费＝指标人工工日数×地区日工资标准　（6-4）

② 根据概算指标中的主要材料数量及现行材料预算价格计算材料费。

每平方米建筑面积主要材料费＝$\sum$（主要材料数量×地区材料预算价格）　（6-5）

③ 按求得的主要材料费及其他材料费占主要材料费中的百分比，求出其他材料费。

每平方米建筑面积其他材料费＝每平方米建筑面积主要材料费×其他材料费的比例　（6-6）

④ 施工机械使用费在概算指标中一般是用“元”或占直接费百分比表示，直接按概算指标规定计算。

⑤ 按求得的人工费、材料费、机械费，求出直接费。

每平方米建筑面积直接费＝人工费＋主要材料费＋其他材料费＋机械费　（6-7）

⑥ 按求得的直接费及地区现行取费标准，求出间接费、税金等其他费用及材料价差。

⑦ 将直接费和其他费用相加，得出概算单价。

每平方米建筑面积概算单价＝直接费＋间接费＋材料价差＋税金　（6-8）

⑧ 用概算单价和建筑面积相乘，得出概算价值。

设计工程概算价值＝设计工程建筑面积×每平方米建筑面积概算单价　（6-9）

（2）概算指标的修正。随着室内装饰技术的发展，新结构、新技术、新材料的应用，设计也在不断地发展。因此，在套用概算指标时，设计的内容不可能完全符合概算指标中所规定的结构特征。此时，就不能简单地按照类似的概算指标套算，而必须根据差别的具体情况，对其中某一项或某几项不符合设计要求的内容，分别加以修正。经修正后的概算指标，方可使用，修正方法如下。

单位建筑面积造价修正概算指标＝原概算指标单价－换出结构构件单价＋换入结构构件单价　（6-10）

其中，

换出（或换入）结构构件单价＝换出（或换入）结构构件工程量×相应的概算定额单价　（6-11）

设计内容与概算指标规定不符时需要修正概算指标，其目的是为了保证概算价值的正确性。具体编制步骤如下。

① 根据概算指标求出每平方米室内装饰面积的直接费。

② 根据求得的直接费，算出与拟建工程不符的结构构件的价值。

③ 将换入结构构件工程量与相应概算定额单价相乘，得出拟建工程所要的结构构件价值。

④ 将每平方米建筑面积直接费，减去与拟建工程不符的结构构件价值，加上拟建工程所要的结构构件价值，即为修正后的每平方米建筑面积的直接费。

⑤ 求得修正后的每平方米建筑面积的直接费后，就可按照“直接套用概算指标法”，编制出单位工程概算。

【例 6-1】 某地拟建（含中等装修）一别墅，建筑面积为 1 420m^2，装修结构及工艺与已装修的某别墅工程相同（层数相同为 3 层，底层面积为 500m^2，层高相同）。已装修的类似工程每平方米建筑面积主要资源消耗：人工消耗 8.92 工日，钢材 44.68kg，水泥 276.90kg，原木 0.074m^2，铝合金门窗 0.17m^2，其他材料费为主材费的 45%，机械费占定额直接费的 8%。拟建工程主要资源的现行预算价格分别为人工 128 元/工日，钢材 3.37 元/kg，水泥 0.41 元/kg，原木 1 500 元/m^3，铝合金门窗平均 271 元/m^2，拟建工程综合费率为 20%。拟装修工程，与类似工程相比，只有地面（相似工程花岗岩地面改为复合木地板地面）装修不同，应用概算指标法，求拟建工程概算造价。

【解】 （1）计算拟建工程单位平方米建筑面积的人工费、材料费和机械费。

人工费＝8.92×128＝1 141.76（元）

材料费＝（44.68×3.37＋276.90×0.41＋0.074×1 500＋0.17×271）×（1＋45%）

＝610.70（元）

机械费＝直接费×8%

直接费＝人工费＋材料费＋机械费＝1 141.76＋610.76＋直接费×8%

直接费＝（1 141.76＋610.70）÷（1－8%）＝1 904.85（元）

（2）计算拟建工程概算指标。

概算指标＝1 904.85×（1＋20%）＝2 285.82（元/m^2）

（3）查相关建筑工程政府指导价，花岗岩地面子项目的定额单价为 119.03 元/m^2 和 1-140 复合地板的预算定额单价为 158.83 元/m^2，则

预算结构差异额＝500×（158.83－119.03）÷1 420＝14.01（元/m^2）

（4）计算拟建工程修正概算指标和概算造价。

修正概算指标＝2 285.82＋14.01×（1＋20%）＝2 302.62（元/m^2）

（5）拟建工程概算造价＝1 420×2 303.62＝3 269 730.20（元）＝327.11（万元）。

3）相似程度系数法

通常，在同一地区的一定时期内，同类建筑物的装饰工程在层高、开间、进深等技术指标方面具有一定的相似性；在建筑物各部位装饰的做法上、采用的装饰材料及装饰质量上具有一定的可比性，即拟建装饰工程要与类似装饰工程的结构类型基本一致；拟建装饰工程要与类似装饰工程的施工方法基本相同；拟建装饰工程采用的装饰材料与类似装饰工程采用的装饰材料基本相同；拟建装饰工程的主要指标建筑面积、层数、层高、开间、进深等技术指标应与类似装饰工程基本相同；类似装饰工程的竣工日期越接近拟建装饰工程。这时我们可以采用已完相

似室内装饰工程的结算资料，通过相似程度系数的计算来确定拟建装饰工程的造价。其计算法的计算公式为

$$\text{拟建装饰工程造价}=\text{拟建装饰工程建筑面积}\times\text{类似装饰工程每平米造价}\times\text{拟建装饰工程相似程度系数} \quad (6\text{-}12)$$

式中：

$$\begin{array}{c}\text{拟建装饰工程}\\\text{相似程度系数}\end{array}=\sum\left[\frac{\begin{array}{c}\text{类似装饰分部工程}\\\text{造价占装饰造价的百分比}\end{array}}{100}\times\frac{\begin{array}{c}\text{拟建装饰分部}\\\text{工程相似程度百分比}\end{array}}{100}\right] \quad (6\text{-}13)$$

$$\begin{array}{c}\text{类似装饰分部工程}\\\text{造价占装饰造价的百分比}\end{array}=\frac{\text{类似装饰部分工程造价}}{\text{类似装饰单位工程造价}}\times 100\% \quad (6\text{-}14)$$

$$\begin{array}{c}\text{拟建装饰分部工程}\\\text{相似程度百分比}\end{array}=\frac{\text{拟建装饰分部工程主要材料单价}}{\text{类似装饰分部工程主要材料单价}}\times 100\% \quad (6\text{-}15)$$

$$\text{或}=\frac{\text{拟建装饰分部工程主要项目定额基价}}{\text{类似装饰分部工程主要项目定额基价}}\times 100\% \quad (6\text{-}16)$$

【例 6-2】 根据表 6-2 中两个宾馆装饰工程的有关资料，用相似程度系数法估算装饰工程造价。

表 6-2　类似工程及拟建工程有关数据表

序　号	有关条件	甲宾馆（类似工程）	乙宾馆（拟建工程）	类似工程分部造价占总造价百分比
1	建筑面积	4 181.68m^2	4 533.63m^2	
2	结构类型	框架	框架	
3	建筑地点	××市	××市	
4	竣工日期	1999 年 6 月	预计 1999 年 10 月	
5	主房间开间	3.60m	3.90m	
6	主房间进深	5.40m	5.10m	
7	层　高	3.0m	3.10m	
8	层　数	8 层	7 层	
9	每平方米装饰造价	786.48 元/m^2		
10	地面装饰（国产地面砖）	56.31 元/m^2	（进口地面砖）106.28 元/m^2	20.5%
11	顶棚装饰（甲宾馆为石膏板，乙宾馆为矿棉板）	定额基价 34.00 元/m^2	定额基价 56.50 元/m^2	14%
12	内墙面装饰（进口墙纸）	10.18 元/m^2	12.35 元/m^2	15%
13	装饰灯具（每间费用）	985 元/间	1 104 元/间	16.5%
14	卫生设施（每间费用）	4 625 元/间	6 779 元/间	21.5%
15	外墙面装饰（面砖）	55 元/m^2	68 元/m^2	12.5%

【解】

$$\begin{array}{c}\text{地面装饰分部工程}\\\text{相似程度百分比}\end{array}=\frac{\text{拟建装饰工程地砖单价}}{\text{类似装饰工程地砖单价}}\times 100\%=106.28/56.31\times 100\%=188.74\%$$

$$\frac{\text{顶棚装饰分部}}{\text{相似程度百分比}}=\frac{\text{拟建装饰工程矿棉板顶棚定额基价}}{\text{类似装饰工程石膏板顶棚定额基价单价}}\times 100\%$$

$$=56.50\%/34.00\times 100\%=166.18\%$$

$$\frac{\text{内墙面装饰分部}}{\text{相似程度百分比}}=\frac{\text{拟建装饰工程墙纸单价}}{\text{类似装饰工程墙纸单价}}\times 100\%=12.35\%/10.18\times 100\%=121.32\%$$

$$\frac{\text{外墙面装饰分部}}{\text{相似程度百分比}}=\frac{\text{拟建装饰工程外墙砖单价}}{\text{类似装饰工程外墙砖单价}}\times 100\%=68/55\times 100\%=123.64\%$$

$$\frac{\text{装饰灯具分部}}{\text{相似程度百分比}}=\frac{\text{拟建装饰工程每间灯具估算费用}}{\text{类似装饰工程每间灯具估算费用}}\times 100\%$$

$$=1104/985\times 100\%=112.08\%$$

所以，拟建宾馆装饰工程相似程度系数计算如表 6-3 所示。

表 6-3　拟建宾馆装饰工程相似程度系数计算表

序　号	分部工程名称	类似宾馆装饰分部工程造价占装饰总造价百分比（%）	拟建宾馆装饰分部相似程度百分比（%）	拟建宾馆装饰工程相似程度百分比
1	地面	20.5	188.74	0.386 9
2	顶棚	14.0	166.18	0.232 7
3	内墙面	15.0	121.32	0.182 0
4	外墙面	12.5	123.64	0.154 6
5	装饰灯具	16.5	112.08	0.184 9
6	卫生设施	21.5	146.57	0.315 1
	小计	100		1.456 2

根据表 6-2 和表 6-3 和式（6-1）计算拟建宾馆装饰工程估算造价，即

拟建装饰工程造价＝拟建装饰工程建筑面积×类似装饰工程每平米造价×拟建装饰工程相似程度系数

$$=4\,533.63\times 786.48\times 1.456\,2=5\,192\,240.3（元）$$

4）类似工程预算法

类似工程预算法是利用技术条件与设计对象相类似的已装修完的工程或在装修的室内装饰工程的工程造价资料，来编制拟装修的室内装饰工程设计概算的方法。该方法适用于拟建工程初步设计与已装修完工程或在装修工程的设计相类似且没有可用的概算指标的情况，但必须对装修结构差异和价差进行调整。

（1）装修结构差异的调整。调整方法与概算指标法的调整方法相同，即先确定有差别的项目，然后分别按每一项目算出结构构件的工程量和单位价格（按编制概算工程所在地区的单价），然后以类似预算中相应（有差别）的结构构件的工程数量和单价为基础，算出总差价。将类似预算的直接工程费总额减去（或加上）这部分差价，就得到结构差异换算后的直接工程费，再进行取费得到结构差异换算后的造价。

（2）价差调整。类似工程造价的价差调整方法通常有两种：一种是类似工程造价资料有具体的人工、材料、机械台班的用量时，可按类似工程造价资料中的主要材料用量、工日数量、机械台班用量乘以拟建工程所在地的主要材料预算价格、人工工日单价、机械台班单价，计算出直接工程费，再进行取费即可得出所需的造价指标；另一种是类似工程造价资料只有人工、

材料、机械台班费用和其他费用时，可做如下调整，即

$$D=A\times K \tag{6-17}$$

$$K=a\%K_1+b\%K_2+c\%K_3+d\%K_4+e\%K_5 \tag{6-18}$$

式中

D——拟建工程单方概算造价；

A——类似工程单方预算造价；

K——综合调整系数；

$a\%$、$b\%$、$c\%$、$d\%$、$e\%$——分别为类似工程预算的人工费、材料费、机械台班费、措施费、间接费占预算造价的比重；

K_1、K_2、K_3、K_4、K_5——分别为拟装修工程地区与类似工程地区人工费、材料费、机械台班费、措施费、间接费价差系数。

$$K_1=\frac{\text{拟装修工程概算的人工费(或工资标准)}}{\text{类似工程概算的人工费(或工资标准)}} \tag{6-19}$$

$$K_2=\frac{\sum\text{拟装修工程概算的人工费(或工资标准)}}{\sum\text{类似地区各主要材料费}} \tag{6-20}$$

类似地，可得出其他指标的表达式。

【例 6-3】 某市某室内工程拟装修，其建筑面积为 4 200m^2，该工程适用于现行取费标准：间接费率为 25%，计划（成本）利润率为 7%，税金率为 3.659%。在做该工程概算时，可利用的类似工程建筑面积为 100m^2。预算成本（直接工程费＋间接费）为 85 000 元，其中，直接费占 63.32%，其他直接费占 1.5%，现场经费占 15.5%。经测算，新装修工程直接费修正系数为 1.35，其他直接费修正系数为 1.12，现场经费修正系数为 1.08，间接费修正系数为 1.02。应用类似工程预算资料，编制拟建装饰工程概算。

【解】（1）对应类似工程，新装修工程总的修正系数如下。

$$\begin{aligned}K&=a\times K_1+b\times K_2+c\times K_3+d\times K_4\\&=63.32\%\times1.35+1.5\%\times1.12+15.5\%\times1.08+19.68\%\times1.02\\&=1.24\end{aligned}$$

（2）总预算成本：A＝85 000×1.24 元＝105 400（元）。

（3）计划利润：B＝105 400×7%＝7 378（元）。

（4）税金：C＝（A＋B）×3.659%＝4 126.55（元）。

（5）概算单位造价＝A＋B＋C＝116 904.55（元）。

（6）拟装修的室内工程的概算指标：116 904.55/100＝1 169.05（元）。

拟装修的室内工程概算造价＝1 169.05×4 200＝4 910 010（元）。

6.2.2　室内装饰设计概算审查

1. 设计概算审查的内容

设计概算编制得准确合理，才能保证投资计划的真实性。审核概算的目的就是促进编制单位严格实行国家有关概算编制规定和费用标准，提高概算编制质量；促进设计技术的先进性和合理性；可以防止任意修改装饰项目和减少漏项的可能，减少投资缺口；还可以加强投资管理，

编制基本装修计划，落实装修投资。设计概算的审查内容一般包括以下几个内容。

1）设计概算的编制依据

审查编制依据的合法性、时效性和适用范围。采用的各种编制依据必须经过国家和授权机关的批准，符合国家的现行编制规定，并且在规定的适用范围内使用。

2）审查室内装修的规模、标准

审查设计概算的规模、标准是否与原来计划的一致，如概算总投资超过原批准投资估算的10%以上，应进一步审查超估算的原因。

3）审查装修构件的规格、数量和配置

审查所选用的装修构件规格、数量是否与设计图样一致，如门窗、卫生洁具或者灯具的规格、型号是否与设计图样所要求的一致。

4）审查工程量

室内装饰工程投资随工程量的增加而增加，要认真审查室内装饰工程量有无多算、重算、漏算的现象。

5）审查计价指标

审查室内装饰工程采用工程所在地区的定额、价格指数和有关人工、材料、机械台班单价是否符合现行规定；审查安装工程所采用的专业或地区定额是否符合工程所在地区的市场价格水平，概算指标调整系数，以及主材价格、人工、机械台班和辅材调整系数是否按当时最新规定执行。

6）审查其他费用

审查费用项目是否按国家统一规定计列，具体费率或计取标准是否按国家、行业或有关部门规定计算，有无随意列项，有无多列、交叉计列和漏项等。

2. 设计概算审查的方法

1）对比分析法

对比分析法主要是指通过建设规模、标准与立项批文对比，工程数量与设计图样对比，综合范围、内容与编制方法、规定对比，各项取费与规定标准对比，材料、人工单价与统一信息对比，引进设备、技术投资与报价要求对比，技术指标与同类工程对比等。通过以上对比分析，容易发现设计概算存在的主要问题和偏差。

2）主要问题复核法

对审查中发现的问题，偏差大的工程进行复核，复核时尽量按照编制规定或对照图样进行详细核查，慎重、公正地纠正概算偏差。

3）查询核实法

查询核实法是对一些关键设备和设施、重要装置、引进工程图样不全、难以核算的较大投资进行多方查询核对，逐项落实的方法。主要设备的市场价向设备供应部门或招标公司查询核实；重要生产装置、设施向同类企业（工程）查询了解；引进设备价格及有关费税向进出口公司调查落实，复杂的建安工程向同类工程的建设、承包、施工单位征求意见；深度不够或不清楚的问题直接向原概算编制人员、设计者询问清楚。

4）联合会审法

联合会审前，可先采取多种形式分头审查，包括设计单位自审，主管、建设、承包单位初审，工程造价咨询公司评审，邀请同行专家预审，审批部门复审等，经层层审查把关后，由有关单位和专家进行联合会审。在会审大会上，由设计单位介绍概算编制情况及有关问题，各有关单位、专家汇报初审及预审意见。然后进行认真分析、讨论，结合对各专业技术方案的审查意见所产生的投资增减，逐一核实原概算出现的问题。经过充分协商，认真听取设计单位意见后，实事求是地处理、调整。

6.3　室内装饰工程施工图预算编制

编制室内装饰工程施工图预算，就是根据经过会审的施工图样和既定的施工方案，按照现行工程量消耗定额（预算定额）和工程量计算规则，计算分部分项工程量，在此基础上根据现行的市场预算价格逐项套用相应的单价，计算直接费。再根据间接费定额和有关取费规定计算间接费、材差、税金等，最后计算单位工程总造价，填写编制说明，装订成册，并进行工料分析，汇总单位工程用工、用料数量。

6.3.1　概述

1. 施工图预算的编制依据和编制条件

1）编制依据

室内装饰工程施工图预算是确定装饰工程造价的依据，既可以作为建设单位招标的“标底”，也可以作为装饰施工企业投标时“报价”的参考；是实行装饰工程预算包干的依据；是施工单位进行施工准备、编制施工计划、计算室内装饰工作量和实物量的依据。因此，编制室内装饰工程施工图预算要认真负责、要有充分的编制依据。一般，室内装饰施工图预算的编制依据以下列文件和资料为依据。

（1）经过审定的设计图样和说明书。经过建设单位、设计单位、施工单位共同会审，并经主管部门批准后的装饰施工图样和说明，是计算装饰工程量的主要依据之一。其内容主要包括施工图样及其文字说明、室内平面布置图、剖面图、立面图和各部位或构配件的大样构造详图（如墙柱面、门窗、楼地面、天棚、门窗套、装饰线条、装饰造型等）。

（2）有关的标准图集。计算装饰工程量除需全套施工图样外，还必须有图样所引用的一切通用标准图集（这些通用图集一般不详细绘在施工图样上，而是将其所引用的图集名称及索引号标出），通用标准图集是计算工程量的重要依据之一。

（3）批准的工程设计总概算文件。主管单位在批准拟装修项目的总投资概算后，将在拟装修项目投资最高限额的基础上，对各单位工程也规定了相应的投资额。因此，在编制装饰工程预算时，必须以此为依据，使其预算造价不能突破单项工程概算中规定的限额。

（4）经审定的施工组织设计（或方案）。装饰工程施工组织设计具体规定了装饰工程中各分部分项工程的施工方法、施工机械、材料及构配件加工方式、技术组织措施和现场平面布置等内容。它直接影响到整个装饰工程的预算造价，是计算工程量、选套定额（换算调整的依据）和计算其他费用的重要依据。

（5）现行建筑装饰工程预算定额或地区单位估价表。现行建筑装饰工程预算定额或地区单位估价表是编制装饰工程预算的基础和依据，编制预算时，分部分项工程项目的划分、工程量的计算及预算价格的确定，都必须以预算定额作为标准。

（6）人工、材料和机械费的调整价差。由于时间的变化和工程所在地区的不同，人工、机械、材料的定额取定价必然要进行调整，以符合实际情况，因此，必须以一定时间的该地区的人工、机械、材料的市场价进行定额调整或换算，作为编制装饰工程造价的依据。

（7）取费标准。确定装饰工程造价还必须要有工程所在地的其他直接费、间接费、计划利润及税金等费率标准，作为计算定额基价以外的其他费用，最后确定装饰工程造价的依据。

（8）装饰工程施工合同。装饰工程施工合同是甲、乙双方在施工阶段履行各自承担的责任和分工的经济契约，也是当事人按有关法令、条例签订的权利和义务的协议。它明确了双方的责任及分工协作、互相促进、互相制约的经济关系。经双方签订的合同包括双方同意的有关修改承包合同的设计和变更文件，承包范围，结算方式，包干系数，工期和质量，奖惩措施及其他资料和图表等，这些都是编制装饰工程施工预算的主要依据。

（9）其他资料（预算定额或预算员手册等）。预算定额或预算员手册等资料是快速、准确地计算工程量、进行工料分析、编制装饰工程预算的主要基础资料。

2）编制条件

（1）施工图样经过审批、交底和会审，必须由建设单位、施工单位、设计单位等共同认可。

（2）施工单位编制的施工组织设计或施工方案必须经其主管部门批准。

（3）建设单位和施工单位在材料、构件和半成品等加工、订货及采购方面，都必须有明确分工或按合同执行。

（4）参加编制装饰预算的人员，必须持有相应专业的编审资格证书。

2. 室内装饰工程施工图预算编制的步骤

在满足编制条件的前提下，室内装饰工程施工图预算的编制一般分为施工图预算准备阶段、工程量计算阶段、费用计算阶段和整理审核阶段，具体步骤如下（图 6-1）。

（1）收集有关编制装饰工程预算的基础资料。基础资料主要包括经过交底会审的施工图样；批准的设计总概算；施工组织设计或施工方案；现行的装饰工程预算定额或单位估价表；现行装饰工程取费标准；装饰造价信息；有关的预算手册、标准图集；现场勘探资料；装饰工程施工合同等。

（2）熟悉审核施工图样。装饰施工图样是计算装饰工程量的重要依据。装饰预算人员在编制预算之前，必须认真、全面地熟悉审核图样，了解设计意图，掌握工程全貌，只有这样才能正确地划分出定额子目、正确地计算出每个子目的工程量并正确地套用和调整定额。

（3）熟悉施工组织设计或方案。施工组织设计或方案具体规定了组织拟建装饰工程的施工方法、施工进度、技术组织措施和施工现场布置等内容。因此，编制装饰工程施工图预算时，必须熟悉和注意施工组织设计中影响造价的相关内容，严格按施工组织设计所确定的施工方法和技术组织措施的要求，准确计算工程量，套用或调整定额子目，使施工图预算真正反映客观实际情况。

（4）熟悉装饰预算定额或单位估价表。确定装饰工程定额基价的主要依据是装饰预算定额或单位估价表。因此，在编制预算时，必须非常熟悉装饰预算定额或单位估价表的内容、组成、工程量计算规则及相关说明，只有这样才能准确、迅速地确定定额子目及计算工程量和套用定额。

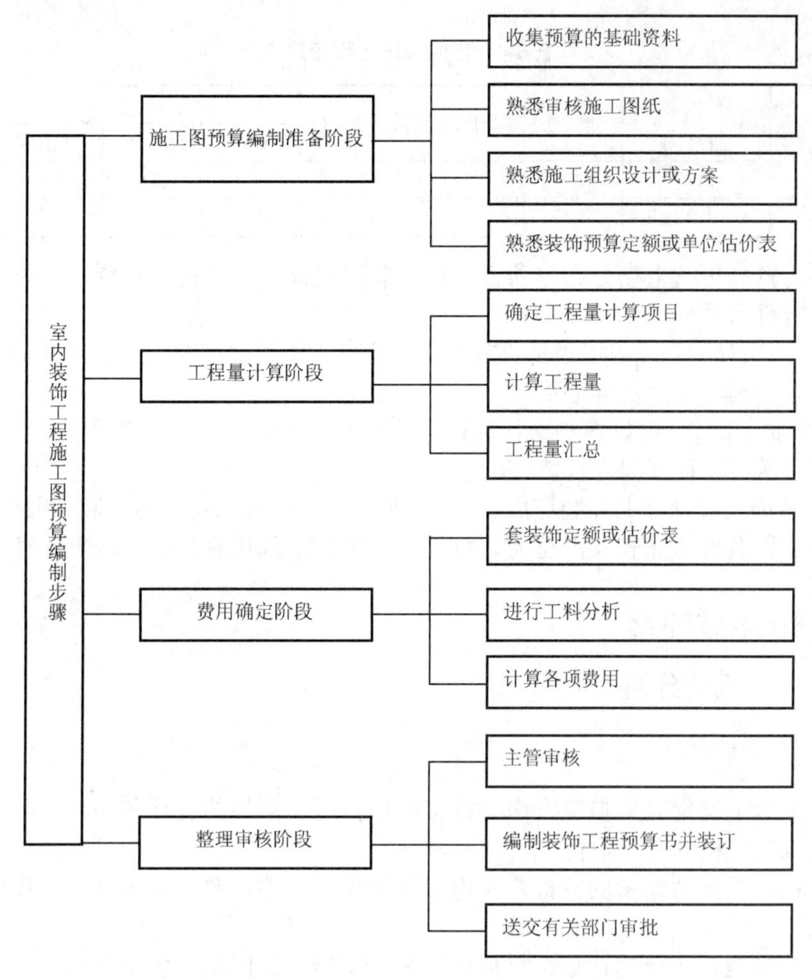

图 6-1　室内装饰工程施工图预算步骤

（5）确定工程量计算项目。在熟悉施工图样的基础上，结合预算定额或单位估价，列出全部所需编制预算的定额子目。预算定额或单位估价在表中虽没有，但图样上有的工程项目名称也应单独列出，以便编制补充定额或采用实物估价法进行计算。

（6）计算工程量。按装饰预算定额或单位估价表的计算规则计算所列定额子目的工程量，这是正确确定预算造价的关键。

（7）工程量汇总。工程量计算复核无误后，根据定额的内容和定额计量单位的要求，按分部分项工程的顺序逐项汇总整理，为套用定额提供方便。

（8）套装饰定额或估价表。根据所列计算项目和汇总后的工程量，就可以进行套用装饰市场价格（预算定额）或单位估价表的工作，从而就可以确定定额基价。在定额套用时应注意实际工程内容与定额工程内容的一致性，如不一致就可能要换算。定额的套用多采用预算表格进行，即将汇总后的工程量、查定额所得数据、定额单位及计算出的数据等填入如表 6-4 所示的预算表格中。

表 6-4　室内装饰工程预算表

序　号	项目编号	分部分项工程名称	定额号	单位	工程量	单　价	其　中			总　价
							材料费	人工费	机械费	
	（1）	（2）	（3）	（4）	（5）	（6）	（7）	（8）	（9）	（10）

（9）进行工料分析。根据分部分项工程量，套用装饰工程消耗量定额，计算单位工程人工需要量和各种材料消耗量。

（10）计算各项费用。总的定额基价求出后，按有关费用标准即可计算出其他直接费、间接费、材差、计划利润、税金及其他费。

（11）主管部门审核。做好各种文件资料一并交给主管部门审核，主管部门若没有疑义或提出修改意见即可送去装订部门进行装订。

（12）编制装饰工程预算书并装订成册。室内装饰工程预算书的内容和装订顺序一般为封面、编制说明、各工程造价计算表及汇总表、材差计算表、工程预算表、工程量计算书、主要材料及机具用量表。

（13）送交有关部门审批。

6.3.2　工料机的分析

1. 工料机分析的作用

工料机的分析是确定完成拟建室内装饰工程项目所需消耗的各种劳动力，各种规格、型号的材料及主要施工机械的台班数量。

人工、材料、机械消耗量的分析是室内装饰工程预算的重要组成部分。其作用主要表现在以下几个方面。

（1）它是装饰施工企业的计划、材料供应和劳动物资部门编制装饰材料供应和劳动力调配计划的依据。

（2）它是签发装饰施工任务单、考核工料机消耗和各项经济活动分析的依据。

（3）它是进行“两算”对比的依据。

（4）它是甲、乙双方进行甲供材结算的依据。

（5）它是装饰施工企业进行成本分析、制定降低成本措施的依据。

2. 工料机分析的步骤

工料机的分析一般按一定的表格进行。其步骤如下。

（1）以已经填好的预算表为依据，将分部分项工程名称、定额编号、工程量、定额单位，以及定额所含的人工、材料、机械的消耗数量，分别填入表 6-5 各栏中。

表 6-5　工料机分析表

序号	定额编号	分部分项工程名称	单位	工程量	人工工日数		主要装饰机具		主要材料名称		…
					工　日		台　班		×××（单位）		…
					定额用量	合计	定额用量	合计	定额用量	合计	…
（1）	（2）	（3）	（4）	（5）	（6）	（7）	（8）	（9）	…	…	…
											…

（2）根据定额计算出各分项工程的人工、各种规格型号的材料、主要机械消耗量，并分别汇总得出各分部工程所需人工、材料、机械的消耗数量。

（3）将各分部工程相应的材料、人工、机械进行同类项合并，即可计算出装饰工程所需人工、不同规格型号材料和主要机械的消耗量，并分别列于表 6-6、表 6-7 及表 6-8 中。

表 6-6　材料分析汇总表

序　　号	材料名称	规　　格	单位	数　　量	备　　注
1	龙牌纸面石膏板	1 200×3 000×12	m^2		
2	镜面抛光地面砖	500×500	块		

表 6-7　人工分析汇总表

序　　号	工种名称	工日数	备　　注
1	木工		
2	油漆工		
3	泥水工		

表 6-8　主要装饰机具分析汇总表

序号	机械名称	型　　号	单位	数量	备注
1	灰浆拌和机	200 L	台班		
2	木工平抛机	450 mm	台班		

3. 工料机分析注意事项

1）按配合比组成的混合性材料消耗量的分析

在室内装饰工程工料机分析中，涉及按配合比给出的混合性材料的消耗量，如混凝土、砌筑砂浆和抹灰砂浆等。这些混合性材料一般均为施工现场制作，在进行工料机分析时，应将其各组成的原材料的消耗量分析出来。目前，在室内装饰工程预算定额材料一览表中，部分地区已按配合比组成的原材料直接逐一列出，但部分地区在材料一览表中给出的仍然是混合材料半成品的用量。此时，必须根据定额附录中给出的配合比表计算出各组成的原材料的消耗量。

2）购入构件成品安装的工料机分析

对于购入构件的成品安装，如室内装饰预算定额子目中已包括成品项目的制作和安装，则在进行工料机分析时，必须将定额中制作的部分扣除。

3）其他说明

随着室内装饰工程的迅速发展，新材料、新工艺、新技术不断涌现，使装饰工程施工所涉及的地区及部门或单位越来越多。而室内装饰工程最显著的特点，就是各分部工程之间在材料的量和质上差别很大。因此，在进行工料机分析时，应对各分部工程所需各种材料、配件、成品及半成品按不同的品种、规格分别进行分析及汇总，以便材料采购部门能按进度计划和材料需要量提前采购，为室内装饰工程的施工达到保质、保量、按期或提前完工创造有利条件。

【例 6-4】 某工程有 180m^2 玻化砖楼面，其主要施工内容为基层现浇板上刷素水泥砂浆一道，20mm 厚的 1∶3 水泥砂浆找平，3mm 厚素水泥砂浆粘贴 500mm×500mm 玻化砖，试确定综合单价，并进行工料机分析（只分析主要材料）。

【解】 根据地区市场可知 500mm×500mm 玻化砖预算单价为 33.48 元/块，泥水工 250 元/工日；1∶3 水泥砂浆单价为 287.53 元/m^3。又根据该地区 500mm×500mm 玻化砖地面政府指导价为 105.73 元，玻化砖的价格为 68.00 元/m^2，玻化砖定额消耗量为 1.025 m^2/m^2；1∶2 水泥砂浆单价为 347.60 元/m^3，定额消耗量为 0.020 2m^3/m^2；素水泥浆价格为 706.69 元/m^3，素水泥浆定额消耗量为 0.002m^3/m^2；人工工资为 100 元/工日，工日消耗量为 0.269 工日/m^2；机械使用费为 0.33 元/m^2，灰浆搅拌机为 0.0035 台班/m^2，石料切割机为 0.0151 台班/m^2；白水泥为 0.1g/m^2。

所以，该玻化砖地面的每平方米综合计价为

105.73＋1×1.025/（0.5×0.5）×33.48－68＋0.269×（250－100）＋
0.020 2×（287.53－347.60）＋（0.003/0.002×0.002）×706.69－0.002 ×706.69
＝214.84（元）

（1）综合价格＝214.84×180＝38 672.04（元）。

（2）用工分析。

综合工日数＝0.269×180＝48.42（工日）。

石料切割机＝0.015 1×180＝2.72（台班）。

灰浆拌和机＝0.003 5×180＝0.63（台班）。

（3）材料分析。

500mm×500mm 玻化砖：1.025/（0.5×0.5）×180＝738（块）。

1∶3 水泥砂浆：0.020 2×180＝3.636（m^3）。

素水泥浆：0.002 0×180＝0.36（m^3）。

白水泥：0.1×180＝18（kg）。

【例 6-5】 某市某室内装饰工程其地面用 1∶3 水泥砂浆找平，水泥砂浆贴供货商供应的 600mm×600mm 花岗岩板材，要求对格对缝，施工单位现场切割，要考虑切割后剩余板材应充分使用，墙边用黑色板镶边线 180mm 宽，门档处不贴花岗岩，具体分格如图 6-2 所示。

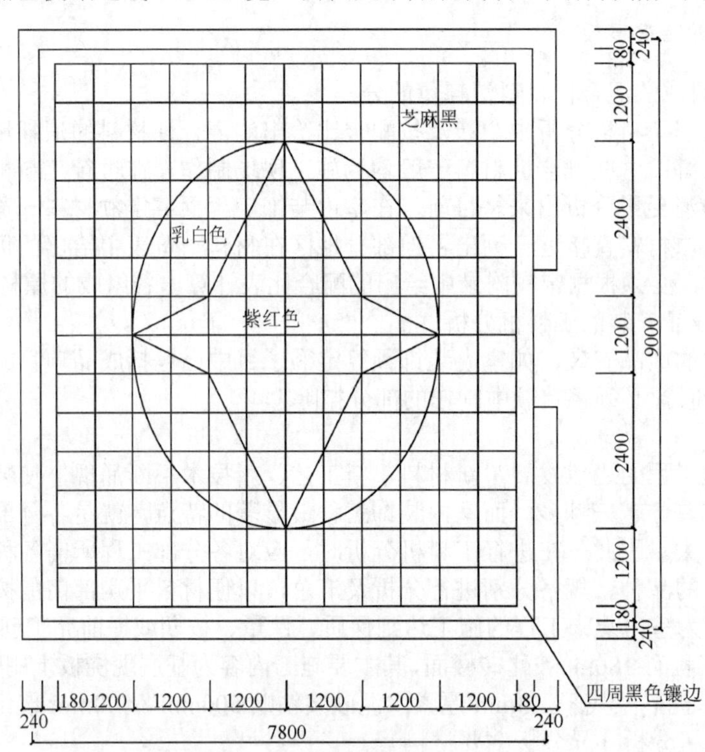

图 6-2 某地面花岗岩拼饰大样图

施工单位采购的花岗岩市场原价：芝麻黑 280 元/m^2，紫红色 600 元/m^2，黑色 300 元/m^2，乳白色 350 元/m^2，贴好后应酸洗打蜡，进行成品保护，不考虑其他材料的调差。签订合同时已明确，工资单价为 250 元/工日，管理费率为 11%，税率为 3.445%，计划利润按 3%计算。请按题意和图样要求分析该工程的工、料、机。

【知识链接】

（1）芝麻黑套花岗岩镶贴地面定额、四周黑色镶边套花岗岩圈边地面定额，中间的圆形图案面积按方形扣除。

（2）中间圆形图案按方形面积套多色复杂图案镶贴地面定额，弧形部分的花岗岩损耗率按实计算。

（3）花岗岩地面酸洗打蜡未包含在定额内，应另列项目执行，成品保护套用相应定额子目。

（4）取费计算材料价差时，要注意施工单位采购的是材料原价，计算价差时，也要按定额原价来计算，注意限价材料价差。

【解】 该分部工程套用项目名称为石材楼地面，项目编码为 011102001。

1）计算工程量

（1）计算四周黑色镶边的工程量，即

$$0.18\times(7.56+8.76-0.18\times2)\times2=5.75\ (m^2)$$

（2）计算大面积芝麻黑镶贴的工程量，即

$$7.56\times8.76-4.80\times6.00-5.75=31.68\ (m^2)$$

（3）计算中间多色复杂图案花岗岩镶贴地面的工程量，即

$$4.80\times6.00=28.80\ (m^2)$$

（4）计算花岗岩酸洗打蜡，成品保护的工程量，即

$$7.56\times8.76=66.23\ (m^2)$$

2）套装饰工程预算定额

（1）水泥砂浆花岗岩镶贴地面套定额子目 20101062。

芝麻黑花岗岩镶贴地面单价为

$$20101062_{换}=162.77+0.26740\times(250-100)+1.020\times(280-123.42)$$
$$=362.59\ (元/m^2)$$

（2）水泥砂浆花岗岩四周镶边镶贴地面套定额子目 20101068。

四周黑色花岗岩镶边单价为

$$20101068_{换}=166.70+0.25870\times(250-100)+1.06\times(300-123.42)$$
$$=392.68\ (元/m^2)$$

（3）水泥砂浆花岗岩多色复杂镶贴地面套定额子目 20101063。

按实计算弧形部分花岗岩板材的面积（2%为施工切割损耗）。

乳白色花岗岩：$0.60\times0.60\times9$ 块$\times4\times1.02=13.22\ (m^2)$

芝麻黑花岗岩：$0.60\times0.60\times6$ 块$\times4\times1.02=8.81\ (m^2)$

紫红色花岗岩：$0.60\times0.60\times30$ 块$\times1.02=11.02\ (m^2)$

计算弧形部分花岗岩板的实际损量：$13.22+8.81+11.02=33.05\ (m^2)$

弧形部分花岗岩板的实际损率：$33.05\div28.8\times100\%=115\%$

定额子目 20101063 换算单价为

$$20101063_{换}=163.92+0.27890\times(250-100)-1.02\times123.42+115\%\times(13.22\div33.05\times350+8.81\div33.05\times280+11.02\div33.05\times600)=556.77（元/m^2）$$

（4）楼地面花岗岩成品保护套定额子目 20107004。

单价：7.04 元/m^2。

（5）楼地面块料面层酸洗打蜡套取定额子目 20101258。

单价：5.86 元/m^2。

3）计算该工程清单与计价表（表 6-9）

表 6-9　某地面花岗岩拼饰清单与计价表

序号	项目编码	项 目 名 称	项目特征描述	计量单位	工程数量	金额（元）		
						综合单价	合 价	其中（暂估价）
1	011102001	石材楼地面						
		四周黑色花岗岩镶边		m^2	5.75	381.09	2 191.27	
		芝麻黑花岗岩贴地面		m^2	31.68	411.83	13 046.77	
		多色复杂图案花岗岩贴地面		m^2	28.80	575.25	16 567.20	
		楼地面成品保护		m^2	66.23	7.33	485.47	
		楼地面块料面层酸洗打蜡		m^2	66.23	5.05	334.46	
		总 计						

某地面花岗岩拼饰清单综合单价分析表，如表 6-10 所示。

表 6-10　某地面花岗岩拼饰清单综合单价分析表

工程名称：　　　　　　　　　　　　标段：　　　　　　　　　　　　第　页共　页

项目编码		011102001		项目名称		石材楼地面		计量单位			m^2
清单组成单价明细											
定额编号	定额名称	定额单位	数量	单价（元）				合价（元）			
				人工费	材料费	机械费	管理费和利润	人工费	材料费	机械费	管理费和利润
$20101062_{换}$	四周黑色花岗岩镶边	m^2	1					66.85	295.35	0.39	18.50
$20101068_{换}$	芝麻黑花岗岩贴地面	m^2	1					64.68	327.74	0.27	19.14
$20101063_{换}$	多色花岗岩贴地面	m^2	1					69.73	480.67	0.39	24.47
20107004	楼地面成品保护	m^2	1					0.74	6.30	0	0.29
20101258	块料面层酸洗打蜡	m^2	1					4.82	1.04	0	0.19
人工单价		小计									
元/工日		未计价材料费									
清单综合单价											

续表

	主要材料名称、规格、型号	单位	数量	单价（元）	合价（元）	暂估单价（元）	暂估合价（元）
材料费明细							
	其他材料费						
	材料费小计						

4）进行材料分析（表 6-11）

表 6-11　某地面花岗岩拼饰材料分析

定额编号	项目名称	单位	工程数量	人工工日	机械台班	花　岗　岩（m^2）			
						黑色	芝麻黑	乳白色	紫红色
20101062换	四周黑色花岗岩镶边	m^2	5.75	1.54	0.13	5.87			
20101068换	芝麻黑花岗岩贴地面	m^2	31.68	8.20	0.49		32.31		
20101063换	多色复杂图案花岗岩贴地面	m^2	28.80	8.03	0.63		8.81	13.22	11.02
20107004	楼地面块料面层酸洗打蜡	m^2	66.23	0.60	0				
20101258	楼地面成品保护	m^2	66.23	3.19	0				
总　计				21.56	0.95	5.87	41.12	13.22	11.02

【例 6-6】 某市一办公室内墙面装饰如图 6.3 所示，顶部 60mm 阴角线条压顶，200mm 枫木切片贴面腰线，子弹头线条收边。中间枫木木夹板拼花，底部枫木切片板踢脚线 120mm 高，上压 15mm 阴角线条。签订合同时已明确，工资单价为 250 元/工日，管理费率为 11%，税率为 3.445%，计划利润按 3%计算。不计算油漆，求该墙面装饰的价格并进行工料机分析。

【解】 该工程包括墙面装饰板、木质踢脚线、木质装饰线等分部分项，它们的编码分别是 011207001（墙面装饰板）、011105005（木质踢脚线）、011502002（木质装饰线）。

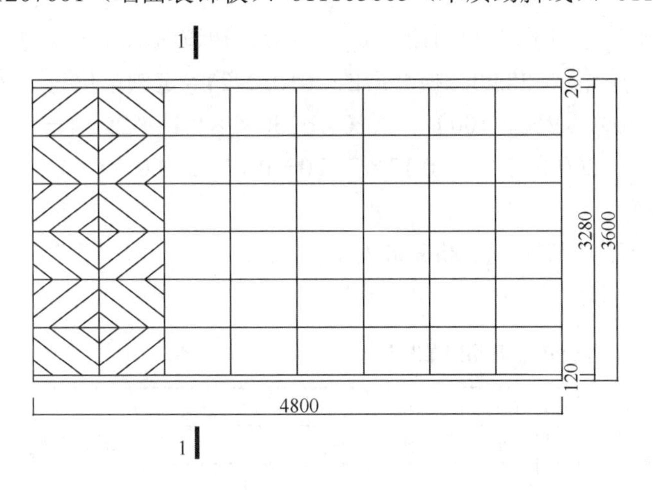

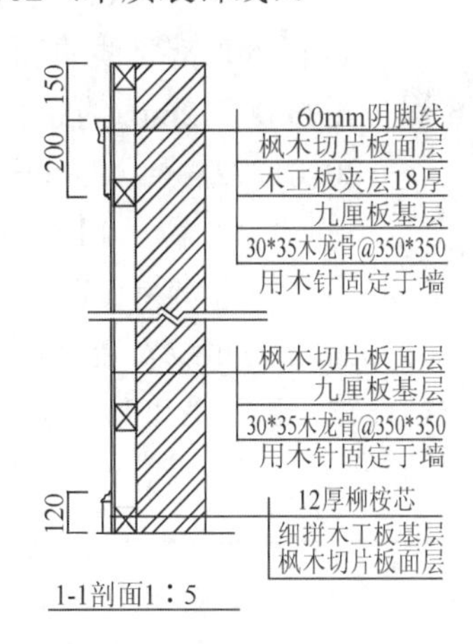

图 6-3　某办公室室内墙面设计图

1）计算工程量

（1）计算木龙骨、九厘板基层的工程量，即

$$4.80\times3.75=18.00\ (m^2)$$

（2）计算柚木切片板拼花的工程量，即

$$4.80\times(3.60-0.20-0.12)=15.74\ (m^2)$$

（3）计算顶部腰线，踢脚线的工程量：4.80m。

（4）计算顶部阴角线的工程量：4.80m。

2）套装饰工程预算定额

（1）断面 30mm×35mm 木龙骨墙面基层套定额子目 20102238。

350mm×350mm 间距换间距 300mm×300mm 材料用量为

$(300\div350)\times0.010\,7=0.009\,2\ (m^3)/(m^2)$

定额子目 20102238$_{换}$单价为

$$20102238_{换}=34.47+0.126\,00\times(250-100)+0.009\,2\times1\,890-0.010\,7\times1\,890$$
$$=56.21\ (元/m^2)$$

（2）9mm 木夹板板钉在木龙骨上套取定额子目 20102264，从市场中得知 9mm 板的价格为 21.00 元/m^2，换算后的 20102264$_{换}$单价为

$$20102264_{换}=42.00+0.117\,60\times(250-100)+1.05\times(21.00-28.20)$$
$$=52.08\ 元/m^2\ (元/m^2)$$

（3）枫木切片板粘贴在基层上套定额子目 20102325，又从市场知道枫木胶合板的价格为 25.34（元/m^2），换算后的 20102325$_{换}$单价为

$$20102325_{换}=50.49+0.300\,30\times(250-100)+1.1\times(25.34-17.47)$$
$$=104.20\ (元/m^2)$$

（4）枫木饰面踢脚线的制作与安装套定额子目 20101272，换算后的 20101272$_{换1}$单价为

$$20101272_{换1}=18.86+0.076\,40\times(250-100)+0.170\,00\times(25.34-17.47)$$
$$=31.66\ (元/m)$$

（5）200 枫木顶部腰线的制作安装套定额子目 20101272$_{换2}$，从市场知道枫木胶合板的价格为 25.34（元/m^2），12mm 的胶合板市场价格为 28.20，换算后的 20101272$_{换2}$定额单价为

$$20101272_{换2}=18.86+0.076\,40\times(250-100)+(200\div150)\times0.17\times25.34-$$
$$0.17\times17.47+(200\div150)\times0.17\times28.20-0.17\times21.00$$
$$=35.91\ (元/m)$$

（6）60mm 阴角线安装套定额子目 20106096，定额单价为 7.67 元/m。

3）计算该项目清单与计价表（表 6-12）

表 6-12　某办公室某墙面清单与计价表

序号	项目编码	项 目 名 称	项目特征描述	计量单位	工程数量	金额（元）		
						综合单价	合　价	其中（暂估价）
1	011207001	墙面装饰板						
		30×35 木龙骨墙面基层		m^2	18.00	61.49	1106.82	

续表

序号	项目编码	项 目 名 称	项目特征描述	计量单位	工程数量	金额（元）		
						综合单价	合　价	其中（暂估价）
		9mm 木夹板板基层		m^2	18.00	57.00	1 026.00	
		枫木切片板面层		m^2	15.74	115.92	1 824.58	
2	011502002	木质装饰线						
		60mm 阴角线安装		m	4.8	8.20	39.36	
3	011105005	木质踢脚线						
		120 枫木饰面板踢脚线的制作安装		m	4.8	34.78	166.94	
		200 枫木饰面板顶部腰线的制作安装		m	4.8	39.15	187.92	
总　计								

某办公室某墙面清单综合单价分析表如表 6-13 所示。

表 6-13　某办公室某墙面清单综合单价分析表

工程名称：　　　　标段：　　　　第 1 页 共 3 页

项目编码		011207001		项目名称		墙面装饰板		计量单位		m²	
清单组成单价明细											
定额编号	定额名称	定额单位	数量	单价				合价			
				人工费	材料费	机械费	管理费和利润	人工费	材料费	机械费	管理费和利润
20102238 换	30×35 木龙骨墙面基层	m^2	1					31.50	24.48	0.23	5.28
20102264 换	9mm 木夹板基层	m^2	1					29.40	22.45	0.23	4.92
20102325 换	枫木切片板面层	m^2	1					75.08	28.37	0.75	11.72
人工单价		小计									
元/工日		未计价材料费									
清单综合单价											
材料费明细	主要材料名称、规格、型号					单位	数量	单价（元）	合价（元）	暂估单价（元）	暂估合价（元）
	其他材料费										
	材料费小计										

工程名称： 标段： 第 2 页 共 3 页

项目编码		011105005		项目名称		木质踢脚线		计量单位			m
清单组成单价明细											
定额编号	定额名称	定额单位	数量	单价（元）				合价（元）			
				人工费	材料费	机械费	管理费和利润	人工费	材料费	机械费	管理费和利润
20101272 换1	枫木饰面踢脚线	m	1					19.10	12.53	0.03	3.12
20101272 换2	200枫木顶部腰线	m	1 1					19.10	16.78	0.03	3.24
人工单价		小计									
元/工日		未计价材料费									
清单综合单价											
材料费明细	主要材料名称、规格、型号					单位	数量	单价（元）	合价（元）	暂估单价（元）	暂估合价（元）
	其他材料费										
	材料费小计										

工程名称： 标段： 第 3 页 共 3 页

项目编码		011502002		项目名称		木质装饰线		计量单位			m
清单组成单价明细											
定额编号	定额名称	定额单位	数量	单价（元）				合价（元）			
				人工费	材料费	机械费	管理费和利润	人工费	材料费	机械费	管理费和利润
20106096	60mm阴角线安装	m	1					2.52	5.06	0.09	0.53
人工单价		小计									
元/工日		未计价材料费									
清单综合单价											
材料费明细	主要材料名称、规格、型号					单位	数量	单价（元）	合价（元）	暂估单价（元）	暂估合价（元）
	其他材料费										
	材料费小计										

4）进行材料分析（表 6-14）

表 6-14　某办公室某墙面装饰材料分析

定额编号	项目名称	单位	工程数量	人工工日	机械（台班）	30×35木龙骨/m³	木夹板/m²			
							9mm	12mm	18mm	枫木板
20102238 换	30×35 木龙骨墙面基层	m²	18	2.27	0.48	0.129				
20102264 换	9mm 木夹板钉在木龙骨基层	m²	18	2.11	4.14 元		19.80			
20102325 换	枫木拼贴在 9mm 木夹板上	m²	15.74	4.73	11.83 元					18.89
20101272 换1	枫木饰面踢脚线的制作安装	m	4.8	0.37	0.14 元			0.63		0.69
20101272 换2	200 枫木顶部腰线的制作安装	m	4.8	0.37	0.14 元				1.06	1.15
20106096	60mm 阴角线安装	m	4.8	0.12	0.45 元					
总　计				9.97		0.129	19.80	0.63	1.06	20.73

【例 6-7】 某市某室内装饰工程一方柱包圆形镜面不锈钢饰面。砼柱断面尺寸为 400×400，包圆柱后，半径为 400，柱高为 6 000。大样如图 6-4 所示，竖向龙骨断面为 60×80，圆周形横向水平龙骨由 18mm 厚细木工板 3 层加工而成；连接方柱木筋断面为 40×50@500，水平支撑断面为 40×50@500，用膨胀螺栓固定在砼柱侧；五夹板圆柱面夹层，整平圆面后包定型镜面 1.2 厚不锈钢板（不锈钢面板加工成型市场价为 30 元/m²），在其上饰镀钛不锈钢装饰条。已知：镜面不锈钢板市场价为 160 元/m²，镀钛不锈钢装饰条为 15 元/m，杉木成材为 1 890 元/m³，18mm 细木工板 160 元/张，五夹板 80 元/张。杉木木龙骨损耗率为 5%，圆弧形夹板龙骨的损耗率为 10%，辅材不调整，综合管理费率为 11%，工资单价为 250 元/工日，计划利润率为 3%，税率为 3.445%，求此包柱的造价并分析工、料、机和造价构成。

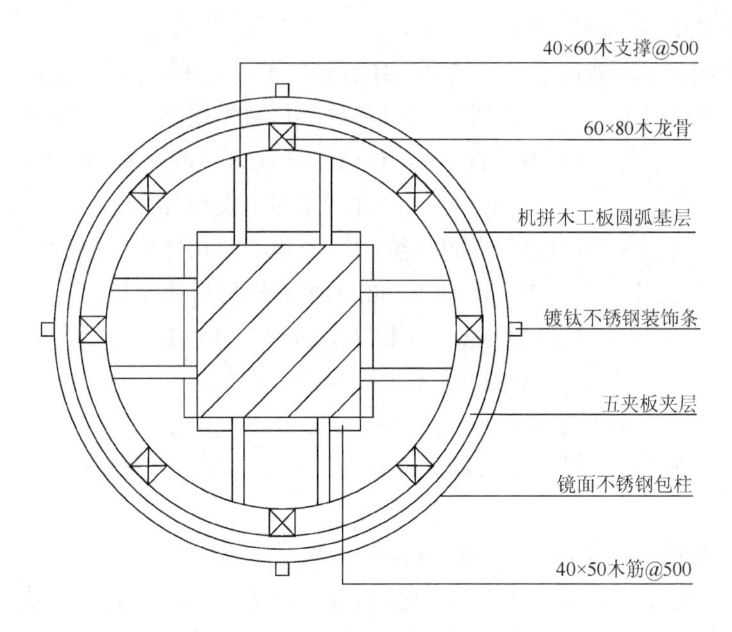

图 6-4　某不锈钢包柱结构图

【知识链接】

（1）不锈钢镜面板方柱包圆柱定额里有完整的项，其钢板成型加工费未包括在内，应按市场价格另行计算并进入取费基价。

（2）柱高超过3.6m要按外脚手架（011702002）的相关子目计算脚手架费。

【解】 该工程包括柱（梁）面装饰分部分项，以及外脚手架措施项目等，它们的项目编码分别是011208001（柱（梁）面装饰）、011702002（外脚手架）。

1）计算工程量

（1）方柱包圆形不锈钢柱的工程量为3.14×2×0.4×6＝15.07（m^2）。

（2）镀钛不锈钢装饰线条的工程量为6.00×4＝24.00（m）。

（3）计算柱超过3.60m脚手架工程量为（3.14×2×0.40＋3.60）×6.00＝36.67（m^2）。

2）套装饰工程预算定额

（1）不锈钢方柱包圆柱饰面套定额子目20102308。

按设计计算实需木龙骨方量（因为是木龙骨，不需加刨光系数，仅按定额规定增加5%损耗）。

竖向龙骨为0.06×0.08×6.00×8×（1＋5%）＝0.242（m^3）

圆弧形横向龙骨（木材损耗率为10%）为

（6÷0.5＋1）×3.14×（0.42－0.322）×3×（1＋10%）＝13.20（m^2）

每m^2包柱18mm木夹板用量为7.76÷15.07＝0.51（m^2/m^2）

横向水平木筋为0.04×0.05×0.40×（6÷0.5＋1）×4×（1＋5%）＝0.043 68（m^3）

横向水平木支撑为0.04×0.05×0.20×（6÷0.5＋1）×8×（1＋5%）＝0.043 68（m^3）

每m^2包柱木方用量为（0.242＋0.043 68×2）÷15.07＝0.021 86（m^3/m^2）

定额子目20102308换算单价为

20102308换＝414.38＋[（250－100）×1.192 10＋30]＋[1.11×（160－125）]

人工费增加和不锈钢板成型增加　　不锈钢板材料费增加

＋[0.021 86×1 890－0.015 00×1 890－0.000 10×1 550]

木龙骨架材料费增加

＋[0.51×160÷（1.22×2.44）－0.15×28.20]

18mm换12mm的木夹板材料费增加

＋1.11×[80÷（1.22×2.44）－13.6]

5mm换3mm木夹板的材料费增加

＝712.77（元/m^2）

（2）镀钛不锈钢装饰条安装满足金属装饰线分部分项工程，项目编号为011502001，可套定额子目20106067。

镀钛不锈钢装饰条换不锈钢镜面板的定额单价为

20106067换＝26.97＋（250-100）×0.124 70＋1.03×（15－12.51）＝48.24（元/m）

（3）抹灰脚手架高3.60 m以上套定额子目20107003。

定额单价：4.6元/m^2。

3）该项目的分部分项与措施项目清单与计价表（表6-15、表6-16）

表 6-15　某方柱包圆柱分部分项工程清单与计价表

<table>
<tr><th rowspan="2">序号</th><th rowspan="2">项目编码</th><th rowspan="2">项 目 名 称</th><th rowspan="2">项目特征描述</th><th rowspan="2">计量单位</th><th rowspan="2">工程数量</th><th colspan="3">金额（元）</th></tr>
<tr><th>综合单价</th><th>合　价</th><th>其中（暂估价）</th></tr>
<tr><td>1</td><td>011208001</td><td>柱（梁）面装饰</td><td></td><td></td><td></td><td></td><td></td><td></td></tr>
<tr><td></td><td></td><td>不锈钢方柱包圆柱饰面</td><td></td><td>m²</td><td>15.07</td><td>771.34</td><td>11624.05</td><td></td></tr>
<tr><td>2</td><td>011502001</td><td>金属装饰线</td><td></td><td></td><td></td><td></td><td></td><td></td></tr>
<tr><td></td><td></td><td>镀钛不锈钢装饰条安装</td><td></td><td>m</td><td>24</td><td>53.28</td><td>1278.72</td><td></td></tr>
<tr><td colspan="5">总　计</td><td></td><td></td><td></td><td></td></tr>
</table>

表 6-16　措施项目清单与计价表

工程名称：　　　　　　　　　　　　标段：　　　　　　　　　　　　第　页 共　页

<table>
<tr><th rowspan="2">序号</th><th rowspan="2">项目编码</th><th rowspan="2">项目名称</th><th rowspan="2">项目特征描述</th><th rowspan="2">计量单位</th><th rowspan="2">工程量</th><th colspan="2">金　额（元）</th></tr>
<tr><th>综合单价</th><th>合价</th></tr>
<tr><td>1</td><td>011702002</td><td>外脚手架</td><td></td><td>m²</td><td>36.67</td><td>4.6</td><td>168.68</td></tr>
<tr><td></td><td></td><td></td><td></td><td></td><td></td><td></td><td></td></tr>
<tr><td colspan="7">合　　计</td><td></td></tr>
</table>

某方柱包圆柱分部分项工程清单综合单价分析表如表 6-17 所示。

表 6-17　某方柱包圆柱分部分项工程清单综合单价分析表

工程名称：　　　　　　　　　　　　标段：　　　　　　　　　　　　第 1 页 共 3 页

<table>
<tr><td colspan="2">项目编码</td><td colspan="2">011208001</td><td colspan="2">项目名称</td><td colspan="2">柱（梁）面装饰</td><td colspan="3">计量单位</td><td>m²</td></tr>
<tr><td colspan="12">清单组成单价明细</td></tr>
<tr><td rowspan="2">定额编号</td><td rowspan="2">定额名称</td><td rowspan="2">定额单位</td><td rowspan="2">数量</td><td colspan="4">单价（元）</td><td colspan="4">合价（元）</td></tr>
<tr><td>人工费</td><td>材料费</td><td>机械费</td><td>管理费和利润</td><td>人工费</td><td>材料费</td><td>机械费</td><td>管理费和利润</td></tr>
<tr><td>20102308 换</td><td>不锈钢方柱包圆柱饰面</td><td>m²</td><td>1</td><td></td><td></td><td></td><td></td><td>328.03</td><td>384.59</td><td>0.16</td><td>58.57</td></tr>
<tr><td></td><td></td><td></td><td></td><td></td><td></td><td></td><td></td><td></td><td></td><td></td><td></td></tr>
<tr><td colspan="2">人工单价</td><td colspan="6">小计</td><td></td><td></td><td></td><td></td></tr>
<tr><td colspan="2">元/工日</td><td colspan="6">未计价材料费</td><td colspan="4"></td></tr>
<tr><td colspan="8">清单综合单价</td><td colspan="4"></td></tr>
<tr><td rowspan="5">材料费明细</td><td colspan="5">主要材料名称、规格、型号</td><td>单位</td><td>数量</td><td>单价（元）</td><td>合价（元）</td><td>暂估单价（元）</td><td>暂估合价（元）</td></tr>
<tr><td colspan="5"></td><td></td><td></td><td></td><td></td><td></td><td></td></tr>
<tr><td colspan="5"></td><td></td><td></td><td></td><td></td><td></td><td></td></tr>
<tr><td colspan="7">其他材料费</td><td></td><td></td><td></td><td></td></tr>
<tr><td colspan="7">材料费小计</td><td></td><td></td><td></td><td></td></tr>
</table>

工程名称： 标段： 第 2 页 共 3 页

项目编码		011502001		项目名称		金属装饰线		计量单位			m
清单组成单价明细											
定额编号	定额名称	定额单位	数量	单价（元）				合价（元）			
				人工费	材料费	机械费	管理费和利润	人工费	材料费	机械费	管理费和利润
20102308换	镀钛不锈钢装饰条	m						31.18	16.52	0.54	5.04
人工单价		小计									
元/工日		未计价材料费									
清单综合单价											
材料费明细	主要材料名称、规格、型号					单位	数量	单价（元）	合价（元）	暂估单价（元）	暂估合价（元）
	其他材料费										
	材料费小计										

4）进行工料分析（表 6-18）

表 6-18 某不锈钢包柱面材料分析

定额编号	项目名称	单位	工程数量	工日/个	杉木方/m^3	18mm 细木工板/m^2	五夹板/m^2	不锈钢装饰板/m^2	镀钛不锈钢装饰条/m
20102308换	不锈钢镜面板方柱包圆柱	m^2	15.07	17.96	0.33	7.69	16.73	16.73	
20102308换	镀钛不锈钢装饰条安装	m	24	2.99					24.72
20107003	抹灰脚手架高 3.60m 以上	m^2	36.67	1.38					
总 计				22.33	0.33	7.69	16.73	16.73	24.72

5）分析总造价（表 6-19）

表 6-19 某不锈钢包柱面造价分析

序号	费用名称	计算公式	合价/元
1	人工费	20.95×250	5 237.50
	人工费调增	20.95×（250.00−100.00）	3 142.50
2	机械台班费	0.16×15.07+0.54×24	15.37
3	材料费	384.59×15.07+16.52×24	6 156.25
4	企业管理费	[（1）+（2）]×11%	577.82
5	利润	[（1）+（2）+（3）+（4）]×3%	359.61
一	分部分项工程费	（1）+（2）+（3）+（4）+（5）	12 311.18
二	措施项目费	36.67×4. 6	168.68
三	其他项目费		0
四	规费	（1）×38.7%	2026.91
五	税费	（一+二+三+四）×3.445%	499.76
	工程造价	一+二+三+四+五	15 006.53

【例 6-8】 一幼儿园练琴房吊顶尺寸如图 6-5 所示，采用木龙骨五夹板面层吊顶，木龙骨刷防火漆 2 遍，五夹板面层清油封底，满刮泥子 2 遍，刷水泥漆 2 遍。已知吊顶吊在砼楼板下，建筑层高为 3.30m，普通木龙骨架断面为 50×40，具体的结构如图 6.5 所示；吊筋断面为 50×40，吊顶与墙面用 50mm 红榉木阴角线收边油聚氨酯漆 2 遍。求此吊顶的综合计价并分析其工、料、机和造价构成（材料价格与人工费用均以定额为准，不做调整，其他费率也与定额相同）。

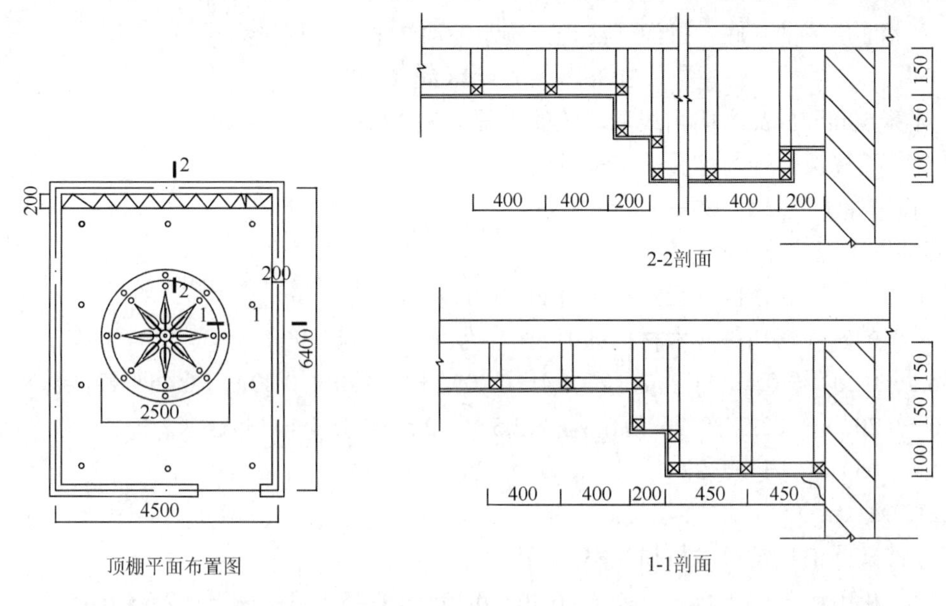

图 6-5　某幼儿园顶棚设计图

【解】 该工程分部分项包含吊顶天棚（011302001）、木窗帘盒（010810002）、木质装饰线（011502002）、单独木线油漆（011403005）、胶合板油漆（011403002）等分部分项工程。

1）计算工程量

（1）天棚普通木龙骨的工程量（墙厚 0.20，窗帘盒宽 0.20）为

$$(4.50-0.20)\times(6.40-0.20)-2.50\times2.50=20.41\ (\mathrm{m^2})$$

（2）圆弧形天棚龙骨的工程量为

$$2.50\times2.50=6.25\ (\mathrm{m^2})$$

（3）普通天棚五夹板面层的工程量为 $20.41+0.1\times4.3=20.84\ \mathrm{m^2}$。

（4）计算圆弧形部分天棚五夹板面层的工程量为

$$2.50\times2.50+2\times3.14\times1.05\times0.15+2\times3.14\times1.25\times0.10=8.02\ (\mathrm{m^2})$$

（5）50mm 成品木阴角线的工程量为

$$(4.50-0.20)\times2+(6.40-0.20-0.20)\times2=20.60\ (\mathrm{m})$$

（6）木龙骨刷防火漆 2 遍的工程量如下。

木龙骨的净消耗量为

$$[(4.5-0.20)\div0.4+1]\times(6.4-0.20)-(2.5\div0.4+1)\times2.5+$$

$$[(6.40-0.20)\div0.45+1]\times(4.50-0.20)-(2.5\div0.45+1)\times2.5+$$

$$[(4.5-0.20)\div0.4+1]\times[(6.40-0.20)\div0.45+1]\times(0.15+0.15+0.1)-$$

（2.5÷0.45＋1）×（2.5÷0.4＋1）×（0.15＋0.15＋0.1）＋
（2.1÷0.4＋1）×2.1×2＋（2.5×4＋2.1×4）＋
（2.1÷0.4＋1）×（2.1÷0.4＋1）×0.15＋[（2.1÷0.4＋1）×4－4]×0.15
＝209.75（m）。

木龙骨刷防火漆2遍的工程量为209.75×（1＋5%）＝220.24（m）。

（7）天棚面层清油封底，批泥子2遍，刷水泥漆2遍的工程量为

$$20.84+8.02=28.86\text{（m}^2\text{）}$$

（8）计算50mm成品木阴角线油清漆的工程量为20.60（m）。

（9）计算石膏板面开筒灯孔的工程量为26个。

（10）窗帘盒工程量为4.5－0.2＝4.3（m）。

2）套装饰工程预算定额

（1）木龙骨吊在砼楼板下套定额子目20103029。

木龙骨架的实际消耗量（木材损耗率5%）为

{[（4.5－0.20）÷0.4＋1] $_{进位取整}$×（6.4－0.20）＋[（6.40－0.20）÷0.45＋1]$_{进位取整}$×（4.50－0.20）－（2.5÷0.4＋1）$_{进位取整}$×2.5－（2.5÷0.45＋1）$_{进位取整}$×2.5}×（0.04×0.05）×（1＋5%）

＝0.212 94（m^3）

木吊筋的实际消耗量（木材损耗率5%）为

{[（4.5－0.20）÷0.4＋1] $_{进位取整}$×[（6.40－0.20）÷0.45＋1]$_{进位取整}$－（2.5÷0.45＋1）$_{进位取整}$×（2.5÷0.4＋1）$_{进位取整}$}×（0.15＋0.15＋0.1）×0.04×0.05×（1＋5%）

＝0.104 16（m^3）

每m^2所消耗的木材的量：（0.212 94＋0.104 16）÷19.55＝0.016 22（m^3）

定额子目20103029换算定额单价为

20103029$_{换1}$＝52.23＋0.118 30×（220－100）＋（0.016 22－0.017 60）×1 890
＝63.82（元/m^2）

（2）圆弧形天棚木龙骨套定额子目20103029。

按图样设计调整木龙骨含量同子目20103029，半径为2.1m小圆处木龙骨架用量为

$$（2.1÷0.4＋1）×2.1×2×0.04×0.05×（1＋5\%）＝0.052\ 9\text{（m}^3\text{）}$$

小圆跌级处仅需增加2.5m和2.1m木龙骨各4根，木龙骨用量为

$$（2.5×4＋2.1×4）×0.04×0.05×（1＋5\%）＝0.038\ 6\text{（m}^3\text{）}$$

吊筋木方材用量为

{（2.1÷0.4＋1）×（2.1÷0.4＋1）×0.15＋[（2.1÷0.4＋1）×4－4]×0.15}×（0.04×0.05）×（1＋5%）

＝0.017 6（m^3）

所以，每m^2圆弧形天棚木龙骨的用量为

$$（0.052\ 9＋0.038\ 6＋0.017\ 6）÷6.25＝0.017\ 5\text{（m}^3\text{）}$$

套定额子目20103029换算单价为

$20103029_{换2}$=52.23+0.118 30×（220−100）+（0.017 5−0.017 6）×1 890
=66.24（元/m^2）

（3）木龙骨刷防火漆 2 遍套定额子目 20105119。

定额单价：$20105119_{换}$=3.93+0.029 40×（165−100）=5.84 元/m

（4）普通顶棚五夹板面层套定额子目 20103091。

定额单价：$20103091_{换}$=24.64+0.070 90×（220−100）=33.15 元/m^2

（5）三夹板弧形面层套定额子目 20103209。

定额单价：$20103209_{换}$=61.60+0.373 10×（220−100）=106.37 元/m^2

（6）50mm 成品木阴角线安装套定额子目 20106096。

定额单价：$20106096_{换}$=7.67+0.025 20×（220−100）=10.69 元/m

（7）天棚面层清油封底，批泥子 2 遍，刷水泥漆 2 遍套定额子目 20105409。

定额单价：$20105409_{换}$=8.73+0.033 00×（165−100）=10.88 元/m^2

（8）阴角线刷聚氨酯清漆套定额子目 20105091。

定额单价：$20105091_{换}$=11.06+0.097 40×（210−100）=21.77 元/m

（9）石膏板面开筒灯孔套定额子目 20106322。

定额单价：$20106322_{换}$=5.11+0.045 50×（220−100）=10.12 元/个

（10）细木工板窗帘盒工程套用定额子目 20104212。

定额单价：$20104212_{换}$=26.68+0.072 80×（220−100）=35.42 元/m

3）计算该工程项目清单与计价表（表 6-20）

表 6-20　某幼儿园顶棚装修清单与计价表

序号	项目编码	项 目 名 称	项目特征描述	计量单位	工程数量	金额（元）		
						综合单价	合　价	其中（暂估价）
1	011302001	吊顶天棚						
		木龙骨吊在砼楼板下		m^2	20.41	68.69	1401.96	
		圆弧形天棚木龙骨		m^2	6.25	72.21	451.31	
		木龙骨刷防火漆		m	220.24	6.57	1450.92	
		普通顶棚五夹板面层		m^2	20.84	33.91	678.20	
		三夹板弧形面层		m^2	8.02	118.86	953.26	
2	011502002	木质装饰线						
		50mm 成品木阴角线安装		m	20.60	11.31	232.98	
3	010810002	木窗帘盒						
		细木工板窗帘盒		m	4.3	38.31	164.75	
4	011403005	单独木线油漆						
		阴角线刷聚氨酯漆 2 遍		m	20.60	24.89	512.74	
5	011403002	胶合板油漆						
		天棚面层水泥漆 2 遍		m^2	28.86	11.82	341.22	
6	011615001	开孔（打洞）						
		石膏板面开筒灯孔		个	26	12.46	324.00	
总　计								

某幼儿园顶棚装修清单综合单价分析表如表6-21所示。

表6-21　某幼儿园顶棚装修清单综合单价分析表

工程名称：　　　　　　　　　　　　　　　　标段：　　　　　　　　　　　　　　　　第1页　共1页

项目编码		011302001		项目名称		吊顶天棚		计量单位			m^2
清单组成单价明细											
定额编号	定额名称	定额单位	数量	单价（元）				合价（元）			
				人工费	材料费	机械费	管理费和利润	人工费	材料费	机械费	管理费和利润
20103029换1	木龙骨吊在砼楼板下	m^2	1					26.03	37.75	0.04	4.87
20103029换2	圆弧形天棚木龙骨	m^2	1					26.03	40.17	0.04	4.94
20105119换	木龙骨刷防火漆	m	1					4.85	0.99	0	0.73
20103091换	普通顶棚五夹板面层	m^2	1					15.60	17.55	0	2.76
20103209换	三夹板弧形面层	m^2	1					82.08	24.29	0	12.49
20106096换	50mm 成品木阴角线	m	1					5.54	5.06	0.09	0.62
20105091换	阴角线刷聚氨酯漆	m	1					20.45	1.32	0	3.12
20105409换	天棚面层水泥漆两遍	m^2	1					5.45	5.43	0	0.94
20106322换	石膏板面开筒灯孔	个	1					10.01	0.30	0.26	2.34
20104212换	细木工板窗帘盒	m	1					16.02	19.31	0.09	2.89
人工单价		小计									
元/工日		未计价材料费									
清单综合单价											
材料费明细	主要材料名称、规格、型号					单位	数量	单价（元）	合价（元）	暂估单价（元）	暂估合价（元）
	其他材料费										
	材料费小计										

其他分部分项工程清单计价综合分析表与表6-21雷同，在这里不做表述。

4）进行材料分析（表 6-22、表 6-23）

表 6-22　某幼儿园顶棚板材工、材、机分析

定额编号	项目名称	单位	工程数量	工日/个	杉木方/m^3	三、五夹板/m^2	十五夹板/m^2	50mm 木装饰线/m
20103029换1	木龙骨吊在砼楼板下	m^2	20.41	2.41	0.317			
20103029换2	圆弧形天棚木龙骨	m^2	6.25	0.74	0.109			
20103091换	普通顶棚五夹板面层	m^2	20.84	1.48		21.84		
20103209换	三夹板弧形面层	m^2	8.02	2.99		8.82		
20106096换	50mm 成品木阴角线安装	m	20.60	0.52				21.63
20104212换	细木工板窗帘盒	m	4.3	0.31			1.93	
20106322换	石膏板面开筒灯孔	个	26	1.2				
总　计				9.62	0.426	30.66	1.93	21.63

表 6-23　某幼儿园顶棚油漆工、料、机分析

定额编号	项目名称	单位	工程数量	工日/个	油漆/kg	
20105119换	木龙骨刷防火漆	m	220.24	6.48	防火漆	8.33
20105409换	天棚面层水泥漆两遍	m^2	28.86	0.95	水泥面漆	7.22
					水泥底漆	4.27
合　计				7.43		
20105091换	阴角线刷聚氨酯清漆两遍	m	20.60	2.00	聚氨酯漆	0.845
总　计				2.00		

5）分析总造价（表 6-24）

表 6-24　某幼儿园顶棚造价分析

序号	费用名称	计算公式	合价/元
1	人工费	9.62×220＋7.43×165＋2.00×210	3 762.35
2	机械台班费	0.04×20.41＋0.04×6.25＋0＋0＋0＋0.09×20.60＋0.09×4.3＋0.26×26	10.07
	木质材料费	0.426×1 890.00＋21.84×16.50＋8.82×13.60＋1.93×41.50＋21.63×4.73	1 467.86
	油漆材料费	8.33×23.50＋7.22×16.00＋4.27×9.00＋0.845×24.70	422.06
	其他材料费	20.41×37.75 ＋ 6.25×40.17 ＋ 220.24×0.94 ＋ 20.84×17.55 ＋ 8.02×24.29 ＋ 20.60×1.32＋20.60×5.06＋28.86×5.43＋4.3×19.31＋26×0.30－1 467.86－422.06	278.16
3	材料费	杉木方材料费＋油漆材料费＋其他材料费	2 168.08
4	企业管理费	[（1）＋（2）]×11%	414.97
5	利润	[（1）＋（2）＋（3）＋（4）]×3%	190.67
（一）	分部分项工程费	（1）＋（2）＋（3）＋（4）＋（5）	6546.13
（二）	措施项目费	0	0
（三）	其他项目费	0	0
（四）	规费	（1）×38.7%	1456.23
（五）	税费	[（一）＋（二）＋（三）＋（四）]×3.445%	275.67
项目造价		（一）＋（二）＋（三）＋（四）＋（五）	8278.03

6.3.3 室内装饰工程预算审查

由于室内装饰材料品种繁多，装饰技术日益更新，装饰类型各具特色，装饰工程造价影响因素较多。因此，为了合理确定装饰工程造价，保证建设单位、施工单位合法的经济利益，必须加强装饰工程预算的审查。

合理而又准确地对装饰工程造价进行审查，不仅有利于正确确定装饰工程造价，同时也为加强装饰企业经济核算和财务管理提供依据，合理审查装饰工程预算还将有利于推动新材料、新工艺、新技术的推广和应用。审查装饰工程预算是一项严肃而细致的工作。审查人员必须坚持实事求是、清正廉洁、公平公正的原则，以定额为基准，深入现场、理论联系实际，以确保装饰工程造价的准确、合理。

1. 审查的依据和方法

1）审查的依据

（1）首先审查该装饰工程是否已列入年度基建计划，建筑面积、装饰等级是否提高，是否采用不适当的施工方法和不必要的施工机械。

（2）根据编制说明书和预算书弄清所采用的定额是否符合有关规定或施工合同，对二次装修工程、高级装饰工程、家庭装饰工程、包工不包料工程、隐蔽工程等应特别注意。

（3）审查建设单位、施工单位核准送审预算所包括的范围，如某些配套工程、管线工程、零星工程、再次装修工程的二次处理及清理等内容是否包括在送审预算中。

（4）审查是否严格执行当地的预算、工程量计算规则、材料预算价格、取费标准等规定。

2）审查的方法

（1）全面审查法。全面审查法，是从工程量计算、定额套用、定额换算、工料机分析、三费调整、费用取定等方面逐项审查。其步骤类似于预算的编制。这种方法全面、细致，审查质量高，缺点是工作量大。

（2）重点审查法。

① 对工程量大、费用高的项目进行重点审查。

② 对补充定额进行重点审查，主要审查补充定额的编制依据、编制方法是否符合规定，“三量”和“三价”的组成是否准确。

③ 对各项费用的取值进行重点审查，主要审查各项费用的编制依据、编制方法和程序是否符合规定。工程性质、承包方式、施工企业性质、开竣工时间、施工合同等都直接影响取费计算，应根据当地有关规定仔细审查。

重点审查法主要适用于审查工作量大，时间性强的情况，其特点是速度快，质量基本能保证。

（3）经验审查法。经验审查法是指采用长期积累的经验指标对照送审预算进行审查。这种方法能加快审查速度，发现问题后可再结合其他方法审查。

2. 审查内容

装饰工程施工图预算审查内容应包含以下内容。

1）审查定额直接费

装饰工程定额直接费是根据施工图样、消耗量定额和计价标准或预算定额等计算而得。为保证其计算结果的正确性，应注意核查以下几方面。

（1）工程量计算。首先，在审查中首先审查所列分部分项工程的工程内容与定额项目所包括的工程内容是否相符，是否存在重复列项或漏项现象；其次，审查工程量的计算口径是否符合定额规则的要求；再次，审查工程量的计量单位是否与相应定额项目的计量单位一致；最后，审查各分项工程的计算结果。

（2）定额项目选套。此部分往往容易出现故意高套定额项目的问题，审查中应根据定额单价执行的有关规定，核查各分项工程所执行的价格是否恰当。

（3）未计价材料费的计算是否符合规定，特别是所查地区材料市场价格的品种、规格与设计是否一致。

（4）运算过程的审查，包括工程量、定额套用、汇总等运算过程的正确性核查。

2）审查费用计算

审查费用计算主要从以下内容入手。

（1）费用项目。按各地费用计算的规定，有的费用项目是属于有条件收取的，对此类费用项目必须核查其收取条件是否满足有关规定，如远地施工增加费等。

（2）取费基础。一般装饰工程的取费基础是定额人工费，而税金和定额管理费是以企业收入为计算基础，在审查中必须复核其计算基础的正确性。

（3）费用标准。当前装饰工程费用标准中，部分费用是按工程类别计取，如其他直接费、现场管理费等；部分费用是按企业性质和企业业绩计取，如计划利润等；部分费用是甲、乙双方协商计取，如远地施工增加费；其余还有国家指令性费用和按实计取的费用。这些费用的计取标准是有区别的，在审查中必须注意其是否符合规定。

3）材料价差调整

材料价差调整包括地区材料预算价格的差价调整和材料市场价格与地区材料预算价格的差价调整，审查中必须核查价格来源是否属实，价差计算是否符合有关规定等。

3. 提高审查预算质量的办法

1）审查单位应注意装饰预算信息资料的收集

由于装饰材料日新月异，新技术、新工艺不断涌现，因此，应不断收集、整理新的材料价格信息、新的施工工艺的用工和用料量，以适应装饰市场的发展要求，不断提高装饰预算审查的质量。

2）建立健全审查管理制度

（1）健全各项审查制度。

审查制度包括建立单审和会审的登记制度；建立审查过程中的工程量计算、定额单价及各项取费标准等依据留存制度；建立审查过程中核增、核减等台账填写与留存制度；建立装饰工程审查人、复查人审查责任制度；确定各项考核指标，考核审查工作的准确性。

（2）应用计算机建立审查档案。

建立装饰预算审查信息系统，可以加快审查速度，提高审查质量。系统可包括工程项目、审查依据、审查程序、补充单价、造价等子系统。

3）实事求是，以理服人

审查时遇到列项或计算中的争议问题，可主动沟通，了解实际情况，及时解决；遇到疑难问题不能取得一致意见，可请示造价管理部门或其他有关部门调解、仲裁等。

小　结

室内装饰工程预算是室内装饰工程的重要文件，是室内装饰企业进行成本核算的依据，是设计企业进行估算的重要依据，也是室内设计、室内装修技术人员、管理人员所必须掌握的一个技术性和技巧性的课程。从室内装饰工程的不同阶段看，室内装饰工程预算分为投资估算、设计概算、施工图预算。

设计概算是指在初步设计阶段，由设计单位根据初步设计或扩大初步设计图样、概算定额或概算指标、各项费用定额或取费标准等有关资料，预先计算和确定室内装饰工程费用的文件。利用指标法、相似程度系数法等是估算室内装饰工程造价的重要方法，本章通过经典实例加以剖析。

施工图预算是确定室内装饰工程造价的基础文件。施工图预算是指在施工图设计阶段，当工程设计完成后，在工程开工之前，由施工单位根据施工图样计算的工程量、施工组织设计和国家或地方主管部门规定的现行预算定额、单位估价表，以及各项费用定额或取费标准等有关资料，预先计算确定建筑装饰工程费用的文件。

人工、材料、机械消耗量的分析是室内装饰工程预算的重要组成部分，即确定完成拟建室内装饰工程项目所需消耗的各种劳动力，各种规格、型号的材料及主要施工机械的台班数量。本章也通过室内各分部分项装饰工程的经典实例做了相应的剖析。

习　题

一、选择题

1～23 为单选题

1．某新建项目装配车间的土建工程概算 200 万元，给排水和电气照明工程概算 10 万元，通风空调工程概算 10 万元，设计费 20 万元，装配生产设备及安装工程概算 150 万元，联合试运转费概算 10 万元，则该装配车间单项工程综合概算为（　　）万元。

A．370　　B．380　　C．390　　D．400

2．单位工程概算中，直接费是由分部分项工程直接工程费的汇总加上（　　）构成的。

A．临时设施费　　B．公司管理费　　C．措施费　　D．保险费

3．设计概算的作用不包括（　　）。

A．确定和控制建设项目投资　　B．选择最佳方案

C．编制建设计划　　D．考核项目投资效果

4．下述各项中属于单位工程概算中建筑工程概算的是（　　）。

A．机械设备概算　　B．弱电工程概算

C．电气设备概算　　D．生产家具购置概算

5．对于编制总概算的一般工业与民用建筑工程而言，单项工程综合概算的组成内容不包括（　　）。

A．建筑单位工程概算　　B．机械设备及安装单位工程概算

C．工程建设其他费用概算　　D．电气设备及安装单位工程概算

6．下列不属于建设工程项目设计概算编制依据的是（　　）。

A．设计文件　　B．综合概算表

C．概算指标　　D．设备材料的预算价格

7．根据财政部办公厅财办建[2002]619 号文件《财政投资项目评审操作规程》（试行）的规定，项目概算应由（　　）提供，报送评审机构进行评审。

A．项目监理单位　　B．项目施工单位

C．项目建设单位　　D．项目设计单位

8．建设工程项目总概算表能够反映（　　）。

A．年度投资　　B．工程建设费

C．静态投资　　D．静态投资和动态投资

9．下列不属于建设工程总概算中工程建设其他费用的是（　　）。

A．土地使用费　　B．勘测设计费　　C．预备费　　D．生产准备费

10．对设计概算编制依据的审查主要是审查其（　　）。

A．合法性、时效性、经济性　　B．合法性、适用范围、合理性

C．合理性、经济性、时效性　　D．合法性、时效性、适用范围

11．在综合概算和总概算的审查过程中，如果发现概算总投资超过原批准投资估算（　　）以上，应进一步审查超估算的原因。

A．10%　　B．15%　　C．20%　　D．25%

12．某办公楼装修的直接工程费为 800 万元，按照当地造价管理部门规定，措施费费率为 8%，间接费费率为 15%，利润率为 7%，税率为 3.4%。则该住宅的单位工程概算为（　　）万元。

A．1 067.20　　B．1 080.10　　C．1 081.86　　D．1 099.30

13．当初步设计深度不够，不能准确地计算工程量，但工程设计采用的技术比较成熟而又有类似工程概算指标可以利用时，编制工程概算可以采用（　　）。

A．单位工程指标法　　B．概算指标法

C．概算定额法　　D．类似工程概算法

14．编制施工图预算时，以资源市场价格为依据确定分部分项工程工料单价，并按照市场行情计算措施费、间接费等其他税费，这种方法是（　　）。

A．预算单价法　　B．实物法

C．部分费用综合单价法　　D．全费用综合单价法

15．采用全费用综合单价法编制施工图预算，以各分项工程量乘以综合单价后汇总，可得到（　　）。

A．分部工程直接费　　B．单位工程直接工程费

C．直接工程费和间接费之和　　D．工程承发包价

16．采用预算单价法和实物法编制施工图预算的主要区别是（　　）。

A．计算工程量的方法不同　　B．计算直接工程费的方法不同

C．计算间接费的方法不同　　D．计算其他税费的程序不同

17．采用工料单价法和综合单价法编制施工图预算，区别主要在于（　　）。

A．预算造价的构成不同　　B．预算所起的作用不同

C．预算编制依据不同　　D．单价包含的费用内容不同

18．我国目前实行的工程量清单计价，采用的综合单价是（　　）。

A．预算单价　　B．实物单价

C．部分费用综合单价　　D．全费用综合单价

19．对于住宅工程或不具备全面审查条件的工程，适合采用的施工图预算审查方法是（　　）。

A．重点审查法　　B．"筛选"审查法

C．对比审查法　　D．逐项审查法

20．施工图预算审查方法中，审查效果好但审查时间较长的方法是（　　）。

A．标准预算审查法　　B．分组计算审查法

C．逐项审查法　　D．重点审查法

21．拟建工程与已完或在建工程预算采用同一施工图，但基础部分和现场施工条件不同，则对于相同部分的施工图预算，可采用的审查方法是（　　）。

A．分组计算审查法　　B．标准预算审查法

C．逐项审查法　　D．对比审查法

22．在进行施工图预算审查时，利用计算出的底层建筑面积或楼（地）面面积，对楼面找平层、顶棚抹灰等的工程量进行审查。这种审查方法是（　　）。

A．逐项审查法　　B．分组计算审查法

C．对比审查法　　D．"筛选"审查法

23．采用标准图设计的工程，其施工图预算的审查，宜采用的审查方法是（　　）。

A．分组计算审查法　　B．重点审查法

C．标准预算审查法　　D．对比审查法

24～36为多选题

24．当建设项目有多个单项工程，编制总概算时，单项工程综合概算的组成内容包括（　　）。

A．建筑单位工程概算　　B．设备及安装单位工程概算

C．预备费概算　　D．建设期贷款利息

E．铺底流动资金

25．在建筑工程概算审查工作中，下列属于审查主要内容的是（　　）。

A．工程量　　B．设计方案　　C．材料预算价格

D．采用的定额或指标　　E．建设规模、标准

26．设备安装工程概算的审查，除编制方法、编制依据外，还应注意审查（　　）。

A．采用预算单价或扩大综合单价计算安装费时的各种单价是否会变化

B．安装工程初步设计图样是否符合设计要求

C．工程量计算是否符合规则要求

D．当采用概算指标计算安装费时采用的概算指标是否合理
E．审查所需计算安装费的设备数量及种类是否符合设计要求
27．设计概算编制依据的审查内容有（　　）。
A．编制依据的合法性　B．概算文件的组成
C．编制依据的时效性　D．编制依据的适用范围
E．工程量或设备清单
28．审查建筑工程概算时，主要依据（　　）对工程量进行审查。
A．初步设计图样　B．预算定额　C．工程量计算规则
D．取费标准　E．概算定额
29．下列关于工程量清单计价模式的叙述中，正确的有（　　）。
A．按照全国统一的工程量计算规则计算工程量
B．工程量清单由招标人提供
C．采用主管部门统一测定的消耗定额
D．采用根据不同地区价格水平平均测算的取费标准
E．投标人可以根据项目具体情况及自身技术管理水平自主报价
30．施工图预算具有多方面的作用，包括（　　）。
A．是确定建设项目筹资方案的依据
B．是施工期间安排建设资金计划和使用建设资金的依据
C．是招投标的重要基础
D．是控制施工成本的依据
E．是工程价款结算的依据
31．施工图预算的构成有（　　）。
A．成本　B．利润　C．税金
D．预算管理费　E．预算编制费
32．根据《建筑工程施工发包与承包计价管理办法》，施工图预算的计价方法有（　　）。
A．扩大单价法　B．概算指标法　C．工料单价法
D．税费单价法　E．综合单价法
33．采用工料单价法计价，分部分项工程单价中包括了完成分部分项工程所需的（　　）。
A．人工费　B．材料费　C．机械使用费
D．措施费　E．间接费
34．采用工料单价法计算工程承发包价，需要在计算出单位工程直接工程费的基础上再加上（　　）。
A．措施费　B．工程保险费　C．间接费
D．利润　E．税金
35．采用部分费用综合单价法编制施工图预算，生成工程承发包价，以各分项工程量　乘以部分费用综合单价并汇总后，需再加上（　　）。
A．间接费　B．措施费　C．管理费
D．规费　E．税金
36．某项目建筑面积为 10 万 m^2，为当地外形较为新颖、功能较全的综合大厦。现要求在

较短时间内对该工程的施工图预算进行审查。

（1）在正式进行施工图预算审查前，应做的工作包括（　　）。

A．熟悉施工图样　　B．了解预算包括的工程范围

C．确定预算调整方案　　D．与编制单位协商审查方法

E．熟悉有关单价及定额资料

（2）应避免采用的审查方法是（　　）。

A．逐项审查法　B．分组计算审查法　C．“筛选”审查法

D．重点审查法　E．标准预算审查法

（3）施工图预算审查的具体内容包括（　　）。

A．审查预算文件组成　B．审查编制手段　C．审查工程量

D．审查单价　E．审查其他有关费用

二、计算题

1．某市某室内一电梯厅内墙面（图 6-6）贴进口金花米黄大理石，电梯门套贴进口大花绿大理石，150×80 异形大花绿石材线条盖缝，采用水泥砂浆挂贴工艺，成品酸洗打蜡。施工单位包工包料，且一次性结算，留尾款 5%作为保修金，求施工单位竣工后应结算的价款是多少？

已知：金花米黄大理石指导价为 780 元/m^2，大花绿大理石指导价为 850 元/m^2，150×80 异型大花绿石材线条为 500 元/m。综合费率为 27%，计划利润率为 7%，税金为 3.659%，经甲乙双方商定人工为 50 元/工日，仅计算石材价差。

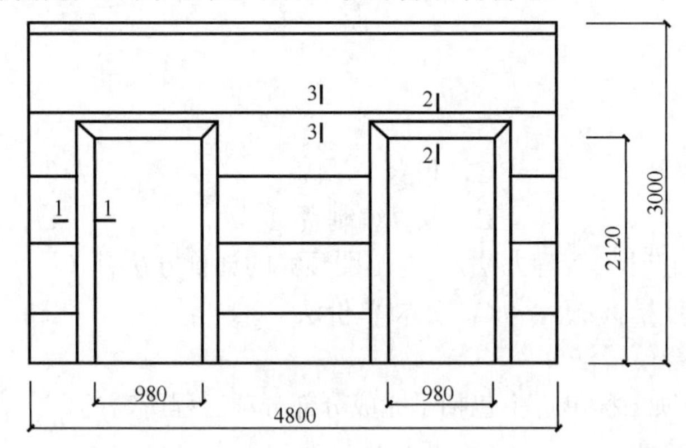

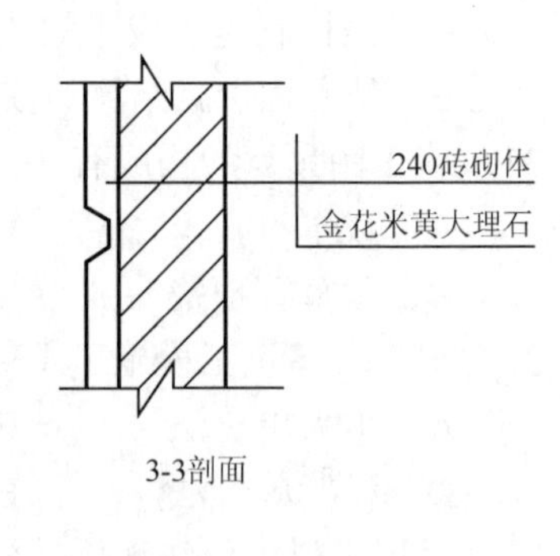

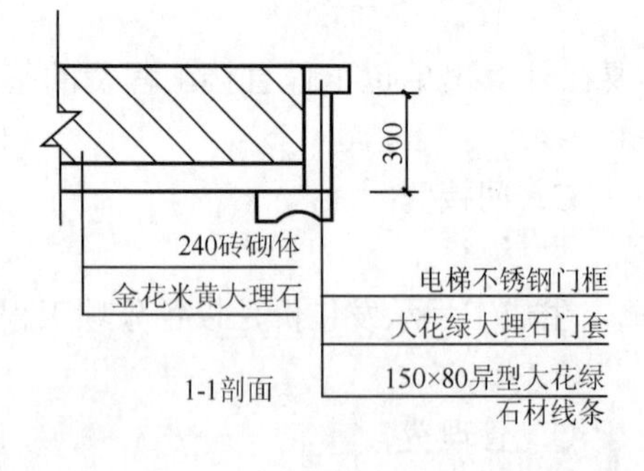

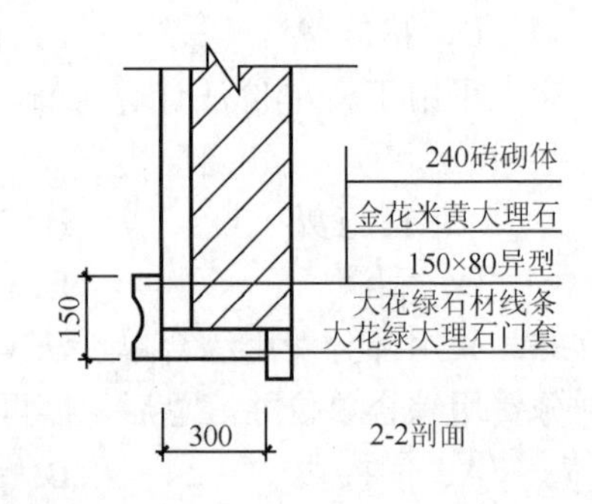

图 6-6　电梯间立面和结构图

2．某市一学院舞蹈教室，室内净面积为 12×21m^2，采用木地板楼面，木龙骨与现浇楼板

用 M8×80 膨胀螺丝固定其间距 300mm；硬木踢脚线长，高为 120mm，厚度为 20mm，油聚氨酯清漆三遍。具体结构如图 6-7 所示，试求该木地板工程的综合计价并进行工料机和造价分析。

3．某市某室内有一混凝土矩形柱，柱高 5.60m，柱断面尺寸为如图 6-8 所示的大样图，求该柱子装饰的综合计价并分析工料机。

4．某市一餐营业大厅平顶如图 6-9 所示。建筑层高 4.80m，天棚面层距地面高度为 4.00m。天棚采用如钢筋做吊筋，龙骨 50×50@400，吊在砼楼板下。五夹板基层上贴双面铝塑板分格。天棚上饰格栅灯照明。木龙骨刷防火漆两遍，求此天棚工程的综合计价并进行工料机分析。

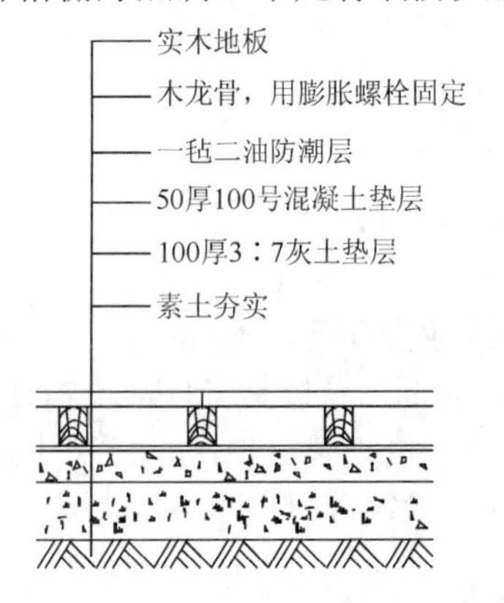

图 6-7　某地面实木地板结构图

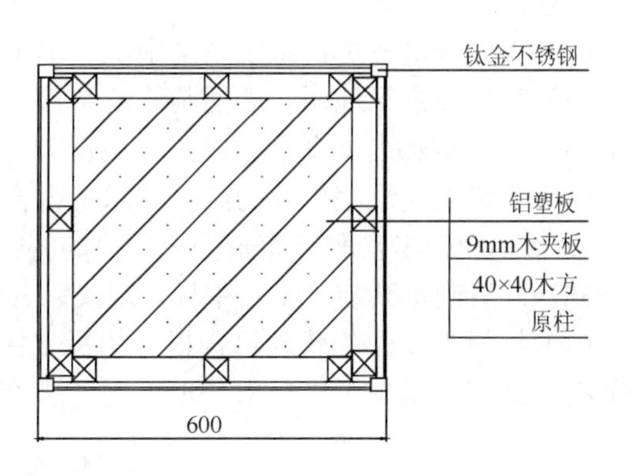

图 6-8　某柱装修结构图

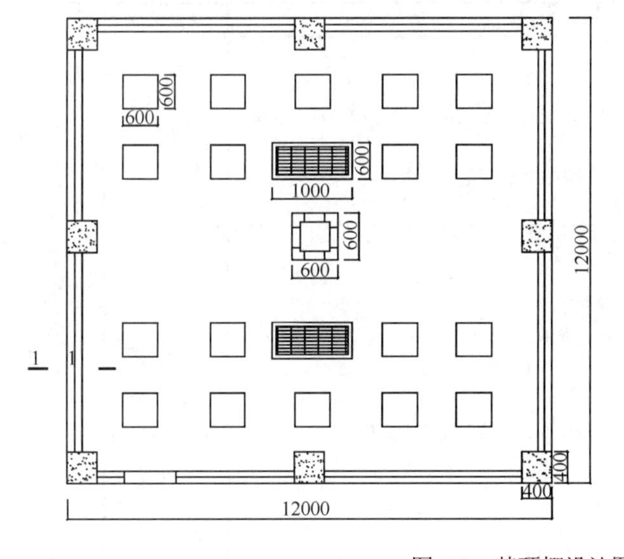

图 6-9　某顶棚设计图

三、案例分析题

1. 某宾馆装修改造项目采用工程量清单计价方式进行招投标，该项目装修合同工期为 3 个月，合同总价为 400 万元，合同约定实际完成工程量超过估计工程量 15%以上时调整单价，调整后的综合单价为原综合单价的 90%。合同约定客房地面铺地毯工程量为 3800m^2，单价为 140 元 / m^2；墙面贴壁纸工程量为 7500m^2，单价为 88 元 / m^2。施工过程中发生以下事件：

（1）装修进行 2 个月后，发包方以设计变更的形式通知承包方将公共走廊作为增加项目进行装修改造。走廊地面装修标准与客房装修标准相同，工程量为 980m^2；走廊墙面装修为高级乳胶漆，工程量为2300m^2，因工程量清单中无此项目，发包人与承包人依据合同约定协商后确定的乳胶漆的综合单价为15元/m^2。

（2）由于走廊设计变更等待新图样造成承包方停工待料5d，造成窝工50工日（每工日工资20元）。

（3）施工图样中浴厕间毛巾环为不锈钢材质，但由发包人编制的工程量清单中无此项目，故承包人投标时未进行报价。施工过程中，承包人自行采购了不锈钢毛巾环并进行安装。工程结算时，承包人按毛巾环实际采购价要求发包人进行结算。

问题：

（1）因工程量变更，施工合同中综合单价应如何确定？

（2）客房及走廊地面、墙面装修的结算工程款应为多少？

（3）由于走廊设计变更造成的工期及费用损失，承包人是否应得到补偿？

（4）承包人关于毛巾环的结算要求是否合理？为什么？

2. 某企业为丰富职工业余生活，决定将一座三层办公楼改为职工活动中心。工程采用开招标形式，最后确定某装饰公司中标。现仅以其中一间健身房为例，考核其工程造价的计价过程。

（1）招标人委派的代理机构根据招标文件、工程量清单计价规范、地区定额和本地区价方面的有关规定，编制了“分部分项工程量清单”（表6-25），清单中列明了装修做法。

表6-25　分部分项工程量清单

工程名称：某企业职工之家装修工程（健身房改造部分）

序号	项目编码	项目名称	计量单位	工程数量
1	011104001001	楼地面地毯 CP-01 1. 基层清理； 2. 抹找平层：找平层厚度、砂浆配合比，20mm 厚 1：2.5 水泥砂浆； 3. 铺贴面层：山花地毯； 4. 装钉压缝条、收口条：压缝条材料种类为木压条； 5. 黏结材料种类：建筑胶	m^2	55.44
2	011302001001	顶棚吊顶 PT-01（吊顶形式：平顶） 1. 基层清理； 2. 龙骨安装：U 型轻钢龙骨（龙牌）； 3. 面层铺贴：纸面石膏板（龙牌）； 4. 嵌缝、贴网格布； 5. 刮腻子：耐水腻子； 6. 刷防护材料、油漆：多乐士五合一墙面乳胶漆三遍； 7. 材料运输	m^2	55.44
3	011408001001	壁纸墙面 CL-OI 1. 基层清理； 2. 刮腻子：腻子材料种类为防裂腻子； 3. 面层粘贴：壁纸（欧雅牌）； 4. 嵌缝	m^2	70.5
4	010805005001	全玻门（无扇框）M-01 1. 门扇制作、运输、安装：双扇平开玻璃门（玻璃材料品种、厚度为 6+6 胶合强化清玻璃）； 2. 五金安装：地弹簧 2 个，门夹 2 个，锁夹 1 个； 3. 刷防护材料、油漆	樘	1

（2）招标文件中说明：

1）为了不影响旁边办公楼的正常办公，投标人必须采取防噪措施，降低噪声。

2）对原有的设施要进行保护。

3）工程完工后，必须进行室内空气污染检测。

4）考虑到改造工程不可避免地会发生设计变更和洽商，预留 1 000 元预留金，总包服务费按 1 000 元考虑。

5）暂不考虑各种规费。

（3）施工企业结合自身情况，采用低费率报价，即管理费按人工费的 70%，利润按人工费的 50%计算，税金取 3.4%。

（4）施工单位最终确定的各项费用如下。

1）文明施工费：1 500 元（降噪）。

2）已完工程保护费：2 000 元。

3）室内空气污染检测：1 000 元。

问题：

（1）根据本地区装饰工程消耗量、预算价格，按照《建设工程工程量清单计价规范》中综合单价的内容要求，完成“分部分项工程量清单综合单价分析表”。

（2）编制完成分部分项工程量清单计价表。

（3）编制完成措施项目清单计价表。

（4）编制完成其他项目清单计价表。

（5）编制完成单位工程费汇总表。

四、思考题

1．设计概算的作用是什么？

2．装饰工程施工图预算编制的依据和条件是什么？

3．装饰工程施工图预算编制的步骤是什么？

4．装饰工程工料机分析的作用是什么？

5．装饰工程工料机分析的步骤是什么？

室内装饰工程量清单及清单计价

教学目标

本章主要介绍工程量清单和清单计价的概念、特点、意义和作用，以及工程量清单和工程量清单计价格式。了解工程量清单概念、特点，以及工程量清单和工程量清单计价格式，熟悉《建设工程工程量清单计价规范》(GB 50500—2013)，以及《房屋建筑与装饰工程计量规范》(GB 500854—2013)，重点掌握工程量清单及其计价的编制原则和方法。

教学要求

知识要点	能力要求	相关知识
建设部工程项目《计价规范》	了解《计价规范》基本概念、主要内容和优缺特点	计价规范（GB 50500—2013）、计量规范（GB 500854—2013）、工程量清单
室内装饰工程量清单及其计价内容	(1) 掌握工程量清单内容; (2) 掌握工程量清单计价内容	分部分项工程量清单、措施项目清单、其他项目清单、规费项目清单、税金项目清单、综合单价

基本概念

计价规范（GB 50500—2013）、计量规范（GB 500854—2013）、工程量清单、分部分项工程量清单、措施项目清单、其他项目清单、规费项目清单、税金项目清单、综合单价。

引例

自从2013年我国执行建设工程工程量清单计价以来，我国已经从传统的定额计价方式过渡到今天的工程量清单计价模式，2008年、2013年在原来的基础上进行了两次补充修订。究竟新版工程量清单和清单计价有什么变化、有什么特点？工程量清单和工程量清单计价格式发生哪些变化？本章主要介绍程量清单及其计价的编制原则和方法。

例如，措施项目清单中应包括为完成工程项目施工而发生在施工前和施工过程中的非工程实体项目。编制措施项目清单时，若出现《建设工程工程量清单计价规范》中措施项目一览表未列的项目，编制人（　　）。

A. 不得对措施项目一览表进行补充

B. 可以将其与其他措施项目合并

C. 可以根据拟建工程的实际情况进行补充

D. 可以将其费用综合在分部分项工程量清单中

例如，按照《建设工程工程量清单计价规范》的规定，工程量清单包括（　　）。

A. 分部分项工程量清单　　B. 零星工程项目清单

C. 措施项目清单　　D. 其他项目清单

E. 工程量表

工程量清单包含分部分项工程项目清单、措施项目清单、其他项目清单、规费项目清单和税金项目清单。

7.1 概　述

7.1.1 简要说明

住房与城乡建设部和国家质量监督总局于2013年修订并颁布了《建设工程工程量清单计价规范》（GB50500-2013）（以下统称《计价规范》）和《房屋建筑与装饰工程计量规范》（GB500854-2013）（以下统称《计量规范》），它的发布是为了统一常规的经营性、政策性、技术性活动，并将其纳入行政性规定范畴，属于一种衡量准则、国家标准的范畴，从而为建设工程招标投标及其计价活动健康有序的发展，提供了有效的依据。《计价规范》和《计量规范》在政府宏观调控方面和市场竞争形成价格方面有指导意义。

《计价规范》还对推行工程量清单计价模式的编制依据、适用范围、构成内容、相关术语、指导思想与原则、合同执行与索赔、工程量清单与计价编制方法和计价标准格式等进行了明确的规定和说明。修订的《计价规范》共15章和附录构成，包括总则、术语、一般规定、招标工程量清单、招标控制价、投标报价、工程计量、合同价约定与调整，以及中期支付、竣工结算与支付、合同价款争议的解决、工程计量资料与档案、计价表格等。新规范主要针对2003、2008年的《计价规范》执行中存在的问题，特别是清理拖欠工程款工作中普遍反映的，在工程实施阶段中有关工程价款调整、支付、结算等方面缺乏依据的问题，主要修订了原规范正文中不尽合理、可操作性不强的条款及表格格式，特别增加了采用工程量清单计价如何编制工程量清单和招标控制价、投标报价、合同价款约定，以及工程计量与价款支付、工程价款调整、索赔、竣工结算、工程计价争议处理等内容，并增加了条文说明。对工程量清单与工程量清单计价应包括的内涵、编制方法与统一格式都做了明确规定。

《计量规范》则是为规范房屋建筑与装饰工程工程造价计量行为，统一房屋建筑与装饰工程工程量清单的编制、项目设置和计量规则而制定，主要适用于房屋建筑与装饰工程施工发承包计价活动中的工程量清单编制和工程量计算。《计量规范》共 5 章，即包括总则、术语、一般规定、分部分项工程、措施项目和 17 个附录，与室内装饰工程密切相关的是附录 K 的楼地面装饰工程、附录 L 的墙、柱面装饰与隔断、幕墙工程、附录 M 的天棚工程、附录 N 的油漆、涂料、裱糊工程和附录 O 的其他装饰工程，以及附录 Q 的措施项目。《计量规范》的附录是在 2003 年、2008 年的《计价规范》合并修改而成的。

7.1.2 《计价规范》的特点

1. 《计价规范》的统一性

主要表现在统一了清单的项目和组成，统一了各分部分项工程的项目名称、计量单位、项目编码和工程量计算规则，即“四统一”规则。把非实体项目统一在措施项目和其他项目中，规定了分部分项工程的项目清单和措施项目清单一律以“综合单价”报价，为建立全国统一计价方式和计价行为提供了依据。

2. 《计价规范》的强制性

工程量清单计价是由建设主管部门按照强制性国家标准的要求批准颁布的，规定全部使用国有资金或国有资金投资为主的大中型建设工程应按计价规范规定执行；并明确工程量清单是招标文件的组成部分，并规定了招投标人在编制清单和投标人编制报价时，必须遵守《计价规范》的规定。

3. 《计价规范》的实用性

附录中工程量清单项目及计算规则的项目名称表现的是工程实体项目，项目名称明确清晰，工程量计算规则简洁明了；特别还列有项目特征和工程内容，易于编制工程量清单时确定具体项目名称和投标报价，投标人还可根据所描述的工程内容和项目特征，结合自身的实际情况确定报价并易于计算。

4. 《计价规范》的自主性和市场性

《计价规范》特别强调了由企业自主报价，市场形成价格。《计价规范》中的实体项目没有规定工、料、机的消耗量，由企业根据自己的实际情况确定，工、料、机的单价可根据市场行情确定；相关的措施项目，投标企业也可根据工程的实际情况和施工组织设计自行确定，视具体情况以企业的个别成本报价，最后由市场形成价格。这种方式为企业的报价提供了适用于自身生产效率的自主空间，体现出企业的实力，而且为了不断提高自身的竞争能力，还会促使施工企业总结经验，努力提高自己的管理水平和技术能力，同时引导企业积累资料，编制自己的消耗量定额，以适应市场发展的需要。但根据我国市场现状，今后还需要有全国性和地方性统一定额存在，然而其主导作用在于指导性，不是一种法定性指标，而是鼓励企业制定自己的企业定额。

5. 《计价规范》的通用性

采用工程量清单计价将与国际建设市场接轨，符合工程量计算方法标准化、工程量计算规则统一化、工程造价确定市场化的要求。

7.1.3　室内装饰工程工程量清单计价的优点

室内装饰工程工程量清单计价是投标人完成招标人提供的工程量清单中的各个项目的内容、数量所需的全部费用，包括分部分项工程费、措施项目费、其他项目费和规费、税金。它不同于传统的定额计价方式，具有以下的优点。

1. 工程量清单给投标单位提供了公平竞争的基础

由于工程量清单作为招标文件的组成部分，包括了拟建工程的分部分项工程项目、措施项目、其他项目名称和相应数量的明细清单，由招标人负责统一提供，从而有效地保证了投标单位的竞争基础的一致性，减少了由于投标单位编制投标文件时出现的偶然性技术误差而导致投标失败的可能，充分体现招标公平竞争的原则。同时，由于工程量清单的统一提供，简化了投标报价的计算过程，节省了时间，减少了不必要的重复劳动。

2. 采用工程量清单招标体现企业的自主性

工程的质量、造价、工期之间存在着必然的联系，投标企业报价时必须综合考虑工程的质量、造价、工期，以及招标文件规定完成工程量清单所需的全部费用，不仅要考虑工程本身的实际情况，还要求企业将进度、质量、工艺及管理技术等方案落实到清单项目报价中，在竞争中真正体现企业的综合实力。

3. 工程量清单计价有利于风险的合理分担

由于室内装饰工程本身的特性，即工程的不确定性和变更要素较多，工程建设报价的风险较大。采用工程量清单计价模式后，投标单位只对自己所报的成本、单价等负责，而对工程量的变更或计算错误等不负责任，因此，由这部分引起的风险也由业主承担，这种格局符合风险合理分担与责任权利关系对等的原则。

4. 工程量清单招标有利于室内装饰工程的管理和控制

在传统的招标投标方法中，标底一直是个关键的要素，标底的正确与否、保密程度如何一直是人们关注的焦点。采用工程量清单招标，工程量清单作为招标文件的一部分，是公开的。同时，标底的作用也在招标中淡化，只是起到一定的控制或最高限价作用，对评定标的影响越来越小，在适当时甚至可以不设标底。这就从根本上消除了标底泄露所带来的负面影响。

工程量清单招标有利于企业精心控制成本，促进企业建立自己的定额库。工程中标后，中标企业可以根据中标价及投标文件中的承诺，通过对单位工程成本、利润进行分析，统筹考虑，精心选择施工方案，逐步建立企业自己的定额库，通过在施工过程中不断的调整、优化组合；合理控制现场费用和施工技术措施费用等，从而不断地促进企业自身的发展和进步。

5. 工程量清单有利于控制工程索赔

在传统的招标方式中，“低价中标、高价索赔”的现象屡见不鲜，其中，设计变更、现场签证、技术措施费用及价格是索赔的主要内容。在工程量清单计价招标中，由于单项工程的综合单价不因施工数量、施工难易程度、施工技术措施差异、取费的变化而调整，大大减少了施工单位不合理索赔的可能。

7.1.4 工程量清单计价的意义

1. 工程造价管理深化改革的产物

在计划经济体制下，我国承发包计价、定价以工程预算定额作为主要依据。20 世纪 90 年代以后，为了适应市场经济对建设市场改革的要求，提出了“控制量、指导价、竞争费”的改革措施。其中对工程预算定额改革的主要思路和原则是，将工程预算定额中的人工、材料、机械的消耗量和相应的单价分离，人、材、机的消耗量是国家根据有关规范、标准，以及社会的平均水平来确定的。“控制量”的目的就是保证工程质量，“指导价”就是要使工程造价逐步走向市场形成价格。

然而随着建设市场化进程的发展，这种做法仍然难以改变工程预算定额中国家指令性的状况，难以满足招标投标和评标的择优要求。因为，控制量反映的是社会平均消耗水平，特别是现行预算定额未区分施工实物性消耗和施工措施性消耗，在定额消耗量中包含了施工措施项目的消耗量。我国长期以来，施工措施费用大都考虑的是正常的施工条件和合理的施工组织，反映出来的是一个社会平均消耗量，然后以一定的摊销量或一定比例，按定额规定的统一的计算方法计算后并入工程实体项目。它不能准确地反映各个企业的实际消耗量，不能全面地体现企业技术装备水平、管理水平和劳动生产率，不利于施工企业发挥优势，也就不能充分体现市场的公平竞争。

工程量清单计价提供了一种由市场形成价格的新模式，将改革以工程预算定额为计价依据的计价模式。我国改革开放以来，工程建设成就巨大，但是资源浪费也极为严重，重复建设和“三超”现象仍较严重。其根本问题在于政府（包括制度、法律、法规）、建设行业（包括业主、监理、咨询、工程承包商、银行、保险、材料与设备配套供应和租赁行业等）与市场之间没有形成良性工程造价管理与控制的有效市场运行机制。为了改变工程建设中存在的种种问题，推行工程量清单计价是充分发挥市场价值与竞争机制的作用，形成和完善工程造价政府宏观调控，市场竞争决定价格，将工程造价管理纳入法治的轨道，是规范建设市场经济秩序的一项治本之策。这将会给我国建设市场和工程建设与行业的发展带来更大的活力。

2. 规范建设市场秩序，适应社会主义市场经济发展的需要

工程造价是工程建设的核心内容，也是建设市场运行的核心内容，建设市场上存在许多不规范行为，大多与工程造价有关。工程预算定额定价在公开、公平、公正竞争方面，缺乏合理完善的机制。实现建设市场的良性发展，除了法律法规和行政监管以外，发挥市场机制的“竞争”和“价格”作用是治本之策。工程量清单计价是市场形成工程造价的主要形式，它把报价权交给了企业，从而规范建设市场秩序。主要体现在以下几方面。

（1）有利于人们转变传统定额依据观念，树立新的市场观，变靠政府为靠自己，运用法律法规保护企业利益，靠改善营销策略和挖掘技术潜力获得最大回报。

（2）有利于规范业主招标盲目压价、暗箱操作等不正之风，体现公开、公平、公正的原则；同时也有利于发挥建筑企业自主报价的能力，促进企业在营销决策、技术管理和企业定额等基础工作上下工夫，在创品牌上努力攀登。

（3）有利于实现由政府定价到市场定价，发挥政府宏观调控和行业管理作用。

总之，有利于充分发挥政府、社会公众、业主、承包商之间的协调作用，创造政府宏观调

控、企业自主定价的市场环境，保障了投资、建设、施工各方的利益。

3. 促进建设市场有序竞争和企业健康发展的需要

采用工程量清单计价模式招标投标，由于工程量清单是招标文件的组成部分，招标单位必须编制出准确的工程量清单，并承担相应的风险，从而促进招标单位提高管理水平。由于工程量清单是公开的，将避免工程招标中的弄虚作假、暗箱操作等不规范行为。采用工程量清单报价，施工企业必须对单位工程成本、利润进行分析，统筹考虑、精心选择施工方案，并根据企业定额合理确定人工、材料、施工机械等要素的投入与配置，优化组合，合理控制现场人、材、机费用和施工技术措施费用，从而确定本企业具有竞争力的投标价。

工程量清单计价的实行，有利于规范建设市场计价行为，规范建设市场秩序，促进建设市场有序竞争；有利于控制建设项目投资，合理利用资源；有利于促进技术进步，提高劳动生产率。

此外，建设市场计价行为和市场秩序的规范，将有利于控制建设项目投资，合理利用资源，提高工程质量，加快工程建设周期，从根本上提高建设业整体，即设计、咨询、监理、承包等的素质和企业间的协调能力，改善协作条件。

4. 有利于我国工程造价管理政府职能的转变

按照政府部门真正履行起“经济调节、市场监管、社会管理和公共服务”职能的要求，政府对工程造价管理的模式要相应改变，将推行政府宏观调控、企业自主报价、市场竞争形成价格、社会全面监督的工程造价管理思路。实行工程量清单计价，将会有利于我国工程造价管理政府职能的转变，由过去政府控制的指令性定额转变为制定适应市场经济规律需要的工程量清单计价方法，由过去行政直接干预转变为对工程造价依法监管，有效地强化政府对工程造价的宏观调控。

5. 适应我国加入世界贸易组织（WTO）与国外建设市场相结合的需要

由于我国改革开放的进一步深化，中国经济日益融入全球市场，特别是我国加入世界贸易组织（WTO）后，建设市场将进一步对外开放。国外的企业，以及投资的项目越来越多地进入国内市场，我国企业走出国门在海外投资和经营的项目也在增加。为了适应这种对外开放建设市场的形势，就必须与国际通行的计价方法相适应，为建设市场主体创造一个与国际惯例接轨的市场竞争环境。

此外，工程总承包是指从事工程总承包的企业受业主委托，按照合同约定对工程项目的勘察、设计、采购、施工、试运行（竣工验收）等实行全过程或若干阶段的承包。工程总承包企业按照合同约定对工程项目的质量、工期、造价等向业主负责。工程总承包企业可依法将所承包工程中的部分工作发包给具有相应资质的分包企业；分包企业按照分总承包企业在合同中约定。从这里可以看到，我国工程承包管理体制和计价方式改革都已经启动，是相辅相成、相互渗透的配套改革措施。实行工程量清单计价将会给我国工程总承包管理体制和总承包企业与工程项目管理企业的建立创造更有利的条件，并会起到积极的推动作用。工程量清单计价是国际通行的计价做法，在我国实行工程量清单计价，有利于提高国内建设各方主体参与国际化竞争的能力，有利于提高工程建设的管理水平，规范国内建筑市场，形成市场有序竞争的新机制。

7.2 室内装饰工程量清单及其计价内容

我国长久以来采用“量价合一”的定额计价方式，工料机的消耗量所反映的是社会平均消耗水平，其单价和各种取费也采用的是带有指令性的价格，不能反映企业的实际消耗水平和市场价格的灵活性，不能体现企业技术装备水平、管理水平和劳动生产率，不利于市场的竞争，是长期以来计划经济的产物。

随着改革开放的步伐进一步加快，市场经济不断完善，特别是加入 WTO 以后，我国的经济已融入全球市场，建设市场也进一步对外开放，国外的企业，以及投资项目越来越多地进入我国市场，我国的建筑企业在国外投资的项目也日益增加，使我国的建筑企业不仅面临着国内同行业的竞争，而且还面临着与装备更精良、技术更先进的国外企业的竞争。

为了适应市场经济发展的要求、适应对外开放建设市场的形式，2013 年在 2003 年、2008 年的《计价规范》的基础上修改并颁布了《建设工程工程量清单计价规范》(GB 50500—2013) 和《房屋建筑与装饰工程计量规范》(GB 500854—2013)，并规定于 2013 年 7 月 1 日执行。该规范是结合我国工程造价的管理现状，参照国际上有关工程量清单计价通行的做法编制的，是以“政府宏观调控、企业自主报价、市场形成价格”为指导思想，创造一个公平、公正、公开竞争的环境，既与国际惯例接轨，又考虑了我国的实际情况。这是我国工程造价计价方式适应社会主义市场经济发展的一次重大改革，不仅为建设工程招标、投标健康有序的发展提供了依据，而且规范了国内的建筑市场，促进建设市场的有序竞争和建筑施工企业的健康发展，有利于提高我国建设主体在国内及国际上的竞争能力。

7.2.1 基本概念

工程量清单是招标文件的组成部分，是对招标人和投标人都具有约束力的重要文件，体现了招标人要求投标人完成的工程项目及相应的工程数量，全面反映了报价的要求，也是编制标底和投标报价的依据，是由招标人或招标代理机构根据实际工程情况编写的。

工程量清单是将拟建室内装饰工程中的实体项目和非实体项目，按照《计价规范》的要求，表现出的名称和相应数量的明细清单，由分部分项工程项目清单、措施项目清单、其他项目清单、规费项目和税金项目五种清单组成，反映拟建室内装饰工程的全部工程内容和为实现这些工程内容而进行的一切工作。

工程量清单计价是投标人完成招标人提供的工程量清单中的各个项目的内容、数量所需的全部费用，包括分部分项工程费、措施项目费、其他项目费和规费、税金。企业可根据拟建室内装饰工程的施工组织设计和具体的施工方案，结合自身的实际情况对室内装饰工程所涉及的三种清单的费用自主报价。为了简化计价程序，实现与国际接轨，采用综合单价（该单价包括人工费、材料费、机械使用费、综合费、利润，还需要考虑风险因素），规费和税金按照国家及各行业的规定执行。

对于招标单位，清单的计算对象主要是工程实物，一般不考虑施工方法和工艺等对工程量的影响，清单编制相对简单，而且采用综合单价的计价方法，不因各种因素的变化而调整，有利于控制工程造价；对于投标单位有利于明确实体与非实体费用支出的性质，在统一工程量的基础上，考虑工程实际情况，按照所采取的施工工艺、施工方法等，充分发挥能动性，挖掘潜力，根据自己的能力报价，以形成的个别成本参加竞争。这样对同一产品在竞争中反映出了不同的价格，按市场竞争的原则，选择最低价格定价。其实质就是市场定价，即通过规范的市场竞争，得到合理的室内装饰产品的价格，体现了室内装饰工程产品生产的单件性、地域性和生产方式的多样性的特点。

7.2.2　工程量清单内容

工程量清单是工程量清单计价的重要手段和工具，也是我国实行工程量清单计价，推行新的建设工程计价制度和方法，彻底改革传统计价制度和方法，以及改革招标投标程序和模式的重要标志。工程量清单计价方法和模式是一套符合市场经济规律的科学报价体系。工程量清单的编制，是招标方（业主）进行招标之前的一项重要的准备工作，是招标文件中不可缺少的十分重要的招标文件之一，是工程造价合同管理与系统控制的一个重要依据。编制工程量清单必须符合相关原则和规定，如果出现差错，就会给招标投标与计价实施带来较多问题。

工程量清单是指表现拟建工程的分部分项工程项目、措施项目、其他项目、规费项目、税金项目名称和相应数量的明细清单，是招标人按照招标要求和施工设计图纸规定将拟建招标工程的全部项目和内容，依据工程量清单计价规范附录中统一的项目编码、项目名称、计量单位和工程量计算规则进行编制，包括分部分项工程量清单、措施项目清单、其他项目清单，是招标文件的重要组成部分。《中华人民共和国招标投标法》规定，招标文件应当包括招标项目的技术要求和投标报价要求。工程量清单应体现招标人要求投标完成的工程项目、技术要求及相应工程数量，全面反映投标报价的要求，是投标人进行报价的依据。所以工程量清单应是招标文件不可分割的主要组成部分。

工程量清单应由具有编制招标文件能力的招标人，或受其委托具有相应资质的中介机构进行编制。编制工程量清单是一项专业性、综合性很强的工作，完整、准确的工程量清单是保证招标质量的重要条件。

1. 分部分项工程量清单

分部分项工程量清单为不可调整清单。投标人对招标文件提供的分部分项工程量清单经过认真复核后，必须逐一计价，对清单所列项目和内容不允许做任何更改变动。投标人如果认为清单项目和内容有遗漏或不妥，只能通过质疑的方式由清单编制人进行统一的修改更正，并将修正的工程量清单项目或内容作为工程量清单的补充以招标答疑的形式发往所有投标人。

1）工程量清单编码

工程量清单的编码，主要是指分部分项工程工程量清单的编码。由于室内装饰产品的特性，即室内装饰方法繁多、装饰工艺复杂、装饰材料多变等。以墙面装饰为例构成墙面类型、材料类型、不同操作工艺和墙体面层的不同组合等多种类型。识别不同墙面装饰没有科学的编码区分，其清单分项就无法正确地表达与描述。此外，信息技术已在工程造价软件中得到广泛运用，若无统一编码则无法让公众接受与识别并得到信息技术的支持。没有清单分项的科学编码，招标响应、企业定额的制定等就缺乏统一的依据。《计价规范》以上述因素为前提，对分部分项工程量清单分项编码做了严格科学的规定，并作为必须遵循的规定条款。

《房屋建筑与装饰工程计量规范》（GB 500854—2013）对分部分项工程量清单的编制有以下

强制性规定。

（1）《计量规范》条文说明第 4.0.1 条规定：分部分项工程量清单应包括项目编码、项目名称、项目特征、计量单位和工程量，这五个要件在分部分项工程量清单的组成中缺一不可。

（2）《计量规范》条文说明第 4.0.3 条规定了工程量清单编码的表示方式：十二位阿拉伯数字及其设置规定。各位数字的含义是一、二位为专业工程代码（01——房屋建筑与装饰工程；02——仿古建筑工程；03——通用安装工程；04——市政工程；05——园林绿化工程；06——矿山工程；07——构筑物工程；08——城市轨道交通工程；09——爆破工程，以后进入国标的专业工程代码以此类推）；三、四位为附录分类顺序码；五、六位为分部工程顺序码；七、八、九位为分项工程项目名称顺序码；十至十二位为清单项目名称顺序码。

当同一标段（或合同段）的一份工程量清单中含有多个单位工程且工程量清单是以单位工程为编制对象时，在编制工程量清单时应特别注意对项目编码十至十二位的设置不得有重码的规定。例如，一个标段（或合同段）的工程量清单中含有三个单位工程，每一单位工程中都有项目特征相同的实心砖墙砌体，在工程量清单中又需要反映三个不同单位工程的实心砖墙砌体工程量时，则第一个单位工程的实心砖墙的项目编码应为 010401003001，第二个单位工程的实心砖墙的项目编码应为 010401003002，第三个单位工程的实心砖墙的项目编码应为 010401003003，并分别列出各单位工程实心砖墙的工程量，如图 7-1 所示。

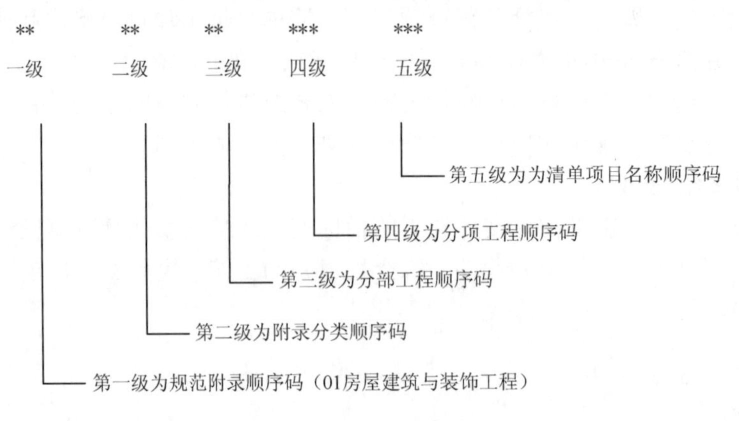

图 7-1　项目编码组成

2）项目名称

《计量规范》条文说明第 4.0.4 条规定了分部分项工程量清单项目的名称应按附录中的项目名称，结合拟建工程的实际确定。

《计量规范》条文说明第 4.0.10 条规定：随着工程建设中新材料、新技术、新工艺等的不断涌现，本规范附录所列的工程量清单项目不可能包含所有项目。在编制工程量清单时，当出现本规范附录中未包括的清单项目时，编制人应做补充。在编制补充项目时应注意以下三个方面。

（1）补充项目的编码应按本规范的规定确定。具体做法如下：补充项目的编码由本规范的代码 01 与 B 和三位阿拉伯数字组成，并应从 01B001 起顺序编制，同一招标工程的项目不得重码。

（2）在工程量清单中应附补充项目的项目名称、项目特征、计量单位、工程量计算规则和工作内容。

（3）将编制的补充项目报省级或行业工程造价管理机构备案。

3）项目特征

《计量规范》条文说明第 4.0.5 条规定：工程量清单的项目特征是确定一个清单项目综合单价不可缺少的重要依据，在编制工程量清单时，必须对项目特征进行准确和全面的描述。但有些项目特征用文字往往又难以准确和全面的描述清楚。因此，为达到规范、简捷、准确、全面描述项目特征的要求，在描述工程量清单项目特征时应按以下原则进行。

（1）项目特征描述的内容应按附录中的规定，结合拟建工程的实际，能满足确定综合单价的需要。

（2）若采用标准图集或施工图样能够全部或部分满足项目特征描述的要求，项目特征描述可直接采用详见××图集或××图号的方式。对不能满足项目特征描述要求的部分，仍应用文字描述。

4）计量单位

《计量规范》条文说明第 4.0.7 条规定了工程量清单的计量单位应按附录中规定的计量单位确定。

《计量规范》条文说明第 4.0.8 条规定了本规范附录中有两个或两个以上计量单位的项目，在工程计量时，应结合拟建工程项目的实际情况，选择其中一个作为计量单位，在同一个建设项目（或标段、合同段）中，有多个单位工程的相同项目计量单位必须保持一致。

5）工程数量

《计量规范》条文说明第 4.0.9 条规定了工程计量时，每一项目汇总工程量的有效位数应遵守下列规定：

（1）以“t”为单位，应保留三位小数，第四位小数四舍五入；

（2）以“m^3”、“m^2”、“m”、“kg”为单位，应保留两位小数，第三位小数四舍五入；

（3）以“个”、“项”等为单位，应取整数。

表 7-1 是楼地面镶贴面层的分部分项工程。

表 7-1　表 K.2 楼地面镶贴（编码：011102）

项目编码	项目名称	项目特征	计量单位	工程量计算规则	工程内容
011102001	石材楼地面	1. 找平层厚度、砂浆配合比； 2. 结合层厚度、砂浆配合比； 3. 面层材料品种、规格、颜色； 4. 嵌缝材料种类； 5. 防护层材料种类； 6. 酸洗、打蜡要求	m^2	按设计图示尺寸以面积计算。门洞、空圈、暖气包槽、壁龛的开口部分并入相应的工程量内	1. 基层清理、抹找平层； 2. 面层铺设、磨边； 3. 嵌缝； 4. 刷防护材料； 5. 酸洗、打蜡； 6. 材料运输
011102002	碎石材楼地面				
011102003	块料楼地面	1. 垫层材料种类、厚度； 2. 找平层厚度、砂浆配合比； 3. 结合层厚度、砂浆配合比； 4. 面层材料品种、规格、颜色； 5. 嵌缝材料种类； 6. 防护层材料种类； 7. 酸洗、打蜡要求			

2. 措施项目清单

“措施项目”是相对于工程实体的分部分项工程项目而言，对实际施工中必须发生的施工准备和施工过程中技术、生活、安全、环境保护等方面的非工程实体项目的总称。例如，安全文明施工、模板工程、脚手架工程等。任何一个工程建设项目成本一般主要包括完成工程实体项目的费用，施工前期和过程中的施工措施费用，以及工程建设过程中发生的经营管理费用。在定额计价体系中，施工措施费用大都以一定的摊销量或一定比例，按定额规定的统一的计算方法计算后并入工程实体定额的消费量中。显然定额所含施工措施消耗量的标准是一个社会平均水平。《计价规范》和《计量规范》把非工程实体项目（措施项目）与工程实体项目进行了分离。工程量清单计价规范规定措施项目清单金额应根据拟建工程的施工方案或施工组织设计，由投标人自主报价。这项改革的重要意义是与国际惯例接轨，把施工措施费这一反映施工企业综合实力的费用纳入了市场竞争的范畴。这一费用的竞争将反映施工企业技术与管理和个别成本的竞争，体现公平和优胜劣汰，将极大地调动施工企业以提高施工技术、加强施工管理为手段降低工程成本的主动性和积极性。

措施项目清单为可调整清单，投标人对招标文件的工程量清单中所列项目和内容，可根据企业自身特点和施工组织设计做变更增减。投标人要对拟建工程可能发生的措施项目和措施费用进行通盘考虑，清单计价一经报出，即被认为是包括了所有应该发生的措施项目的全部费用。如果报出的清单中没有列项，且施工中又必须发生的项目，业主有权认为，其已经综合在分部分项工程量清单的综合单价中。将来措施项目发生时投标人不得以任何理由提出索赔与调整。

措施项目也与分部分项工程一样，编制工程量清单必须列出项目编码、项目名称、项目特征、计量单位。由于影响措施项目设置的因素太多，《计量规范》不可能将施工中可能出现的措施项目一一列出。在编制措施项目清单时，因工程情况不同，出现本规范及附录中未列的措施项目，可根据工程的具体情况对措施项目清单进行补充，且补充项目的有关规定及编码的设置应按《计量规范》条文说明第 4.0.10 条执行。

3. 其他项目清单

其他项目清单是指包括暂列金额、暂估价（包括材料暂估价、专业工程暂估价）、计日工和总承包服务费等方面的内容，应包括人工费、材料费、机械使用费、管理费及风险费。其他项目清单由招标人部分、投标人部分两部分内容组成，以上没有列出的根据工程实际情况补充。

（1）暂列金额。招标人在工程量清单中暂定并包括在合同价款中的一笔款项，用于施工合同签订时尚未确定或者不可预见的所需材料、设备、服务的采购，施工中可能发生的工程变更、合同约定调整因素出现时的工程价款调整，以及发生的索赔、现场签证确认等的费用。

（2）暂估价。招标人在工程量清单中提供的用于支付必然发生但暂时不能确定价格的材料的单价，以及专业工程的金额。

（3）计日工。在施工过程中，完成发包人提出的施工图纸以外的零星项目或工作，按合同中约定的综合单价计价。

（4）总承包服务费。总承包人为配合协调发包人进行的工程分包自行采购的设备、材料等进行管理、服务，以及施工现场管理、竣工资料汇总整理等服务所需的费用。

4. 规费项目清单

规费是指按规定必须计入工程造价的行政事业性收费。按照国家或省、市、自治区人民政府规定，必须缴纳并允许计入工程造价的各项税费之和。规费项目清单主要包括工程排污费、工程定额测定费、社会保障险（包括养老保险费、失业保险费、医疗保险费）、住房公积金、工伤保险（危险作业意外伤害险）。

1）工程排污费项目

工程排污费是一项行政事业性收费，指在室内装修过程中污染物的排放，内容包括废气、废水、废物等各种废弃原材料和物资的费用，一般由环保部门根据工程实际情况来制定。

2）社会保障险项目

社会保险是指国家通过立法强制建立社会保险基金，对参加劳动关系的劳动者在丧失劳动能力或失业时给予必要的特质帮助的制度，社会保险不以营利为目的。

社会保险主要是通过筹集社会保险基金，并在一定范围内对社会保险基金实行统筹调剂至劳动者遭遇劳动风险对给予必要的帮助，社会保险对劳动者提供的是基本生活保障，只要劳动者符合享受社会保险的条件（与用人单位建立了劳动关系，或者已按规定缴纳了各项社会保险费），即可享受社会保险待遇。社会保险是社会保障制度中的核心内容。

（1）养老保险。养老保险指劳动者在达到法定退休年龄或因年老、疾病丧失劳动能力时，按国家规定退出工作岗位并享受社会给予一定物质帮助的一种社会保险制度。我国的离休、退休、退职制度属于养老保险范畴。养老保险待遇包括离休、退休费、退职生活费，以及物价补贴和生活补贴等。

（2）医疗保险。医疗保险指劳动者因疾病、伤残或生育等原因需要治疗时，由国家和社会提供必要的医疗服务和物质帮助的一种社会保险制度。

（3）失业保险。失业保险指国家通过建立失业保险基金的办法，对因某种情形失去工作而暂时中断生活来源的劳动者提供一定基本生活需要，并帮助其重新就业的一种社会保险制度。

（4）住房公积金。住房公积金是指职工个人及其所在单位按照职工个人工资收入一定比例逐月缴存，具有保障性和互助性的职工个人住房储金。职工缴存的住房公积金和职工所在单位为职工缴存的住房公积金，属于职工个人所有。

国务院《住房公积金管理条例》规定，国家机关、企事业单位、外方投资企业及城镇私营企业都必须为职工缴存住房公积金。

（5）工伤保险

工伤保险是指按照建筑法规定，企业为从事危险作业的建筑安装施工人员支付的意外伤害保险费。危险作业意外伤害保险费作为不可竞争费用，在编制施工图预算、招标控制价和投标报价时应按照定额规定的取费标准计算。

5. 税金项目清单

税金是指按国家税法规定的应计入工程造价内的营业税、城市维护建设税、教育附加费及社会事业发展费。因此，规费项目清单包括营业税、城市维护建设税和教育附加费。按工程所在地区的税率标准进行计算，工程在市区的，按不含税工程造价的3.659%计算；工程在县城、镇的，按不含税工程造价的 3.595%计算；工程在其他地区的，按不含税工程造价的 3.466%计算。

7.2.3 工程量清单计价内容

采用工程量清单计价，建设工程造价由分部分项工程费、措施项目费、其他项目费、规费和税金组成。分部分项工程量清单应采用综合单价计价。招标文件中的工程量清单标明的工程量是投标人投标报价的共同基础，竣工结算的工程量按发、承包双方在合同中约定应予计量且实际完成的工程量确定。措施项目清单计价应根据拟建工程的施工组织设计，可以计算工程量的措施项目，应按分部分项工程量清单的方式采用综合单价计价；其余的措施项目可以“项”为单位的方式计价，应包括除规费、税金外的全部费用。措施项目清单中的安全文明施工费应按照国家或省级、行业建设主管部门的规定计价，不得作为竞争性费用。其他项目清单应根据工程特点和《计价规范》中的规定计价。招标人在工程量清单中提供了暂估价的材料和专业工程属于依法必须招标的，由承包人和招标人共同通过招标确定材料单价与专业工程分包价。若材料不属于依法必须招标的，经发、承包双方协商确认单价后计价。若专业工程不属于依法必须招标的，由发包人、总承包人与分包人按有关计价依据进行计价。规费和税金应按国家或省级、行业建设主管部门的规定计算，不得作为竞争性费用。采用工程量清单计价的工程，应在招标文件或合同中明确风险内容及其范围，不得采用无限风险、所有风险或类似语句规定风险内容及其范围。

1. 综合单价及其内涵

综合单价是完成规定计量单位、合格产品所需的全部费用。即一个规定计量单位工程所需的人工费、材料费、机械台班费、管理费和利润，并考虑风险因素而对室内装饰工程做出的综合计价。综合单价不但适用于分项分部工程量清单，也适用于措施项目清单、其他项目清单。

综合单价计价法与传统定额预算法有着本质的区别，其最基本的特征表现在分项工程项目费用的综合性强。它不仅包括传统预算定额中的直接费，按照上述定义还增加了管理费和利润两部分，而且应考虑风险因素形成最终单价，因而称为综合单价。从另一个角度看，对于某一项具体的分部分项工程而言，又具有单一性的特征。综合单价基本上能够反映一个分项工程单价再加上相应的措施项目费、其他项目费和规费、税金，就是某种意义上的“产品”（分部或分项工程）完整（或称全费用）的单价或价格，即将分部分项工程看做产品，使分部分项工程费用成为某种意义上的产品综合单价。

2. 招标控制价

国有资金投资的工程建设项目应实行工程量清单招标，并应编制招标控制价。招标控制价超过批准的概算时，招标人应将其报原概算部门审核。投标人的投标报价高于招标控制价的，其投标应予以拒绝。招标控制价应由具有编制能力的招标人，或受其委托具有相应资质的工程造价咨询人编制。招标控制价应根据下列依据编制。

（1）计价规范。

（2）国家或省级、行业建设主管部门颁发的计价定额和计价办法。

（3）建设工程设计文件及相关资料。

（4）招标文件中的工程量清单及有关要求。

（5）与建设项目相关的标准、规范、技术资料。

（6）工程造价管理机构发布的工程造价信息，工程造价信息没有发布的参照市场价。
（7）其他的相关资料。

3. 投标价

投标价是由投标人按照招标人提供的工程量清单填报价。报价时，除了《计价规范》中强制性的规定外，其他的可由投标人自主确定，但不得低于成本。填写的项目编码、项目名称、项目特征、计量单位、工程量必须与招标人提供的一致。投标价应由投标人或受其委托具有相应资质的工程造价咨询人编制。投标报价应根据下列依据编制。
（1）计价规范。
（2）国家或省级、行业建设主管部门颁发的计价办法。
（3）企业定额，国家或省级、行业建设主管部门颁发的计价定额。
（4）招标文件、工程量清单及其补充通知、答疑纪要。
（5）建设工程设计文件及相关资料。
（6）施工现场情况、工程特点及拟定的投标施工组织设计或施工方案。
（7）与建设项目相关的标准、规范等技术资料。
（8）市场价格信息或工程造价管理机构发布的工程造价信息。
（9）其他的相关资料。

7.3 室内装饰工程工程量清单及计价的编制

7.3.1 室内装饰工程量清单编制原则和依据

1. 编制原则

（1）符合国家《计价规范》的原则。项目分项类别、分项名称、清单分项编码、计量单位分项项目特征、工作内容等，都必须符合《计价规范》的规定和要求。
（2）符合工程量实物分项与描述准确的原则。工程量清单是对招标人和投标人都有很强约束力的重要文件，专业性强，内容复杂，对编制人的业务技术水平和能力要求高，能否编制出完整、严谨、准确的工程量清单，是招标成败的关键。工程量清单是传达招标人要求，便于投标人响应和完成招标工程实体、工程任务目标及相应分项工程数量，全面反映投标报价要求的直接依据。因此，招标人向投标人所提供的清单必须与设计的施工图纸相符合，能充分体现设计意图，充分反映施工现场的现实施工条件，为投标人能够合理报价创造有利条件，贯彻互利互惠的原则。
（3）工作认真审慎的原则。应当认真学习《计价规范》、相关政策法规、工程量计算规则、施工图样、工程地质与水文资料和相关的技术资料等，熟悉施工现场情况，注重现场施工条件分析。对初定的工程量清单的各个分项，按有关的规定进行认真核对、审核，避免错漏项、少算或多算工程数量等现象发生，对措施项目与其他措施工程量项目清单也应当认真反复核实，最大限度地减少人为因素的错误发生。重要的问题在于不留缺口，防止日后追加工程投资，增加工程造价。

2. 编制依据

工程量清单的编制依据是国家《计价规范》和本地区相关计价条例及相关法律、法规等。

国家《计价规范》是编制工程量清单的最重要的依据，其第 3 章内容包括编制工程量清单的一般规定、分部分项工程量清单、措施项目清单、其他措施项目清单等四个部分，相关规定共有 14 条。一般规定有 3 条，它主要规定了工程量清单的编制、性质和组成。规定工程量清单应由具有编制招标文件能力的招标人，或受其委托具有相应资质的中介机构（工程造价咨询企业）进行编制；工程量清单应由分部分项工程量清单、措施项目清单、其他项目清单组成。其他措施条款叙述了对组成的各类清单的编制规定和要求。

施工图纸、工程勘察资料及其相关技术规范、标准等技术文件，以及施工现场和周边环境及其施工条件等情况也是工程量清单的编制依据。

3. 室内装饰工程量清单编制步骤和方法

（1）工程量清单编制程序和步骤如图 7-2 所示。

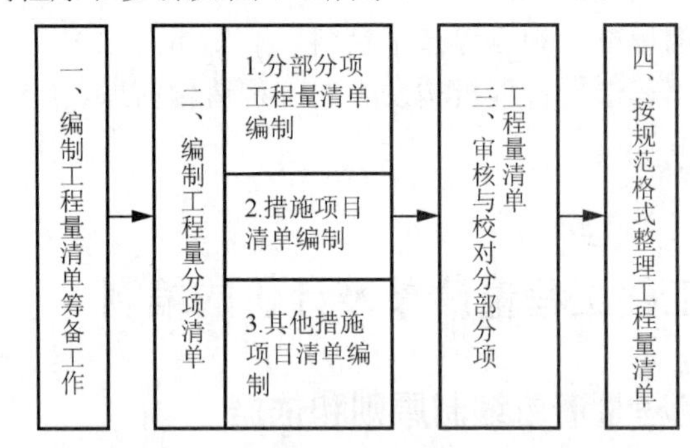

图 7-2 工程量清单编制程序和步骤

（2）分部分项工程量清单编制程序和方法如图 7-3 所示。

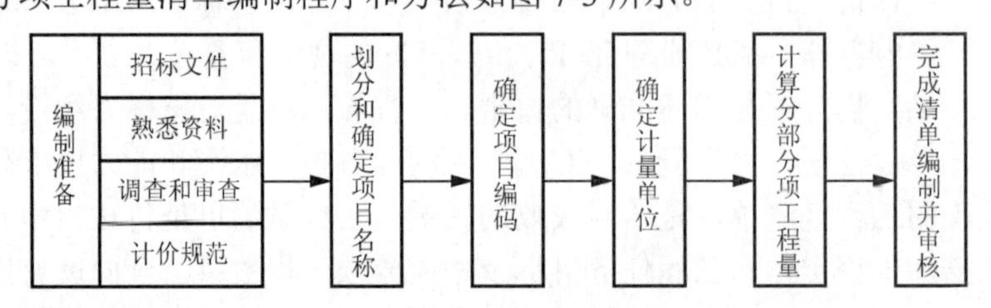

图 7-3 分部分项工程量清单编制程序

编制分项工程量清单应按项目编码、项目名称、计量单位和工程量计算规则统一的有关规定进行编制，具体编制可分述如下。

（1）做好清单编制的准备工作：先学好《计价规范》及相应的工程量计价规则；熟悉工程所处的位置及相关的资源资料，熟悉设计图纸和相关的设计施工规范、施工工艺和操作规程；了解工程现场及施工条件，调查施工企业情况和协作施工的条件等。

（2）确定分部分项工程的名称：严格根据《计价规范》的相关规定进行工程分部分项的名称的确定并做好编码工作。

（3）按规范规定的工程量计算规则计算分部分项工程工程量并严格套用单位。
（4）进行工程量清单编制并进行反复的核对，检查无误后再进行综合的造价编制。

7.3.2　室内装饰工程量清单计价的编制

1. 综合单价和总价的编制原则与编制依据

1）编制原则
工程量清单各分项综合单价和总价的编制，以及工程造价管理的全过程，应遵循下列原则。
（1）质量效益原则。
“质量第一”对于任何产品生产和企业来说是一项永恒的原则。企业在市场经济条件下既要保证产品质量，又要不断提高经济效益，是企业长期发展的基本目标和动力。长时期以来不少承包商由于种种原因，往往将质量和效益对立起来，事实上在质量、进度、成本、安全、环境、方法等因素中，必有最佳的结合点。有的企业不在如何解决矛盾，质量与效益结合上下工夫，不提高管理水平，而是想方设法地如何降低成本，甚至冒险偷工减料，这必然会导致工程质量下降和效益的降低。因此，只有运用和实施优秀的管理和科学合理的施工方案，才能有效地将质量和效益统一起来，而求得长期的发展，决策者和编制者必须坚持施工管理、施工方案的科学性，从始至终贯彻质量效益原则。
（2）优胜劣汰原则。
市场竞争是市场经济一个重要的规律，有商品生产就会有竞争。建筑业市场是买方市场，队伍庞大，企业众多，市场竞争更加激烈多变，加之我国市场游戏规则还不够健全和完善，整治尚需一个过程，规范的市场也少不了竞争。这里讲竞争原则，就是要求造价编制者在考虑合理因素的同时使确定的清单价格具有竞争性，提高中标的可能性与可靠度。在经济合理的前提下尽量选择企业可信度高、施工质量好的企业，真正做到优胜劣汰。
（3）优势原则。
具有竞争的价格从何而来，关键在于企业优势。例如，品牌、诚信、管理、营销、技术、质量和价格优势等，所以编制工程价格必须善于“扬长避短”运用价值工程的观念和方法采取多种施工方案和技术措施比价，采用“合理低价”、“低报价，高索赔”和“不平衡报价”等方法，体现报价的优势，不断提高中标率，不断提高市场份额。
（4）市场风险原则。
编制招投标标底或投标报价必须注重市场风险研究，充分预测市场风险，脚踏实地进行充分的市场调查研究，采取行之有效的措施与对策。
2）编制依据
（1）《建筑工程施工发包与承包计价管理办法》（建设部第 107 号令）、《建设工程工程量清单计价规范》（GB 50500—2013）及相关政策、法规、标准、规范及操作规程等。
（2）招标文件和室内施工图样、地质与水文资料、施工组织设计、施工作业方案和技术，以及技术专利、质量、环保、安全措施方案及施工现场资料等。
（3）市场劳动力、材料、设备等价格信息和造价主管部门公布的价格信息及其相应价差调整的文件规定等信息与资料。
（4）承包商投标营销方案与投标策略意向、施工企业消耗与费用定额、企业技术与质量标准、企业“工法”资料、新技术新工艺标准，以及过去存档的同类与类似工程资料等。

（5）省、市、地区室内装饰工程综合单价定额，或者相关消耗与费用定额，或地区综合估价表（或基价表），省、市、地区季度室内装饰工程或劳动力，以及机械台班的指导价。

2. 综合单价和总价的编制程序与方法

1）综合单价的编制程序与步骤

确定综合单价是承包商准备响应和承诺业主发标的核心工作，是能否中标的关键一环，要做好充分的准备工作。具体的编制程序和步骤如图 7-4 所示。

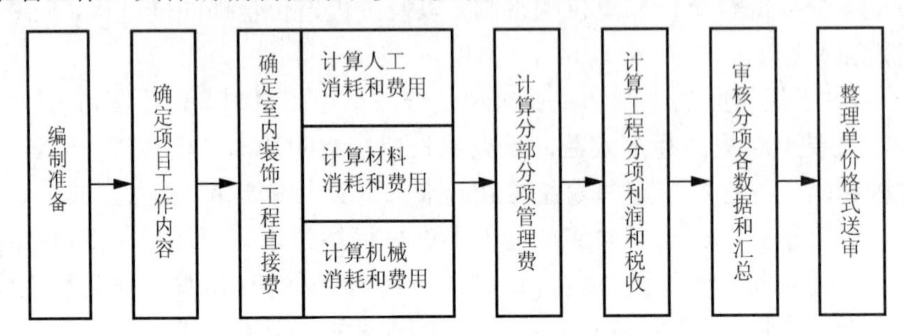

图 7-4 综合单价的编制程序示意

2）综合单价的编制方法

下面以分部分项工程量清单某分项墙面镶贴块料面层项目为例，介绍综合单价的编制方法。该工程系室内装饰工程，工程地点在市区内，其编制步骤如下。

（1）首先应选用费用定额（或单价表）。以《福建省建筑装饰工程消耗量定额及统一基价表》、《2002 福建省建筑装饰工程预算定额》等文件为依据进行编制，这对综合单价的编制方法没有影响。传统预算方法与工程量清单计价方法虽有本质区别，但是对定额编制方法而言，还只是在于分项划分与费用组合的区别，在制定方法上并无本质差别。该定额基价中，直接给出了分部分项综合单价，即除给出了人工、材料、机械三项直接费外，还包含了管理费和利润两项费用。

（2）根据以上确定的工程内容，进一步查找相应的定额（单价表或基价表）分项的人工、材料、机械台班等的费用，并按定额规定调整差价。

（3）计算管理费和利润及税收。

（4）最后进行整理审核。

3）工程项目总价的编制程序和步骤

工程量清单编制工程项目总价的程序和步骤，如图 7-5 所示。其具体编制工作首先是以工程量清单规定的分项工程量、陈述的工程特征和工程内容为依据，结合设计图纸的要求，以分部分项工程工程量清单和相对应的施工方案为主要依据，并结合相应的措施项目工程量清单分项综合考虑，编制分部分项综合的单价。然后考虑编制相关措施项目的综合单价。

在总体程序上，首先确定分部分项工程量清单分项综合单价，然后按工程量清单编码排序，依次计算清单分项费用，按规范规定的分部分项工程量清单综合单价分析表、分部分项工程量清单计价表进行填写与汇总，分别计算和确定措施项目工程量清单分项、其他措施项目工程量清单的单价和费用，再分别统计和确定三大分项的费用汇总和计算规费、税金，进行单位工程计价汇总，最后由招标人或投标人分别综合决策，形成单位工程的招标标底或投标报价。

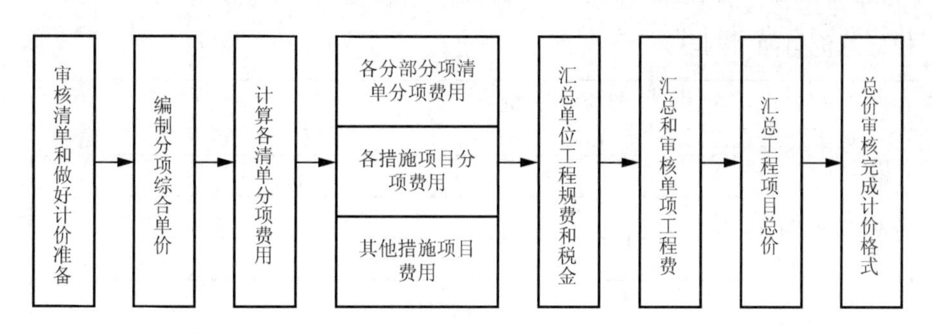

图 7-5　工程量清单计价程序与步骤示意

7.3.3　工程量清单及清单计价格式

1. 表格构成内容

《计价规范》（GB 50500—2013）中对所涉及的工程量清单项目都做出了相应的规定，具体内容如下。

（1）工程量清单封面（封-1）。

____________________工程
工 程 量 清 单
招 标 人：____________（单位盖章）　工程造价咨询人：____________（单位盖章或资质专用章）
法定代表人或其授权人：____________（签字或盖章）　法定代表人或其授权人：____________（签字或盖章）
编 制 人：____________（造价人员签字盖专用章）　复 核 人：____________（造价工程师签字盖专用章）
编制时间：　年　月　日　　复核时间：　年　月　日

（2）招标控制价封面（封-2）。

____________________工程
招 标 控 制 价
招标控制价（小写）：____________________
（大写）：____________________
招 标 人：____________（单位盖章）　工程造价咨询人：____________（单位盖章或资质专用章）
法定代表人或其授权人：____________（签字或盖章）　法定代表人或其授权人：____________（签字或盖章）
编 制 人：____________（造价人员签字盖专用章）　复 核 人：____________（造价工程师签字盖专用章）
编制时间：　年　月　日　复核时间：　年　月　日

（3）投标总价封面（封-3）。

投 标 总 价

招　　标　　人：________________

工　程　名　称：________________

投标总价（小写）：________________

（大写）：________________

法定代表人

投　标　人：__________ 或其授权人：__________

（单位盖章）　　　　（签字或盖章）

编　制　人：________________

（造价人员签字盖专用章）

时　　间：　　年　　月　　日

（4）竣工结算报送总价封面（封-4）。

__________工程

竣工结算总价

中标价（小写）：__________ （大写）：__________

结算价（小写）：__________ （大写）：__________

工程造价

发　包　人：__________ 承　包　人：__________ 咨询人：__________

（单位盖章）　　（签字或盖章）　　（单位资质盖章）

法定代表人　　法定代表人　　法定代表人

或其授权人：__________ 或其授权人：__________ 或其授权人：__________

（签字或盖章）　　（签字或盖章）　　（签字或盖章）

编　制　人：__________ 核　对　人：__________

（造价人员签字盖专用章）　　（造价工程师签字盖专用章）

编制时间：　　年　　月　　日　　　　核对时间：　　年　　月　　日

（5）总说明。

表 7-2 所示为总说明。

表 7-2　总　说　明

工程名称：　　　　　　　　　　　　　　第　页 共　页

（6）工程招标控制价（投标报价）汇总表。

表 7-3 所示为工程招标控制价（投标报价）汇总表。

表 7-3　工程项目 招标控制价（投标报价） 汇总表

工程名称：　　　　　　　　　　　　　　　　　　　　　　　　第　页共　页

序号	单项工程名称	金额（元）	其 中（元）		
			暂估价	安全文明施工费	规费
合　计					

（7）单项工程标控制价（投标报价）汇总表。

表 7-4 所示为单项工程标控制价（投标报价）汇总表。

表 7-4　单项工程 招标控制价（投标报价） 汇总表

工程名称：　　　　　　　　　　　　　　　　　　　　　　　　第　页共　页

序号	单位工程名称	金额（元）	其 中（元）		
			暂估价	安全文明施工费	规费
合　计					

注：本表适用于工程项目招标控制价或投标报价的汇总。

（8）单位工程招标控制价（投标报价）汇总表。

表 7-5 所示为单位招标控制价（投标报价）汇总表

表 7-5 单位工程 招标控制价（投标报价） 汇总表

工程名称：　　　　　　　　　　标段：　　　　　　　　　　第　页共　页

序号	汇 总 内 容	金 额（元）	其中：暂估价（元）
1	分部分项工程费		
1.1			
1.2			
	……		
2	措施项目费		
2.1	其中：安全文明施工		
3	其他项目费		
3.1	其中：暂列金额		
3.2	其中：计日工		
3.3	其中：总承包服务费		
4	规费		
5	税金		
合计=1+2+3+4+5			

注：本表适用于单项工程招标控制价或投标报价的汇总。

（9）工程项目竣工结算汇总表（表7-6）。

表7-6　工程项目竣工结算汇总表

工程名称：　　　　　　　　　　　　　　　　　　　　第　页共　页

序号	汇总内容	金额（元）	其中：（元）	
			安全文明施工	规费
合　计				

（10）单项工程项目竣工结算汇总表（表7-7）。

表7-7　单项工程项目竣工结算汇总表

工程名称：　　　　　　　　　　　　　　　　　　　　第　页共　页

序号	汇总内容	金额（元）	其中：（元）	
			安全文明施工	规费
合　计				

（11）单位工程项目竣工结算汇总表（表7-8）。

表7-8　单位工程项目竣工结算汇总表

工程名称：　　　　　　　　标段：　　　　　　　　　第　页共　页

序号	汇总内容	金额（元）
1	分部分项工程费	
1.1		
1.2		
	……	
2	措施项目费	
2.1	其中：安全文明施工	
3	其他项目费	
3.1	其中：暂列金额	
3.2	其中：计日工	
3.3	其中：总承包服务费	
3.4	索赔与现场签证	
4	规费	
5	税金	
合计=1+2+3+4+5		

（12）分部分项工程量清单与计价表。

表 7-9 所示为分部分项工程量清单与计价表。

表 7-9 分部分项工程量清单与计价表

工程名称： 标段： 第 页 共 页

<table>
<tr><th rowspan="2">序号</th><th rowspan="2">项目编码</th><th rowspan="2">项目名称</th><th rowspan="2">项目特征描述</th><th rowspan="2">计量单位</th><th rowspan="2">工程量</th><th colspan="3">金额（元）</th></tr>
<tr><th>综合单价</th><th>合价</th><th>其 中
暂估价</th></tr>
<tr><td></td><td></td><td></td><td></td><td></td><td></td><td></td><td></td><td></td></tr>
<tr><td></td><td></td><td></td><td></td><td></td><td></td><td></td><td></td><td></td></tr>
<tr><td></td><td></td><td></td><td></td><td></td><td></td><td></td><td></td><td></td></tr>
<tr><td></td><td></td><td></td><td></td><td></td><td></td><td></td><td></td><td></td></tr>
<tr><td></td><td></td><td></td><td></td><td></td><td></td><td></td><td></td><td></td></tr>
<tr><td></td><td></td><td></td><td></td><td></td><td></td><td></td><td></td><td></td></tr>
<tr><td colspan="7">本页小计</td><td></td><td></td></tr>
<tr><td colspan="7">合 计</td><td></td><td></td></tr>
</table>

注：根据建设部、财政部发布的《建筑安装工程费用组成》（建标[2003]206 号）规定，为计取规费等的使用，可在表中增设“直接费”、“人工费”或“人工费+机械费”。

（13）分部分项工程量清单综合单价分析表。

表 7-10 所示为分部分项工程量清单综合单价分析表。

表 7-10 分部分项工程量清单综合单价分析表

工程名称： 标段： 第 页 共 页

<table>
<tr><td colspan="2">项目编码</td><td colspan="2"></td><td colspan="2">项目名称</td><td colspan="2"></td><td colspan="3">计量单位</td><td></td></tr>
<tr><td colspan="12">清单组成单价明细</td></tr>
<tr><td rowspan="2">定额
编号</td><td rowspan="2">定额
名称</td><td rowspan="2">定额
单位</td><td rowspan="2">数量</td><td colspan="4">单价</td><td colspan="4">合价</td></tr>
<tr><td>人工费</td><td>材料费</td><td>机械费</td><td>管理费
和利润</td><td>人工费</td><td>材料费</td><td>机械费</td><td>管理费
和利润</td></tr>
<tr><td></td><td></td><td></td><td></td><td></td><td></td><td></td><td></td><td></td><td></td><td></td><td></td></tr>
<tr><td></td><td></td><td></td><td></td><td></td><td></td><td></td><td></td><td></td><td></td><td></td><td></td></tr>
<tr><td></td><td></td><td></td><td></td><td></td><td></td><td></td><td></td><td></td><td></td><td></td><td></td></tr>
<tr><td></td><td></td><td></td><td></td><td></td><td></td><td></td><td></td><td></td><td></td><td></td><td></td></tr>
<tr><td colspan="2">人工单价</td><td colspan="6">小计</td><td></td><td></td><td></td><td></td></tr>
<tr><td colspan="2">元/工日</td><td colspan="6">未计价材料费</td><td colspan="4"></td></tr>
<tr><td colspan="8">清单综合单价</td><td colspan="4"></td></tr>
<tr><td rowspan="7">材
料费
明细</td><td colspan="5">主要材料名称、规格、型号</td><td>单位</td><td>数量</td><td>单价（元）</td><td>合价（元）</td><td>暂估单价
（元）</td><td>暂估合价
（元）</td></tr>
<tr><td colspan="5"></td><td></td><td></td><td></td><td></td><td></td><td></td></tr>
<tr><td colspan="5"></td><td></td><td></td><td></td><td></td><td></td><td></td></tr>
<tr><td colspan="5"></td><td></td><td></td><td></td><td></td><td></td><td></td></tr>
<tr><td colspan="5"></td><td></td><td></td><td></td><td></td><td></td><td></td></tr>
<tr><td colspan="7">其他材料费</td><td></td><td></td><td></td><td></td></tr>
<tr><td colspan="7">材料费小计</td><td></td><td></td><td></td><td></td></tr>
</table>

注：1. 如不使用省级或行业建设主管部门发布的计价依据，可不填定额项目、编号等。

2. 招标文件提供了暂估单价的材料，按暂估的单价填入表内“暂估单价”栏及“暂估合价”栏。

（14）措施项目清单与计价表（一）。

表 7-11 所示为措施项目清单与计价表（一）。

表 7-11　措施项目清单与计价表（一）

工程名称：　　　　　　　　　　　　　　　　　　标段：　　　　　　　　　　　　　　　　　　第　页共　页

序号	项目编码	项 目 名 称	计 算 基 础	费率（%）	金额（元）
1		安全文明施工费			
2		夜间施工费			
3		二次搬运费			
4		冬雨季施工			
5		大型机械设备进出场及安拆费			
6		施工排水			
7		施工降水			
8		地上、地下设施、建筑物			
9		临时保护设施			
10		各专业工程的措施项目			
		……			
	合　计				

注：① 本表适用于以“项”计价的措施项目；

② 根据建设部、财政部发布的《建筑安装工程费用组成》（建标[2003]206 号）规定，“计算基础”可为“直接费”、“人工费”或“人工费＋机械费”。

（15）措施项目清单与计价表（二）。

表 7-12 所示为措施项目清单与计价表（二）。

表 7-12　措施项目清单与计价表（二）

工程名称：　　　　　　　　　　　　　　　　　　标段：　　　　　　　　　　　　　　　　　　第　页共　页

序号	项目编码	项目名称	项目特征描述	计量单位	工程量	金额（元）	
						综合单价	合价
合　计							

注：本表适用于以综合单价形式计价的措施项目。

（16）其他项目清单与计价汇总表。

表 7-13 所示为其他项目清单与计价汇总表。

表 7-13　其他项目清单与计价汇总表

工程名称：　　　　　　　　　　　　　　标段：　　　　　　　　　　　　　　第　页 共　页

序号	项 目 名 称	计 量 单 位	金额（元）	备注
1	暂列金额			明细详见表 7-14
2	暂估价			
2.1	材料（工程设备）暂估价			明细详见表 7-15
2.2	专业工程暂估价			明细详见表 7-16
3	计日工			明细详见表 7-17
4	总承包服务费			明细详见表 7-18
5				
3				
	……			
合　计				—

表 7-14　暂列金额明细表

工程名称：　　　　　　　　　　　　　　标段：　　　　　　　　　　　　　　第　页 共　页

序号	项 目 名 称	计 量 单 位	暂定金额（元）	备注
1				
2				
3				
4				
5				
合　计				—

注：此表由招标人填写，如不能详列，也可只列暂定金额总额，投标人应将上述暂列金额计入投标总价中。

表 7-15　材料（工程设备）暂估单价表

工程名称：　　　　　　　　　　　　　　标段：　　　　　　　　　　　　　　第　页 共　页

序号	材料（工程设备）名称、规格、型号	计 量 单 位	单价（元）	备注
合　计				—

注：1. 此表由招标人填写，并在备注栏说明暂估价的材料拟用在哪些清单项目上，投标人应将上述材料暂估单价计入工程量清单综合单价报价中。

2. 材料包括原材料、燃料、构配件，以及按规定应计入建筑安装工程造价的设备。

表 7-16　专业工程暂估价表

工程名称：　　　　　　　　　　　　　　　标段：　　　　　　　　　　　　　　　第　页 共　页

序号	工程名称	工程内容	金额（元）	备注
3				
合　计				—

注：此表由招标人填写，投标人应将上述专业工程暂估价计入投标总价中。

表 7-17　计日工表

工程名称：　　　　　　　　　　　　　　　标段：　　　　　　　　　　　　　　　第　页 共　页

序号	项目名称	单位	暂定数量	综合单价	合价
一	人　工				
4	……				
人工小计					
二	材　料				
4	……				
材料小计					
三	施工机械				
4	……				
施工机械小计					
合　计					

注：此表项目名称、数量由招标人填写，编制招标控制价时，单价由招标人按有关计价规定确定；投标时，单价由投标人自主报价，计入投标总价中。

表 7-18　总承包服务费计价表

工程名称：　　　　　　　　　　　　　　　标段：　　　　　　　　　　　　　　　第　页 共　页

序号	项目名称	项目价值（元）	服务内容	费率（%）	金额（元）
1	发包人发包专业工程				
2	发包人供应材料				
合　计					

（17）索赔与现场签证相关表格（表 7-19～表 7-21）。

表 7-19 所示为索赔与现场签证计价汇总表。

表 7-19　索赔与现场签证计价汇总表

工程名称：　　　　　　　　　　　　　　　标段：　　　　　　　　　　　　　　　第　页 共　页

序号	签证及索赔项目名称	计量单位	数量	单价（元）	合价（元）	索赔及签证依据
1						
2						
	本页小计					
	合计					
合　计						

注：签证及索赔依据是指经双方认可的签证单和索赔依据的编号。

表 7-20　费用索赔申请（核准）表

工程名称：　　　　　　　　　　　　　　　　标段：　　　　　　　　　　　　　　　编号：

<table>
<tr><td colspan="2">致：____（发包人全称）
根据施工合同条款 条的约定______________，由于________ 原因，我方要求索赔金额（大写）_________________（小写）_________________，请予核准。
附：1. 费用索赔的详细理由和依据：
2. 索赔金额的计算：
3. 证明材料：
承包人（章）
承包人代表_______
日 期___________</td></tr>
<tr><td>复核意见：
根据施工合同条款______条的约定，你方提出的费用索赔申请经复核：
□不同意此项索赔，具体意见见附件。
□同意此项索赔，索赔金额的计算，由造价工程师复核。
监理工程师________
日 期________</td><td>复核意见：
根据施工合同条款______条的约定，你方提出的费用索赔申请经复核， 索赔金额为（大写）______________、（小写______________）。
造价工程师_________
日期</td></tr>
<tr><td colspan="2">审核意见：
□不同意此项索赔
□同意此项索赔，与本期进度款同期支付。
发包人（章）
发包人代表______________
日 期______________</td></tr>
</table>

注：1. 在选择栏中的“□”内做标志“√”。

2. 本表一式四份，由承包人填报，发包人、监理人、造价咨询人、承包人各存一份。

表 7-21　费用索赔申请（核准）表

工程名称：　　　　　　　　　　　　　　　　标段：　　　　　　　　　　　　　　　　编号：

<table>
<tr><td>施工部位</td><td></td><td>日 期</td><td></td></tr>
<tr><td colspan="4">致：______________________________________（发包人全称）
根据______（指令姓名）　年　月　日的口头指或你方______或（或监理人）　年　月　日
的书面通知，我方要求此项工程应该支付价款金额（大写）______________（小写__________），请予核准。
附：1．签证事由及原因
2．附图及计算式

承包人（章）
承包人代表______
日 期__________</td></tr>
<tr><td colspan="2">复核意见：
你方提出的此项签证申请经复核：
□不同意此项签证，具体意见见附件
□同意此项签证，签证金额的计算，由造价工程师复核

监理工程师________
日 期________</td><td colspan="2">复核意见：
□此项签证按承包人中标的计日工单价计算，金额为（大写______）、（小写______）。
□此项签证因无计日工单价，金额为（大写）______、（小写______）。

造价工程师_________
日 期________</td></tr>
<tr><td colspan="4">审核意见：
□不同意此项签证
□同意此项签证，与本期进度款同期支付。

发包人（章）
发包人代表______________
日 期______________</td></tr>
</table>

注：1．在选择栏中的“□”内做标志“√”。

2．本表一式四份，由承包人在收到发包人（监理人）的口头或书面通知后填写，发包人、监理人、造价咨询人、承包人各存一份。

（18）规费、税金项目清单与计价表。

表 7-22 所示为规费、税金项目清单与计价表。

（19）工程款支付申请（核准）表。

表 7-23 所示为工程款支付申请（核准）表。

表 7-22　规费、税金项目清单与计价表

工程名称：　　　　　　　　　　　　　　　　　　标段：　　　　　　　　　　　　　　　　　　第　页共　页

序号	项　目　名　称	计算 基 础	费率（%）	金额（元）
1	规费			
1.1	工程排污费			
1.2	社会保障费			
（1）	养老保险费			
（2）	失业保险费			
（3）	医疗保险费			
1.3	住房公积金			
1.4	工伤保险			
2	税金	分部分项工程费+措施项目费+其他项目费+规费		
合计=1+2				

注：根据建设部、财政部发布的《建筑安装工程费用组成》（建标[2003]206 号）规定，“计算基础”可为“直接费”，“人工费”或“人工费+机械费”

表 7-23　工程款支付申请（核准）表

工程名称：　　　　　　　　　　　　　　　　　　标段：　　　　　　　　　　　　　　　　　　编号：

• 致：________________________________（发包人全称）

我方于_______ 至______ 期间已完成了工作，根据施工合同的约定，现申请支付本期的工程款额为（大写）__________、（小写_______），请予核准。

序号	名 称	金额（元）	备 注
1	累计已完成的工程价款		
2	累计已实际支付的工程价款		
3	本周期已完成的工程价款		
4	本周期完成的计日工金额		
5	本周期应增加和扣减的变更金额		
6	本周期应增加和扣减的索赔金额		
7	本周期应抵扣的预付款		
8	本周期应扣减的质保金		
9	本周期应增加或扣减的其他金额		
10	本周期实际应支付的工程价款		

承包人（章）

承包人代表___________

日期___________

复核意见：

☐与施工情况不相符，修改意见见附件；

☐与实际施工情况相符，具体金额由造价工程师复核。

监理工程师________

日　期________

复核意见：

你方提出的支付申请经复核，本期间已完成工程款额为（大写）_______（小写____），本期间应支付金额为（大写）_____（小写________）

造价工程师________

日期________

审核意见：

☐不同意

☐同意，支付时间为本表签发后的15天内。

发包人（章）

发包人代表______________

日　期______________

注：1．在选择栏中的“☐”内做标志“√”。

2．本表一式四份，由承包人填报，发包人、监理人、造价咨询人、承包人各存一份。

2. 表格应用说明

表格内容组合应用说明。工程量清单和计价表格具体使用时，按不同编制阶段分为工程量清单、招标控制价、投标报价、竣工结算核对总价和竣工结算报送总价等表格，具体应用组合如表 7-24 所示。

表 7-24 表格目录及应用说明

编号	表格名称	工程量清单	招标控制价	投标报价	竣工结算
封-1	工程量清单	√			
封-2	招标控制价		√		
封-3	投标总价			√	
封-4	竣工结算总价				√
表 7-2	总说明	√	√	√	√
表 7-3	工程项目招标控制价（投标报价）汇总表		√	√	√
表 7-4	单项工程招标控制价（投标报价）汇总表		√	√	√
表 7-5	单位工程招标控制价（投标报价）汇总表		√	√	√
表 7-6	工程项目竣工结算汇总表		√	√	
表 7-7	单项工程项目竣工结算汇总表		√	√	
表 7-8	单位工程项目竣工结算汇总表		√	√	
表 7-9	分部分项工程量清单与计价表	√	√	√	√
表 7-10	分部分项工程量清单综合单价分析计算表		√	√	√
表 7-11	措施项目清单与计价表（一）	√	√	√	√
表 7-12	措施项目清单与计价表（二）	√	√	√	√
表 7-13	其他项目清单与计价汇总表	√	√	√	√
表 7-14	暂列金额明细表	√	√	√	√
表 7-15	材料（工程设备）暂估单价表	√	√	√	√
表 7-16	专业工程暂估价表	√	√	√	√
表 7-17	计日工表	√	√	√	√
表 7-18	总承包服务费计价表	√	√	√	√
表 7-19	索赔与现场签证计价汇总表				√
表 7-20	费用索赔申请（核准）表				√
表 7-21	费用索赔申请（核准）表				√
表 7-22	规费、税金项目清单与计价表	√	√	√	√
表 7-23	工程款支付申请（核准）表	√	√	√	√

3. 填表说明

1）封面的填写

（1）编制工程量清单时，封面应按规定的内容填写、签字、盖章。造价员编制的工程量清单应有负责审核的造价工程师签字、盖章。

（2）编制招标控制价、投标报价和竣工结算时，封面应按规定的内容填写、签字、盖章。除承包人自行编制的投标报价和竣工结算外，受委托编制的招标控制价、投标报价、竣工结算若为造价员编制的，应有负责审核的造价工程师签字、盖章及工程造价咨询人盖章。

2）总说明的填写

按不同工程计价阶段，总说明应按以下内容填写。

（1）编制工程量清单时，总说明的内容应包括以下内容。

① 工程概况：如建设地址、建设规模、工程特征、交通状况、环保要求等。

② 工程发包、分包范围。

③ 工程量清单编制依据：如采用的标准、施工图样、标准图集等。

④ 使用材料设备、施工的特殊要求等。

⑤ 其他需要说明的问题。

（2）编制招标控制价时，总说明的内容应包括以下内容。

① 采用的计价依据。

② 采用的施工组织设计。

③ 采用的工、料、机价格来源。

④ 综合单价中风险因素、风险范围（幅度）。

⑤ 其他需要说明的问题。

（3）编制投标报价时，总说明的内容应包括以下内容。

① 采用的计价依据。

② 采用的施工组织设计及投标工期。

③ 综合单价中风险因素、风险范围（幅度）。

④ 措施项目的依据。

⑤ 其他需要说明的问题。

4）编制竣工结算时，总说明的内容应包括以下内容。

① 工程概况。

② 编制依据。

③ 工程变更。

④ 工程价款的调整。

⑤ 索赔。

⑥ 其他需要说明的问题。

小　结

工程量清单是工程量清单计价的重要手段和工具，也是我国实行工程量清单计价，推行新的建设工程计价制度和方法，彻底改革传统计价制度和方法，以及改革招标投标程序和模式的重要标志。工程量清单计价方法和模式是一套符合市场经济规律的科学的报价体系。工程量清单的编制，是招标方（业主）进行招标之前的一项重要的准备工作，是招标文件中不可缺少的十分重要的招标文件之一，是工程造价合同管理与系统控制的一个重要依据。编制工程量清单必须符合相关原则和规定，如果出现差错，就会给招标投标与计价实施带来较多问题。

工程量清单是指表现拟建工程的分部分项工程项目、措施项目、其他项目、规费项目、税金项目名称和相应数量的明细清单，是招标人按照招标要求和施工设计图纸规定将拟建招标工程的全部项目和内容，依据工程量清单计价规范附录中统一的项目编码、项目名称、计量单位和工程量计算规则进行编制，是招标文件的重要组成部分。

习　题

一、选择题

1～24 为单选题

1．下列关于工程量清单作用的表述中正确的是（　　）。

A．工程量清单是招标文件的组成部分，在施工阶段没有任何作用

B．工程量清单只能由招标人编制

C．工程量清单是办理竣工验收的依据

D．工程量清单为投标人提供了共同的竞争基础

2．工程量清单是招标文件的组成部分，其编制者是（　　）。

A．工程标底审查机构　　B．有编制能力的招标人

C．工程咨询公司　　D．招投标管理部门

3．分部分项工程量清单为不可调整的闭口清单，这是指（　　）。

A．投标人若认为清单内容有遗漏可以自行补充

B．投标人对清单内容的调整要通知招标方

C．投标人可以根据实际情况将若干清单项目合并计价

D．投标人对清单内容不允许做任何更改变动

4．措施项目清单为可调整清单是指（　　）。

A．投标人可根据企业自身情况对其进行适当的变更增减

B．投标人可请求招标人对其进行适当的变更增减

C．投标人在清单报出之后可以提出调整

D．投标人在清单报出之后可以提出索赔

5．分部分项工程量清单的 12 位项目编码中，由清单编制人设置的是（ ）。

A．8～10 位　　B．9～11 位　　C．9～12 位　　D．10～12 位

6．投标人如果认为分部分项工程量清单有不妥或遗漏，只能通过一定方式由清单编制人做统一的修改更正。这种方式是（ ）。

A．通知　　B．质疑　　C．询问　　D．请求

7．分部分项工程量清单中项目的工程量是以完成后的净值计算的。如果投标人所采取的施工方法使实际工程量超过项目实体净值量，则超出部分所需费用（ ）。

A．计入工程索赔款　　B．计入零星工作费用

C．计入分项工程综合单价　　D．计入预留金

8．对投标人报出的措施项目清单中没有列项且施工中又必须发生的项目，招标人（ ）。

A．要给予投标人以补偿

B．应允许投标人进行补充

C．可认为其包括在其他措施项目中

D．可认为其包括在分部分项工程量清单的综合单价中

9．编制措施项目清单时，施工排水降水项目的设置主要参考（ ）。

A．拟建工程的常规施工方案　　B．相关的施工规程

C．拟建工程的设计文件　　D．相关的施工规范

10．建设工程工程量清单的其他项目清单中不包括（ ）。

A．预留金　　B．总承包服务费　　C．材料购置费　　D．规费

11．招标人提出的不能以实物计量的零星工作项目所需费用应列入（ ）。

A．分部分项工程清单　　B．措施项目清单

C．其他项目清单中的招标人部分　　D．其他项目清单中的投标人部分

12．为配合协调招标人进行的工程分包和材料采购所需的费用应列入（ ）。

A．分部分项工程清单　　B．措施项目清单

C．其他项目清单中的投标人部分　　D．其他项目清单中的招标人部分

13．工程量清单封面的填写、签字、盖章应由（ ）进行。

A．工程标底审查机构　　B．工程招标人

C．工程咨询公司　　D. 招投标管理部门

14．投标人应填报工程量清单计价格式中列明的所有需要填报的单价和合价，如未填报则（ ）。

A．招标人应要求投标人及时补充

B．招标人可认为此项费用包含在工程量清单的其他单价和合价中

C．投标人应该在开标之前补充

D．投标人可以在中标后提出索赔

15．按照《建设工程工程量清单计价规范》的规定，工程量清单采用（ ）计价。

A．全费用综合单价　　B．不完全费用综合单价

C．直接费单价　　D．工料单价

16．在工程量清单计价模式下，已知某分项工程的清单工程量为 3 250m^3，计价工程量为 423.9m^3；完成该分项工程所需的直接工程费为 38 723.69 元，管理费为 813.04 元，利润为 513.77 元，不考虑风险费。则该分项工程的综合单价为（　　）元 / m^3。

A．11.91　　B．12.32　　C．91.35　　D．94.48

17．对于施工过程中必须发生，但是在投标时很难具体分项预测，又无法单独列出项目内容的措施项目，可以采取（　　）计价。

A．分包法　　B．实物量法　　C．参数法　　D．测定法

18．措施项目清单为可调整清单，投标人在进行措施项目计价时（　　）。

A．不得对措施项目清单做任何调整

B. 对措施项目清单的调整可以在中标之后进行

C．可以根据施工组织设计采取的措施增加项目

D．可以在招标后采用索赔的方式要求对新增措施项目予以补偿

19．在建设工程工程量清单的各个组成部分中，投标人在计价过程中可以进行调整的是（　　）。

A．分部分项工程量清单的项目

B．措施项目清单中的项目

C．其他项目清单中招标人部分的数量和金额

D．其他项目清单中招标人提供的工程量

20．建设工程工程量清单中预留金的额度应根据设计文件的深度、设计质量的高低、 拟建工程的成熟程度及工程风险的性质确定。对于设计深度深、设计质量高的成熟设计， 预留金一般占工程总造价的（　　）。

A．3%～5%　　B．5%～10%　　C．10%～15%　　D．15%～20%

21．零星工作项目中的人工计量一般按照人工消耗总量的（　　）取值。

A．0.5%　　B．1%　　C．1.5%　　D．2%

22．零星工作项目中的机械计量可以按照机械消耗总量的（　　）取值。

A．0.5%　　B．1%　　C．1.5%　　D．2%

23．采用工程量清单计价方法计算某单位工程的含税工程造价。已知该单位工程的分部分项工程费为 26 640.g19 元，措施项目费为 2 500 元，其他项目费为 0；规费费率为 4.6%，规费的计费基础为分部分项工程费、措施项目费与其他项目费之和；税率为 3.41%。则该单位工程的含税工程造价为（　　）元。

A．31 389.07　　B．31 434.78　　C．31 474.32　　D．31 520.03

24．按照工程量清单计价格式的规定，单位工程费汇总表中不包括（　　）。

A．其他项目费合计　　B．规费

C．工程建设其他费合计　　D．税金

25～35 为多选题

25．工程量清单作为招标文件的组成部分，它是（　　）。

A．进行工程索赔的依据　　B．编制标底的基础

C．由工程咨询公司提供的　　D．支付工程进度款的依据

E．办理竣工验收的依据

26．编制分部分项工程量清单时，为使投标人能够准确计价，在确定了各个项目的名称、编码、计量单位并计算工程量之后，还应确定（　　）。

A．各项目的项目特征　　B．工程项目总说明

C．填表须知　　D．各项目的工作内容

E．措施项目清单内容

27．编制措施项目清单时，其中项目的设置应（　　）。

A．参考拟建工程的施工组织设计和施工技术方案

B．考虑设计文件中需通过一定的技术措施才能实现的内容

C．全面执行《建设工程工程量清单计价规范》中列出的项目不得调整

D．参阅相关的施工规范及工程验收规范

E．考虑招标文件中提出的必须通过一定的技术措施才能实现的要求

28．在设置措施项目清单项目时，参考拟建工程的常规施工方案可以确定下列项目中的（　　）。

A．文明安全施工　　B．环境保护　　C．脚手架

D．材料二次搬运　　E．大型机械设备进出场及安拆

29．建设工程工程量清单中的其他项目清单可以包含以下项目中的（　　）。

A．零星工作费　　B．预备费　　C．预留金

D．文明施工费　　E．总承包服务费

30．按照《建设工程工程量清单计价规范》的规定，其他项目清单中的招标人部分包括（　　）。

A．预留金　　B．总承包服务费　　C．零星工作费

D．材料购置费　　E．安全施工费

31．按照《建设工程工程量清单计价规范》规定的格式，分部分项工程量清单中应包括（　　）等内容。

A．项目编码　　B．计量单位　　C．工程数量

D．计算规则　　E．项目名称

32．按照《建设工程工程量清单计价规范》的规定，工程量清单采用不完全费用综合单价计价，综合单价中应包括（　　）。

A．机械使用费　　B．管理费　　C．利润

D．税金　　E．风险费

33．在进行分部分项工程费计算时，需要按照一定的程序计算不完全费用综合单价。下列关于综合单价计算的表述中正确的有（　　）。

A．在计算综合单价中的直接工程费时应以清单工程量为计算基数

B．在计算综合单价中的直接工程费时应以施工作业量为计算基数

C．分项工程施工中采用的施工方案不同，综合单价就会不同

D．分项工程的综合单价只由施工工程量、生产要素消耗量及其价格确定

E．分项工程的综合单价中应包括直接工程费、间接费和利润

34．下列关于措施项目计价的表述中，正确的是（　　）。

A．脚手架搭拆费可以采用实物量法进行计价

B．二次搬运费可以采用分包法进行计价

C．夜间施工费可以采用参数法进行计价

D．采用分包法计价时应在分包价格的基础上增加投标人的管理费及风险费

E．措施项目计价时其单价是综合单价

35．采用工程量清单计价法进行工程项目的投标报价是国际通行的报价方法。进行工程量清单报价可以依据（　　）。

A．招标文件　　B．企业定额　　C．招标会议记录

D．招投标双方的有关协议　　E．生产要素的市场价格信息

二、案例分析题

某开发商对一幢综合性写字楼工程进行公开招标。该工程建筑面积为 35 285m^2，主体结构为框架-剪力墙结构，建筑檐高 44.8m，基础类型为桩箱复合基础，地上 14 层。工程地处繁华商业区，距离周围建筑物较近。工期为 350d。业主要求按工程量清单计价规范要求进行报价。

某建筑公司参与投标，经过对图纸的详细的会审、计算，汇总得到单位工程费用如下：分部分项工程量计价合计 3 698 万元，措施项目计价占分部分项工程量计价的 8.8%，其他项目清单计价占分部分项工程量计价的 2.1%，规费费率为 6.5%，税率按 3.4%计取。

问题：

（1）清单计价单位工程费包括哪些费用？列表计算该单位工程的工程费。

（2）按工程量清单计价时，措施项目清单通用项目和专业项目各包括哪些项目？

（3）按工程量清单计价时，其他项目清单应包括哪些内容？

三、思考题

1．工程量清单的概念、内容和意义是什么？

2．工程量清单计价的特点和优点有哪些？

3．工程量清单计价的意义和作用有哪些？

4．工程量清单计价编制原则、程序、依据、方法各是什么？

5．工程量清单有哪些构成？工程量清单编码是怎么编制的？

6．工程量清单综合单价的编制原则和方法、程序有哪些？

第8章

室内装饰工程招投标报价实例

教学目标

本章介绍室内装饰工程招投标的发展过程和基本知识；并以某经理室室内装饰工程实例来分析招投标中工程量清单和计价。使学生了解室内装饰工程招投标的基本概念及其发展过程；熟悉室内装饰工程招投标的所需的文件，以及工程量招投标的基本特点；重点掌握编制室内装饰工程工程量清单及其报价的基本操作技能和方法。

教学要求

知识要点	能力要求	相关知识
室内装饰工程招投标	（1）了解招投标基本概念、招投标基本文件； （2）掌握工程评标程序与方法	招标、投标、公开招标、邀请投标、议标或指定招标、评标、定标、综合评分法、最低价中标法
室内装饰工程招投标案例分析	（1）掌握工程招标工程量清单的编制； （2）掌握工程招标控制价的编制； （3）掌握工程投标报价的编制	

基本概念

招标、投标、公开招标、邀请投标、议标或指定招标、评标、定标、综合评分法、最低价中标法。

引例

招投标是工程交易的一种形式，招标时需要提供工程量清单，投标报价时需要工程量清单计价。因此，本章主要讨论的是，①工程清单及其计价在招投标工作中如何应用？②室内装饰工程工程量清单及其报价的基本操作技能和方法有哪些？③如何进行招投标？

例如，某院校计划启动新校区办公楼装修项目，为此由后勤部门调动一部长及四名管理人员，新组建了基建处，负责此项目的筹建工作。本工程通过公开招标，通过资格预审，共有六家承包商参与投标，各承包商均按规定的投标截止日期递交了投标文件，在招标文件未标明的情况下，在开标时发生了下列事件。

（1）根据工程设计文件，基建处自行编制了招标文件和工程量清单。在开标时，由某地招标办公室的工作人员主持开标会议，按投标书到达的时间编了唱标顺序，以最后送达的投标文件为第一开标单位，最早送达的单位为最后唱标单位。

（2）招标文件中明确了有效标的条件，即投标单位的报价在招标单位编制的标底价±3%以内为有效标书，但是6家投标单位的报价均超过了上述要求。

（3）在此情况下，招标单位通过专家对各家投标单位的经济标和技术标的综合评审打分，以低价中标为原则，选择了价格最低的投标单位为中标单位。

问题:

（1）本工程由发包方自己编制招标文件是否符合有关法律规定？

（2）在本工程的开标过程中有哪些不妥之处？请分别说明。

（3）招标单位制作的招标文件应包含哪些内容？

（4）投标单位制作的招投标文件应包含哪些内容？

8.1 概述

8.1.1 我国招标投标体制的发展

我国建设工程招标投标制度大致经历了三个发展阶段。

1. 招投标的初步建立阶段

20世纪80年代，我国招标投标经历了试行——推广——兴起的初步建立阶段。招标投标主要侧重在宣传和实践，还处于社会主义计划经济体制下的一种探索。这时期招投标主要呈现以下几个特点。

（1）20世纪80年代中期，招标管理机构在全国各地陆续成立。

（2）有关招标投标方面的法规建设开始起步，1984年国务院颁布暂行规定，提出改变行政手段分配建设任务，实行招标投标，大力推行工程招标承包制，同时原城乡建设环境保护部印发了建筑安装工程施工和设计招标投标的试行办法，根据这些规定，各地也相继制定了适合本地区的招标管理办法，开始探索我国的招标投标管理和操作程序。

（3）招标方式基本以议标为主，在纳入招标管理项目当中约90%是采用议标方式发包的，工程交易活动比较分散，没有固定场所，这种招标方式在很大程度上违背了招标投标的宗旨，不能充分体现竞争机制。

（4）招标投标在很大程度上还流于形式，招标的公正性得不到有效监督，工程大多形成私下交易，暗箱操作，缺乏公开公平竞争。

2. 招投标的规范发展阶段

20 世纪 90 年代初期到中后期，全国各地普遍加强对招标投标的管理和规范工作，也相继出台一系列法规和规章，招标方式已经从以议标为主转变到以邀请招标为主，这一阶段是我国招标投标发展史上最重要的阶段，招标投标制度得到了长足的发展，全国的招标投标管理体系基本形成，为完善我国的招标投标制度打下了坚实的基础。这时期招投标主要呈现以下几个特点。

（1）全国各省、自治区、直辖市、地级以上城市和大部分县级市都相继成立了招标投标监督管理机构，工程招标投标专职管理人员不断壮大，全国已初步形成招标投标监督管理网络，招标投标监督管理水平正在不断地提高。

（2）招标投标法制建设步入正轨，从 1992 年建设部第 23 号令的发布到 1998 年正式施行《建筑法》，从部分省的《建筑市场管理条例》和《工程建设招标投标管理条例》到各市制定的有关招标投标的政府令，都对全国规范建设工程招标投标行为和制度起到极大的推动作用，特别是有关招标投标程序的管理细则也陆续出台，为招标投标在公开、公平、公正下的顺利开展提供了有力保障。

（3）自 1995 年起，全国各地陆续开始建立建设工程交易中心，它把管理和服务有效地结合起来，初步形成以招标投标为龙头，相关职能部门相互协作的具有“一站式”管理和“一条龙”服务特点的建筑市场监督管理新模式，为招标投标制度的进一步发展和完善开辟了新的道路。工程交易活动已由无形转为有形，隐蔽转为公开，信息公开化和招标程序规范化，已有效遏制了工程建设领域的腐败行为，为在全国推行公开招标创造了有利条件。

3. 招投标的不断完善阶段

随着建设工程交易中心的有序运行和健康发展，全国各地开始推行建设工程项目的公开招标。《招标投标法》根据我国投资主体的特点已明确规定我国的招标方式不再包括议标方式，这是个重大的转变，它标志着我国的招标投标的发展进入了全新的历史阶段。这时期招投标主要呈现以下几个特点。

（1）招标投标法律、法规和规章不断完善和细化，招标程序不断规范，必须招标和必须公开招标范围得到了明确，招标覆盖面进一步扩大和延伸，工程招标已从单一的土建安装延伸到道桥、装潢、建筑设备和工程监理等。

（2）全国范围内开展的整顿和规范建设市场工作与加大对工程建设领域违法违纪行为的查处力度为招标投标进一步规范提供了有力保障。

（3）工程质量和优良品率呈逐年上升态势，同时涌现出一大批优秀企业和优秀项目经理，企业正沿着围绕市场和竞争，讲究质量和信誉，突出科学管理的道路迈进。

（4）招标投标管理全面纳入建设市场管理体系，其管理的手段和水平得到全面提高，正在逐步形成建设市场管理的“五结合”：一是专业人员监督管理与计算机辅助管理相结合；二是建筑现场管理与交易市场管理相结合；三是工程评优治劣与评标定标相结合；四是管理与服务相结合；五是规范市场与执法监督相结合。

（5）公开招标的全面实施在节约国有资金，保障国有资金有效使用及从源头防止腐败滋生，都起到了积极作用。目前我们的市场还存在着政企不分，行政干预多，部门和地方保护，市场和招标操作程序不规范，市场主体的守法意识较差，过度竞争，中介组织不健全等现象。《招标投标法》正是国家通过法律手段来推行招标投标制度，以达到规范招标投标活动，保护国家和公共利益，提高公共采购效益和质量的目的。它的颁布是我国工程招标投标管理逐步走上法制化轨道的重要里程碑，它必将对我们目前乃至今后的建设市场管理产生深远的影响，并指导着招标投标制度向深度和广度健康发展。

8.1.2 我国招投标的发展趋势

随着公开招标和《招标投标法》的深入实施，建设市场必将形成政府依法监督，招投标活动当事人在建设工程交易中心依据法定程序进行交易活动，各中介组织提供全方位服务的市场运行新格局，我国的招标投标制度也必将走向成熟，它是招标投标发展的必然趋势。

（1）建设市场规则将趋于规范和完善。市场规则是有关机构制定的或沿袭下来的由法律、法规、制度所规定的市场行为准则，其内容如下。

① 市场准入规则：市场的进入需遵循一定的法规和具备相应的条件，对不具备条件或采取挂靠、出借证书、制造假证书等欺诈行为的，采取清出制度，逐步完善资质和资格管理，特别是进一步加强工程项目经理的动态管理。

② 市场竞争规则：这是保证各种市场主体在平等的条件下开展竞争的行为准则，为保证平等竞争的实现，政府制定相应的保护公平竞争的规则。《招标投标法》、《建筑法》、《反不正当竞争法》等，以及与之配套的法规和规章都制定了市场公平竞争的规则，并通过不断地实施将更加具体和细化。

③ 市场交易规则：交易必须公开（涉及保密和特殊要求的工程除外）；交易必须公平；交易必须公正。

（2）建设工程交易中心将办成“程序规范，功能齐全，手段多样，质量一流”的服务型的有形招标投标市场。除提供各种信息咨询服务外，其主要职责是能保证招标全过程的公开、公平和公正，确保进场交易各方主体的合法权益得到保护，特别是要保障法律规定的必须进行招标项目的程序规范合法。

（3）招标代理机构将依据《招标投标法》规定设立评委专家库，而建设工程交易中心则应制定专业齐全、管理统一的评委专家名册，同时应充分发挥评委专家名册的作用，改变目前专家评委只进行评标的现状，充分利用这一有效资源为招标投标管理服务。具体作用如下。

① 可作为投标资格审查的评审专家库，提高资审的公正性和科学性。

② 可作为《工程投标名册》（指由政府组织的每年进行评审的投标免审单位名单）的评审委员库，利用他们的社会知名度和制定科学的评审制度，提高《工程投标名册》的权威性，逐步得到社会各界认可。

③ 分组设立主任委员，负责定期组织评委讨论和研究新问题及相关政策，开辟专家论坛，倡导招标投标理论研究，并可联系大专院校进行相关课题研究，以便更好地为管理和决策提供理论依据。

④ 评委专家名册内应增设法律方面的专家，开辟法律方面的咨询服务，并逐步开展招标仲裁活动。

（4）招标管理机构是法律赋予的对招标投标活动实施监督的部门，其应成为独立的行政管理和监督机构，应将目前其具体的实物性监督管理转为程序性监督。应负责有关工程建设招标法规的制定和检查，负责招标纠纷的协调和仲裁，负责招标代理机构的认定等。

（5）《招标投标法》明确规定招标代理机构是从事招标代理业务并提供相关服务的社会中介组织，从国际上看，招标代理机构是建筑市场和招标投标活动中不可缺少的重要力量，随着我国建设市场的健康发展和招标投标制度的完善，招标代理机构必将在数量和质量上得到大力发展，同时也将推动我国的招标投标制度尽快与国际接轨。

（6）根据国际工程管理的通行做法，我国的工程保证担保制度将得到大力推行和发展，特别是投标保证、履约保证和支付保证在我国工程管理领域将得到广泛运用，它将是充分保障工程合同双方当事人的合法权益的有效途径，同时必将推动我国的招标投标制度逐步走向成熟。

8.2　室内装饰工程招投标基本概念

8.2.1　室内装饰工程招标

1. 基本概念

工程招标投标是建设单位和施工单位（或买卖双方）进行建设工程承发包交易的一种手段和方法。

招标即招标人（业主或建设单位）择优选择施工单位（承包方）的一种做法。在工程招标之前，将拟建的工程委托设计单位或顾问公司设计，编制概预算或估算，俗称编制标底。标底是个不公开的数字，它是工程招投标中的机密，切不可泄露。招标单位准备好一切条件，发表招标公告或邀请几家施工单位来投标，利用投标企业之间的竞争，从中择优选定承包方（施工单位）。

2. 招标方式

招标可分为三种形式，即公开招标、邀请投标、议标或指定招标。

1）公开招标

公开招标是通过登载招标启示，公开进行的一种招标方式，凡符合规定条件的施工单位都可自愿参加投标。由于参与投标报名的装饰施工企业很多，所以它属于一种“无限竞争”的招标。公开招标有助于企业之间展开竞争，打破垄断，促使承包企业加强管理，提高工程质量，缩短工期，降低工程成本；公开招标使招标单位选择报价合理、工期短、质量好、信誉高的施工单位承包，达到招标的目的；公开招标促进装饰市场向健康方向发展，完善市场经营管理，力求公平、公正、合理的竞争。

2）邀请招标

邀请招标是招标单位根据自己了解或他人介绍的承包企业，发出邀请信，请一些装饰施工企业参加某项工程的投标，被邀请的单位数目一般是 3～7 个。采用邀请招标，招标单位对被邀请的施工单位一般是较为了解的，因此，被邀请的单位数目不宜过多，以免浪费投标单位的人力、物力。这种招标方式，只有被邀请的施工单位才有资格参加投标，所以它是一种“有限竞争”的投标。

3）议标

议标是工程招标的一种形式，由建设单位挑选一个或多个施工单位，采用协商的方法来确定施工单位。一旦达成协议，就把工程发包给某一或某几个施工企业承包。

3. 招标单位应具备的条件

招标人自行组织招标，必须符合下列条件，并设立专门的招标组织，经招投标管理机构审查合格后发给招标组织资格证书。

（1）有与招标工程相适应的技术、经济、管理人员。

（2）有组织编制招标文件的能力。

（3）有审查投标人投标资格的能力。

（4）有组织开标、评标、定标的能力。

不具备上述条件的，招标人必须委托具备相应资质（资格）的招标代理人组织招标。

4. 招标工程应当具备的条件

（1）项目已经报有关部门备案。

（2）已经向招投标管理机构办理报建登记。

（3）概算已经批准，招标范围内所需资金已经落实。

（4）满足招标需要的有关文件及技术资料已经编制完成，并经过审批。

（5）招标所需的其他条件已经具备。

5. 招标文件

招标单位在进行招标以前，必须编制招标文件。招标文件是招标单位说明招标工程要求和标准的书面文件，也是投标报价的主要依据，所以它应该尽量详细和完善，其内容如下。

（1）投标人须知。

（2）招标工程的综合说明。它应说明招标工程的规模、工程内容、范围和承包的方式，对投标人施工能力和技术力量的要求、工程质量和验收规范、施工现场条件和建设地点等。

（3）图样和资料。如果是初步设计招标，应有主要结构图样、重要设备安装图样和装饰工程的技术说明。

（4）工程量清单。

（5）合同条件，包括计划开、竣工期限和延期罚款的决定、技术规范和采用标准。

（6）材料供应方式和材料、设备订货情况及价格说明。

（7）特殊工程和特殊材料的要求及说明。

（8）辅助条款。招标文件交底时间、地点，投标的截止日期，开标日期、时间和地点，组织现场勘察的时间，投标保证的规定，不承担接受最低标的声明，投标的保密要求等。

6. 室内装饰工程合同的确定

室内装饰工程招标单位在招标前，就应根据工程难度、设计深度等因素确定合同的形式。室内装饰工程施工合同按付款方式分为以下几类。

1）总价合同

总价合同是指在合同中明确完成项目的总价，承包单位据此完成项目全部内容的合同。总价合同又细分为以下几种。

（1）固定总价合同。施工中若设计图纸、工程质量无变更要求，工期无提前要求，则总价不变，即施工企业承担全部风险。这种合同适用于设计图纸详细、全面、施工工期较短的工程。

（2）调值总价合同。在合同中双方约定，当合同执行中因通货膨胀引起成本变化达到某一限度时，调整合同总价。这种合同由业主承担通货膨胀的风险，施工单位承担其他风险。这种合同适用于设计文件明确，但施工工期较长的工程。

（3）固定工程量总价合同。招标单位要求投标单位按单价合同办法分别填报分项工程单价，再计算出工程总价。原定工程项目完成后，按合同总价付款，若发生设计变更，则用合同中已确定的单价来调整计算总价。这种合同适用于工程变化不大的项目。

2）单价合同

单价合同是指投标单位按招标文件列出的各分部分项工程的工程量，分别确定各分部分项工程单价的合同类型。单价合同又细分为以下几种。

（1）估计工程量单价合同。招标文件中列有工程量清单，投标单位填入各分部分项工程单价，并据此计算出合同总价。施工过程中，按实际完成工程量结算。竣工时按竣工图编制竣工结算。这种合同是双方共担风险，所以是比较常用的合同形式。

（2）纯单价合同。招标单位不能准确地计算出分部分项工程量，招标文件仅列出工程范围、工作内容一览表及必要的说明，投标单位给出表中各项目的单价即可。施工时按实际完成的工程量结算。

（3）单价与报价混合式合同。 凡能用某种单位计算工程量的工程内容，均报单价；凡不能或很难计算工程量的工作内容则采用包干的方法计价。

3）成本加酬金合同

成本加酬金合同是指业主向施工单位支付工程项目的实际成本，并按事先约定的方式支付一定的酬金。这种合同由业主承担实际发生的一切费用，施工单位对降低成本没有积极性，业主很难控制工程造价。这类合同仅适用于业主对施工单位高度信任的新型或试验性工程，或项目风险很大的工程。

4）合同类型的选择

一般说来，选择合同类型时业主占有一定的主动权，但也应考虑施工单位的承受能力，选择双方都能认可的合同类型。影响合同类型选择的因素主要有以下几个方面。

（1）装饰规模与工期。项目规模小，工期短，业主比较愿意选用总价合同，施工单位也较愿意接受，因为这类工程风险较小，项目规模大，工期长，不可预见因素多，这类项目不宜采用总价合同。

（2）设计深度。若设计详细，工程量明确，则三类合同均可选用；若设计深度可以划分出分部分项工程，但不能准确计算工程量，应优先选用单价合同。

（3）项目准备时间的长短。装饰工程招投标及签订合同，招标单位与投标单位都要做准备工作，不同的合同类型需要不同的准备时间与费用。总价合同需要的准备时间和准备费用最高，成本加酬金合同需要的准备时间和费用最低。

（4）项目的施工难度及竞争情况。项目施工难度大，则对施工单位技术要求高，风险也较大，选择总价合同的可能性较小；项目施工难度小，且愿意施工的单位多，竞争激烈，业主拥有较大的主动权，可按总价合同、单价合同、成本加酬金合同的顺序选择。

此外，选择合同类型时，还应考虑外部环境因素。若外部环境恶劣，例如通货膨胀率高、气候条件差等，则施工成本高、风险大，投标单位很难接受总价合同。

8.2.2 室内装饰工程投标

1. 基本概念

室内装饰工程施工投标，是指室内装饰施工企业根据业主或招标单位发出的招标文件的各项要求，提出满足这些要求的报价及各种与报价相关的条件。工程施工投标除单指报价外，还包括一系列建议和要求。投标是获取工程施工承包权的主要手段，也是对业主发出要约的承诺。施工企业一旦提交投标文件后，就必须在规定的期限内信守自己的承诺，不得随意反悔或拒不认账。投标是一种法律行为，投标人必须承担因反悔违约可能产生的经济、法律责任。

投标是响应招标、参与竞争的一种法律行为。《中华人民共和国招标投标法》明文规定，投标人应当具备承担招标项目的能力，应当具备国家有关规定及招标文件明文提出的投标资格条件，遵守规定时间，按照招标文件规定的程序和做法，公平竞争，不得行贿，不得弄虚作假，不能凭借关系、渠道搞不正当竞争，不得以低于成本的报价竞标。施工企业根据自己的经营状况有权决定参与或拒绝投标竞争。

2. 投标时必须提交的资料

施工企业投标时或在参与资格预审时必须提供以下资料。

（1）企业的营业执照和资质证书。

（2）企业简历。

（3）自有资金情况。

（4）全员职工人数：包括技术人员、技术工人数量及平均技术等级等。

（5）企业自有主要施工机械设备一览表。

（6）近3年承建的主要工程及质量情况。

（7）现有主要施工任务，包括在建和尚未开工工程一览表。

（8）招标邀请书（指约请招标）。

（9）工程报价清单和工程预算书等。

3. 投标文件

投标文件应包括下列内容。

（1）综合说明。

（2）按照工程量清单计算的标价及钢材、木材、水泥等主要材料的用量（近年来由于市场经济的逐步发展，很多工程施工投标已不要求列出钢材、木材及水泥用量，投标单位可根据统一的工程量计算规则自主报价）。

（3）施工方案和选用的主要施工机械。

（4）保证工程质量、进度、施工安全的主要技术组织措施。

（5）计划开工、竣工日期和工程总进度。

（6）对合同条款主要条件的认定。

4. 投标中应注意的问题

（1）从计算标价开始到工程完工为止往往时间较长，在建设期内工资、材料价格、设备价格等可能上涨，这些因素在投标时应该予以充分考虑。

（2）公开招标的工程，承包者在接到资格预审合格的通知以后，或采用邀请招标方式的投标者在收到招标者的投标邀请信后，即可按规定购买标书。

（3）取得招标文件后，投标者首先要详细弄清全部内容，然后对现场进行实地勘察。重点要了解劳动力、水、电、材料等供应条件。这些因素对报价影响颇大，招标者有义务组织投标者参观现场，对提出的问题给予必要的介绍和解答。除对图样、工程量清单和技术规范、质量标准等要进行详细审核外，对招标文件中规定的其他事项如开标、评标、决标、保修期、保证金、保留金、竣工日期、拖期罚款等，一定要搞清楚。

（4）投标者对工程量要认真审核，发现重大错误应通知招标单位，未经许可，投标单位无权变动和修改。投标单位可以根据实际情况提出补充说明或计算出相关费用，写成函件作为投标文件的一个组成部分。招标单位对于工程量差错而引起的投标计算错误不承担任何责任，投标单位也不能据此索赔。

（5）估价计算完毕，可根据相关资料计算出最佳工期和可能提前完工的时间，以供决策。报出工期、费用、质量等具有竞争力的报价。

（6）投标单位准备投标的一切费用，均由投标单位自理。

（7）注意投标的职业道德，不得行贿，营私舞弊，更不能串通一气哄抬标价，或出卖标价，损害国家和企业的利益。如有违反，即取消投标资格，严重者给予必要的经济和法律制裁。

5. 投标报价原则

投标报价是施工企业根据招标文件和有关工程造价资料计算工程造价，并考虑投标决策及影响工程造价的因素，而后提出投标报价，投标报价是工程施工投标的关键。投标报价应遵循以下原则。

（1）根据承包方式做到“细算粗报”。如果是固定总价报价，就要考虑到材料和人工费调整的因素及风险系数；如果是单价合同，那么工程量只需大致估算；如果总价不是一次包死，而是“调价结算”，那么风险系数可少考虑，甚至不考虑。报价的项目不必过细，但是在编制过程中要做到对内细、对外粗，即细算粗报，进行综合归纳。

（2）报价的计算方法要简明。数据资料要有理有据。影响报价的因素多而复杂。应把实际可能发生的一切费用逐项来算。一个成功的报价，必然应用不同条件下的不同系数，这些系数是许多工程实际经验累积的结果。

（3）考虑优惠条件和改进设计的影响。投标单位往往在投标竞争激烈的情况下，对建设单位提出种种优惠的条件。例如，帮助串换甲供材、提供贷款或延迟付款、提前交工、免费提供一定的维修材料等优惠条件。

在投标报价时，如果发现该工程中某些设计不合理并可改进，或可利用某项新技术以降低造价时，除了按正规的报价以外，还可另附修改设计的比较方案，提出有效措施以降低造价和缩短工期。这种方式，往往会得到建设单位的赏识而大大提高中标机会。

（4）选择合适的报价策略。对于某些专业性强、难度大、技术条件高、工种要求苛刻、工期紧，估计一般施工单位不敢轻易承揽的工程，而本企业这方面又拥有特殊的技术力量和设备的项目，往往可以略为提高利润率；如果为在某一地区打开局面，往往又可考虑低利润报价的策略。

8.2.3 室内装饰工程标底

1. 室内装饰工程标底的内容和作用

招标控制价是《计价规范》（GB 50500—2013）中引入新的概念，是指招标人根据国家或省级、行业建设主管部门颁发的有关计价依据和办法，按设计施工图纸计算的， 对招标工程限定的最高工程造价。标底的作用与招标控制价是相类似的。

1）室内装饰工程标底的内容

（1）招标工程综合说明，包括招标工程名称、招标工程的设计概算、工程施工质量要求、定额工期、计划工期天数、计划开竣工日期等内容。

（2）室内装饰招标工程一览表，包括工程名称、建筑面积、结构类型、建筑层数、灯具管线、水电工程、庭院绿化工程等内容。

（3）标底价格和各项费用的说明，包括工程总造价和单方造价，主要材料用量和价格，工程项目分部分项单价，措施项目单价和其他项目单价，招标工程直接费、间接费、计划利润、税金及其费用的说明。

2）室内装饰工程标底的作用

标底是评标的主要尺度，也是核实投资的依据，又是衡量投标报价的准绳。一个工程只能编制一个标底。室内装饰工程施工招标可以编制标底。标底的作用表现在以下几个方面。

（1）标底是投资方核实投资的依据。标底是施工图预算的转化形态，它必须受概算控制，标底突破概算时，要认真分析。若标底编制正确，应修正概算，并报原审批机关调整。若属于施工图设计扩大了建设规模，就应修改施工图，并重新编制标底。

（2）标底是衡量投标单位报价的准绳。投标单位报价若高于标底，就失去了投标单位的竞争性。投标单位的报价低于标底过多，招标单位有理由怀疑报价的合理性，并进一步分析报价低于标底的原因。若发现低价的原因是由于分项工程工料估算不切实际、技术方案片面、节减费用缺乏可靠性或故意漏项等，则可认为该报价不可信；若投标单位通过优化技术方案、节约管理费用、节约各项物质消耗而降低工程造价，这种报价则是合理可信的。

（3）标底是评标的重要尺度。招标工程必须以严肃认真的态度和科学的方法编制标底。只有编制出科学、合理、准确的标底，定标时才能做出正确的选择，否则评标就是盲目的。

当然，报价不是选择中标单位的唯一依据，要对投标单位的报价、工期、企业信誉、协作配合条件和企业的其他资质条件进行综合评价，才能选择出合适的中标单位。

2. 标底价格编制原则和依据

1）标底编制原则

室内装饰工程标底价是招标人控制投资，确定招标工程造价的重要手段，在计算时要求科学合理、计算准确。标底价应当参考建设行政主管部门制定的工程造价计价办法和计价依据及其他有关规定，根据市场价格信息，由招标单位或委托有相应资质的招标代理机构和工程造价咨询单位，以及监理单位等中介组织进行编制。在标底的编制过程中，应该遵循以下原则。

（1）根据国家公布的统一工程项目编码、统一工程项目名称、统一计量单位、统一计算规则，以及施工图纸、招标文件，并参照国家、行业或地方批准发布的定额和国家、行业、地方规定的技术标准规范，以及要素市场价格确定的工程量编制标底价。

（2）标底价作为建设单位的期望价格，应力求与市场的实际变化吻合，要有利于竞争和保证工程质量。

（3）按工程项目类别计价。

（4）标底价应由直接费、间接费、利润、税金等组成，一般应控制在批准的总概算（或修正概算）及投资包干的限额内。

（5）标底价应考虑人工、材料、设备、机械台班等价格变化因素，还应包括不可预见费（特殊情况）、预算包干费、措施费（赶工措施费、施工技术措施费）、现场因素费用、保险，以及采用固定价格的工程的风险金等。工程要求优良的还应增加相应的费用。

（6）一个工程只能编制一个标底。

（7）标底编制完成后，直至开标时，所有接触过标底价格的人员均负有保密责任，不得泄露。

2）标底编制的依据

标底价格编制的依据主要有以下基本资料和文件。

（1）国家的有关法律、法规，以及国务院和省、自治区、直辖市人民政府建设行政主管部门制定的有关工程造价的文件和规定。

（2）工程招标文件中确定的计价依据和计价办法，招标文件的商务条款，包括合同条件中规定由工程承包方承担义务而可能发生的费用，以及招标文件的澄清、答疑等补充文件和资料。在标底价格计算时，计算口径和取费内容必须与招标文件中有关取费等的要求一致。

（3）国家、行业、地方的工程建设标准，包括建设工程施工必须执行的建设技术标准、规范和规程。

（4）工程设计文件、图纸、技术说明及招标时的设计交底，按设计图纸确定的或招标人提供的工程量清单等相关基础资料。

（5）采用的施工组织设计、施工方案、施工技术措施等。

（6）工程施工现场地质、水文勘探资料，现场环境和条件及反映相应情况的有关资料。

（7）招标时的人工、材料、设备及施工机械台班等要素市场价格信息，以及国家或地方有关政策性调价文件的规定。

3）影响标底编制的因素

（1）标底必须适应招标方的质量要求，优质优价，对高于国家施工及验收规范的质量因素有所反映。标底中对工程质量的反映，应按国家相关的施工及验收规范的要求作为合格的建筑产品，按国家规范来检查验收。但招标方往往还要提出要达到高于国家施工及验收规范的质量要求，为此，施工单位要付出比合格水平更多的费用。

（2）标底价必须适应目标工期的要求，对提前工期因素有所反映。应将目标工期对照工期定额，按提前天数给出必要的赶工费和奖励，并列入标底。

（3）标底必须适应建筑材料采购渠道和市场价格的变化，考虑材料差价因素，并将差价列入标底。

（4）标底必须合理考虑招标工程的自然地理条件和招标工程范围等因素。将地下工程及“三通一平”等招标工程范围内的费用正确地计入标底价格。由于自然条件导致的施工不利因素也应考虑计入标底。

（5）标底价格应根据招标文件或合同条件的规定；按规定的工程发承包模式，确定相应的计价方式，考虑相应的风险费用。

3. 编制标底的方法和步骤

1）编制标底的方法

我国目前建设工程施工招标标底的编制，主要采用定额计价和工程量清单计价来进行。

（1）以定额计价法编制标底。定额计价法编制标底采用的是分部分项工程量的直接费单价（或称为工料单价法），仅仅包括人工、材料、机械费用。直接费单价又可以分为单价法和实物量法两种，一种是单价法，即利用消耗量定额中各分项工程相应的定额单价来编制标底价的方法。首先按施工图计算各分项工程的工程量，并乘以相应单价，汇总相加，得到单位工程的直接费；再加上按规定程序计算出来的间接费、利润和税金；最后还要加上材料调价系数和适当的不可预见费，汇总后即为标底价的基础；另一种是实物量法，即用实物量法编制标底，主要先计算出各分项工程的工程量，分别套取消耗量定额中的人工、材料、机械消耗指标，并按类相加，求出单位工程所需的各种人工、材料、施工机械台班的总消耗量即实物量，然后分别乘以当时当地的人工、材料、施工机械台班市场单价，求出人工费、材料费、施工机械使用费，再汇总求和。对于间接费、利润和税金等费用的计算则根据当时当地建筑市场的供求情况给予具体确定。

（2）以工程量清单计价法编制标底。工程量清单计价的单价按所综合的内容不同，可以划分为两种形式。一种是 FIDIC 综合单价法，FIDIC 综合单价即分部分项工程的完全单价，综合了直接费、间接费、利润、税金，以及工程的风险等全部费用。根据统一的项目划分，按照统一的工程量计算规则计算工程量，形成工程量清单。然后估算分项工程综合单价，该单价是根据具体项目分别估算的。FIDIC 综合单价确定以后，再与各部分分项工程量相乘得到合价，汇总之后即可得到标底价格；另一种计价规范综合单价法，是《建设工程工程量清单计价规范》（GB 50500—2013）规定的方法。清单综合单价是指完成一个规定计量单位的分部分项工程量清单项目或措施项目的人工费、材料费、机械使用费、管理费和利润，并考虑一定的风险因素。用清单规范综合单价编制标底价格，要根据工程量清单（分部分项工程量清单、措施项目清单和其他项目清单），然后估算各工程量清单综合单价，再与各工程量清单相乘得到合价，最后按规定计算规费和税金，汇总之后即可得到标底价格。

2）编制标底的步骤

室内装饰工程标底的编制主要采用以施工图预算和以工程量清单为基础编制方法。以施工图预算为基础编制标底的具体做法：根据施工图纸及技术说明，按照装饰预算定额与施工图设计确定的分部分项工程项目，逐项计算出工程量，再套用装饰预算定额基价，确定直接费，然后按规定的取费标准确定施工管理费、其他间接费、计划利润和税金，再加上材差调整，以及一定的不可预见费，汇总后构成工程预算，即为标底的基础。以工程量清单为基础编制标底的具体做法：标底编制人依据招标文件中的工程量清单，依据当时当地的常用施工工艺和方法，以及装饰市场价格行情，采用社会平均合理生产水平，计算各分项工程单价，估算各项措施费用及其他费用，汇总得工程标底。

标底的编制程序如图 8-1 所示，大概分为以下几个内容。

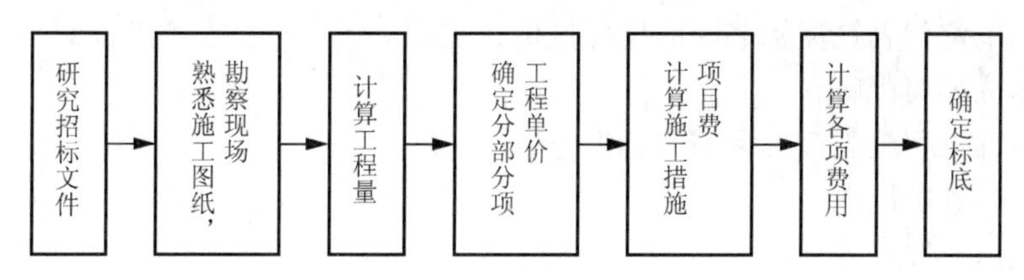

图 8-1　标底编制程序图

（1）认真研究招标文件。招标文件是招标工作的大纲，编制标底必须以招标文件为准绳，尤其应注意招标文件所规定的招标范围、材料供应方式、材料价格的取定方法、构件加工、材料及施工的特殊要求等影响工程造价的内容。标底的表示方式也应符合招标文件的统一要求。

（2）熟悉施工图样，勘察现场。编制标底前应充分熟悉施工图纸、设计文件，勘察施工现场，调查现场供水、供电、交通及场地等情况。

（3）计算工程量。在上述工作的基础上，依据工程量计算规则，分部分项计算工程量。工程量计算是标底编制工作中最重要的数据。若工程量作为招标文件的组成内容，则投标企业可依据工程量清单进行报价。

（4）确定分部分项工程单价。分项工程单价一般依据当地现行装饰工程预算定额确定，对定额中的缺项或有特殊要求的项目，应编制补充单价表。

（5）确定施工措施费用。正确确定施工措施费用是编制标底的十分重要的工作。例如，幕墙工程、石材饰面等施工措施的确定，必须以当地的施工技术水平为基础，正确拟定合理的施工方法、施工工期，所以标底编制人员平时要注意积累和收集相关资料，并认真分析和理解。

（6）计算各项费用并汇总计算标底。在正确计算工程量和分项工程单价的基础上，汇总计算工程直接费；然后按当时当地文件规定计算其他直接费、间接费、材差、计划利润和税金等；最后汇总得预算总造价，即为招标工程标底。

8.2.4　开标、评标和定标

1. 开标

1）开标前的准备工作

开标会是招标投标工作中的一个重要的法定程序。开标会上将公开各投标单位标书、当众宣布标底、宣布评标办法等，这表明招标投标工作进入了一个新的阶段。开标前应做好下列各项准备工作。

（1）成立评标组织，制定评标办法。

（2）委托公证，通过公证人的公证，从法律上确认开标是合法有效的。

（3）按招标文件规定的投标截止日期密封标箱。

2）开标会的程序

开标、评标、定标活动应在招标投标办事机构的有效管理下进行，由招标单位或其上级主管部门主持，公证机关当场公证。开标会的程序一般有以下内容。

（1）宣布到会的评标专家及有关工作人员，宣布开标会议主持人。

（2）投标单位代表向主持人及公证人员送验法人代表或授权委托书。

（3）当众检验和启封标书。

（4）各投标单位代表宣读标书中的投标报价、工期、质量目标、主要材料用量等内容。

（5）招标单位公布标底。

（6）填写装饰工程施工投标标书开标汇总表。

（7）有关各方签字。

（8）公证人口头发表公证。

（9）主持人宣布评标办法（也可在启封标书前宣布）及日程安排。

3）审查标书有效性

有下列情况之一的，即为无效标书。

（1）标书未密封，合格的密封标书，应将标书装入公文袋内，除袋口粘贴外，在封口处用白纸条贴封并加盖骑缝章。

（2）投标书（包括标书情况汇总表、密封表）未加盖法人印章和法定代表人或其委托代理人的印鉴。

（3）标书未按规定的时间、地点送达。

（4）投标人未按时参加开标会。

（5）投标书主要内容不全或与本工程无关，字迹模糊辨认不清，无法评估。

（6）标书情况汇总表与标书相关内容不符。

（7）标书情况汇总表经涂改后未在涂改处加盖法定代表人或其委托代理人印鉴。

2. 评标

评标是决定中标单位的重要的招投标程序，由评标组织执行。评标组织应由业主及其上级主管部门、代理招标单位、设计单位、资金提供单位（投资公司、基金会、银行），以及建设行政主管部门建立的评委成员组成。评委人数根据工程大小、复杂程度等情况确定，一般为7～11人，评标组织负责人由业主单位派员担任。

为贯彻“合法、合理、公证、择优”的评标原则，应在开标前制定评标办法，并告知各投标单位。通常应将评标办法作为招标文件的组成部分，与招标书同时发出；并组织投标单位答辩，对标书中不清楚的问题要求投标单位予以澄清和确认，按评标办法考核。

室内装饰工程评标定标常采用综合评分法和经评审的最低价中标法。

1）综合评分法

综合评分法是将报价、施工组织设计、质量和工期、业绩、信誉等评审内容分类后赋予不同权重，分别评审打分。其中报价部分以最低报价（但低于成本的除外）得满分，其余报价按比例折减计算得分。总累计分值反映投标人的综合水平，最后以得分最高的投标人为中标。

综合评分法常采用百分比，各评价要素的权重（分值分布）可根据工程具体情况确定。常用分值分布为报价50～60分，工期目标5分，质量等级目标5～8分，施工组织设计10～30分，施工实绩0～10分，总分100分。

综合评分法常将评委分成经济、技术两组分别打分。评分时，可由评委独自对各投标人打分。计分时，去掉一个最高分，去掉一个最低分，其余分值取平均值。

各投标得分汇总后，全体评委根据总得分和总报价综合评定，择优选择中标人。

2）经评审的最低价中标法

经评审的最低价中标法是指投标人的投标，能够满足招标文件的实质性要求，并且经评审的报价最低者中标的评标定标方法。即投标单位根据招标人提供的工程量清单对每项内容报出单价，评标委员会先对投标单位的资格条件和投标文件进行符合性鉴定，然后对投标文件商务部分进行评审，依据工程量清单对投标单位的投标报价进行评价，并逐项分析投标报价合理性，最后是以经过评审的最低评标价中标，但不一定是最低投标价中标。一般适用于具有通用技术，性能标准或者招标人对其技术性能没有特殊要求的招标项目。

经评审的最低价中标法对技术文件的评审分为可行与不可行两个等级，只定性不做相互比较。技术文件被定为可行的投标人方可进入价格文件的评审程序。

评标委员会应对投标文件是否满足投标文件的实质性要求，投标价格是否低于其企业成本做出评审，并在此基础上评审确定最低投标价，经评审的最低投标价的投标人应当推荐为中标候选人。

3. 定标

定标又称为决标，是指评标小组对各标书按既定的评标方法和程序确定评标结论。不论采用何种评标办法，均应撰写评标综合报告，向招标（领导）小组推荐中标候选单位，再由招标（领导）小组召开定标（决标）会议，确定中标单位。

确定中标单位后，招标单位及时发出中标通知书，并在规定期限内与中标单位签订工程施工承包合同。若中标单位放弃中标，招标单位有权没收其保证金，并重新评定中标单位。招标单位应将落标消息及时告知其他投标单位，并要求他们在规定期限内退回招标文件等资料，招标单位向投标单位退回保证金和标书，约请投标的，可酌情支付投标补偿费。

8.3 工程量清单计价与室内装饰工程招投标

8.3.1 工程量清单招投标的基本方法

1. 传统的招标方式及缺点

传统的招标一般是在施工图设计完成后进行，主要的招标方式有“施工图预算招标”、“部分子项招标选定施工单位”和“综合费率招标”等。从运行实践看，上述的传统招标方式主要存在如下不足。

（1）招标工作需要在施工图设计全面完成后进行，这对工程规模大、出图周期长、进度要求急的建设项目可能导致开工时间严重拖后；而采用部分子项招标确定施工单位或进行费率招标等方法，虽可解决开工时间问题，但不能有效控制工程投资，工程结算难度很大。

（2）传统招标方式采用“量价合一”的定额计价方法作为编标根据，不能将工程实体消耗和施工技术等其他消耗分离开来，投标企业的管理水平和技术、装备优势难以体现，而且在价格和取费方面未考虑市场竞争因素。同时，评标定标受标底有效范围的限制，往往会将有竞争力的报价视为废标。即使是工程规模大、施工技术复杂、方案选择性大的项目也是如此，这会误导投标单位把注意力放在如何使投标价更靠近标底的“预算竞赛”上来，从而难以体现综合实力的竞争。此外，招、投标多家单位均要重复进行工程量的计算，浪费了大量人力和物力。

2. 工程量清单招投标的基本方法

工程量清单招标是由招标单位提供统一的工程量清单和招标文件，投标单位以此为投标报价的依据并根据现行计价定额，结合本身特点，考虑可竞争的现场费用、技术措施费用及所承担的风险，最终确定单价和总价进行投标。工程量清单招投标的基本做法如下。

1）招标单位计算工程量清单

招标单位在工程方案、初步设计或部分施工图设计完成后，即可委托标底编制单位（或招标代理单位）按照当地统一的工程量计算规则，以单位工程为对象，计算并列出各分部分项工程的工程量清单（应附有有关的施工内容说明），作为招标文件的组成部分发放给各投标单位。其工程量清单的粗细程度、准确程度取决于工程的设计深度及编制人员的技术水平和经验。在工程量清单招标方式中，工程量清单的作用：一是为投标者提供一个共同的投标基础，供投标者使用；二是便于评标定标，进行工程价格比较；三是进行工程进度款的支付；四是进行合同总价调整、工程结算的依据。

2）招标单位计算工程直接费并进行工料分析

标底编制单位按工程量清单计算直接费，并进行工料分析，然后按现行定额或招标单位拟定的工、料、机价格和取费标准，取费程序及其他条件计算综合单价（含完成该项工程内容所需的所有费用，即包括直接费、间接费、材料价差、利润、税金等和综合合价），最后汇总成标底。实际招标中，根据投标单位的报价能力和水平，对分部分项工程中每一子项的单价也可仅列直接费，而材料价差、取费等则以单项工程统一计算。但材料价格、取费标准应同时确定并明确以后不再调整；相应投标单位的报价表也应按相同办法报价。

3）投标单位报价投标

投标单位根据工程量清单及招标文件的内容，结合自身的实力和竞争所需要采取的优惠条件，评估施工期间所要承担的价格、取费等风险，提出有竞争力的综合单价、综合合价、总报价及相关材料进行投标。

4）招投标双方合同约定说明

在项目招标文件或施工承包合同中，规定中标单位投标的综合单价在结算时不做调整；而当实际施工的工程量与原提供的工程量相比较，出入超过一定范围时，可以按实调整，即量调价不调。对于不可预见的工程施工内容，可进行虚拟工程量招标单价或明确结算时补充综合单价的确定原则。

8.3.2 工程量清单计价模式下的投标报价

1. 投标报价编制的原则和方法

采用工程量清单招标，投标单位才真正有了报价的自主权。但施工企业在充分合理的发挥自身的优势自主定价时，还应遵守有关文件的规定。

(1)《建筑工程施工发包与承包计价管理办法》中明确指出以下内容。

① 投标报价应当满足招标文件要求。

② 应当依据企业定额和市场参考价格信息。

③ 按照国务院和省、自治区、直辖市人民政府建设行政主管部门发布的工程造价计价办法

进行编制。

（2）在《计价规范》中规定，投标报价应根据以下内容进行。

① 招标文件中的工程量清单和有关要求。

② 施工现场实际情况。

③ 拟定的施工方案或施工组织设计。

④ 依据企业定额和市场价格信息。

⑤ 参照建设行政主管部门发布的社会平均消耗量定额。

2. 编制投标报价时应注意的问题

由于《计价规范》在工程造价的计价程序、项目的划分和具体的计量规则上与传统的计价方式有较大的区别，因此，编制人要做好有关的准备工作。

（1）首先应掌握《计价规范》的各项规定，明确各清单项目所包含的工作内容和要求、各项费用的组成等，投标时仔细研究清单项目的描述，真正把自身的管理优势、技术优势和资源优势等落实到细微的清单项目报价中。

（2）建立企业内部定额，提高自主报价能力。企业定额是指根据本企业施工技术和管理水平，以及有关工程造价资料制定的，供本企业使用的人工、材料和机械台班的消耗量标准。通过制定企业定额，施工企业可以清楚地计算出完成项目所需耗费的成本与工期，从而可准确投标报价。

（3）在投标报价书中，没有填写单价和合价的项目将不予支付，因此，投标企业应仔细填写每一单项的单价和合价，做到报价时不漏项不缺项。

（4）若需编制技术标及相应报价，应避免技术标报价与商务标报价出现重复，尤其是技术标中已经包括的措施项目，投标时应注意区分。

（5）掌握一定的投标报价策略和技巧，根据各种影响因素和工程具体情况灵活机动地调整报价，提高企业的市场竞争力。

8.3.3　工程量清单招标的特点和优点

1. 工程量招标的特点

工程量清单报价均采用综合单价形式。综合单价中包含了工程直接费、工程间接费、利润和应上缴的各种税费等。不像传统定额计价方式，单位工程造价由直接工程费、间接费、利润、税金构成，计价时先计算直接费，再以直接费（或其中的人工费）为基数计算各项费用、利润、税金，汇总为单位工程造价。相比之下，工程量清单报价简单明了，更适合工程的招投标。与其他行业一样，室内装饰工程的招投标，很大程度上应是工程单价的竞争，如仍采用以往的定额计价模式，竞争就不能体现，招标投标也失去了意义。

采用工程量清单计价招标，可以将各种经济、技术、质量、进度、风险等因素充分细化和量化并体现在综合单价的确定上；可以依据工程量计算规则、工程量计算单位，便于工程管理和工程计量。与传统的招标方式相比，工程量清单计价招标法具有以下特点。

（1）符合我国招标投标法的各项规定，符合我国当前工程造价体制改革“控制量、指导价、竞争费”的大原则，真正实现通过市场机制决定工程造价。

（2）有利于室内装饰工程项目进度控制，提高投资效益。在工程方案、初步设计完成后，施工图设计之前即可进行招投标工作，使工程开工时间提前，有利于工程项目的进度控制及提高投资效益。

（3）有利于业主在极限竞争状态下获得最合理的工程造价。因为投标单位不必在工程量计算上煞费苦心，可以减少投标标底的偶然性技术误差，让投标企业有足够的余地选择合理标价的下浮幅度；同时，也增加了综合实力强、社会信誉好企业的中标机会，更能体现招标投标宗旨。此外，通过极限竞争，按照工程量招标确定的中标价格，在不提高设计标准的情况下与最终结算价是基本一致的，这样可为建设单位的工程成本控制提供准确、可靠的依据。

（4）有利于中标企业精心组织施工，控制成本。中标后，中标企业可以根据中标价及投标文件中的承诺，通过对本单位工程成本、利润进行分析，统筹考虑、精心选择施工方案；并根据企业定额或劳动定额合理确定人工、材料、施工机械要素的投入与配置，实行优化组合，合理控制现场费用和施工技术措施费用等，以便更好地履行承诺，抓好工程质量和工期。

（5）有利于控制工程索赔，搞好合同管理。在传统的招标方式中，施工单位的“低报价、高索赔”策略屡见不鲜。设计变更、现场签证、技术措施费用及价格、取费调整是索赔的主要内容。在工程量清单招标方式中，由于单项工程的综合单价不因施工数量变化、施工难易不同、施工技术措施差异、价格及取费变化而调整，这就消除了施工单位不合理索赔的可能。

2. 工程量清单计价模式的工程招标投标优点

由于工程量清单明细表反映了工程的实物消耗和有关费用，因此，这种计价模式易于结合建设工程的具体情况，变现行以预算定额为基础的静态计价模式为将各种因素考虑在单价内的动态计价模式。过去的招标投标制，招投标双方针对某一建筑产品，依据同一施工图样，运用相同的预算定额和取费标准，一个编制招标标底，一个编制投标报价。由于两者角度不同，出发点不同，工程造价差异很大，而且大多数招标工程实施标底评标制度，评标定标时将报价控制在标底的一定范围内，超过者即废标，扩大了标底的作用，不利于市场竞争。

采用工程量清单招投标，要求招投标双方严格按照规范的工程量清单标准格式填写，招标人在表格中详细、准确地描述应该完成的工程内容；投标人根据清单表格中描述的工程内容，结合工程情况、市场竞争情况和本企业实力，充分考虑各种风险因素，自主填报清单，列出包括工程直接成本、间接成本、利润和税金等项目在内的综合单价与汇总价，并以所报综合单价作为竣工结算调整价的招标投标方式。它明确划分了招投标双方的工作，招标人计算量，投标人确定价，互不交叉、重复，不仅有利于业主控制造价，也有利于承包商自主报价；不仅提高了业主的投资效益，还促使承包商在施工中采用新技术、新工艺、新材料，努力降低成本、增加利润，在激烈的市场竞争中保持优势地位。

评标过程中，评标委员会在保证质量、工期和安全等条件下，根据《招标投标法》和有关法规，按照“合理低价中标”原则，择优选择技术能力强、管理水平高、信誉可靠的承包商承建工程，既能优化资源配置，又能提高工程建设效益。

8.3.4 室内装饰工程工程量清单计价招标的作用

室内装饰工程工程量清单计价招标的作用体现在以下几个方面。

（1）充分引入市场竞争机制，规范招标投标行为。

1984年11月，国家出台了《建筑工程招标投标暂行规定》，在工程施工发包与承包中开始实行招投标制度，但无论是业主编制标底，还是承包商编制报价，在计价规则上均未超出定额规定的范畴。这种传统的以定额为依据、施工图预算为基础、标底为中心的计价模式和招标方式，因为建筑市场发育尚不成熟，监管尚不到位，加上定额计价方式的限制，原本通过实行招标投标制度引入竞争机制，却没有完全起到竞争的作用。

对于市场主体的企业，应具有根据其自身的生产经营状况和市场供求关系自主决定其产品价格的权利，而原有工程预算由于定额项目和定额水平总是与市场相脱节，价格由政府确定，投标竞争往往蜕变为预算人员水平的较量，还容易诱导投标单位采取不正当手段去探听标底，严重阻碍了招投标市场的规范化运作。

把定价权交还给企业和市场，取消定额的法定作用，在工程招标投标程序中增加“询标”环节，让投标人对报价的合理性、低价的依据、如何确保工程质量及落实安全措施等进行详细说明。通过询标，不但可以及时发现错、漏、重等报价，保证招投标双方当事人的合法权益，而且还能将不合理报价、低于成本报价排除在中标范围之外，有利于维护公平竞争和市场秩序，又可改变过去“只看投标总价，不看价格构成”的现象，排除了“投标价格严重失真也能中标”的可能性。

（2）实行量价分离、风险分担，强化中标价的合理性。

现阶段工程预算定额及相应的管理体系在工程发承包计价中调整双方利益和反映市场实际价格、需求方面还有许多不相适应的地方。市场供求失衡，使一些业主不顾客观条件，人为压低工程造价，导致标底不能真实反映工程价格，招标投标缺乏公平公正，承包商的利益受到损害。还有一些业主在发包工程时带有强烈的主观性，或因收受贿赂，或因碍于关系、情面，总是希望自己想用的承包商中标，所以标底泄漏现象时有发生，保密性差。

“量价分离、风险分担”，是指招标人只对工程内容及其计算的工程量负责，承担量的风险；投标人仅根据市场的供求关系自行确定人工、材料、机械价格和利润、管理费，只承担价的风险。由于成本是价格的最低界限，投标人减少了投标报价的偶然性技术误差，就有足够的余地选择合理标价的下浮幅度，掌握一个合理的临界点，即使报价最低，也有一定的利润空间。另外，由于制定了合理的衡量投标报价的基础标准，并把工程量清单作为招标文件的重要组成部分，既规范了投标人计价行为，又在技术上避免了招标中弄虚作假和暗箱操作。

合理低价中标是在其他条件相同的前提下，选择所有投标人中报价最低但又不低于成本的报价，力求工程价格更加符合价值基础。在评标过程中，增加询标环节，通过综合单价、工料机价格分析，对投标报价进行全面的经济评价，以确保中标价是合理低价。

（3）增加招投标的透明度，提高评标的科学性。

当前，招标投标工作中存在着许多弊端，有些工程招标人也发布了公告，开展了登记、审查、开标、评标等一系列程序，表面上按照程序操作，实际上却存在着出卖标底，互相串标，互相陪标等现象。有的承包商为了中标，打通业主、评委，打人情牌、受贿牌；或者干脆编造假投标文件，提供假证件、假资料；甚至有的工程开标前就已暗定了承包商。

要体现招标投标的公平合理，评标定标是最关键的环节，必须有一个公正合理、科学先进、操作准确的评标办法。目前国内还缺乏这样一套评标办法，一些业主仍单纯看重报价高低，以取低标为主。评标过程中自由性、随意性大，规范性不强；评标中定性因素多，定量因素少，缺乏客观公正；开标后议标现象仍然存在，甚至把公开招标演变为透明度极低的议标。

工程量清单的公开，提高了招投标工作的透明度，为承包商竞争提供了一个共同的起点。由于淡化了标底的作用，把它仅作为评标的参考条件，设与不设均可，不再成为中标的直接依据，消除了编制标底给招标活动带来的负面影响，彻底避免了标底的跑、漏、靠现象，使招标工程真正做到了符合“公开、公平、公正和诚实信用的原则”。

承包商“报价权”的回归和“合理低价中标”的评定标原则，杜绝了建设市场可能的权钱交易，堵住了建设市场恶性竞争的漏洞，净化了建筑市场环境，确保了建设工程的质量和安全，促进了我国有形建筑市场的健康发展。

总之，工程量清单计价是建筑业发展的必然趋势，是市场经济发展的必然结果，也是适应国际国内建筑市场竞争的必然选择，它对招标投标机制的完善和发展，建立有序的建设市场公平竞争秩序都将起到非常积极的推动作用。

8.4 某二层敞开式办公区域室内装饰工程招投标报价实例

8.4.1 某二层敞开式办公区域室内装饰工程清单招标实例（一）

假设该室内装饰工程是在某市市内，图样、定额依据、地理环境和施工条件以某省建设厅和某市建设局的有关文件为准；并根据国家《计价规范》而进行招标工程量清单的编制。具体编制过程如下。

工程量计算表

单位（专业）工程名称：某二层敞开式办公区域　　　　第 1 页 共 1 页

序号	项目编码	项目名称	计算式	计量单位	工程量
二层敞开式办公区域					
1	011104002001	竹木地板	（4.08×5.3+1.52×0.3）	m^2	22.08
2	01105005001	木质踢脚线	（4.055×2+5.22×2+−0.98−1.72）×0.15	m^2	2.38
3	011302001001	吊顶天棚	[4.08×（5.3−0.2）]−4.055×0.3	m^2	19.594
4	010801001001	木质门（实木装饰门）	1.52×2.55	m^2	3.88
5	010808001001	木门窗套	（1.52+2.55×2）×0.35	m^2	2.32
6	00810002001	木窗帘盒	4.055	m^2	4.055
7	011408001001	墙纸裱糊	（4.08+5.3）×2×3.0−（0.98×2.4+2.38 木踢脚线+1.72×2.65+2.7×2.1+3.02×2.25）	m^2	34.53
		墙纸裱糊	[0.2×0.48×2+（2.62+2.7）×0.1×2]	m^2	1.26
8	011502002001	木质装饰线	（1.52+2.65×2）×2	m^2	13.64
9	011702006002	满堂脚手架	4.08×5.3	m^2	21.62

二层敞开式办公区域　　　　工程

招 标 控 制 价

招标控制价（小写）：________________

（大写）：________________

招 标 人：________________
（单位盖章）

工程造价
咨询人：________________
（单位资质专用章）

法定代表人
或其授权人：________________
（签字或盖章）

法定代表人
或其授权人：________________
（签字或盖章）

编制人：________________
（造价人员签字盖专用章）

复 核 人：________________
（造价工程师签字盖专用盖）

编辑时间：

复核时间：

总 说 明

单位（专业）工程名称：某二层敞开式办公区域　　　　第 1 页 共 1 页

分部分项工程量清单与计价表

单位（专业）工程名称：某二层敞开式办公区域　　　　第 1 页 共 1 页

序号	项目编码	项目名称	项目特征	计量单位	工程量	综合单价（元）	合价（元）	其中（元）	
								人工费	机械费
二层敞开式办公区域									
1	011104002001	竹木地板	1．20mm 水泥找平； 2．木龙骨防火涂料三遍，防腐油一遍； 3．长条实木复合地板	m^2	22.08				
2	01105005001	木质踢脚线	成品踢脚板木饰面	m^2	2.38				
3	011302001001	天棚吊顶	1．60 系列轻钢龙骨； 2．9.5mm 双层石膏板顶面； 3. 141mm 石膏顶角线 18.71m； 4．其他板材面防火涂料三遍防腐油一遍；板缝贴胶带、点锈；石膏板及石膏顶角线刷乳胶漆三遍	m^2	19.594				
4	010801001001	实木装饰门	成品装饰门扇	m^2	3.88				
5	010808001001	木门窗套	1. 木龙骨 18 厚细木工板基层； 2．防火涂料三遍，防腐油一遍； 3．成品木饰面	m^2	2.32				
6	00810002001	木窗帘盒	1．木龙骨； 2．9.5mm 双层石膏板顶面 $1.42m^2$；侧面 $2.028m^2$； 3．木龙骨防火涂料三遍，防腐油一遍；石膏板板缝贴胶带、点锈；刷乳胶漆三遍	m^2	4.055				
7	011408001001	墙纸裱糊	墙面墙纸 04	m^2	35.79				
8	011502002001	木质装饰线	100mm 木质装饰线	m	13.64				
本页小计									
合计									

施工组织措施项目清单与计价表

单位（专业）工程名称：某二层敞开式办公区域　　　　第 1 页 共 1 页

序号	项目名称	计算基数	费率（%）	金额　（元）
1	安全文明施工费			
2	检验试验费			
3	提前竣工增加费			
4	二次搬运费			
5	已完工程及设备保护费			
6	夜间施工增加费			
7	冬雨季施工增加费			
8	行车、行人干扰增加费			
9				
10				
	......			
合计				

注：① 本表适用于以“项”计价的措施项目；

② 根据建设部、财政部发布的《建筑安装工程费用组成》（建标[2003]206 号）规定，“计算基础”可为“直接费”、“人工费”或“人工费＋机械费”。

施工技术措施项目清单与计价表

单位（专业）工程名称：某二层敞开式办公区域　　　　第 1 页 共 1 页

序号	项目编码	项目名称	项目特征描述	计量单位	工程量	综合单价（元）	合　价（元）	其中（元）	
								人工费	机械费
	011702006002	满堂脚手架	基本层 3.9m	m^2	21.62				
		......							
本页小计									
合计									

注：本表适用于以综合单价形式计价的措施项目。要求列出数量的措施项目细项的定额编号、定额项目名称、定额单位、工程量按福建省现行消耗量定额的规定列出。

其他项目清单与计价汇总表

单位（专业）工程名称：某二层敞开式办公区域　　　　　　　　　　　　　　　　　　　　第 1 页 共 1 页

序　号	项目名称	计量单位	金额　（元）	备　注
1	招标人部分			
1.1	预留金			
1.2	材料购置费			
1.3	其他			
2	投标人部分			
2.1	总承包服务费			
2.2	零星工作费			
2.3	其他			
	……			
合　计				

暂列金额明细表

单位（专业）工程名称：某二层敞开式办公区域　　　　　　　　　　　　　　　　　　　　第 1 页 共 1 页

序　号	项　目　名　称	计量单位	暂定金额　（元）	备　注
	合　计			

注：此表由招标人填写，如不能详列，也可只列暂定金额总额，投标人应将上述暂列金额计入投标总价中。

材料暂估单价表

单位（专业）工程名称：某二层敞开式办公区域　　　　第 1 页 共 1 页

序　号	材料名称、规格、型号	计量单位	单价（元）	备　注

注：① 此表由招标人填写，并在备注栏说明暂估价的材料拟用在哪些清单项目上，投标人应将上述材料暂估单价计入工程量清单综合单价报价中。

② 材料包括原材料、燃料、构配件，以及按规定应计入建筑安装工程造价的设备。

专业工程暂估价表

单位（专业）工程名称：某二层敞开式办公区域　　　　第 1 页 共 1 页

序　号	工程名称	工程内容	金额（元）	备　注
	合　计			

注：此表由招标人填写，投标人应将上述专业工程暂估价计入投标总价中。

计日工报价表

单位（专业）工程名称：某二层敞开式办公区域　　　　第 1 页 共 1 页

编　号	项目名称	单　位	暂定数量	综合单价（元）	合价（元）
一	人　工				
1					
人工小计					
二	材　料				
1					
材料小计					
三	施工机械				
1					
施工机械小计					
合计					

注： 此表项目名称、数量由招标人填写，编制招标控制价时，单价由招标人按有关计价规定确定；投标时，单价由投标人自主报价，计入投标总价中。

主要工日价格表

单位（专业）工程名称：某二层敞开式办公区域　　　　第 1 页 共 1 页

序　号	工　种	单　位	数　量	单 价（元）
1	二类人工	工日	2.099	
2	三类人工	工日	205.409	

注： 此表项目名称、数量由招标人填写，编制招标控制价时，单价由招标人按有关计价规定确定；投标时，单价由投标人自主报价，计入投标总价中。

主要机械台班价格表

单位（专业）工程名称：某二层敞开式办公区域　　　　第 1 页 共 1 页

序　号	机械设备名称	单　位	数　量	单 价（元）
		1.		
合　计				

总承包服务费报价表

单位（专业）工程名称：某二层敞开式办公区域　　　　第 1 页 共 1 页

序　号	项目名称	项目价值（元）	服务内容	费　率（%）
	合　计		0	

8.4.2 某二层敞开式办公区域室内装饰工程清单投标实例

投 标 总 价

招　　标　　人：____________________

工　程　名　称：某二层敞开式办公区域

投标总价（小写）：42039 元

（大写）：肆万贰仟零叁拾玖元整

法定代表人

投 标 人：__________ 或其授权人：__________

（单位盖章）　　　　（签字或盖章）

编 制 人：______________________________

（造价人员签字盖专用章）

时 间：　年　月　日

总 说 明

单位（专业）工程名称：某二层敞开式办公区域　　　　第 1 页 共 1 页

工程项目招标控制价汇总表

单位（专业）工程名称：某二层敞开式办公区域　　　　第 1 页 共 1 页

序　号	单位工程名称	金　额（元）
一	二层敞开式办公区域	42039
[~1]		
二	未纳入单位工程费的其他费用[（一）＋（二）＋（三）＋（四）]	0
（一）	整体措施项目清单（1+2）	0
1	组织措施项目清单	0
2	技术措施项目清单	0
（二）	整体其他项目清单	0
（三）	整体措施项目规费 [3+4+5]	0
3	排污费、社保费、公积金	0
4	危险作业意外伤害保险费	0
5	民工工伤保险费{[（一）＋（二）+3 +4] ×费率}	0
（四）	税金{[（一）＋（二）＋（三）] ×费率}	0
（五）	报价 [（一）＋（二）]	42039
合　计		

单位（专业）工程招标控制价计算表

单位（专业）工程名称：某二层敞开式办公区域　　　　第 1 页 共 1 页

序　号	费用名称	计算公式	金　额（元）
其　中	安全文明施工费		327
4	规费	（1+2）×相应费率	1432
5	税金	（1+2+3+4+5）×相应费率	1452
合　计		1+2+3+4+5	42039

分部分项工程量清单与计价表

单位（专业）工程名称：某二层敞开式办公区域　　　　　　　　　　第 1 页 共 1 页

序号	项目编码	项目名称	项目特征	计量单位	工程量	综合单价（元）	合　价(元)	其中（元）	
								人工费	机械费
二层敞开式办公区域									
1	011104002001	竹木地板	1．20mm 水泥，水泥找平； 2．木龙骨防火涂料三遍，防腐油一遍； 3．长条实木复合地板	m^2	22.08	649.44	14339.64	5885.03	6.96
2	01105005001	木质踢脚线	成品踢脚板木饰面	m^2	2.38	240.36	572.06	36.85	0.03
3	011302001001	吊顶天棚	1．60 系列轻钢龙骨； 2．9.5mm 双层石膏板顶面； 3．141mm 石膏顶角线 18.71m； 4．其他板材面防火涂料三遍，防腐油一遍；板缝贴胶带、点锈；石膏板及石膏顶角线刷乳胶漆三遍	m^2	19.594	592.72	11613.76	5652.42	
4	010801001001	实木装饰门	成品装饰门扇	m^2	3.88	423.74	1644.11	38	
5	010808001001	木门窗套	1．木龙骨 18 厚细木工板基层； 2．防火涂料三遍，防腐油一遍； 3．成品木饰面	m^2	2.32	640.72	1486.47	521.25	0.13
6	00810002001	木窗帘盒	1．木龙骨； 2．9.5mm 双层石膏板顶面 $1.42m^2$；侧面 $2.028m^2$； 3．木龙骨防火涂料三遍，防腐油一遍；石膏板板缝贴胶带、点锈；刷乳胶漆三遍	m^2	4.055	1338	5425.59	2928.37	0.09
7	011408001001	墙纸裱糊	墙面墙纸 04	m^2	35.79	76.82	2749.39	508.65	
8	011502002001	木质装饰线	100mm 木质装饰线	m	13.64	40.99	559.1	40.43	
本页小计							38390	15611	7
合计							38390	15611	7

施工组织措施项目清单与计价表

单位（专业）工程名称：某二层敞开式办公区域　　　　第 1 页 共 1 页

序号	项目名称	计算基数	费率（%）	金额（元）
1	安全文明施工费	10372	3.155	327
2	检验试验费	10372	1.115	116
3	提前竣工增加费	10372		0
4	二次搬运费	10372	0.87	90
5	已完工程及设备保护费	10372	0.05	5
6	夜间施工增加费	10372	0.05	5
7	冬雨季施工增加费	10372	0.2	21
8	行车、行人干扰增加费	10372		0
9				
10				
	……			
合计				564

注：① 本表适用于以“项”计价的措施项目；
② 根据建设部、财政部发布的《建筑安装工程费用组成》（建标[2003]206 号）的规定，“计算基础”可为“直接费”、“人工费”或“人工费＋机械费”。

施工技术措施项目清单与计价表

单位（专业）工程名称：某二层敞开式办公区域　　　　第 1 页 共 1 页

序号	项目编码	项目名称	项目特征描述	计量单位	工程量	综合单价（元）	合价（元）	其中（元）	
								人工费	机械费
	011702006002	满堂脚手架	基本层 3.9m	m^2	21.62	9.3	201.07	136.46	5.92
		……							
本页小计							201		
合计							201		

注：本表适用于以综合单价形式计价的措施项目。要求列出数量的措施项目细项的定额编号、定额项目名称、定额单位、工程量按福建省现行消耗量定额的规定列出。

其他项目清单与计价汇总表

单位（专业）工程名称：某二层敞开式办公区域　　　　第 1 页 共 1 页

序　号	项目名称	计量单位	金额（元）	备　注
1	招标人部分		0	
1.1	预留金		0	
1.2	材料购置费		0	
1.3	其他		0	
2	投标人部分		0	
2.1	总承包服务费		0	
2.2	零星工作费		0	
2.3	其他		0	
	……			
	合　计			

暂列金额明细表

单位（专业）工程名称：某二层敞开式办公区域　　　　第 1 页 共 1 页

序　号	项　目　名　称	计量单位	暂定金额（元）	备　注
	合　计		0	

注：此表由招标人填写，如不能详列，也可只列暂定金额总额，投标人应将上述暂列金额计入投标总价中。

材料暂估单价表

单位（专业）工程名称：某二层敞开式办公区域　　　　第 1 页 共 1 页

序　号	材料名称、规格、型号	计量单位	单价（元）	备　注

注：① 此表由招标人填写，并在备注栏说明暂估价的材料拟用在哪些清单项目上，投标人应将上述材料暂估单价计入工程量清单综合单价报价中。

② 材料包括原材料、燃料、构配件，以及按规定应计入建筑安装工程造价的设备。

专业工程暂估价表

单位（专业）工程名称：某二层敞开式办公区域　　　　第 1 页 共 1 页

序　号	工程名称	工程内容	金额　（元）	备　注
	合　计		0	

注：此表由招标人填写，投标人应将上述专业工程暂估价计入投标总价中。

计日工报价表

单位（专业）工程名称：某二层敞开式办公区域　　　　第 1 页 共 1 页

编　号	项目名称	单　位	暂定数量	综合单价（元）	合价（元）
一	人　工				
1					
人工小计					
二	材　料				
1					
材料小计					
三	施工机械				
1					
施工机械小计					
合计					

注：此表项目名称、数量由招标人填写，编制招标控制价时，单价由招标人按有关计价规定确定；投标时，单价由投标人自主报价，计入投标总价中。

主要工日价格表

单位（专业）工程名称：某二层敞开式办公区域　　　　第 1 页 共 1 页

序　号	工　种	单　位	数　量	单 价（元）
1	二类人工	工日	2.099	65
2	三类人工	工日	205.409	76

注：此表项目名称、数量由招标人填写，编制招标控制价时，单价由招标人按有关计价规定确定；投标时，单价由投标人自主报价，计入投标总价中。

主要机械台班价格表

单位（专业）工程名称：某二层敞开式办公区域　　　　第 1 页 共 1 页

序　号	机械设备名称	单　位	数　量	单 价（元）
合　计				

总承包服务费报价表

单位（专业）工程名称：某二层敞开式办公区域　　　　第 1 页 共 1 页

序　号	项目名称	项目价值（元）	服务内容	费　率（%）
	合　计		0	

工程量清单综合单价工料机分析表

单位（专业）工程名称：某二层敞开式办公区域　　　　第 1 页 共 8 页

项目编码	011104002001	项目名称	竹木地板	计量单位	m^2
清单综合单价组成明细					
序号	名称及规格	单位	数量	金额（元）	
				单价	合价
1	人工				
	人工费小计				266.53
2	材料				
	材料费小计				339.58
3	机械				
	机械费小计				0.32
4	直接工程费（1+2+3）				606.42
5	管理费				25.46
6	利润				17.56
7	风险费用				0.00
8	综合单价（4+5+6+7）				649.44

工程量清单综合单价工料机分析表

单位（专业）工程名称：某二层敞开式办公区域　　　　第 2 页 共 8 页

项目编码	011105005001	项目名称	木质踢脚线	计量单位	m^2
清单综合单价组成明细					
序号	名称及规格	单位	数量	金额（元）	
				单价	合价
1	人工				
	人工费小计				15.48
2	材料				
	材料费小计				222.37
3	机械				
	机械费小计				0.01
4	直接工程费（1+2+3）				237.87
5	管理费				1.48
6	利润				1.02
7	风险费用				0.00
8	综合单价（4+5+6+7）				240.36

工程量清单综合单价工料机分析表

单位（专业）工程名称：某二层敞开式办公区域　　　　第 3 页 共 8 页

项目编码	011302001001	项目名称	吊顶天棚	计量单位	m^2
清单综合单价组成明细					
序号	名称及规格		单位	数量	金额（元）
				单价	合价
1	人工				
	人工费小计				288.48
2	材料				
	材料费小计				257.74
3	机械				
	机械费小计				0.00
4	直接工程费（1+2+3）				546.22
5	管理费				27.52
6	利润				18.98
7	风险费用				0.00
8	综合单价（4+5+6+7）				592.72

工程量清单综合单价工料机分析表

单位（专业）工程名称：某二层敞开式办公区域　　　　第 4 页 共 8 页

项目编码	010801001001	项目名称	木质门（实木装饰门）	计量单位	m^2
清单综合单价组成明细					
序号	名称及规格		单位	数量	金额（元）
				单价	合价
1	人工				
	人工费小计				9.79
2	材料				
	材料费小计				412.37
3	机械				
	机械费小计				0.00
4	直接工程费（1+2+3）				422.16
5	管理费				0.94
6	利润				0.64
7	风险费用				0.00
8	综合单价（4+5+6+7）				423.74

工程量清单综合单价工料机分析表

单位（专业）工程名称：某二层敞开式办公区域　　　　第 5 页 共 8 页

<table>
<tr><td>项目编码</td><td>010808001</td><td>项目名称</td><td colspan="2">木门窗套</td><td>计量单位</td><td>m^2</td></tr>
<tr><td colspan="7">清单综合单价组成明细</td></tr>
<tr><td rowspan="2">序号</td><td colspan="2" rowspan="2">名称及规格</td><td rowspan="2">单位</td><td rowspan="2">数量</td><td colspan="2">金额（元）</td></tr>
<tr><td>单价</td><td>合价</td></tr>
<tr><td rowspan="2">1</td><td>人工</td><td></td><td></td><td></td><td></td><td></td></tr>
<tr><td colspan="5">人工费小计</td><td>224.68</td></tr>
<tr><td rowspan="2">2</td><td>材料</td><td></td><td></td><td></td><td></td><td></td></tr>
<tr><td colspan="5">材料费小计</td><td>379.76</td></tr>
<tr><td rowspan="2">3</td><td>机械</td><td></td><td></td><td></td><td></td><td></td></tr>
<tr><td colspan="5">机械费小计</td><td>0.06</td></tr>
<tr><td>4</td><td colspan="5">直接工程费（1+2+3）</td><td>604.50</td></tr>
<tr><td>5</td><td colspan="5">管理费</td><td>21.44</td></tr>
<tr><td>6</td><td colspan="5">利润</td><td>14.79</td></tr>
<tr><td>7</td><td colspan="5">风险费用</td><td>0.00</td></tr>
<tr><td>8</td><td colspan="5">综合单价（4+5+6+7）</td><td>640.72</td></tr>
</table>

工程量清单综合单价工料机分析表

单位（专业）工程名称：某二层敞开式办公区域　　　　第 6 页 共 8 页

<table>
<tr><td>项目编码</td><td>010810002001</td><td>项目名称</td><td colspan="2">木窗帘盒</td><td>计量单位</td><td>m^2</td></tr>
<tr><td colspan="7">清单综合单价组成明细</td></tr>
<tr><td rowspan="2">序号</td><td colspan="2" rowspan="2">名称及规格</td><td rowspan="2">单位</td><td rowspan="2">数量</td><td colspan="2">金额（元）</td></tr>
<tr><td>单价</td><td>合价</td></tr>
<tr><td rowspan="2">1</td><td>人工</td><td></td><td></td><td></td><td></td><td></td></tr>
<tr><td colspan="5">人工费小计</td><td>722.16</td></tr>
<tr><td rowspan="2">2</td><td>材料</td><td></td><td></td><td></td><td></td><td></td></tr>
<tr><td colspan="5">材料费小计</td><td>499.41</td></tr>
<tr><td rowspan="2">3</td><td>机械</td><td></td><td></td><td></td><td></td><td></td></tr>
<tr><td colspan="5">机械费小计</td><td>0.02</td></tr>
<tr><td>4</td><td colspan="5">直接工程费（1+2+3）</td><td>1221.60</td></tr>
<tr><td>5</td><td colspan="5">管理费</td><td>68.89</td></tr>
<tr><td>6</td><td colspan="5">利润</td><td>47.51</td></tr>
<tr><td>7</td><td colspan="5">风险费用</td><td>0.00</td></tr>
<tr><td>8</td><td colspan="5">综合单价（4+5+6+7）</td><td>1338.00</td></tr>
</table>

工程量清单综合单价工料机分析表

单位（专业）工程名称：某二层敞开式办公区域　　　　第 7 页 共 8 页

项目编码	011408001001	项目名称	墙纸裱糊	计量单位	m^2
清单综合单价组成明细					
序号	名称及规格		单位	数量	金额（元）
				单价	合价
1	人工				
	人工费小计				14.21
2	材料				
	材料费小计				60.32
3	机械				
	机械费小计				0.00
4	直接工程费（1+2+3）				74.53
5	管理费				1.36
6	利润				0.93
7	风险费用				0.00
8	综合单价（4+5+6+7）				76.82

工程量清单综合单价工料机分析表

单位（专业）工程名称：某二层敞开式办公区域　　　　第 8 页 共 8 页

项目编码	011502002001	项目名称	木质装饰线	计量单位	m^2
清单综合单价组成明细					
序号	名称及规格		单位	数量	金额（元）
				单价	合价
1	人工				
	人工费小计				2.96
2	材料				
	材料费小计				37.54
3	机械				
	机械费小计				0.00
4	直接工程费（1+2+3）				40.51
5	管理费				0.28
6	利润				0.20
7	风险费用				0.00
8	综合单价（4+5+6+7）				40.99

工程量清单综合单价计算表

单位（专业）工程名称：某二层敞开式办公区域　　　　第 1 页 共 3 页

序号	编号	名称	计量单位	数量	综合单价（元）							合计（元）
					人工费	材料费	机械费	管理费	利润	风险	小计	
二层敞开式办公区域												
1	011104002001	竹木地板	m^2	22.08	266.53	339.58	0.32	25.46	17.56		649.44	14339.64
	10-1	水泥砂浆找平层 20mm 厚	m^2	22.08	4.94	7.77	0.25	0.5	0.34		13.79	304.48
	10-52 换	木长条地板楼地面铺在木楞上	m^2	22.08	25.79	135.48	0.07	2.47	1.7		165.51	3654.46
	14-103 换	地板基层防火涂料木龙骨 3 遍	m^2	22.08	233.97	195.87		22.32	15.39		467.55	10323.5
	14-118	木材面刷防腐油一遍	m^2	22.08	1.84	0.45		0.18	0.12		2.59	57.19
2	011105005001	木质踢脚线	m^2	2.38	15.48	222.37	0.01	1.48	1.02		240.36	572.06
	10-69 换	装饰夹板面层踢脚板直形	m^2	2.38	13.46	221.87	0.01	1.29	0.89		237.51	565.27
	14-118	木材面刷防腐油一遍	m^2	2.62	1.84	0.45		0.18	0.12		2.59	6.79
3	011302001001	吊顶天棚	m^2	19.594	288.48	257.74		27.52	18.98		592.72	11613.76
	12-18 换	平面轻钢龙骨（U60 型）	m^2	19.594	13.56	15.64		1.29	0.89		31.38	614.86
	12-40 换	安装在 U 形轻钢龙骨上石膏板平面天棚饰面	m^2	19.594	9.8	12.02		0.94	0.65		23.41	458.7
	12-44 换	每增加一层石膏板天棚饰面	m^2	19.594	7.45	13.39		0.71	0.49		22.04	431.85
	14-117	板缝贴胶带、点锈	m^2	19.594	1.73	1.1		0.16	0.11		3.1	60.74
	14-155 换	刷乳胶漆 3 遍	m^2	17.723	278.11	223.53		26.53	18.3		546.46	9684.91
	14-180	线条刷乳胶漆 宽 141cm	m	18.71	3.07	1.37		0.29	0.2		4.94	92.43
	15-99 换	粘贴石膏顶角线 141mm	m	18.71	1.53	12.67		0.15	0.1		14.45	270.36
4	010801001001	木质门（实木装饰门）	m^2	3.88	9.79	412.37		0.94	0.64		423.74	1644.11

工程量清单综合单价计算表

单位（专业）工程名称：某二层敞开式办公区域　　　　第 2 页 共 3 页

序号	编号	名称	计量单位	数量	综合单价（元）							合计（元）
					人工费	材料费	机械费	管理费	利润	风险	小计	
	13-33 换	成品木门安装装饰木门	扇	1	38	1600		3.63	2.5		1644.13	1644.13
5	010808001001	木门窗套	m^2	2.32	224.68	379.76	0.06	21.44	14.79		640.72	1486.47
	13-122 换	细木工板门套基层	m^2	2.32	25.72	74.13	0.06	2.46	1.7		104.07	241.44
	13-126 换	装饰夹板门窗套面层（夹板基层）	m^2	2.32	13.1	134.01		1.25	0.86		149.22	346.19
	14-107 换	其他板材面防火涂料 3 遍	m^2	2.552	167.12	155.57		15.94	11		349.62	892.23
	14-118	木材面刷防腐油一遍	m^2	2.552	1.84	0.45		0.18	0.12		2.59	6.61
6	010810002001	木窗帘盒	m	4.055	722.16	499.41	0.02	68.89	47.51		1338	5425.59
	12-7	平面单层方木楞天棚龙骨	m^2	1.42	9.88	39.51	0.03	0.94	0.65		51.01	72.43
	12-9	侧面直线型方木楞天棚龙骨	m^2	2.03	14.82	26.51	0.02	1.41	0.98		43.75	88.81
	12-42 换	钉在木龙骨上石膏板平面天棚饰面	m^2	1.42	9.33	12.02		0.89	0.61		22.86	32.46
	12-43 换	钉在木龙骨上石膏板侧面天棚饰面	m^2	4.06	11.2	12.74		1.07	0.74		25.75	104.55
	12-44 换	每增加一层石膏板天棚饰面	m^2	5.47	7.45	13.39		0.71	0.49		22.04	120.56
	14-113 换	天棚骨架防火涂料方木骨架 3 遍	m^2	3.79	453.1	242.77		43.22	29.81		768.89	2914.09
	14-117	板缝贴胶带、点锈	m^2	3.79	1.73	1.1		0.16	0.11		3.1	11.75
	14-118	木材面刷防腐油一遍	m^2	3.79	1.84	0.45		0.18	0.12		2.59	9.82
	14-155 换	刷乳胶漆 3 遍	m^2	3.79	278.11	223.53		26.53	18.3		546.46	2071.08
7	011408001001	墙纸裱糊	m^2	35.79	14.21	60.32		1.36	0.93		76.82	2749.39
	14-185 换	墙面裱糊墙纸（对花）	m^2	35.79	14.21	60.32		1.36	0.93		76.82	2749.39

工程量清单综合单价计算表

单位（专业）工程名称：某二层敞开式办公区域　　　　第 3 页 共 3 页

序号	编号	名称	计量单位	数量	综合单价（元）							合计（元）
					人工费	材料费	机械费	管理费	利润	风险	小计	
8	011502002001	木质装饰线	m	13.64	2.96	37.54		0.28	0.2		40.99	559.1
	15-75 换	木质装饰线 直形线 100mm 以内	m	13.64	2.96	37.54		0.28	0.2		40.99	559.1
合　计												38390

措施项目清单综合单价工料机分析表

单位（专业）工程名称：某二层敞开式办公区域　　　　第 1 页 共 1 页

项目编码	011702006002	项目名称	满堂脚手架		计量单位	m^2
清单综合单价组成明细						
序号	名称及规格		单位	数量	金额（元）	
					单价	合价
1	人工					
	人工费小计					6.31
2	材料					
	材料费小计					1.62
3	机械					
	机械费小计					0.27
4	直接工程费（1+2+3）					8.21
5	管理费					0.64
6	利润					0.44
7	风险费用					0.00
8	综合单价（4+5+6+7）					9.30

主要材料价格表

单位（专业）工程名称：某二层敞开式办公区域　　　　第 1 页 共 1 页

序 号	编 码	材料名称	规格型号	单 位	数 量	单价（元）	备 注
1	0401031	水泥	42.5	kg	179.343	0.49	
2	0401071	白水泥		kg	7.408	0.72	
3	0403043	黄砂（净砂）	综合	t	0.588	140	
4	0503001	杉板枋材		m^3	0.059	1900	
5	0503031	硬木板枋材（进口）		m^3	0	5500	
6	0503101	杉木枋	30×40	m^3	0.083	1800	
7	0505021	九夹板		m^2	1.998	30	
8	0505091	成品踢脚板		m^2	2.618	200	
9	0505091	12mm 厚木饰面		m^2	2.552	120	
10	0509021	细木工板	2440×1220×18	m^2	2.436	40	
11	0741001	长条实木复合地板		m^2	23.184	120	
12	0801011	石膏板	9.5	m^2	53.77	10	
13	0901011	成品装饰门扇		扇	1	1600	
14	1001091	榉木线条	100	m	14.458	35	
15	1007021	石膏装饰线	141	m	19.646	12	
16	1031031	墙纸 04		m^2	41.441	50	
17	1103241	红丹防锈漆		kg	0.19	15	
18	1103631	防火涂料		kg	371.313	15	
19	1111341	乳胶漆		kg	317.807	15	
20	3115001	水		m^3	0.273	4.75	
21	j0000011	人工（机械）		工日	0.085	65	
22	j3115031	电（机械）		kW·h	2.034	1	

措施项目清单综合单价计算表

单位（专业）工程名称：某二层敞开式办公区域　　　　第 1 页 共 1 页

序号	编号	名称	计量单位	数量	综合单价（元）							合计（元）
					人工费	材料费	机械费	管理费	利润	风险	小计	
1	011702006002	满堂脚手架	m^2	21.62	6.31	1.62	0.27	0.64	0.44		9.3	201.07
	16-40	满堂脚手架基本层 3.6～5.2m	$100m^2$	0.2162	631.17	162.44	27.38	64.25	44.31		929.51	200.96
合 计												201

8.4.3 某二层敞开式办公区域室内装饰施工图

某二层敞开式办公区域室内装饰施工图如图 8-2～图 8-6 所示。

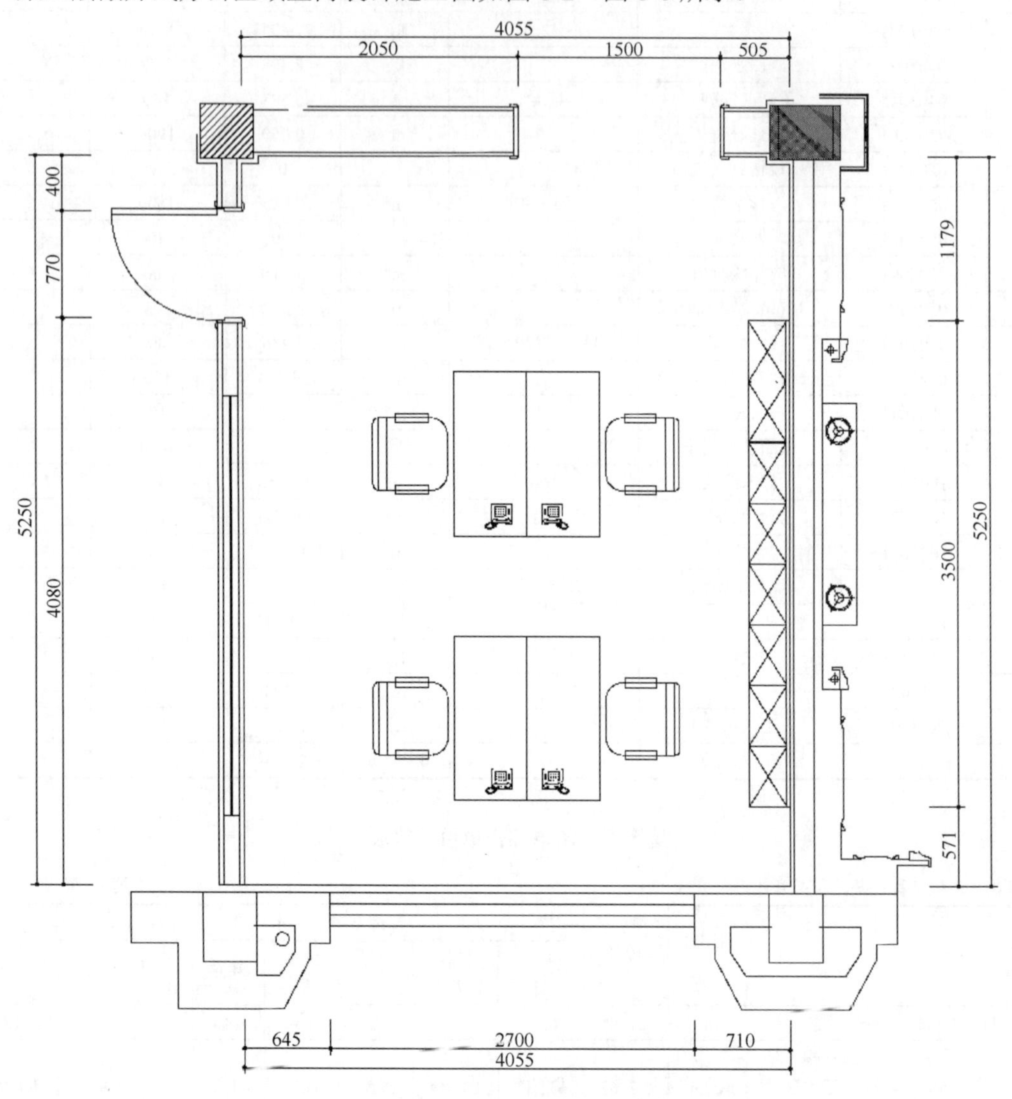

图 8-2　平面布置图

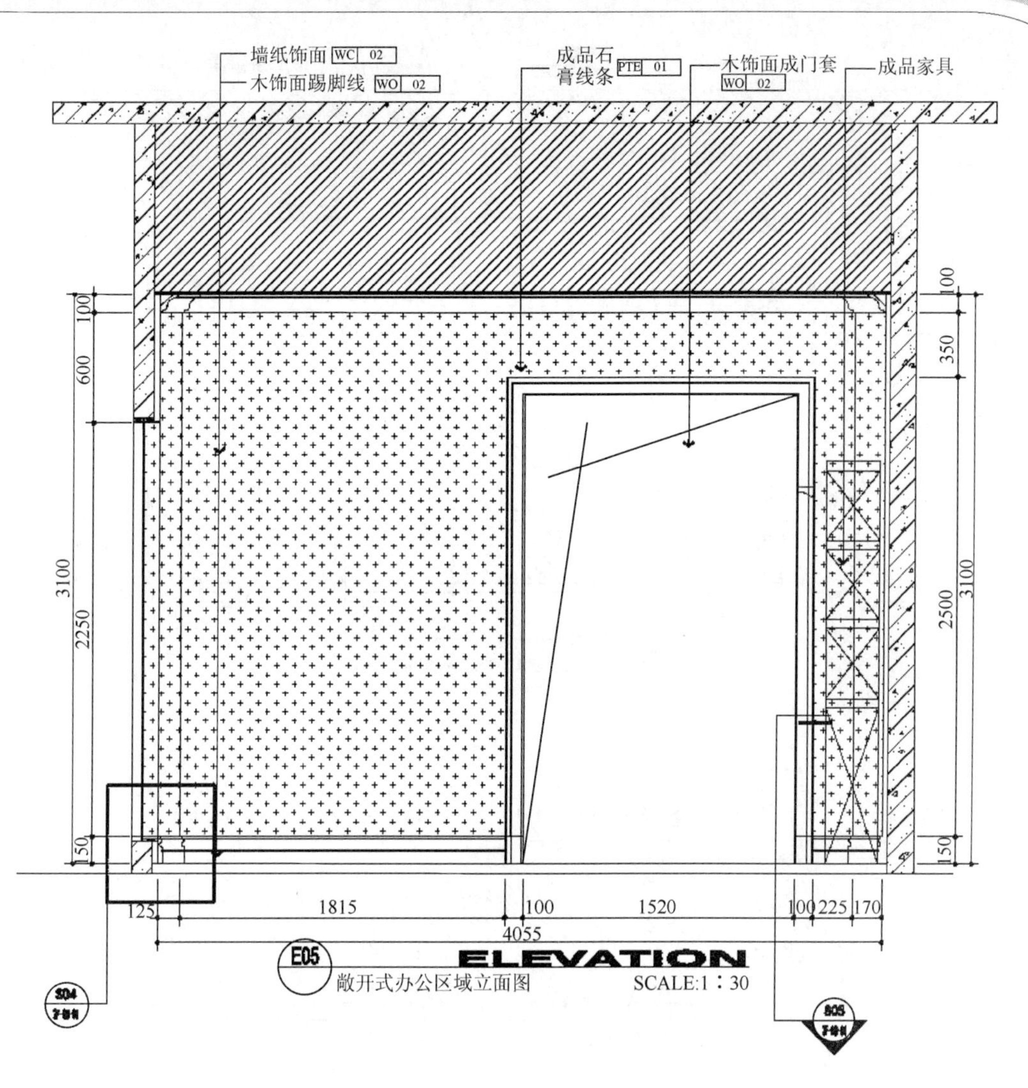

墙纸饰面 WC 02
木饰面踢脚线 WO 02
成品石膏线条 PTE 01
木饰面成门套 WO 02
成品家具
100
600
3100
2250
150
100
350
2500
3100
150
125
1815
100
1520
100
225
170
4055
E05
ELEVATION
敞开式办公区域立面图
SCALE:1：30

图 8-3　南立面图

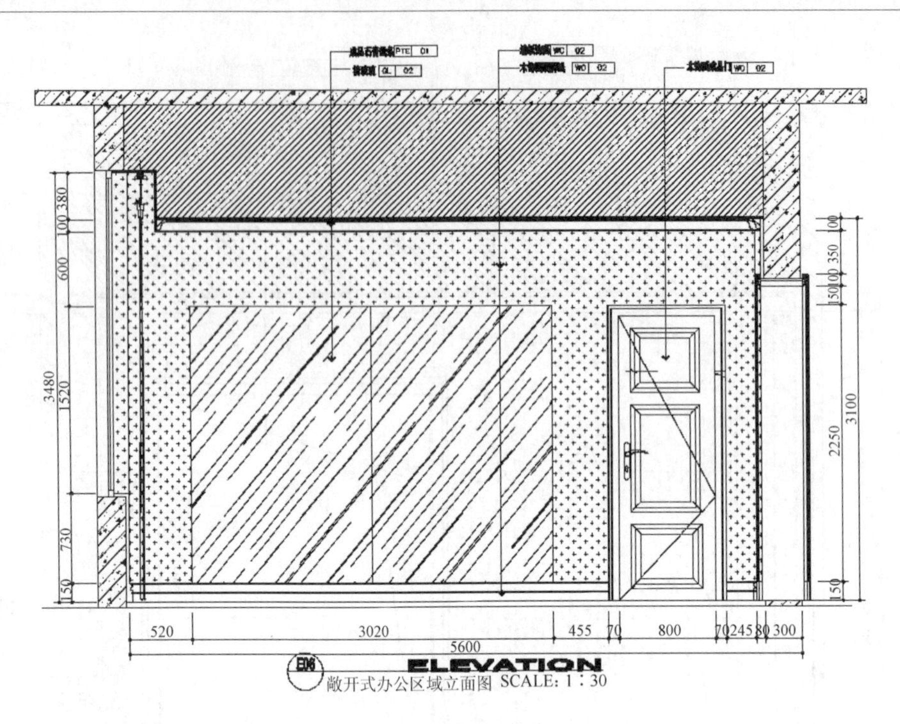

图 8-4　东立面图

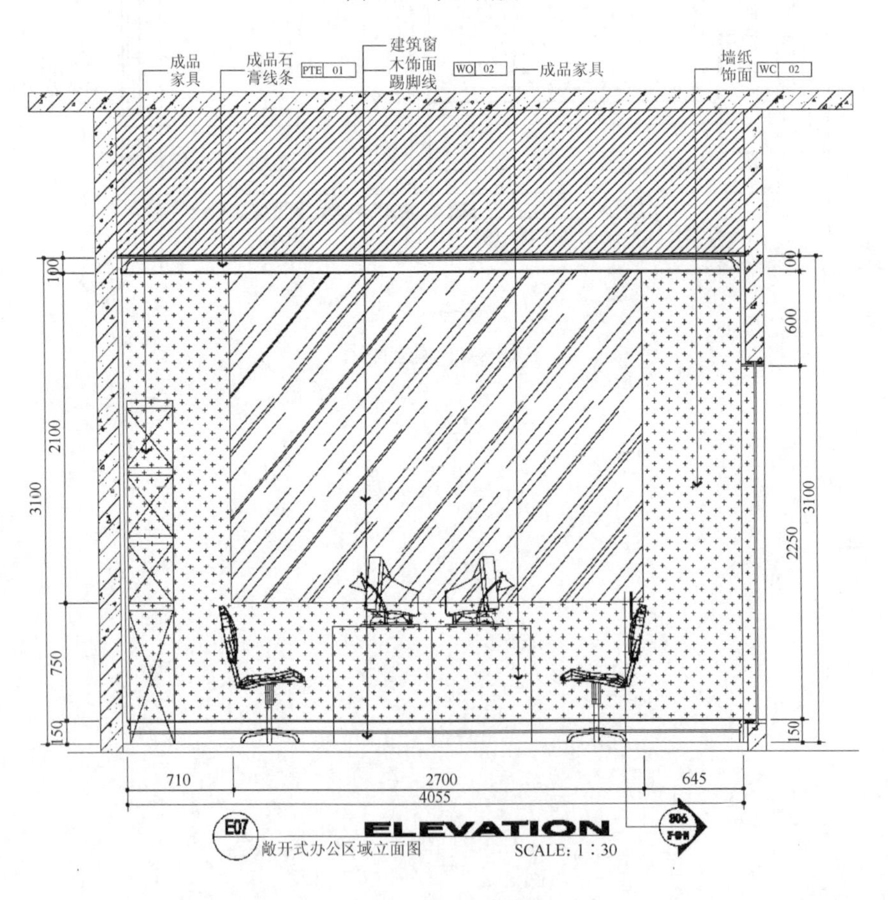

图 8-5　北立面图

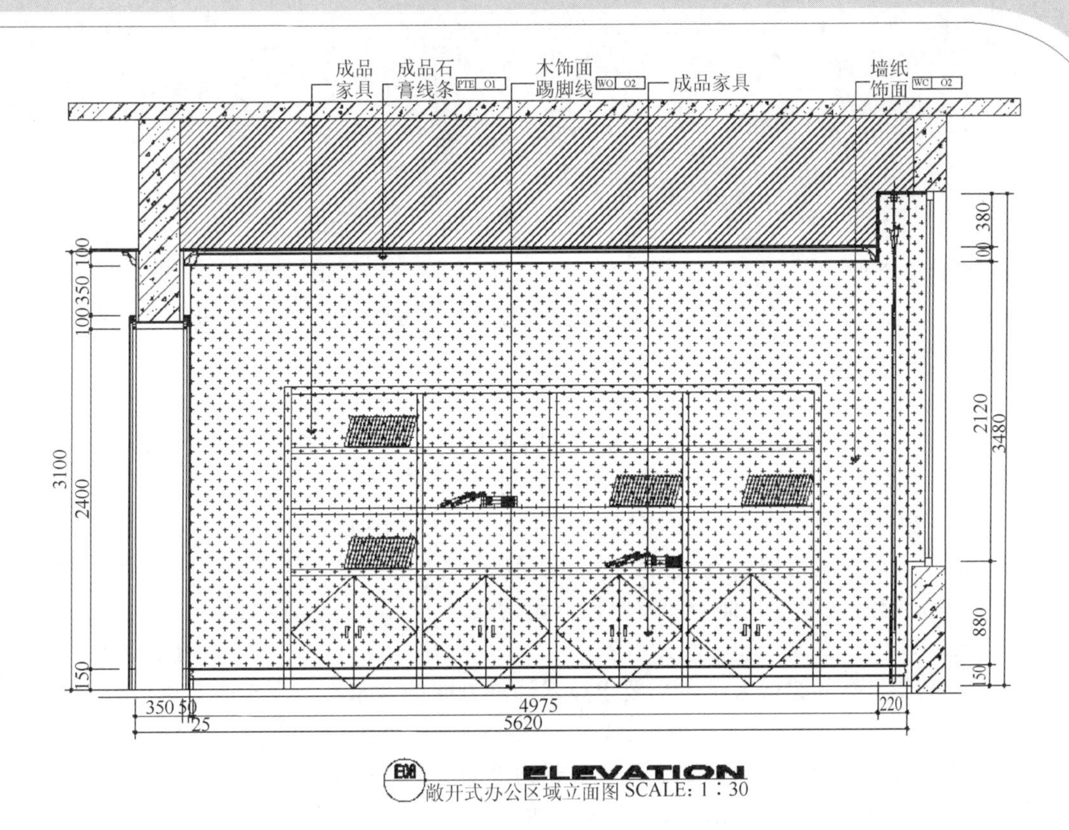

图 8-6　西立面图

小　结

工程招标投标是建设单位和施工单位（或买卖双方）交易的一种手段和方法。

招标即招标人（业主或建设单位）择优选择施工单位（承包方）的一种做法。在工程招标之前，将拟建的工程委托设计单位或顾问公司设计，编制概预算或估算，俗称编制标底。标底是个不公开的数字，它是工程招投标中的机密，切不可泄露。招标单位准备好一切条件，发表招标公告或邀请几家施工单位来投标，利用投标企业之间的竞争，从中择优选定承包方（施工单位）。

结合我国室内装饰工程招标投标特点和建设工程工程量清单计价编制的方法，对某经理室室内装饰工程进行了招投标清单编制。

习　题

一、选择题

1～8 为单选题

1．《招标投标法》规定，自招标文件开始发出之日起至投标人提交投标文件截止之日，最短不得少于（　　）。

A．20 日　　B．30 日　　C．10 日　　D．15 日

2．根据《招标投标法》规定，招标人和中标人应当在中标通知书发出之日起（　　）内，按照招标文件和中标人的投标文件订立书面合同。

A．20 日　　B．30 日　　C．10 日　　D．15 日

3．招标人采用邀请招标方式招标时，应当向（　　）个以上具备承担招标项目的能力、资信良好的特定的法人或者其他组织发出投标邀请书。

A．3　　B．4　　C．5　　D．2

4．评标委员会的组成人员中，要求技术经济方面的专家不得少于成员总数的（　　）。

A．1/2　　B．2/3　　C．1/3　　D．1/5

5．招标人对已发出的招标文件进行必要的澄清或者修改的，应当在招标文件要求提交投标文件截止时间至少（　　）前，以书面形式通知所有招标文件收受人。

A．20 日　　B．10 日　　C．15 日　　D．7 日

6．邀请招标也称有限竞争性选择招标，是指招标人以（　　）的方式邀请特定的法人或者其他组织投标。

A．投标邀请书　　B．合同谈判　　C．传媒广告　　D．招标公告

7．公开招标与邀请招标在招标程序上的差异主要表现为（　　）。

A．是否进行资格预审　　B．是否组织现场考察

C．是否解答投标单位的质疑　　D．是否公开开标

8．下列关于联合体共同投标的说法，正确的是（　　）。

A．两个以上法人或其他组织可以组成一个联合体，以一个投标人的身份共同投标

B．联合体各方只要其中任意一方具备承担招标项目的能力即可

C．由同一专业的单位组成的联合体，投标时按照资质等级较高的单位确定资质等级

D．联合体中标后，应选择其中一方代表与招标人签订合同

9～12 为单选题

9．公开招标设置资格预审程序的目的是（　　）。

A．选取中标人　　B．减少评标工作量

C．优选最有实力的承包商参加投标　　D．迫使投标单位降低投标报价

E．了解投标人准备实施招标项目的方案

10．符合下列（　　）情形之一的，经批准可以进行邀请招标。

A．国际金融组织提供贷款的

B．受自然地域环境限制的

C 涉及国家安全、国家秘密，适宜招标但不适宜公开招标的
D．项目技术复杂或有特殊要求只有几家潜在投标人可供选择的
E．紧急抢险救灾项目，适宜招标但不适宜公开招标的

11．符合（　　）情形之一的标书，应作为废标处理。
A．逾期送达的
B．按招标文件要求提交投标保证金的
C．无单位盖章并无法定代表人签字或盖章的
D．投标人名称与资格预审时不一致的
E．联合体投标附有联合体各方共同投标协议的

12．依法必须招标的工程建设项目，能进行施工招标应当具备的条件有（　　）。
A．招标人已经依法成立
B．初步设计及概算应当履行审批手续的，已经批准
C．招标范围、招标方式和招标组织形式等应当履行核准手续的，已经核准
D．资金来源正在落实
E．有招标所需的设计图样及技术资料

二、案例分析题

某房地产公司计划在北京开发某住宅项目，采用公开招标的形式，有 A、B、C、D、E、F 六家施工单位通过了资格预审，并于规定的时间购买了招标文件。本工程招标文件规定：2003 年 1 月 20 日上午 10:30 为投标文件接收终止时间。在提交投标文件的同时，需投标单位提供投标保证金 20 万元。

在投标截止时间之前，A、B、C、D、E 五家施工单位均提交了投标文件，并按招标文件的规定提供了投标保证金。1 月 20 日，C 施工单位于上午 9 时向招标人书面提出撤回已提交的投标文件，E 施工单位于上午 10 时向招标人递交了一份投标价格下调 5%的书面说明，F 施工单位由于中途堵车于 1 月 20 日上午 11:00 才将投标文件送达。

1 月 21 日下午，由当地招投标监督管理办公室主持进行了公开开标。开标时，由招标人检查投标文件的密封情况，确认无误后，由工作人员当众拆封并宣读各投标单位的名称、投标价格、工期和其他主要内容。

为了在评标时统一意见，根据建设单位的要求，评标委员会有 6 人组成，其中 3 人是由建设单位的总经理、副总经理和工程部经理参加，3 人由建设单位以外的评标专家库中抽取。

评标时发现 A 施工单位投标报价大写金额与小写金额不一致；B 施工单位投标文件中某分项工程的报价有个别漏项；D 施工单位投标文件虽无法定代表人签字和委托人授权书，但投标文件均已有项目经理签字并加盖了公章。

建设单位最终确定 A 施工单位中标，并在中标通知书发出后第 35 天，与该施工单位签订了施工合同。

问题：

（1）C 施工单位提出的撤回投标文件的要求是否合理？其能否收回投标保证金？说明理由。

（2）E 施工单位向招标人递交的书面说明是否有效？说明理由。

（3）在此次招投标过程中，A、B、D、F 四家施工单位的投标是否为有效标？为什么？
（4）通常情况下，废标的条件有哪些？
（5）请指出本工程在开标过程中，以及签订施工合同过程中的不妥之处，并说明理由。
（6）请指出本工程招标过程中，评标委员会成员组成的不妥之处，并说明理由。

三、思考题

（1）我国建设工程招投标发展经历了怎样的过程？
（2）室内装饰工程招投标的内容、文件组成有哪些？
（3）室内装饰工程招标包括哪些？什么是公开招标、邀请招标和议标？
（4）室内装饰工程标底的确定有哪些方法？标底确定的步骤包括哪些内容？
（5）简述装饰工程施工公开招标的程序。
（6）装饰工程施工合同价的类型有几种？
（7）工程量清单计价与装饰工程招投标的关系如何？
（8）工程量清单计价编制应注意哪些问题？
（9）以某品牌店工程为例编制招投标清单。

第9章 室内装饰工程概预算电算化

本章以擎洲广达计价软件为例，介绍装饰工程概预算电算化方法。擎洲广达计价软件是擎洲公司推出的融项目管理、网络造价、计价管理、招、投标管理与一体的全新计价软件，旨在帮助工程造价人员解决电子招投标环境下的工程计价、招投标业务问题，使计价更高效、招标更便捷、投标更安全。

作为擎洲公司招投标整体解决方案的核心，擎洲广达计价软件完整地支持各地电子招投标的应用模式。该软件有如下特点。

1. 计价方式 全面多样

包含综合单价、工料两种计价方式，综合单价又分为国标、省标、本地区标准、全费用及非国标，满足不同工程的计价要求。

产品以浙江为基础，并可以支持不同时期、不同专业的定额库。读者只要学会一个软件，就会做全国性的报价。

2. 组价快速 调价方便

利用“清单指引”、“清单快速组价”、“相同清单匹配组价”等功能，可实现数据复用，快速组价。

利用“取费定额拷贝”功能智能选择相同的专业，可实现工程文件一次取费。

提供工程“统一调整人材机单价”、“调整单位工程人材机单价”及“调整专业工程人材机单价”功能，可一次性调整单位工程造价或整个项目的投标报价。

“材料换算”、“标准换算”、“批量换算”等功能提供多种换算方式，实现组价、调价过程。

3. 报表处理 简便快速

“报表编辑类 Excel 编辑”功能，让报表编辑变得简单、易学。

“打开、保存及另存报表方案”功能，可以把整个项目工程的报表格式快速复制给其他整体或者单位工程，实现快速调整报表格式。

该软件可以批量打印报表，并且可以设置报表打印范围，方便地打印所需要的报表。

该软件提供“批量导出 Excel”功能，可以把需要的报表一次性导出为 Excel 格式。

4. 经济指标数据自动生成

（1）一键生成经济指标数据和报表。

（2）自动生成工程项目各个节点费用组成分析及各项费用占比。

（3）自动生成工程项目各个节点主要清单工程量统计表。

（4）自动生成工程项目各个节点主要材料消耗量统计表。

5. 操作简单 设置灵活

“界面可自由设置”、“操作快捷键用户可自行设定”等功能，可满足不同用户的操作习惯。

“自由拖拉清单与定额”功能可提高工作效率，“查找与替换”功能让统一修改当前界面内容变得快速、简单。

“撤销与恢复”功能可有效避免操作失误；“复制与粘贴”功能操作灵活，提高工作效果。

工程文件存档路径可自由设置，导入 mdb、xml 及 Excel 格式招标文件，不仅可自动识别分部分项、清单行，而且可导入实体、措施及其他项目等表，并且可以一步导入、导出。

9.1 打开和退出软件

9.1.1 打开软件

可以通过以下两种方法快速打开擎洲广达软件。

（1）双击桌面快捷键图标进入软件。

（2）在计算机左下角的【开始】菜单中选择【所有程序】→【擎洲软件】→【擎洲广达（浙江）】。

9.1.2 退出软件

可以通过以下两种方法快速退出擎洲广达软件：

（1）鼠标单击软件右上角的 ☒ 退出软件。

（2）单击菜单栏中【文件】菜单下的【退出】退出软件。如图 9-1 所示。

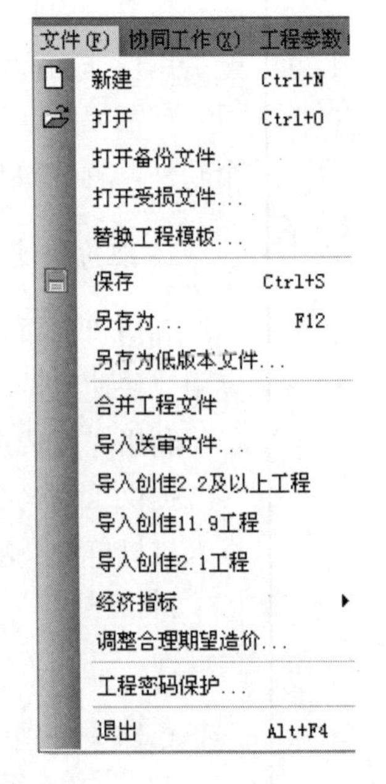

图 9-1 退出软件操作界面

阳光提醒

关闭软件时，若还有编制的工程文件呈打开状态，软件会提示是否保存修改内容，单击【是】按钮，保存您的劳动成果。

9.2　文件操作

9.2.1　新建项目文件

1. 新建项目文件的方法

新建一份项目工程文件，有以下几种方法。

（1）在起始页面单击 新建工程文件 。

（2）在【文件】菜单中选择【新建】。

（3）单击左上方的新建按钮。

（4）通过使用新建快捷组合键 Ctrl+N。

2. 工程模板的选择

新建工程文件时，弹出如图 9-2 所示的界面。

图 9-2　“新建文件”界面

根据工程地区、招标文件要求及招标文件表格要求选择最适合的工程模板进行工程文件的编制，新建文件窗口下方是对所选工程模板的简要说明。

3. 群体工程、单位工程及专业工程

（1）群体工程：按工程招投标，按项目建立文件，即将不同专业的单位工程制作成一个群体工程文件，取费按各专业自行取费。目前擎洲广达所有工程模板都是群体工程模板。

下面通过新建浙江省属 08 综合单价法来说明群体工程的建立。操作步骤如下：选择【00】浙江省属—综合单价—【0003】投标报价工程模板后弹出如图 9-3 所示的界面。

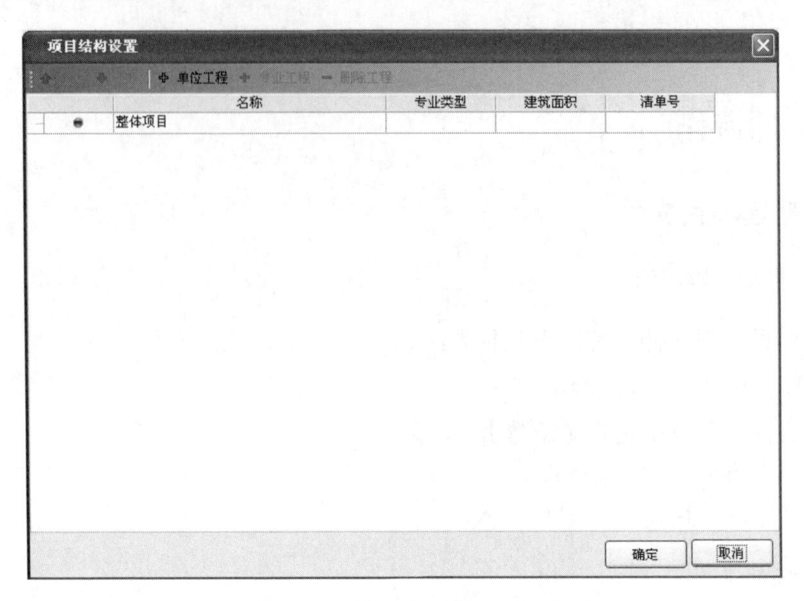

图 9-3 “项目结构设置”界面

（2）单位工程：在整体项目下增加一个或多个单位工程，如 1#楼。

（3）专业工程：在每个单位工程下增加一个或多个专业工程。在名称一列中，单位工程和专业工程的名称都是可以进行修改的。在专业类型一列中，单击会出现一个下拉的小三角，再次单击会出现下拉列表，供我们选择专业类型，如图 9-4 所示。需要说明和注意的是，只有专业工程能够选择专业类型。

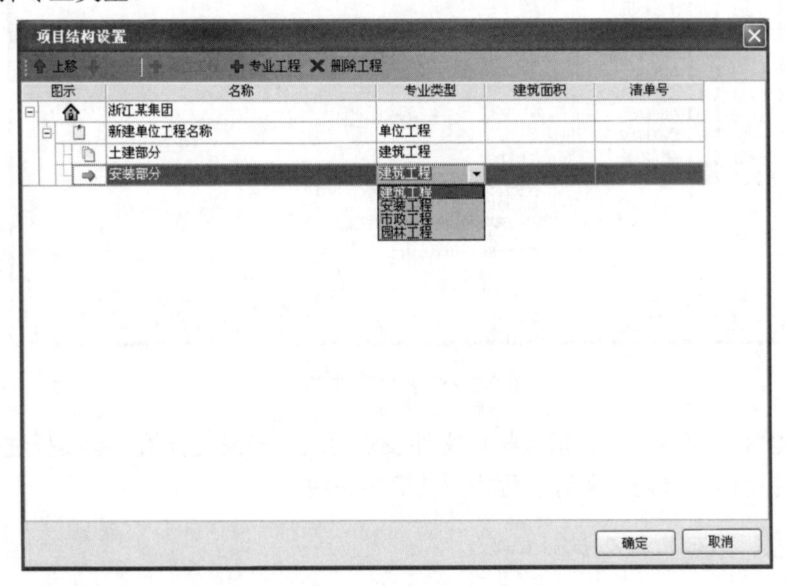

图 9-4 下拉列表示例

阳光提醒

文件编制中各个编辑窗口的操作都与项目结构有密切的联系，选中不同的专业、单位节点、清单组价、取费设置、费用输入、表格输出都是有所不同的。

4. 项目管理

软件新建时默认以群体工程建立。文件编制时，可以将单个专业工程单独保存和打开。这在同楼型、标准层和道路工程时，非常实用。

在软件项目结构操作窗口，单击专业工程节点，利用鼠标右键可打开、保存此节点，方便专业工程的打开和增加。如图 9-5 所示。

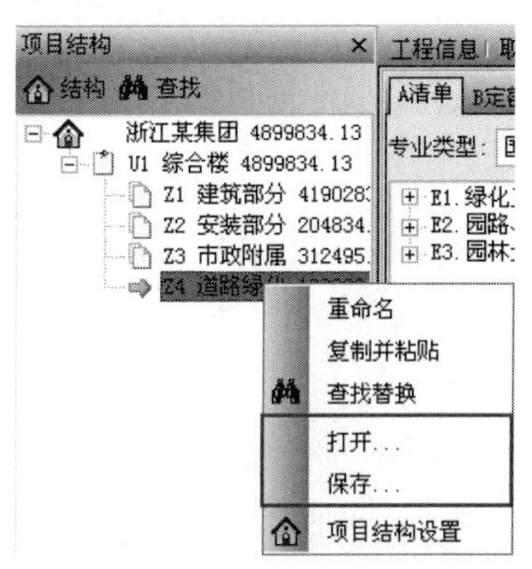

图 9-5　“项目结构”操作窗口

保存、打开的节点后缀名为 .nod 文件，选择该文件打开完成专业节点增加。

阳光提醒

与项目管理相同的另外一个功能是【合并工程文件】。

5. 工程信息的录入

工程信息按照工程实际内容录入，例如，本工程的工程编号、工程地点、文件类型、编制单位、施工单位、编制人等信息的填写。如图 9-6 所示。

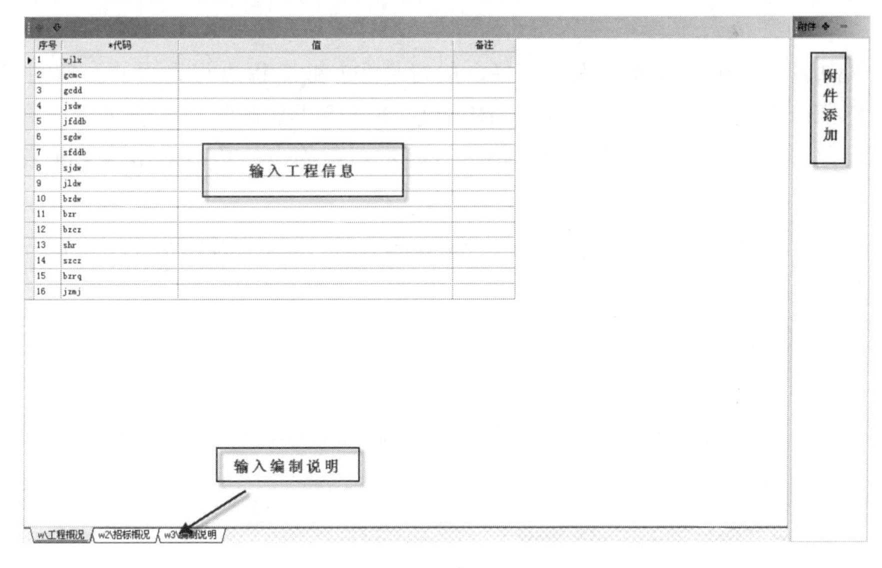

图 9-6　工程信息导入界面

在此界面除“工程概况”之外，还可以录入“编制说明”内容。编制说明界面是一个超文本编辑器，可以使用工具条中的各个按钮来实现对编制说明的编辑和排版，操作方法与普通文字处理软件相类似。另外，工程说明内容可以通过组合键 Ctrl+C 复制和 Ctrl+V 粘贴功能，从外部 TXT 或 Word 文档中复制粘贴文字，如图 9-7 所示。

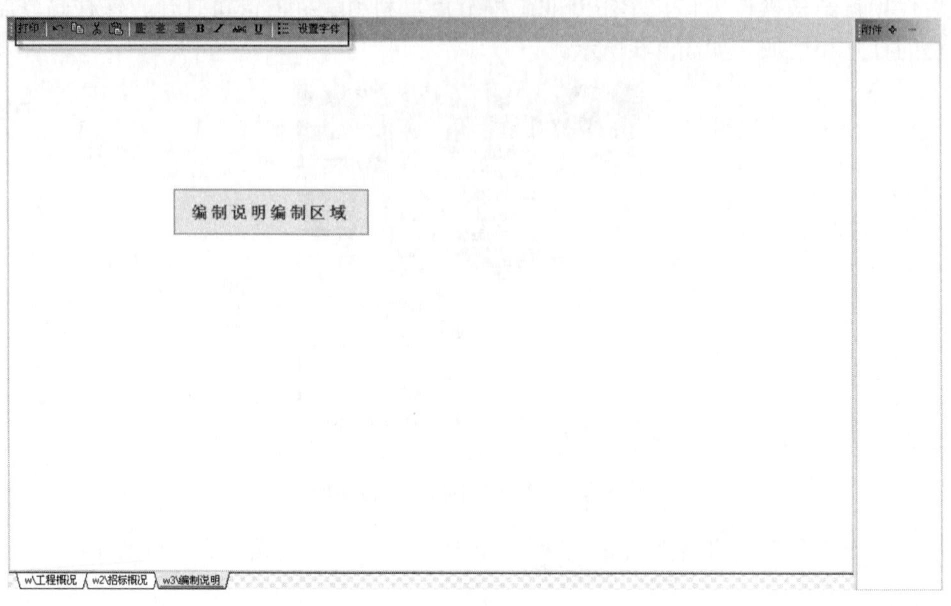

图 9-7　“编制说明”界面

9.2.2　费率设置

当标签页切换至取费设置页面时，可以对各项费用的费率进行设置，例如，管理费、利润、组织措施费、规费、农民工工伤保险费、税金等设置费率值。

1. 默认取费设置

单击左边项目结构进行专业工程的选择，取费是按专业工程进行设置的。如图 9-8 所示，左边选择土建部分专业工程，右边在默认费率绿色列进行费率输入。默认费率列单元格，如取费定额有规定此项费用的大中小值，单元格下方显示有灰色小三角，双击该单元格可选择费用的大中小值。

项目结构　结构　查找　万家花城　U1 万家花城

工程信息　取费设置　工程量项目　工料机汇总　费用列表　报表打印　默认方案

名称	代码	A	B	C	D	E	F	G	H	I
		默认费率(%)	费率b(%)	费率c(%)	费率d(%)	费率e(%)				
		a	b	c	d	e				
管理费	t1	17	15							
利润	t2	10	10							
风险费	t3	0	0							
规费1(规费)	t5	4.14	4.14							
规费2(意外伤害保险费)	t6									
规费3(农民工工伤保险费)	t7	0.15	0.15							
安全防护、文明施工措施费	t14	5.52	5.52							
夜间施工增加费	t15	0.04	0.04							
缩短工期增加费	t16									
二次搬运费	t17	0.9	0.9							
已完成工程及设备保护费	t18									
检验试验费	t19	1.2	1.2							

图 9-8　“费率设置”操作界面

2. 引用其他列费率

工程文件需设置不同的取费时，在相应的费率 b 列输入，软件为方便用户操作，可默认将 a 列费率复制到本列。选择 b 列单元格，用鼠标右键单击【引用其他列费率】，如图 9-9 所示。

图 9-9　“引用其他列费率”界面

输入要（复制）的取费号，即费率列符号。例如输入 a 单击【确定】按钮引用的是 a 列默认费率值。

3. 专业取费复制

相同专业费率引用时，在取费设置界面用鼠标右键选择【费率方案应用到其他专业】功能。

红色行为费率引用行，在选取列将需要引用的专业工程打钩，单击【确定】按钮，切换到相应专业工程取费设置页面，可看到费率引用已成功。若需相同专业一起引用，可按 应用到同专业，如图 9-10 所示。

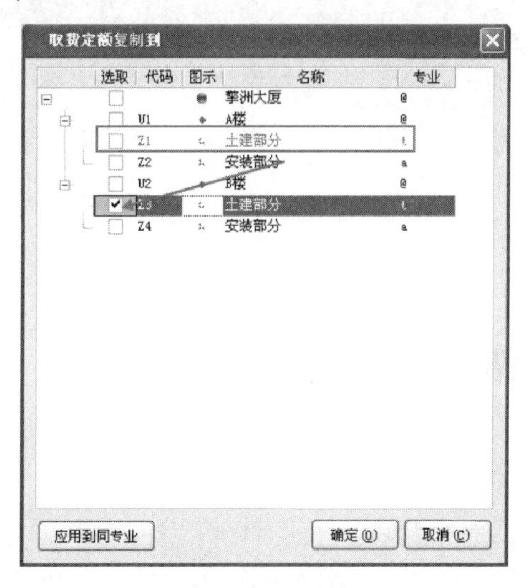

图 9-10　专业取费复制操作界面

4. 不同取费设置

在取费界面设置好 a 列默认费率、b 列费率和 c 列费率，软件会统一按默认 a 列费率计取子目取费。当需要将某个分部或某几个清单设置不同子目取费时，切换到工程量项目界面选择分部行或选中清单行。

第一种方式是单击右键【取费号】选择相应的费率号取费，如图 9-11 所示。

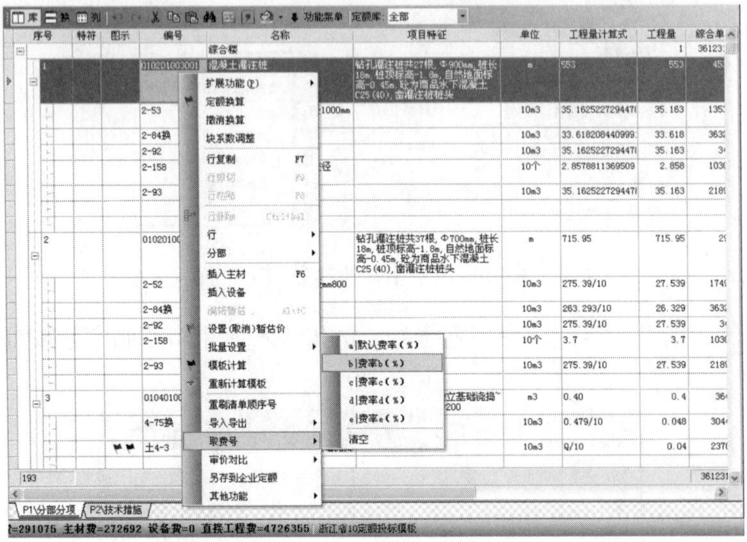

图 9-11

第二种方式是在列开关设置将取费号显示打钩，单击【确定】按钮在界面上显示，鼠标单击分部或某条清单的取费号单元格，即跳出取费号选择窗口，选择相应取费号，完成不同取费子目设置，如图 9-12 所示。

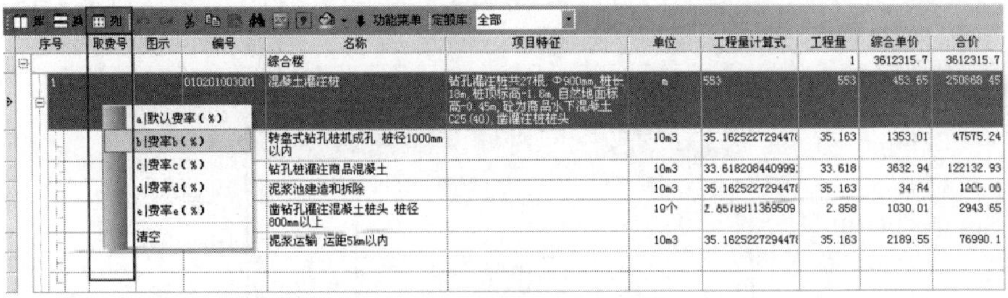

图 9-12

9.3 软件界面介绍

9.3.1 主界面介绍

软件主界面主要由以下几部分组成。

（1）菜单栏：分成 7 个菜单按钮，包含对软件整体操作的功能、命令及显示登录名。

（2）工具条：显示软件的基础操作按钮及已打开文件的显示。

（3）项目结构窗口：显示工程的项目结构，在项目节点间切换进行编制。

（4）标签页：根据建筑工程的编制流程，切换不同的页面进行编辑操作。

（5）数据库窗口：查找清单、清单指引、定额、工料机等数据，还设置有搜索窗口。

（6）工程量项目编制窗口：套清单、定额组价窗口，是用户编制预算操作的主要窗口。

（7）定额换算窗口：定额人材机换算，子目取费窗口。

（8）费用跟踪条：工程费用实时跟踪显示条，如图 9-13 所示。

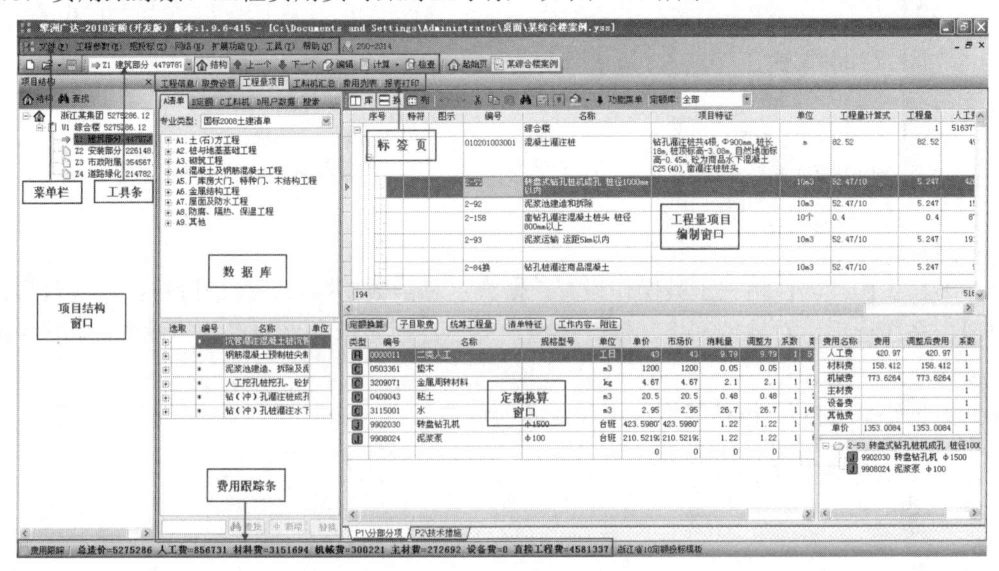

图 9-13

9.3.2　菜单栏介绍

（1）文件（F）：包括整体工程文件操作菜单，新建、打开、保存、退出工程文件，替换工程模板、合并工程文件，设置工程密码，清空最近使用的文件，如图 9-14 所示。

（2）工程参数（R）：对软件整体操作的功能菜单，如图 9-15 所示。

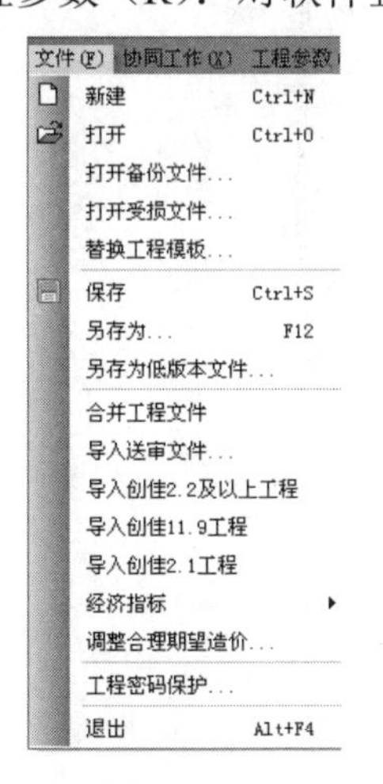

图 9-14

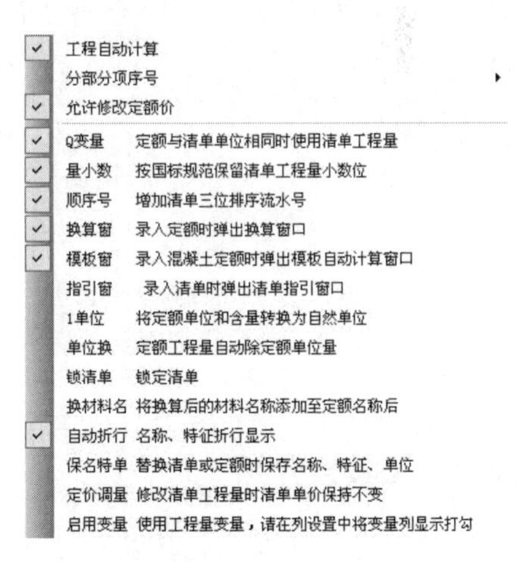

图 9-15

（3）招投标（Z）：计价软件编制电子招投标文件的接口操作菜单，包含生成招标项目、导入招标文件、生成组价文件、更新招标文件、解锁招标文件，如图 9-16 所示。

（4）网络（N）：软件网络功能设置菜单，包含网络校验、软件升级、下载中心、修改软件账号密码功能，如图 9-17 所示。

图 9-16　　　　图 9-17

（5）工具（T）：软件相关工具操作设置，斯维尔算量数据接口，各地区审计系统数据接口、五金手册，系统选项、对软件网络功能、单位换算、界面显示及界面皮肤的设置，如图 9-18 所示。

（6）数据维护（D）：包括数据库索引、备份用户数据、恢复用户数据、模版编辑、信息价格包、快捷键设置，如图 9-19 所示。

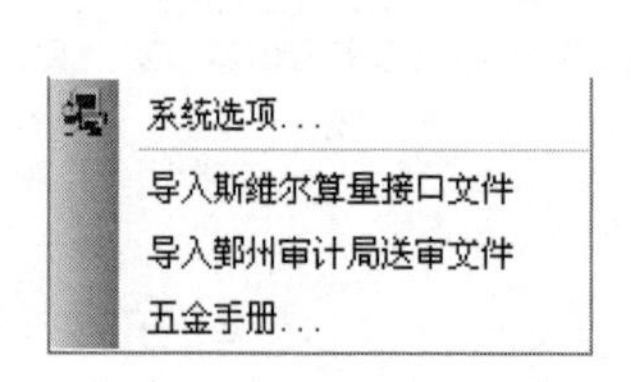

图 9-18

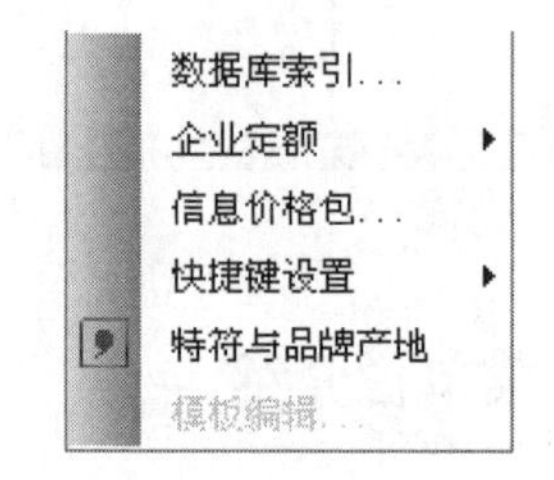

图 9-19

（7）帮助（H）：软件操作帮助及产品权限信息，包含在线客服、变量说明产品权限和关于软件的操作说明，如图 9-20 所示。

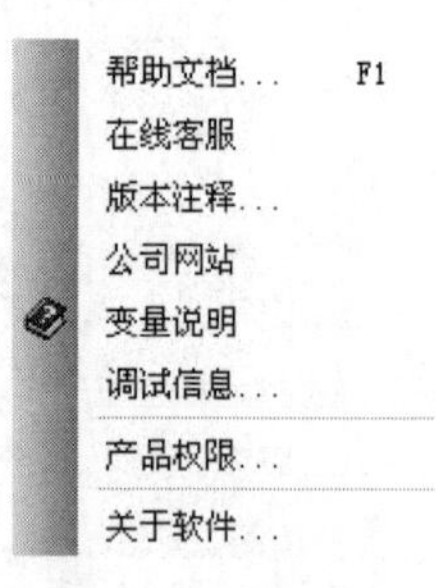

图 9-20

9.3.3　工具条介绍

如图 9-21 所示，工具条包含以下四个部分。

（1）新建、打开、保存：工程文件新建、打开和编制过程时的保存，它与菜单栏【文件】按钮下的功能是一样的。

（2）项目结构设置：项目节点的快速选择和定位，同时可以按结构图标，在界面上将项目结构窗口打开或关闭显示。上一个、下一个可切换结构的上下节点。

（3）软件检查流程：包含编辑、计算、检查三步骤。

软件默认在编辑状态，用户将数据录入完成后，可单击【计算】按钮或按 F5 键对整个工程重新计算一次，计算完成【检查】按钮亮起，软件设置有一些默认的检查项（如清单零工程量检查）来核对编制文件的完整和有效性。检查无误后，再进行报表打印。

注意：软件默认是自动计算的，为确保计算准确，软件设置计算按钮给用户计算校验使用。

（4）显示已打开工程：软件允许同时打开多个工程文件，需要在多个工程间切换时可单击已打开的工程文件名称进行切换。

图 9-21

9.4 核心软件操作

9.4.1 工程量项目编辑

1. 清单及定额录入

1）清单输入

（1）清单的录入方法。

工程文件采用工程量清单计价方法时，编制工程量清单、招标控制价、投标报价都需要输入或导入清单。具体清单输入方法有以下三种方式。

第 1 种　清单数据库中增加清单项目

在数据库窗口中选择需要的清单项目，双击或者单击【增加】按钮即可，如图 9-22 所示。

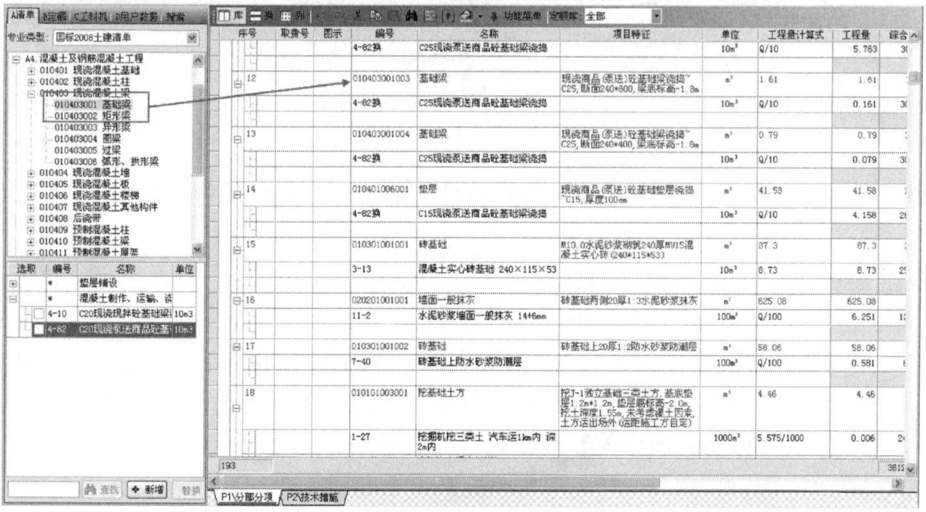

图 9-22

第 2 种　输入清单前 9 位编码

如图 9-23 所示，可以直接在“编号”列输入 9 位清单编号，如图 9-22 中，也可以直接输入“010302001”

编号	名称	项目特征	单位
010403001004	基础梁	现浇商品(泵送)砼基础梁浇捣~C25,断面240*400,梁底标高-1.8m	m^3
4-82换	C25现浇泵送商品砼基础梁浇捣		$10m^3$
010403001			

图 9-23

第 3 种 从 Excel 导入清单

工程量项目编制区右击【导入导出】，选择【从 Excel 导入】，如图 9-24 所示。

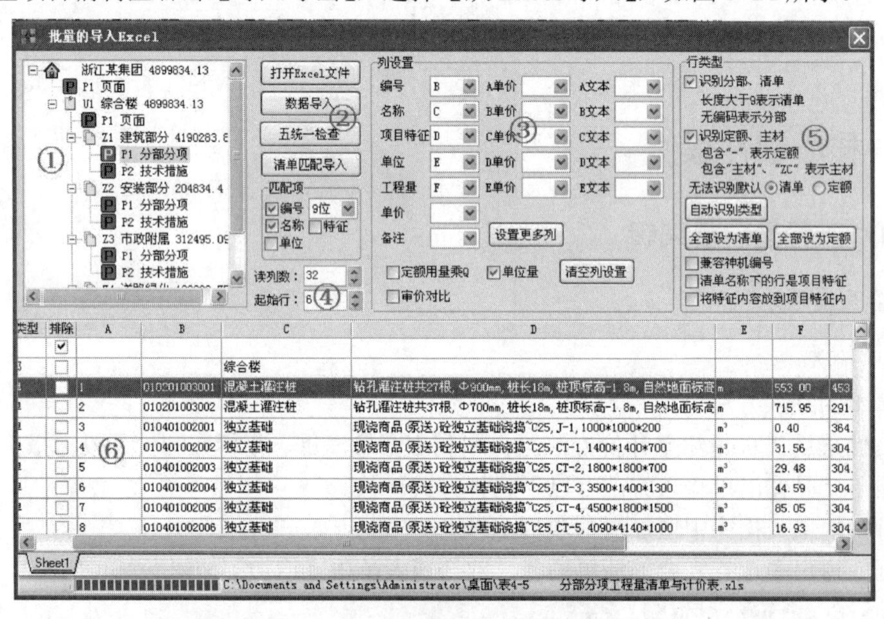

图 9-24

操作步骤如下。

① 选中要导入的专业工程。

② 通过【打开 Excel 文件】按钮找到需要导入的 Excel 文件的存放位置，单击【打开】按钮。

③ 根据 Excel 数据浏览区⑥区的列抬头（A、B、C、D、E、F、G），在列设置中对编号、名称、单位和工程量等列进行一一对应。

④ 在数据浏览区⑥区设置起始行，一般设置第一个分部为起始行。只需用鼠标选中该行即可。

最后单击②区的【分部分项导入】按钮确定完成导入。

说明：

图中⑤、⑥区可以设置识别类型，⑤区可选择设置软件默认设定的行属性，⑥区可手工选择行类型为分部、清单、定额、主材，导入时可以自动识别这几种类型。

兼容神机编号：可智能识别神机编号，如 1-65*j1.15H。

清单名称下的行是项目特征： 从算量软件导出的 Excel 工程量清单或嘉兴地区有些招标清单 Excel 表格将项目特征放在具体清单名称下方。导入时打钩才能识别，不打钩默认为分部。

将特征内容放到项目特征内：将识别的项目特征放入软件项目特征列内，此功能只用于识别【清单名称下的行是项目特征】时使用。

追加：当前分部分项有内容时，将追加打钩后，可以保留当前内容，并且将 Excel 中的内容追加导入。

（2）重排清单顺序号。

使用本软件编制招标清单、标底时，软件自动按规范生成 3 位清单顺序号，如某些操作后清单顺序码未按规范设置操作，软件也提供有重排清单顺序号功能。在工程量项目页面单击右键菜单【重刷清单顺序号】，弹出排序范围窗口，可对本工程进行标段内和专业内清单顺序号重排操作，如图 9-25 所示。

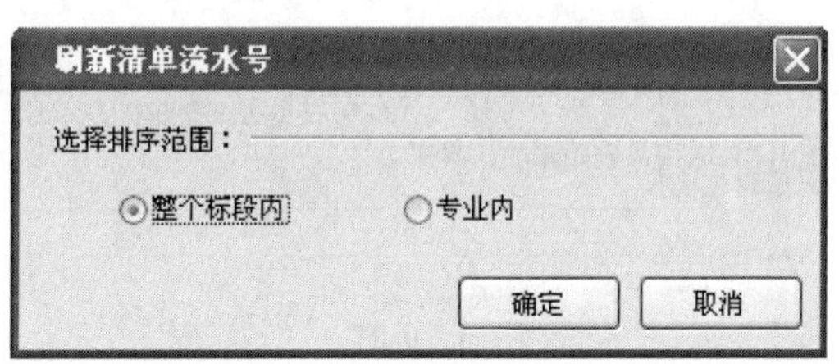

图 9-25

阳光提醒

08 清单规范按标段内设置，03 清单规范按专业内设置。

（3）项目特征的编辑、显示。

对于清单项目特征的编辑，可在定额换算界面的【清单特征】中输入如图 9-26 所示的内容。

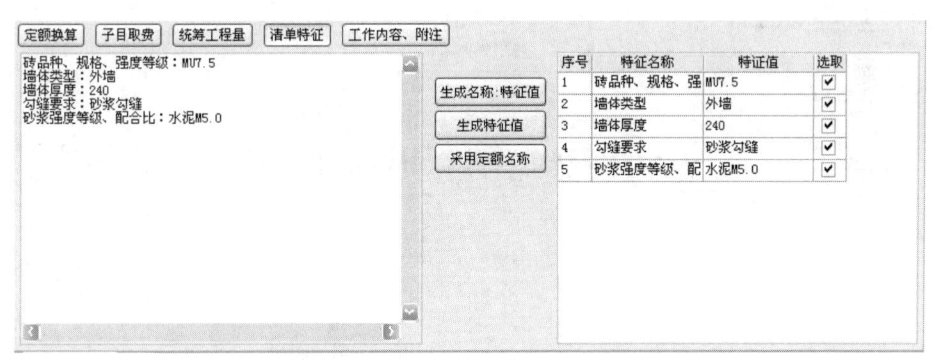

图 9-26

选中具体的清单项目，在定额换算界面单击【清单特征】，右边根据项目特征名称选择特征值，也可以直接输入特征值，选取完成输入后自动显示到左边项目特征窗口。该窗口上有三个功能按钮，

生成名称:特征值：将项目特征的特征名与特征值一起生成到左边项目特征窗口。

生成特征值：仅将项目特征值显示到左边项目特征窗口。

采用定额名称：项目特征引用定额名称。

（4）批量清空清单工程量、组价。

在分部分项右键菜单中，批量设置选项可以将当前选中行的清单工程量或者清单下的定额全部清空。

2）定额输入

（1）定额录入。

在工料单价预算编制和清单定额组价时都需要输入各专业项目定额，定额的录入方法有以下几种。

第 1 种　直接输入定额编号

对定额编号比较了解，可以在定额行的编号位置直接输入定额编号的方式来录入定额。如要在矩形柱该条清单录入定额 4-79，只需在定额编号处输入 4-79 即可。如图 9-27 所示。

编号	名称	项目特征	单位
010402001008	矩形柱	现浇商品(泵送)砼独立柱浇捣~C25，柱截面600×500，柱高度4.57m	m^3
4-79	C20现浇泵送商品砼矩形柱、异形柱、圆形柱浇捣		$10m^3$

图 9-27

第 2 种　拖拉数据库定额

在数据库的清单指引或 B 定额库中找到定额，直接将定额拖拉到工程量项目编制窗口，如图 9-28 所示。

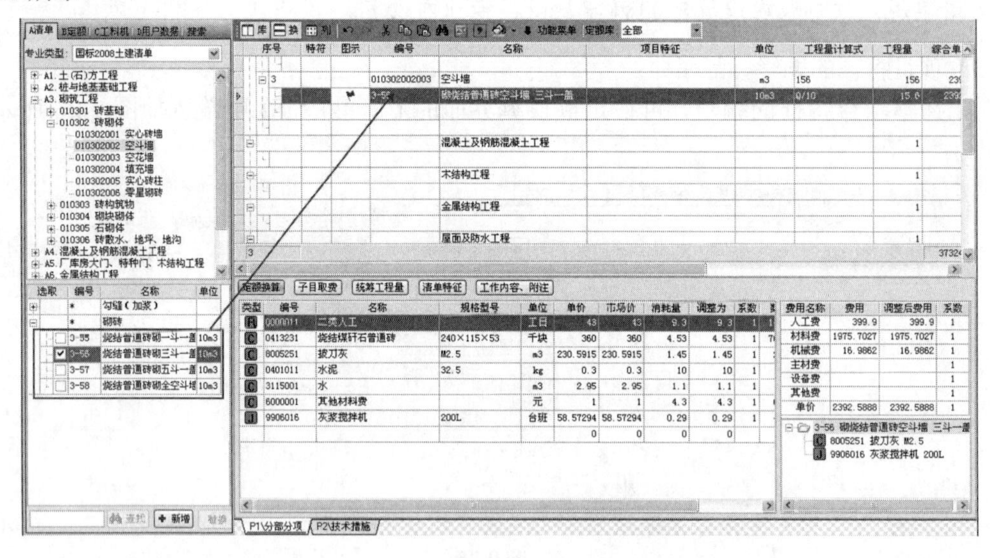

图 9-28

第 3 种　清单定额一起录入

在录入清单项目的同时，通过数据库窗口“清单”的清单指引，一并将定额录入进去。在数据库“清单”窗口中将需要使用的定额先进行选中，然后通过单击【增加】按钮将该清单和定额，一起添加到清单文件中，如图 9-29 所示。

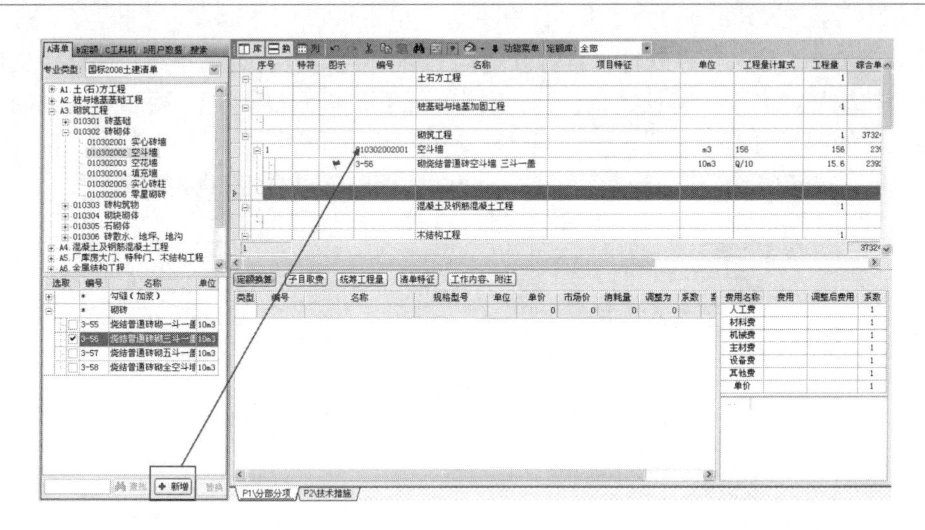

图 9-29

第 4 种　快速组价

清单 Excel 导入或电子标导入招标文件后，用户需要开始定额组价。组价必须按照清单指引规范和清单项目特征行描述进行组价。软件设置有【清单快速组价】功能，用户可以通过工程量项目页面工具条上的【功能菜单】→【快速组价功能】或双击清单行，弹出快速组价窗口。

图 9-30

A 区显示清单项目名称及项目特征描述，用户鼠标左键选择关键字，如图 9-30 所示的“现浇”，在【项目特征查找】处，自动查找定额名称包含“现浇”的定额，用户只需在 B 区双击选择即可。此窗口还可以单击清单指引，选择该清单下清单指引规范范围内的定额。双击选择的定额会显示在 C 区中，单击【保存】按钮完成该条清单的组价。若不希望多次切换窗口操作，可直接单击【下一条清单】按钮，对下一个清单进行快速组价。

第 5 种　清单匹配导入

【从 Excel 导入】中的清单匹配导入功能适用于 Excel 文件内已有清单定额组价时使用，先将工程量清单 Excel 导入预算软件，再打开【从 Excel 导入】，打开清单组价 Excel 文件，选择匹配条件（按编号、名称、特征、单位）。直接单击【清单匹配导入】，提示导入成功后关闭窗口完成导入，如图 9-31 所示。

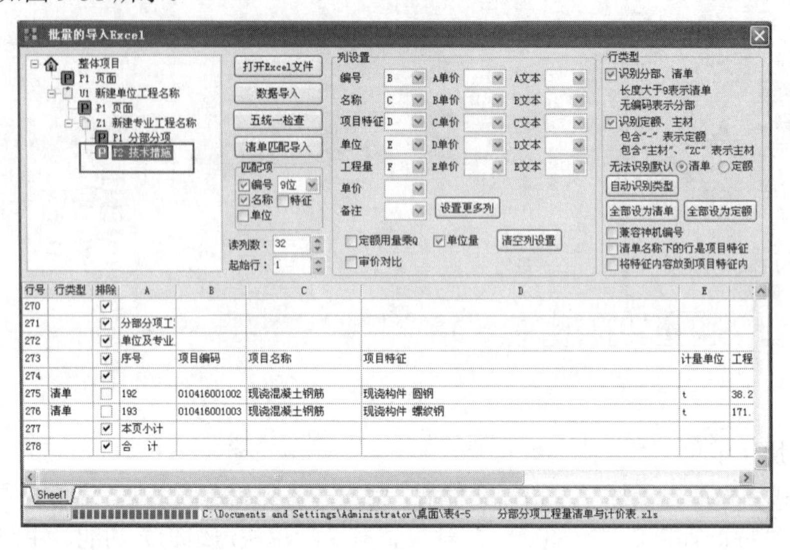

图 9-31

阳光提醒

对于技术措施导入同分部分项，选择节点时选择专业工程下的技术措施即可。

第 6 种　从其他工程导入

工程量项目页面单击【导入导出】→【从其他工程导入】，打开正在编制的工程（本文件不同专业的匹配组价）或打开原有参照工程文件。

如图 9-32 所示，左边④区是正在编制工程的项目结构，选择需要匹配组价的专业，右边①区位置是参照文件的结构，选择参照文件的不同专业，下方②区显示该专业节点下的清单定额组成。

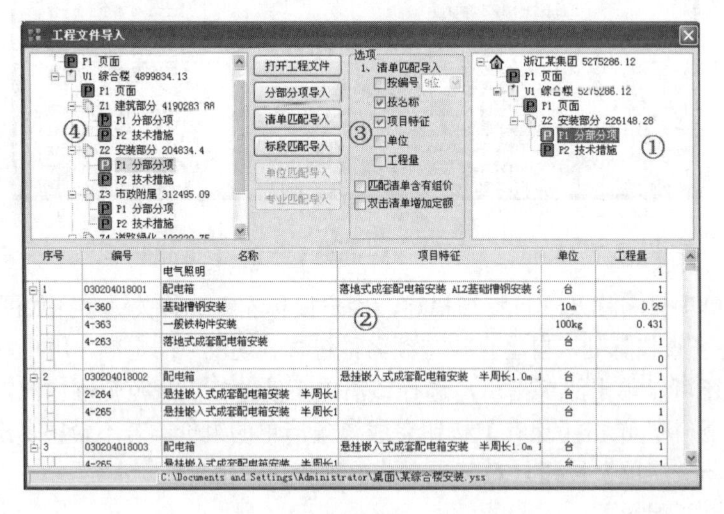

图 9-32

选项：导入条件的设置，按编号、按名称、项目特征、单位、工程量打钩设定调整。

匹配清单含有组价：工程中的清单已有组价，再次匹配组价。

双击清单增加定额：双击清单时，只载入定额组价。

【从其他工程导入】的两种方式如下。

第一种：单条清单导入定额组价。打开组价文件，选择专业节点后，②区显示本节点的工程量项目明细，编制工程中清单与预览显示窗口上的对应清单，清单对清单双击完成定额匹配组价。

第二种：清单匹配导入。打开组价文件，选择专业节点后，③区设置参照条件，按编码、按名称、项目特征、单位、工程量。选择后单击【清单匹配导入】，提示导入完成。④区选择本工程的整体、单位、专业不同结构节点，可选择【标段匹配导入】、【单位匹配导入】、【专业匹配导入】及【清单匹配导入】多种方式。

阳光提醒

【从其他工程导入】功能可将原组价文件的定额换算、主材单价都导入到当前工程。

第 7 种　通过搜索功能查询相关定额

在数据库【搜索】窗口，查询内容填写定额名称关键字，单击【查询】，显示搜索范围，单击【定额查询】，例如，输入模板，下方显示所有的模板定额，选择相应定额双击录入，如图 9-33 所示。

图 9-33

第 8 种　其他专业定额的输入

做一份预算书时，需要输入其他专业的定额。软件中设置了一些快捷方式，当需要输入其他专业定额时，在定额编号前面加上一个代表该专业的字母，土建专业为 T，安装专业为 A，园林专业为 Y，市政专业为 S。同时，软件会在其他专业定额前面自动加上一个标示，土建专业为土，安装专业为安，园林专业为园，市政专业为市。例如，在做安装专业的预算书时需要输入一条市政定额，那么在该定额编号前面加上一个字母 S 就可以直接输入了。如图 9-34 所示。

编号	名称	项目特征	单位
	电气设备安装工程		
030213006001	一般路灯		套
4-1706	庭院路灯安装　三火以下柱灯		10套
2200001	成套灯具		套
市8-169	C20钢筋混凝土基础制作		m³

图 9-34

当需要输入多条其他专业定额时，要在每条定额前加上一个字母就比较麻烦，这时可以在软件右上角的定额库选择框内选择定额库，选择相应专业的定额库，然后就可以直接输入定额编号了，如图 9-35 所示。

功能菜单 [换算窗 清单号 Q变量 量小数 模板窗 行高]　定额库: 全部

名称	代号	单位	工程量计算式	工程
备安装工程				
灯	030213	套	5	
灯安装　三火以下柱灯		10套	Q/10	
具		套	10.1	
凝土基础制作		m³	0.32	

定额库下拉列表：
全部
浙江2003土建
浙江2003安装
浙江2003市政
浙江2003园林
浙江2003市政养护
浙江2003节能定额
浙江2003地铁

图 9-35

（2）工程量的输入。

工程量是直接在工程量项目编辑界面的“工程量计算式”列输入的。可以直接输入数值，也可以使用自定义的常量及调用一些常用的函数组成一个复杂的算式计算而来，还可以在“统筹工程量”界面汇总回填数值到工程量计算式中，如图 9-36 所示。

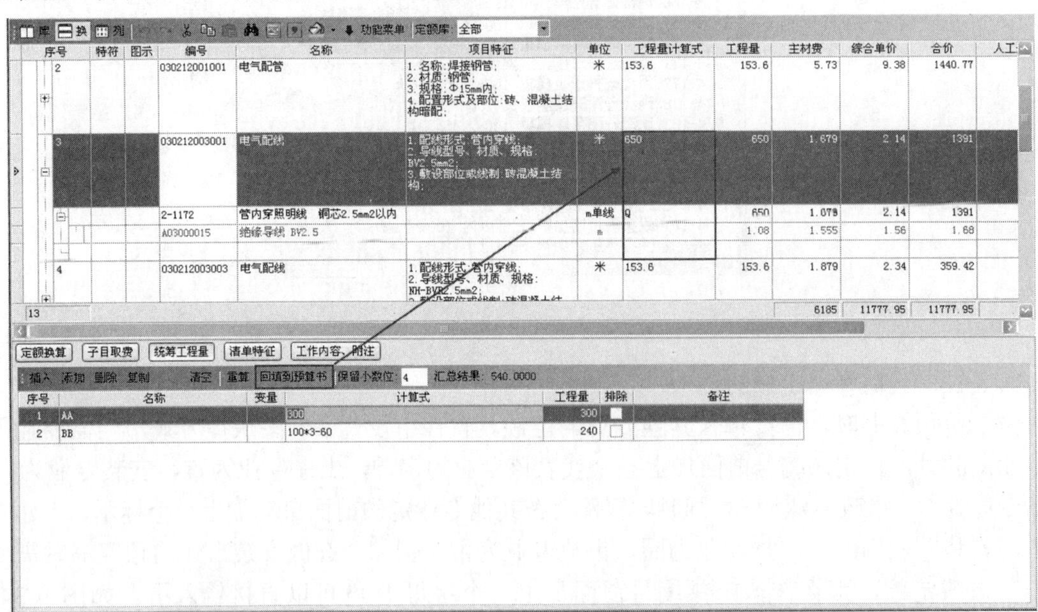

图 9-36

工程量输入规则。

A. 根据清单、定额计量单位输入，例如，计量单位为 10m，实际用量是 1000m 时，工程量计算式输入 100。

B. 使用软件【单位换】或【1 单位】功能，单击软件菜单栏【工程参数】按钮，将【单位换】或【1 单位】选中，输入时就可以直接输入实际工程量。如图 9-37 所示。

工程参数(R)　招投标(Z)　网络(N)　扩展功能(P)　工具(T)　帮助(H)

选中	选项	说明
✓	工程自动计算	
	分部分项序号	▸
	允许修改定额价	
✓	Q变量	定额与清单单位相同时使用清单工程量
✓	量小数	按国标规范保留清单工程量小数位
✓	顺序号	增加清单三位排序流水号
✓	换算窗	录入定额时弹出换算窗口
	模板窗	录入混凝土定额时弹出模板自动计算窗口
	指引窗	录入清单时弹出清单指引窗口
	1单位	将定额单位和含量转换为自然单位
✓	单位换	定额工程量自动除定额单位量
	锁清单	锁定清单
✓	换材料名	将换算后的材料名称添加至定额名称后
✓	自动折行	名称、特征折行显示
	保名特单	替换清单或定额时保存名称、特征、单位
	定价调量	修改清单工程量时清单单价保持不变
	启用变量	使用工程量变量，请在列设置中将变量列显示打钩

图 9-37

（3）特项处理。

工程文件编制时，常将暂估子目或某些定额设置为计税不计费、不计税费、技术措施项目。软件默认设置有计税不计费项目、不计税费项目、技术措施项目、暂定单价清单四类特项，在工程量项目编制界面，选中需设置的定额子目，双击特符列单元格，弹出四类特项选择页面，双击选择即可，如图 9-38 所示。

序号	特符	图示	编号	名称	项目特征	单位	工程量计算式
75			020401006004	甲级木质防火门	MFM1021甲：尺寸：1000×2100mm，带玻，含五金配件等，详浙J23-9	樘	100
	2【计税不计费项目】 3【不计税费项目】 4【技术措施项目】 5【暂定单价清单】					m²	1×2.1×100
76					MFM1521乙：尺寸：1500×2100mm，带玻，含五金配件等，详浙J23-9	樘	100
						m²	1.5×2.1×100

图 9-38

（4）排序合并。

使用软件编制定额计价工程、招标清单、标底或投标的清单定额都是自行组价时，往往会根据图纸工程量计算或根据联系单编制清单定额组价，这样编制好的文件，一个是没有前面清单顺序号编排，另一个是清单的排列是没有顺序的，定额套取也没有顺序。要使做出去的文件符合规范要求和美观效果，软件提供了【排序合并】功能。

在工程量项目编制界面功能区，单击【功能菜单】→【排序合并】功能，弹出排序合并窗口，如图 9-39 所示。

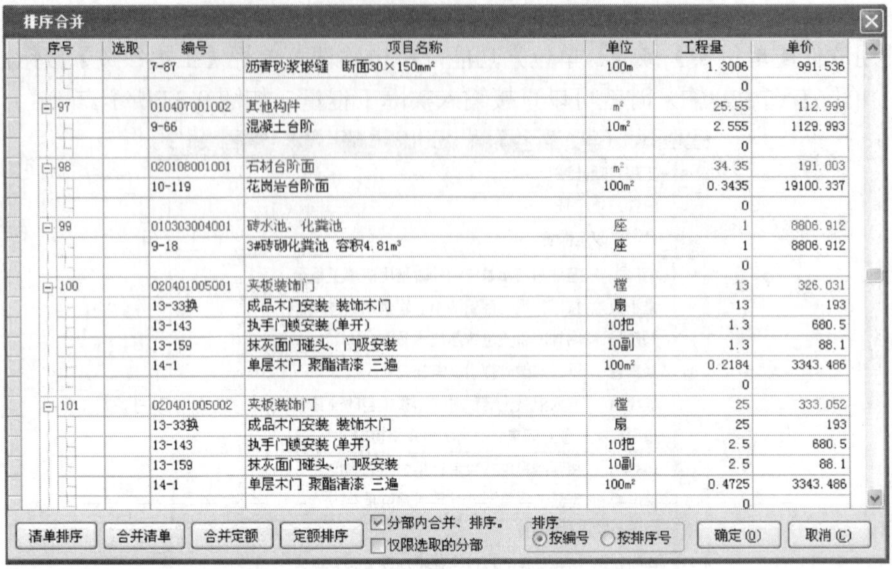

排序合并

序号	选取	编号	项目名称	单位	工程量	单价
		7-87	沥青砂浆嵌缝 断面30×150mm²	100m	1.3006	991.536
					0	
97		010407001002	其他构件	m²	25.55	112.999
		9-66	混凝土台阶	10m²	2.555	1129.993
					0	
98		020108001001	石材台阶面	m²	34.35	191.003
		10-119	花岗岩台阶面	100m²	0.3435	19100.337
					0	
99		010303004001	砖水池、化粪池	座	1	8806.912
		9-18	3#砖砌化粪池 容积4.81m³	座	1	8806.912
					0	
100		020401005001	夹板装饰门	樘	13	326.031
		13-33换	成品木门安装 装饰木门	扇	13	193
		13-143	执手门锁安装(单开)	10把	1.3	680.5
		13-159	抹灰面门碰头、门吸安装	10副	1.3	88.1
		14-1	单层木门 聚酯清漆 三遍	100m²	0.2184	3343.486
					0	
101		020401005002	夹板装饰门	樘	25	333.052
		13-33换	成品木门安装 装饰木门	扇	25	193
		13-143	执手门锁安装(单开)	10把	2.5	680.5
		13-159	抹灰面门碰头、门吸安装	10副	2.5	88.1
		14-1	单层木门 聚酯清漆 三遍	100m²	0.4725	3343.486
					0	

清单排序　合并清单　合并定额　定额排序　☑分部内合并、排序。　☐仅限选取的分部　排序 ⊙按编号 ○按排序号　确定(O)　取消(C)

图 9-39

清单排序：综合单价做法排列清单功能，此功能仅限在分部内按 9 位编码排序。

合并清单：合并清单项目编码、项目名称、项目特征都一样的清单，此功能用于做招标清单时使用。

合并定额：合并定额编号、名称、单位、单价一致的定额，综合单价做法在一条清单内相同定额子目合并，工程量累加。

定额排序：按定额编号排序定额，综合单价做法在一条清单内排序定额。

☑分部内合并、排序。：工料单价做法时，选中整份工程文件排序还是在分部内排序。

☐仅限选取的分部：排序合并操作，仅在选取的分部上进行，此窗口上的分部行设有打钩选项。

（5）分部分项序号。

在实际招投标过程中，由于标书编制的不规范，有时候需要分部参与排列序号，有时候需要清单定额一起排列序号。以往的做法都需要用户导出 Excel 自行修正序号。本软件支持用户自主选择序号排列方式。 单击【软件菜单栏】→【工程参数设置】→【分部分项序号】，进行选择分部、清单、定额参与排列顺序号，选择完成单击【刷新序号】功能。例如，需要清单定额同时参与排列序号，只需将【清单参与排序】、【定额参与排序】同时打钩，单击【刷新序号】即可，如图 9-40 所示。

（6）块系数调整。

当工程文件需要对整体或选中行进行工程量*系数、定额人材机消耗量*系数输入时，可使用工程量项目界面右键菜单【块系数调整】功能，如图 9-41 所示。

左边选择调整的范围，右边选择对应的调整内容。如人工费*0.9，将工料机系数调整打钩，人工*系数框内输入 0.9。

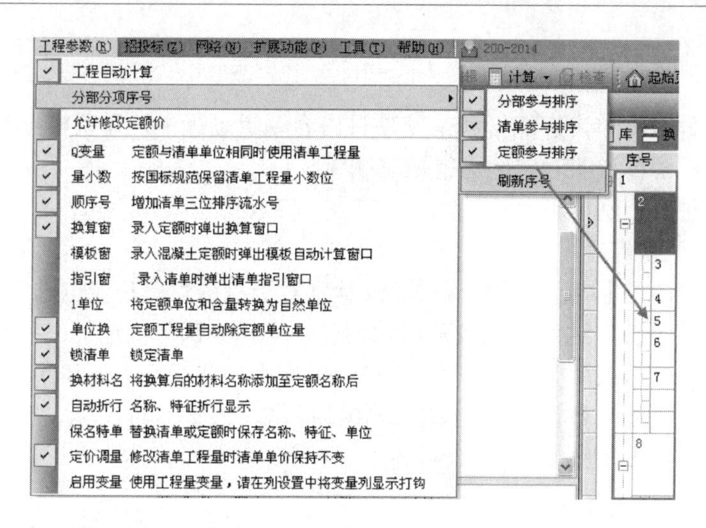

图 9-40

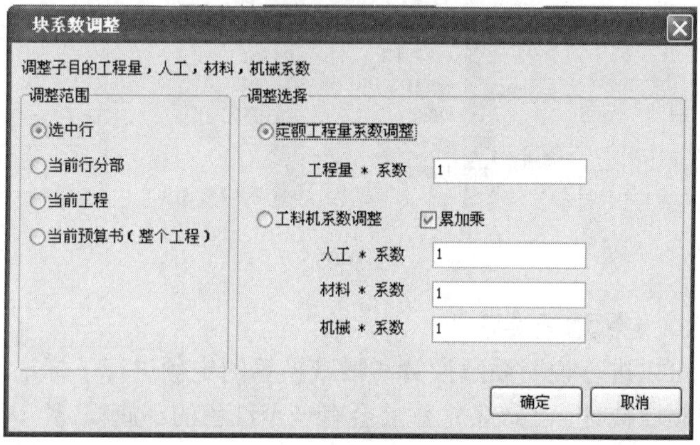

块系数调整

调整子目的工程量，人工，材料，机械系数

调整范围：选中行；当前行分部；当前工程；当前预算书（整个工程）

调整选择：定额工程量系数调整　工程量 * 系数 1

工料机系数调整　累加乘

人工 * 系数 1

材料 * 系数 1

机械 * 系数 1

确定　取消

图 9-41

块系数调整窗口工料机系数调整后，在定额换算窗口上的费用窗口系数列自动乘以相应的系数，如图 9-42 所示。

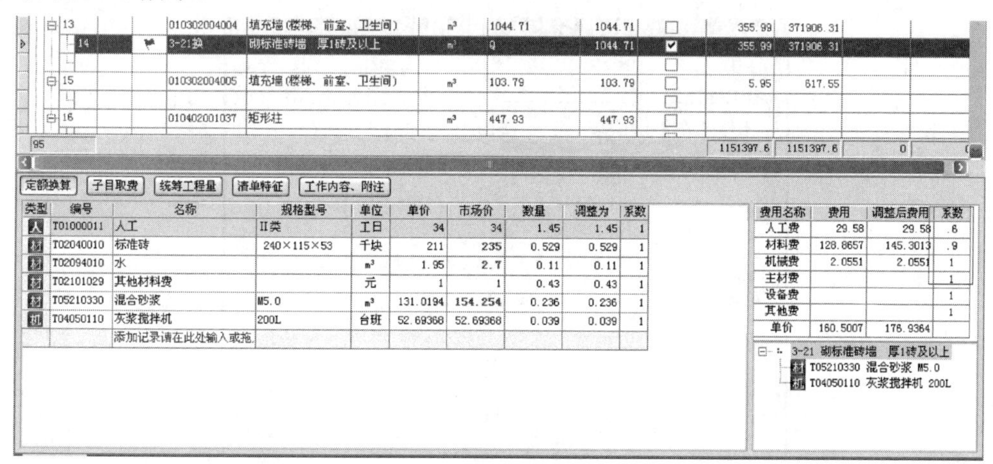

图 9-42

2. 定额换算

在分部分项工程量清单内容编辑和措施项目内容编辑过程中，需要根据实际工程的厚度、作业条件，以及定额解释说明对定额进行换算编辑。

定额换算有四种，分别如下。

1）混凝土、砂浆换算

使用鼠标右键菜单是非常便捷的一种方法，软件对于右键菜单功能也进行了细化，例如，“混凝土换算”和“砂浆换算”这两个比较常用的换算，鼠标右键可供选择的换算规格选取对应强度等级或单击其他混凝土或砂浆换算即可。针对 10 定额中的干混、湿拌砂浆及商品混凝土换算后，软件会自动进行人工系数调整和机械台班扣减操作，如图 9-43 所示。

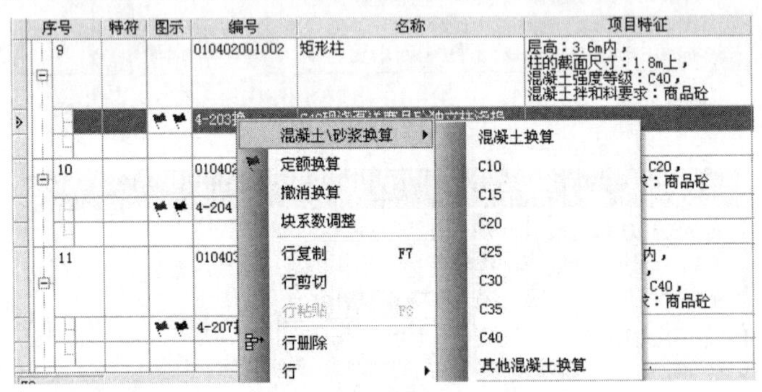

图 9-43

2）定额说明系数、定额增减换算

软件中还特别对可以进行说明系数换算和增减换算的定额进行了标记。当某条定额可以进行说明系数换算或定额增减时，在该条定额前会有一个红色的小旗帜 。选中该条定额，单击鼠标右键后选择【定额换算】弹出定额换算窗口。

根据项目特征描述或工程情况，在需要的子目说明前面的小方框中打钩后单击【确定】按钮，完成对该定额的说明系数换算。如图 9-44 所示，当铲运机铲运土方每增 50m 需要增减换算时，对换算勾选取在实际运距栏中输入运土运距，单击【确定】按钮即可完成定额增减换算。

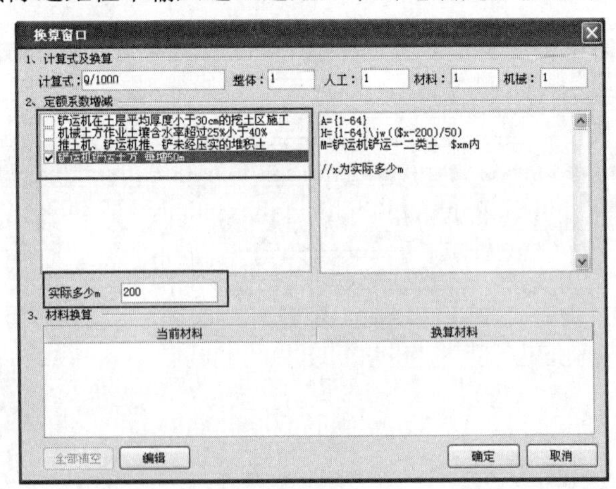

图 9-44

阳光提醒

软件也可以通过直接双击工程量项目编辑界面中图示列的小旗子，弹出说明系数、增减换算界面，换算过的定额子目，小旗子内显示打钩。

3）定额人材机换算

选中一条定额，A 区定额换算窗口切换到“定额换算”界面，此界面显示该定额所有的人材机含量。

A 区可以看到选中定额的具体人材机组成，这里提供了右键功能（查找并定位、新增材料、材料替换、删除、撤销、全部撤销），用户可以根据需要，将选中的材料删除，或者取消已经做好的换算操作。A 区中列出该定额各人材机组成的市场价、调整量及系数，这些都是可以进行修改的，如图 9-45 所示。

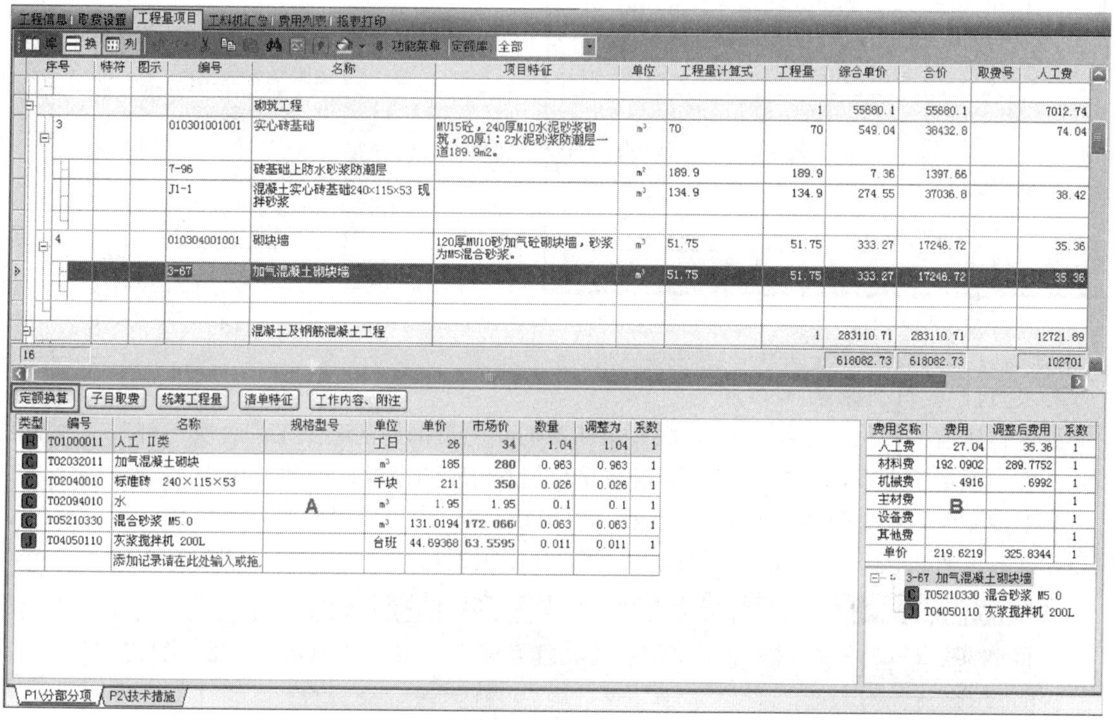

图 9-45

阳光提醒

A 区双击需要修改名称的材料，弹出修改名称窗口，如图 9-46 所示。这里显示有清单的名称及项目特征描述，选取文字即可修改材料名称。

定额换算鼠标右键菜单功能如图 9-47 所示。

【查找并定位】：相同材料进行数据库查找。

【新增材料】：弹出材料替换窗口，增加人材机。

【材料替换】：弹出材料替换窗口，替换人材机。

【删除】：删除当前人材机行。

【撤销】：撤销前一步人材机换算操作。

【全部撤销】：撤销本条定额全部人材机操作。

【发送名称到定额名称】：将材料名称发送到定额名称。

【另存到企业定额】：自补人材机另存到用户数据库。

【材料系数批量修改】：批量调整工料机含量系数。

B 区列出了该条定额中包含的人工费、材料费和机械费等各项费用。在这里可以对各项费用的系数进行调整。

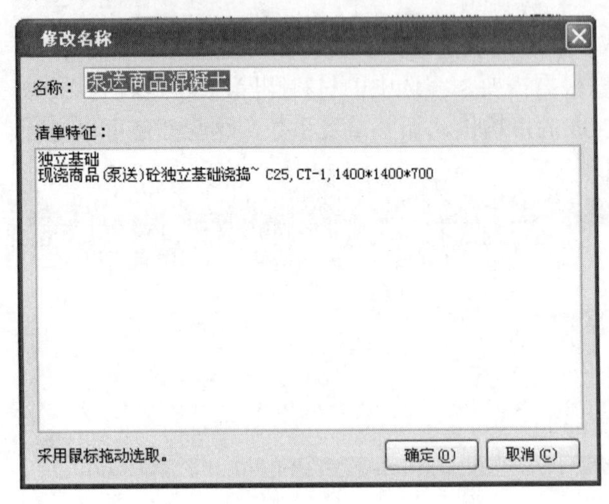

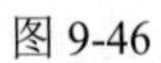
图 9-46

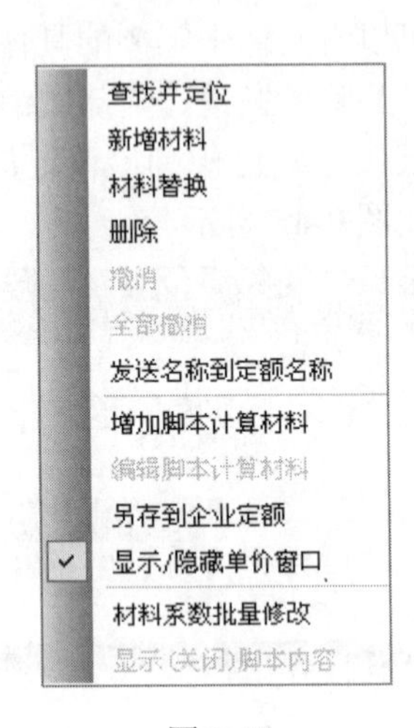

图 9-47

4）建筑模板自动计算

浙江省建筑工程预算定额（2010 版）第四章混凝土及钢筋混凝土工程说明，有规范现浇混凝土构件含模量参考表，软件根据含模量参考表做了相应的模板自动计算功能。

套取混凝土定额，软件自动弹出模板自动计算窗口；也可以套取混凝土定额之后再右击模板自动计算或者直接双击定额前的蓝色旗帜 ,弹出模板自动计算窗口，如图 9-48 所示。

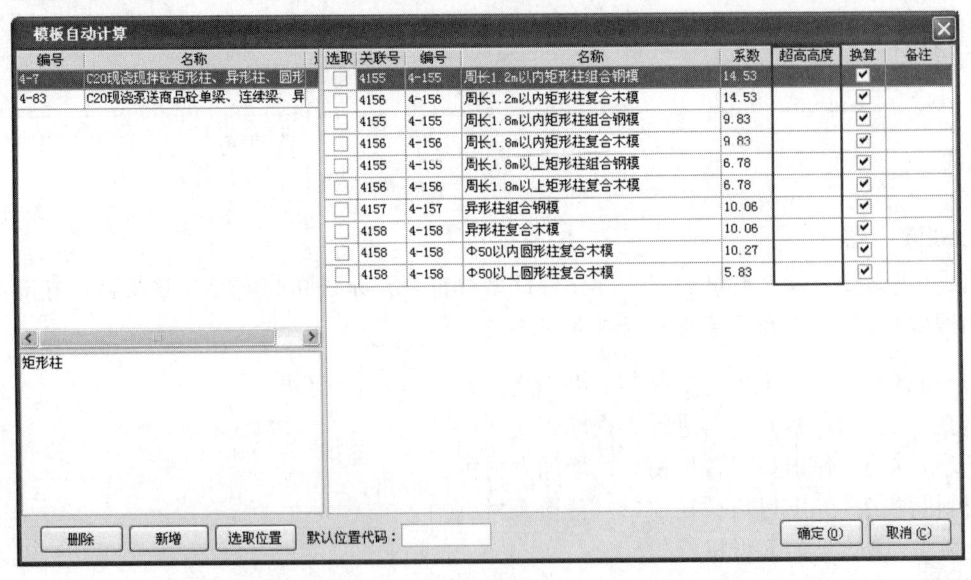

图 9-48

选取相应的模板定额，如混凝土模板有超高，在超高高度列填上超过 3.6m 部分的高度，软件自动计算模板超高增加费。

混凝土模板定额指定生成位置时，在综合单价法中可以在技术措施里先套好混凝土模板的清单，然后进入模板自动计算窗口选择选取位置；在工料单价法中将这些模板定额放在混凝土及钢筋混凝土工程分部下面即可。

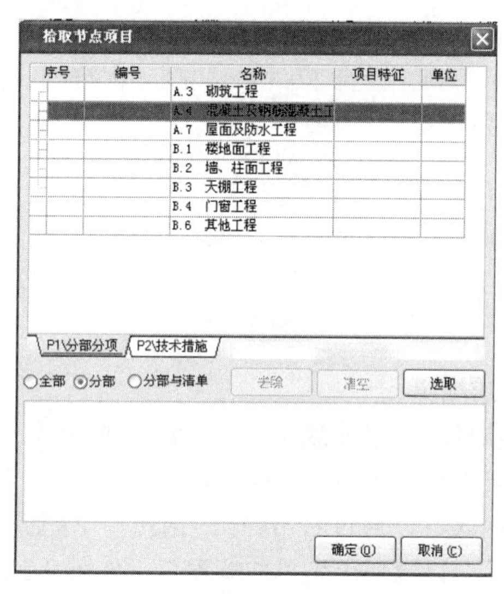

图 9-49

阳光提醒

国标 08 清单规范，建筑清单混凝土模板计算规则为按实际接触面积计算。

3. 安装主材、暂估子目及临时材料的编辑

1）安装、园林主材的录入

安装定额、园林苗木定额都只是安装或栽植费用，不包含安装的主要材料、园林的苗木费用。工程报价时又需要报价，这时我们需要自己插入主材和费用。

安装、园林主材的录入，有两种方法。

（1）在录入定额时，如果定额中包含主材，系统就会自动录入进去，在主材的工程量位置显示的是 1 个单位定额的消耗量。

如安装定额 10-1，主材 1 个单位的定额消耗量就为 10.15，在工程量项目页面只显示 10.15 1 个单位的定额主材用量，主材总量则需要在工料机查看，如图 9-50 所示。对于自动跟出的主材，只须录入主材的价格，就完成了录入。

序号	特符	图示	编号	名称	单位	工程量计算式	工程量	综合单价	主材费	合价
				给排水、采暖、燃气工程			1	597.27		597.27
4			030801001001	镀锌钢管	m	231.5	231.5	2.58		597.27
			10-1	室外镀锌钢管安装(螺纹连接) DN15mm以内	10m	Q/10	23.15	25.77		596.58
			1403313	镀锌钢管 DN15	m	10.15	10.15			

图 9-50

（2）如果需要自己插入主材，则使用右键菜单【插入主材】或使用快捷键 F6，这里需要注意区分：

① 在定额上插入、说明这个主材跟随这个定额子目，主材用量输入 1 个单位定额用量。

② 如果在空白定额行插入，说明是独立的一项主材费用，工程量需要输入总用量。

主材行的编号，名称，单位，计算式，单价这几列都是可以直接编辑的。根据需要填写相应内容即可，如图 9-51 所示。

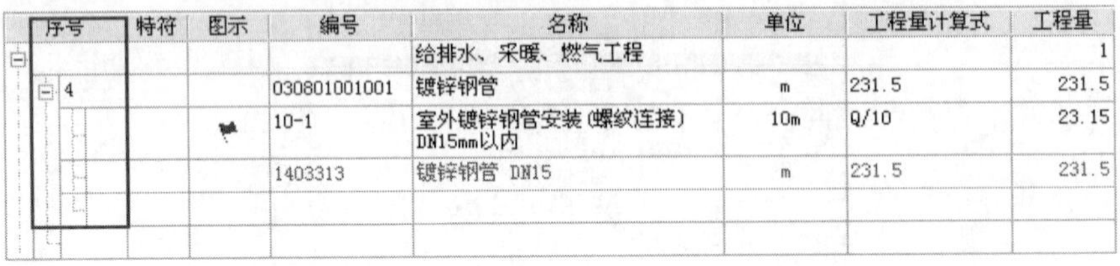

序号	特符	图示	编号	名称	单位	工程量计算式	工程量
				给排水、采暖、燃气工程			1
4			030801001001	镀锌钢管	m	231.5	231.5
			10-1	室外镀锌钢管安装(螺纹连接) DN15mm以内	10m	Q/10	23.15
			1403313	镀锌钢管 DN15	m	231.5	231.5

图 9-51

2）暂估子目、临时材料的编辑

编制工程文件时，某些项目成品采购或定额中未涉及的项目、新材料，需要用户自行添加组价时，使用插入暂估子目或临时材料的方式操作。

暂估子目和临时材料的输入可以通过右击弹出的菜单中的【编辑估算】来实现，也可以在编号单元格直接输入字母“g”，直接弹出编辑估算窗口，如图 9-52 所示。

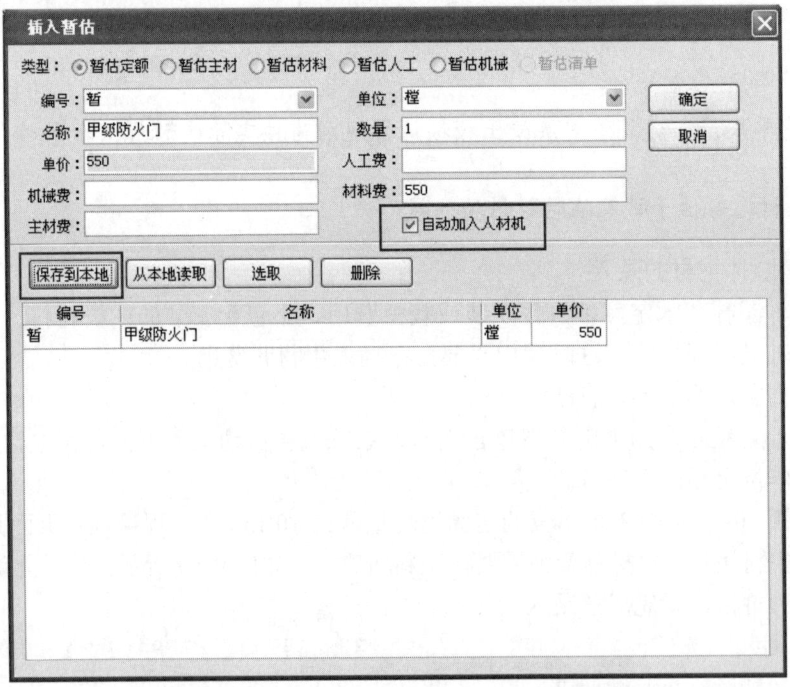

插入暂估

类型：暂估定额 暂估主材 暂估材料 暂估人工 暂估机械 暂估清单

编号：暂　单位：樘　确定

名称：甲级防火门　数量：1　取消

单价：550　人工费：

机械费：　材料费：550

主材费：　自动加入人材机

保存到本地　从本地读取　选取　删除

编号	名称	单位	单价
暂	甲级防火门	樘	550

图 9-52

首先要选择输入类型（如我们选择的是估算子目），然后编辑该暂估子目的具体内容：选择编号，单位，填写子目名称，单价组成在【人工费】、【材料费】、【机械费】中输入来组成暂估子目单价，单击【确定】按钮，暂估子目录入完成，显示在清单项目中，如图 9-53 所示。

			B.4 门窗工程				1	8250	8250
81		020406004001	金属百叶窗		m²	37.7	37.7		
82		020401006001	木质防火门	020401	樘	15	15	550	8250
		市场价	甲级防火门		樘	Q	15	550	8250

图 9-53

如果某条暂估子目或者临时材料需要进行修改，可以在该条目上单击鼠标右键，选择【编辑估算】，在弹出的窗口中进行修改设置。

软件支持将编辑的估算子目保存，以便下个工程快速引用。单击 保存到本地 按钮，暂估项目将自动显示在窗口的下方区域，如甲级防火门，快速引用时，只需要在工程量项目编制页面，单击右键编辑暂估，在弹出的插入暂估窗口中，选中保存在下方的暂估项，单击 选取 按钮即可。

阳光提醒

暂定单价清单的组价，可以直接在暂估行的综合单价单元格的输入暂定单价，软件自动生成一条与清单名称一致的暂估项目。

4. 技术措施编制

工料单价做法，在工程量项目界面直接输入技术措施定额即可，具体输入方法见定额录入介绍。

综合单价做法，软件工程量项目界面中下方将界面切换至技术措施，在输入技术措施时，先在措施项目清单处选择相应的专业工程技术措施清单，双击需要的技术措施清单或者选中该技术措施清单单击软件左下角的 新增 按钮，如图 9-54 所示。

图 9-54

阳光提醒

技术措施清单软件支持 Excel 导入，具体操作方法详见清单 Excel 导入介绍。

9.4.2 工程调价

工程量项目编辑完成后，进行工程调价来确定最终的工程总造价。工程调价的方法有 3 种，即量、价、费的调整。价的调整是将工程的人材机价格按实际市场价格输入并计算，即工料机调整；量的调整是对定额的工程量及定额消耗量调整，如【块系数调整】；费的调整是对综合费用和组织措施费满足招标文件要求区间内的费率调整。

1. 工料机调整

工料机页面汇总显示本工程所有的人材机，如图 9-55 所示。其中市场价一列是可以根据市场信息价进行修改的。在这个页面中的其他主要功能都是通过鼠标右键及工料机页面工具栏来实现，下面具体介绍该页面的主要功能。

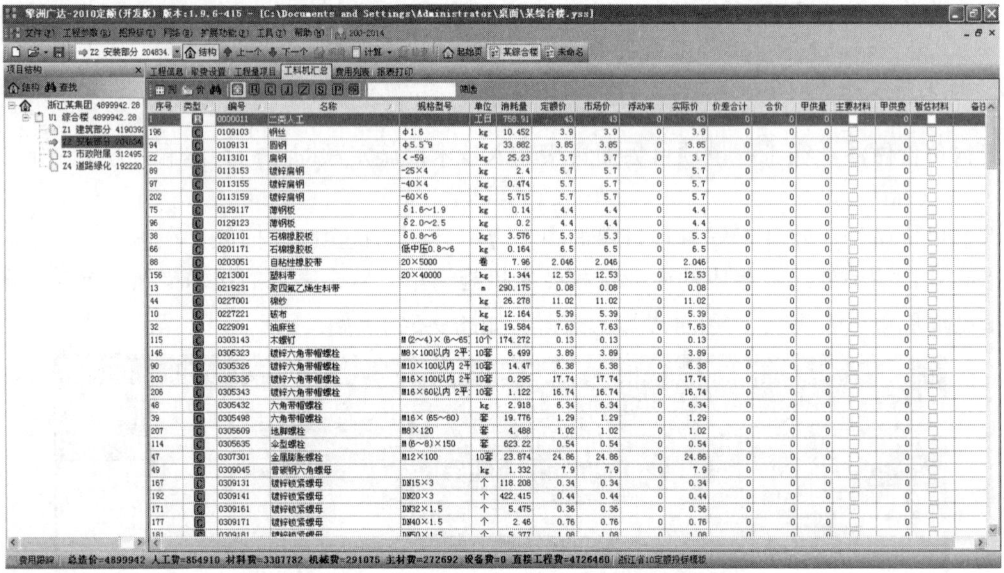

图 9-55

工料机工具条：

① 列开关用来设置工料机页面的列是否显示。

② 输入材料名称或简称，单击【筛选】按钮，筛选显示材料，这个功能可快速实现材料的查找。

③ 【价】按钮是用来打开信息价载价窗口。

1）市场价格输入

工料机页面市场价一列，用来输入材料实际的市场指导价格，如图 9-56 所示。选中该材料相应的市场价单元格直接输入市场价格，输入完成直接反映在实际价列。定额价列默认为定额编制的价格。当输入的市场价与定额价有不同时，市场价比定额价低在实际价列显示为绿色，市场价比定额价高则在实际价列显示为红色，方便显示区分。

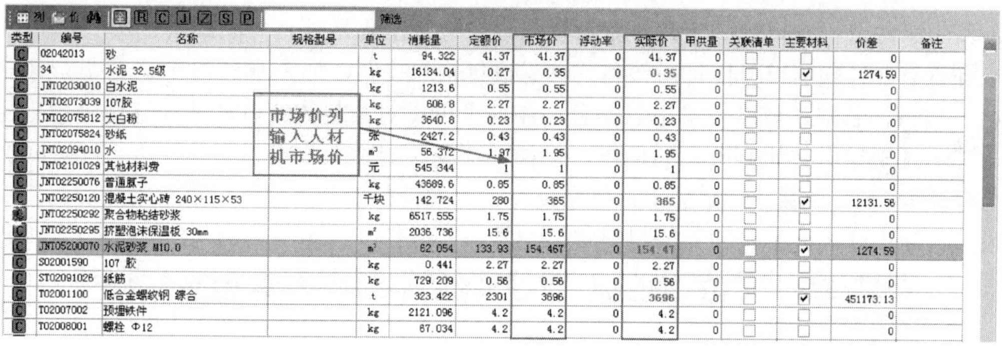

筛选

类型	编号	名称	规格型号	单位	消耗量	定额价	市场价	浮动率	实际价	甲供量	关联清单	主要材料	价差	备注
C	02042013	砂		t	94.322	41.37	41.37	0	41.37	0	☐	☐	0	
C	34	水泥 32.5级		kg	16134.04	0.27	0.35	0	0.35	0	☐	✓	1274.59	
C	JNT02030010	白水泥		kg	1213.6	0.55	0.55	0	0.55	0	☐	☐	0	
C	JNT02073039	107胶		kg	606.8	2.27	2.27	0	2.27	0	☐	☐	0	
C	JNT02075812	大白粉		kg	3640.8	0.23	0.23	0	0.23	0	☐	☐	0	
C	JNT02075824	砂纸		张	2427.2	0.43	0.43	0	0.43	0	☐	☐	0	
C	JNT02094010	水		m^3	56.372	1.97	1.95	0	1.95	0	☐	☐	0	
C	JNT02101029	其他材料费		元	545.344	1	1	0	1	0	☐	☐	0	
C	JNT02250076	普通腻子		kg	43689.6	0.85	0.85	0	0.85	0	☐	☐	0	
C	JNT02250120	混凝土实心砖 240×115×53		千块	142.724	280	365	0	365	0	☐	✓	12131.56	
[illegible]	JNT02250292	聚合物粘结砂浆		kg	6517.555	1.75	1.75	0	1.75	0	☐	☐	0	
C	JNT02250295	挤塑泡沫保温板 30mm		m^2	2036.736	15.6	15.6	0	15.6	0	☐	☐	0	
C	JNT05200070	水泥砂浆 M10.0		m^3	62.054	133.93	154.467	0	154.47	0	☐	✓	1274.59	
C	S02001590	107 胶		kg	0.441	2.27	2.27	0	2.27	0	☐	☐	0	
C	ST02091026	纸筋		kg	729.209	0.56	0.56	0	0.56	0	☐	☐	0	
C	T02001100	低合金螺纹钢 综合		t	323.422	2301	3696	0	3696	0	☐	✓	451173.13	
C	T02007002	预埋铁件		kg	2121.096	4.2	4.2	0	4.2	0	☐	☐	0	
C	T02008001	螺栓 Φ12		kg	67.034	4.2	4.2	0	4.2	0	☐	☐	0	

市场价列输入人材机市场价

图 9-56

2）查找改价

当工程文件项目较大时，需要查找某个材料修改单价相当麻烦，使用【查找改价】功能可快速定位修改其材料价格。鼠标右键菜单单击【查找改价】，弹出查找改价窗口，输入修改价格材料名称或关键字段，单击【搜索】即能查找出相应材料，可直接在市场价列进行价格的修改，修改后单击【保存价格】即可，如图 9-57 所示。

查找改价

查找关键字：水泥　搜索　保存价格

编号	名称	单位	定额价	市场价
T02030015	水泥 32.5级	kg	0.271	0.35
S02000060	水泥 32.5级	t	271	350
T02030010	白水泥	kg	0.55	0.55
A02000659	白水泥	kg	0.55000001	0.55000001
T05200210	水泥砂浆 1:2	m^3	207.7	207.6957
T05200250	水泥砂浆 1:3	m^3	173.92	173.9215
T05200230	水泥砂浆 1:2.5	m^3	189.2	189.197
T05210210	纯水泥浆	m^3	407.63	407.627

图 9-57

3）设置主要材料

用来将一条或者多条材料设置为主要材料或非主要材料。需要注意的是，在这里设置为主要材料后的材料才可以在报表“主要材料价格表”中显示出来。设置主要材料可以通过对列表中的主要材料一列中的小方框单击打钩来设置为主要材料，同样单击可以将小方框中的勾去掉来设置为非主要材料。片选、多选设置可使用 Shift+鼠标左键或 Ctrl+鼠标左键，选中后单击鼠标右键【设置主要材料】，单击【选中行】，即选中的人材机一次性全部设置为主要材料；同时也可以对所有选中行取消设置主要材料。

鼠标右键【设置主要材料】下的【实际价不等于预算价按钮】功能，即对所有调整过市场价的人材机设置为主要材料。

4）来源分析并替换

双击某条人材机，弹出来源分析并替换窗口，用来查看该条人材机来自于哪条或者哪几条定额。双击来源分析窗口里的定额，就可以自动定位到工程量项目界面该条定额的位置。

来源查看并替换窗口可以针对该材料信息进行换算设置，如图 9-58 中红色区域显示的是该条材料的编码、名称、规格、单位等信息，在这里可以对其整体或者部分换算列选中来源分析定额，单击【确定】按钮修改材料信息。例如，在花岗岩材料规格型号中写入“600*600”，单击【全换算】，下方来源分析定额子目将全部打钩，如果是部分换算，只需将不换算的定额取消打钩设置，单击【确定】按钮完成材料规格型号输入操作，如图 9-59 所示。

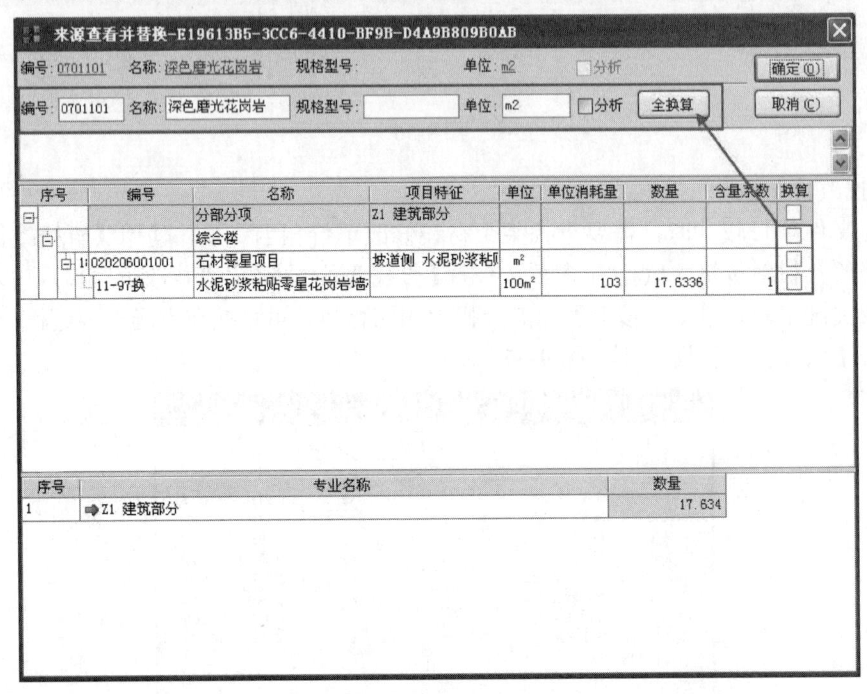

图 9-58

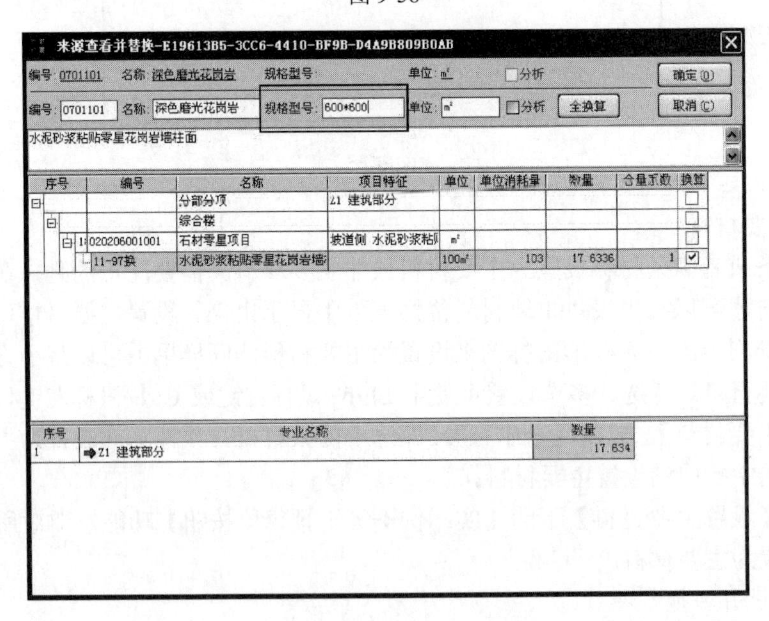

图 9-59

阳光提醒

新版软件可以直接在工料机页面修改材料名称或规格型号后单击两次回车键。

5）调整浮动率

用来调整一条或者多条工料机价格的浮动率。片选、多选设置可使用 Shift+鼠标左键或 Ctrl+鼠标左键，需要注意的是这里填入的数字是经过百分比换算的。例如，要上浮 10%，只要填入 10；要下浮 10%，只要填入-10 就可以了，如图 9-60 所示。

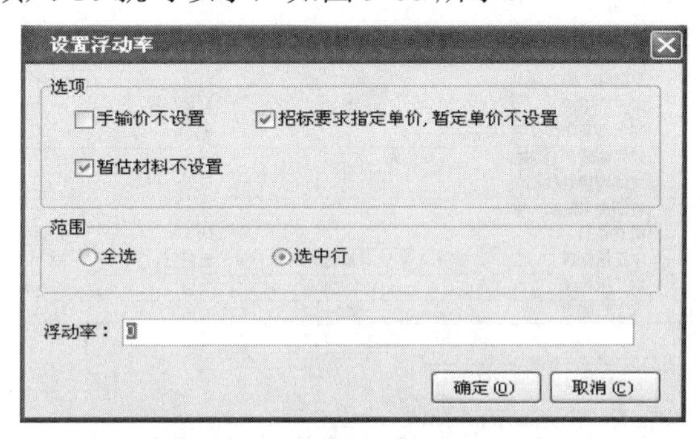

图 9-60

6）设置甲供材料

用来将一条或者多条工料机设置为甲供材料。选中甲供材料行，右击【设置为甲供材料】即完成甲供材料设置。工料机列表中的甲供量一行是可以进行修改的。材料设置为甲供后，默认体现在费用表中，如在工料机中修改甲供量，费用表甲供费用也将自动增减，如图 9-61 所示。

类型	编号	名称	规格型号	单位	消耗量	定额价	市场价	浮动率	实际价	甲供量	关联清单	主要材料	价差	备注
C	JNT02094010	水		m3	56.372	1.95	1.95	0	1.95	0	☐	☐	0	
C	JNT02101029	其他材料费		元	545.344	1	1	0	1	0	☐	☐	0	
C	JNT02250076	普通腻子		kg	43689.6	0.85	0.85	0	0.85	0	☐	☐	0	
C	JNT02250120	混凝土实心砖 240×115×53		千块	142.724	280	365	0	365	0	☐	☑	12131.56	
C	JNT02250292	聚合物粘结砂浆		kg	6517.555	1.75	1.75	0	1.75	0	☐	☐	0	
C	JNT02250295	挤塑泡沫保温板 30mm		m2	2036.736	15.6	15.6	0	15.6	0	☐	☐	0	
C	JNT05200070	水泥砂浆 M10.0		m3	62.054	133.93	154.467	0	154.47	0	☐	☑	1274.59	
C	S02001590	107 胶		kg	0.441	2.27	2.27	0	2.27	0	☐	☐	0	
C	ST02091026	纸筋		kg	729.209	0.56	0.56	0	0.56	0	☐	☐	0	
C	T02001100	低合金螺纹钢 综合		t	323.422	2301	3696	0	3696	0	☐	☑	451173.13	
C	T02007002	预埋铁件		kg	2121.096	4.2	4.2	0	4.2	0	☐	☐	0	
C	T02008001	螺栓 Φ12		kg	67.034	4.2	4.2	0	4.2	0	☐	☐	0	
C	T02008015	工具式钢模板		kg	61.74	3.9	3.9	0	3.9	0	☐	☐	0	
C	T02008017	零星卡具		kg	323.12	4.13	4.13	0	4.13	0	☐	☐	0	
C	T02008018	钢支撑		kg	1721.532	2.77	2.77	0	2.77	0	☐	☐	0	

图 9-61

7）从工程载价

从另一份做好的预算文件中载入人材机的价格。就是工程文件载价，如图 9-62 所示。在工料机页面单击鼠标右键，选择【从工程载价】弹出工程文件载价窗口。

单击窗口上的 打开工程文件 ，打开其他工程文件，打开后界面窗口显示该载价工程的人材机汇总，此窗口设置有【查找】功能，找到目标材料后可以对编制文件中相应的选中材料进行单对单材料载价，如图 9-63 所示。

从工程文件批量载价，需要在这个界面上先设置匹配条件，按编码、名称、单位、规格勾选设置，载价范围可按需要设置全部或选中行，单击【开始载价】，载价完成弹出信息提示窗口，显示载价总个数，如图 9-64 所示。

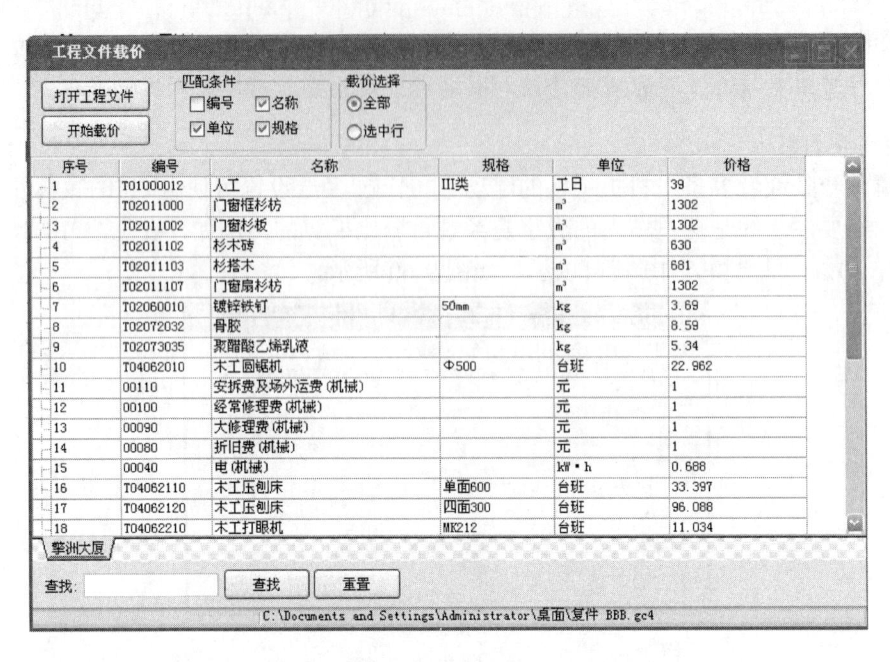

图 9-62

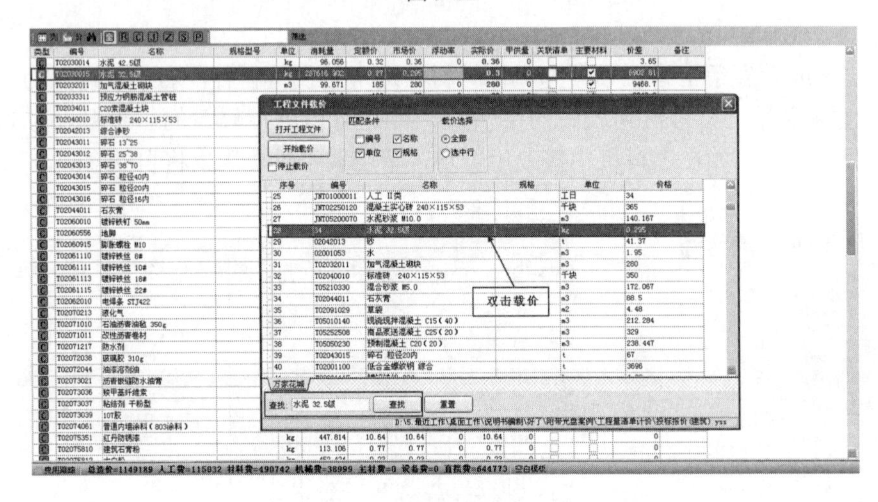

图 9-63

图 9-64

8）从 Excel 载价

此功能根据用户需求设计，实际工程编制操作时比较实用。平时做标书，常提供有 Excel 暂定材料价格表，使用此功能可快速完成暂定材料价格的载入，同时以前工程导出的 Excel 主要材料表也可以使用此功能，如图 9-65 所示。

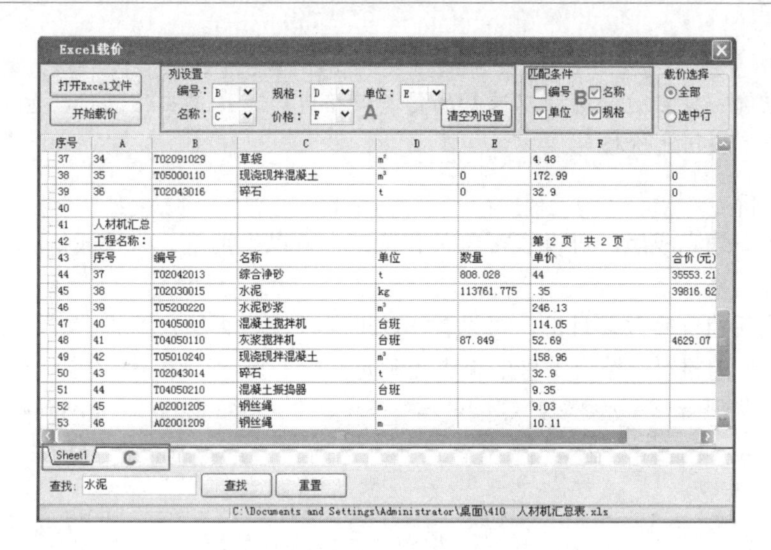

图 9-65

打开含主要材料价格表或暂定材料表的 Excel，打开后 Excel 内容显示在窗口上，此窗口设置有材料【查找】功能。整体 Excel 价格导入，首先需要 A 区域列设置，类似 Excel 导入功能，列对应设置完成后，在 B 区域设置匹配条件，按编码、名称、单位、规格勾选设置，最后单击【开始载价】按钮，载入 Excel 中相对应的材料价格。

9）信息价载价

在工料机页面工具栏单击价按钮或鼠标右键【载价】选项，打开信息价载价窗口，选择右边的信息价格包（如信息价载价窗口右边没有可选择的信息价格包，请单击信息价格包...，进入信息价格包下载界面，先下载信息价格包），选择信息价月份，单击工料机界面中的材料，在信息价载价窗口输入关键字，自动匹配信息价材料，用户只需双击载价窗口对应的信息价材料进行载价即可，如图 9-66 所示。

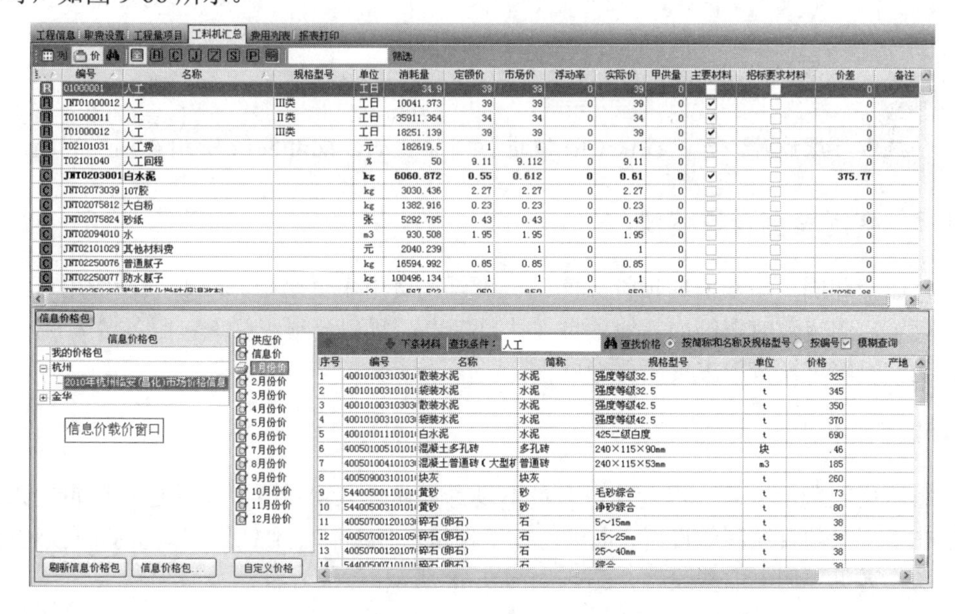

图 9-66

阳光提醒

如信息价载价窗口右边没有可以选择的信息价格包时，请单击信息价格包，进入信息价格包下载界面，先下载信息价格包。

10）批量载价

信息价格包下载完成后，可以直接单条载价，也可以先批量一次性载价，再对未载到价格的材料手工载价。

先选择下载后的价格包及月份，再设置匹配的条件及是否覆盖的设置。单击搜索价格，查找与匹配条件一致的材料，符合条件的单击【确定载价】按钮，如图 9-67 所示。

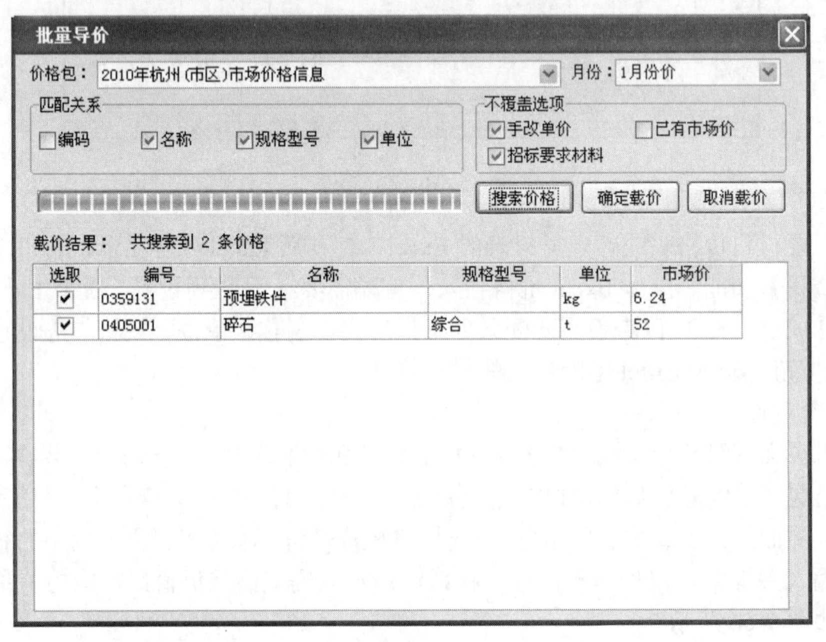

图 9-67

阳光提醒

对工料机进行操作时，可以按住 Ctrl 键进行间隔多选，或者按住 Shift 键进行片选、多选。

9.4.3 费用表查看与编辑

软件将取费和固定填数值的报价页面统一设置在费用表页面中，取费项目费用可直接在费用表页面查看，固定数值报价如其他项目（计日工表、暂列金额、总承包服务费）、零星项目、安文环临明细表等可在费用表页面自行填报。

1. 取费费率来源

各项组织措施费用费率、规费及税金费率设置都在【取费设置】页面进行编辑输入，费率输入可以在工程量项目编制前设置，也可以在工程量项目编制完成在工程调价的时候进行设置，具体取费操作详见说明书取费设置介绍，如图 9-68 所示。

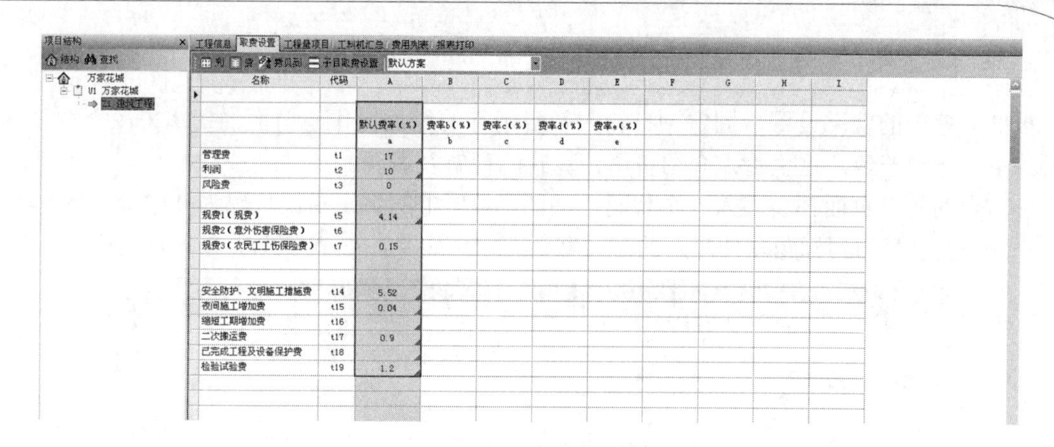

图 9-68

取费设置界面设置完成后，切换到费用表界面，相关取费项自动显示费率及计算出金额，如图 9-69 所示。

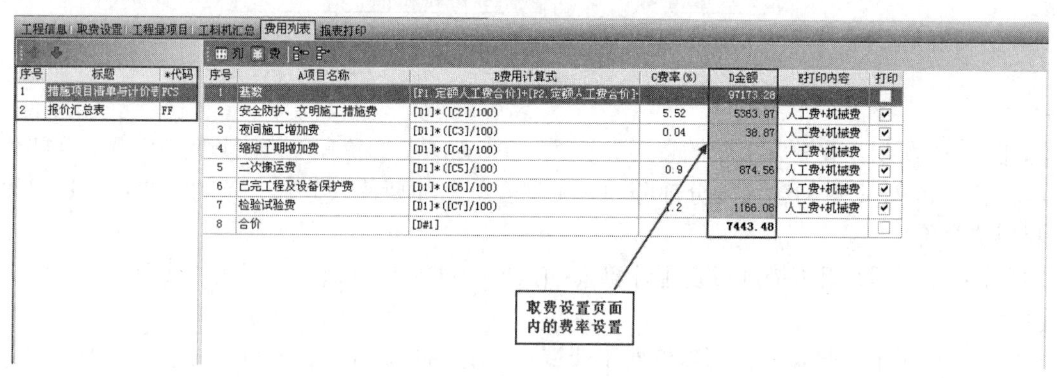

图 9-69

2. 其他项目、安文环临明细录入

其他项目及安文环临明细项目都需要用户自行填写，软件编制了相应的明细项目表格，用户只需根据工程需要，输入具体项目的数据信息来完成录入。

如其他项目界面软件中默认给出招标人和投标人两部分，招标人部分包括预留金，投标人部分包括总承包服务和零星项目。如预留金要求为 500000 时，在金额计算式中直接输入 500000 填报此项费用。

如费用项目有增加时，可以通过鼠标右键添加行、插入行等功能来实现，输入编号、名称、单位、金额计算式完成项目编制，如图 9-70 所示。

序号	标题	*代码
1	组织措施	FCS
2	零星项目	FLX
3	其他项目	FQT
4	报价汇总表	FF

序号	A编号	B名称	C单位	D金额计算式	E金额	打印
1	一	招标人部分		[E2]	500000	✓
2	1	预留金		500000	500000	✓
3	二	投标人部分		[E4]+[E5]		✓
4	1	总承包服务费				✓
5	2	零星项目		[FLX.G#a]		✓

图 9-70

3. 报价汇总表

报价汇总表的费率设置、固定项目输入及费用行的增加操作与前面的费率来源介绍及其他项目的录入方法一致。这里重点介绍费用计算式的理解及编辑。

费用表的每个页面都会写入一个代码，如图 9-71 中的组织措施代码为 FCS，其他项目为 FQT。报价汇总表的列标题软件写入的时候默认有字母定义，如 A 编号，B 项目名称，E 金额。

序号	标题	*代码
1	组织措施	FCS
2	零星项目	FLX
3	其他项目	FQT
4	报价汇总表	FF

序号	A编号	B项目名称	C费用计算式	D费率(%)	E金额
1	一	分部分项工程量清单项目费	[P1.综合合价]		19454
2	1	其中1.人工费	[P1.人工费合价]		4930
3	2	2.机械费	[P1.机械费合价]		205.51
4	二	措施项目清单费	[E5]+[E8]		
5	（一）	（一）施工技术措施项目清单费	[P2.综合合价]		
6	3	其中3.人工费	[P2.人工费合价]		
7	4	4.机械费	[P2.机械费合价]		
8	（二）	（二）施工组织措施项目清单费	[FCS]		
9	三	其他项目清单费	[E10]+[E11]		500000
10		招标人部分	[FQT.E#z]		500000
11		投标人部分	[FQT.E#t]		
12		计税不计费项目	[P1.综合合价#2]+[P2.综合合价#2]		
13		不计税费项目	[P1.综合合价#3]+[P2.综合合价#3]		
14	四	规费	([E1]+[E4]-[E12]-[E13]-[P1.G金额]-[P2.G金额])*([D	4.14	805.4
15	五	税金	([E1]+[E4]+[E11]+[E14]-[E13])*([D15]/100)	3.513	711.71
16	六	建筑工程总造价	[E1]+[E4]+[E9]+[E14]+[E15]		520971.11

图 9-71

如图 9-71 所示，其中人工费的费用计算式：[P1.人工费合价]，P1 为软件默认设置分部分项的页面代码，即此变量的含义为分部分项人工费合价。如要读取分部分项的材料费，只需输入[P1.材料费合价]。

如图 9-71 所示，组织措施费费用计算式：[FCS]，FCS 是组织措施页面的代码 [FCS]为组织措施费费用。

如图 9-72 所示，建筑工程总造价费用计算式：[E1]+[E4]+[E9]+[E14]+[E15]，E 为列字母，即 E 金额列，[E1]理解为 E 金额列序号为 1 的单元格金额，即分部分项工程量清单项目费。[E1]+[E4]+[E9]+[E14]+[E15]理解为分部分项费用+措施项目费用+其他项目费用+规费+税金。如在税金下方要增加一个农民工工伤保险费，费率取 0.114%，首先选中建筑工程总造价行右键插入行，在增加的空白行中填写编号名称，表达式复制税金的表达式，同时加上税金行的[E15]变量，再乘以费率 0.00114 即（[E1]+[E4]+[E11]+[E14]+[E15]）*0.114%，最后在建筑工程总造价中将新增农民工工伤保险费这一行的[E16]增加进去。

序号	标题	*代码
1	组织措施	FCS
2	零星项目	FLX
3	其他项目	FQT
4	报价汇总表	FF

序号	A编号	B项目名称	C费用计算式	D费率(%)	E金额
1	一	分部分项工程量清单项目费	[P1.综合合价]		19454
2	1	其中1.人工费	[P1.人工费合价]		4930
3	2	2.机械费	[P1.机械费合价]		205.51
4	二	措施项目清单费	[E5]+[E8]		
5	（一）	（一）施工技术措施项目清单费	[P2.综合合价]		
6	3	其中3.人工费	[P2.人工费合价]		
7	4	4.机械费	[P2.机械费合价]		
8	（二）	（二）施工组织措施项目清单费	[FCS]		
9	三	其他项目清单费	[E10]+[E11]		500000
10		招标人部分	[FQT.E#z]		500000
11		投标人部分	[FQT.E#t]		
12		计税不计费项目	[P1.综合合价#2]+[P2.综合合价#2]		
13		不计税费项目	[P1.综合合价#3]+[P2.综合合价#3]		
14	四	规费	([E1]+[E4]-[E12]-[E13]-[P1.G金额]-[P2.G金额])*([D	4.14	805.4
15	五	税金	([E1]+[E4]+[E11]+[E14]-[E13])*([D15]/100)	3.513	711.71
16	六	农民工工伤保险费	([E1]+[E4]+[11]+[E14]+[E15])*0.114/100)		23.91
17	七	建筑工程总造价	[E1]+[E4]+[E9]+[E14]+[E15]+[E16]		520995.02

图 9-72

阳光提醒

新版软件费用表默认已经存在，无须新建报价汇总表。关于数据代码变量具体可查看软件菜单栏【帮助】按钮下的代码变量说明。

9.5　报表打印和编辑

9.5.1　文件检查

工程项目文件完成工程量项目编制、取费设置、工程调价后，软件提供了检查功能，检查所编制的工程文件是否有疏漏和错误，如图 9-73 所示。

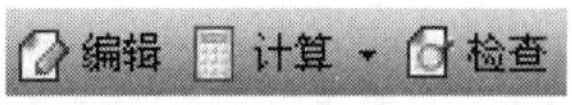

编辑　计算　检查

图 9-73

在工程文件编制过程中，软件默认为自动计算，为确保计算准确，用户也可以按照软件设置的操作流程，再单击计算，校验计算结果是否正确。计算完成，【检查】按钮点亮，可以单击【检查】对文件进行有效性检查。

目前文件检查功能主要包含清单顺序码检查、清单零工程量检查、清单零综合单价检查、相同材料不同单价检查、相同材料不同单价检查、安文环临检查、清单双单位检查、清单是否全部响应材料检查、工料机是否全部响应检查等功能，如提示警告清单零工程量检查，即有工程量清单项目的工程量未输入。双击 双击查看 进入检查结果页面，这里可以双击该条清单定位到所在的工程量项目编制行，进行编制修改，如图 9-74 所示。

修正完成后，单击【再次检查】，直至检查工程健康指数为 100 分，如图 9-75 所示。

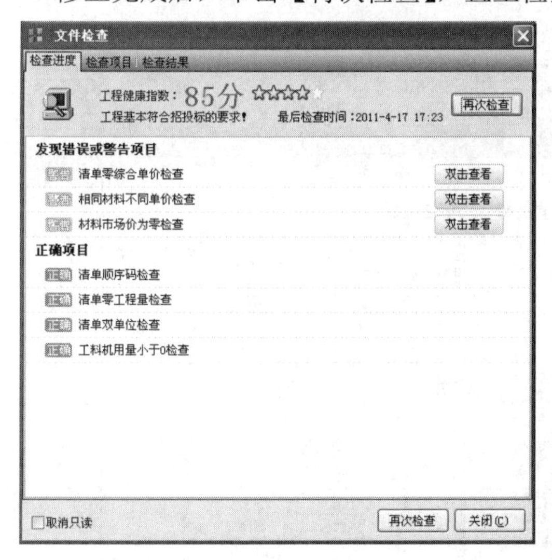

图 9-74

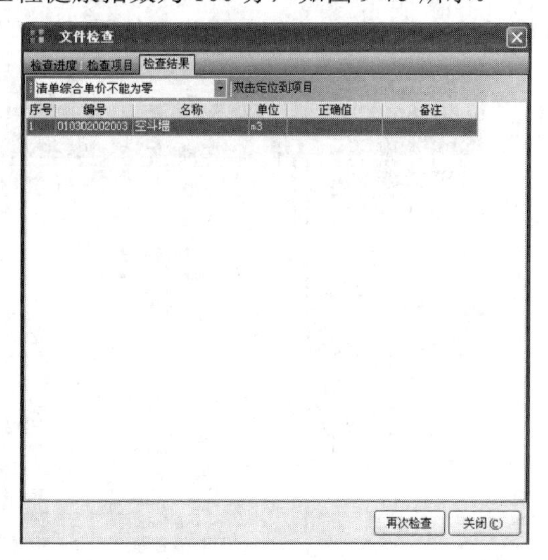

图 9-75

检查项目界面显示检查的项目，这里可以增加检查项目，如图 9-76 所示。目前不开放用户自行设定检查项，需要将检查项的方案提交给软件公司，由软件公司来编制方案。

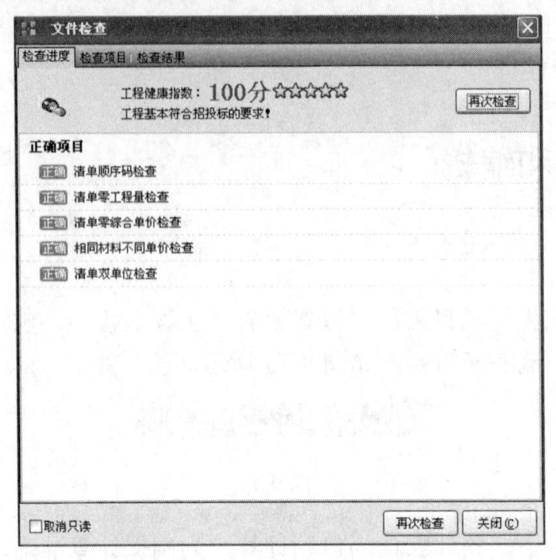

图 9-76

阳光提醒

检查完成，软件默认编辑状态锁定，需要重新单击工具栏【编辑】按钮，才能再次编辑工程项目文件。

9.5.2 报表打印

单击软件标签页的【报表】，进入报表打印预览界面，如图 9-77 所示。软件默认提供了工程模板相对应的报表方案，用户在使用时，可以直接选择，打印输出即可。

分部分项工程量清单报价表

单位及专业工程名称：综合楼-建筑部分　　第 1 页 共 13 页

序号	项目编码	项目名称	项目特征	计量单位	工程量	综合单价(元)	合价(元)	其中(元)		备注
								人工费	机械费	
		综合楼					3637062	516470	221962	
1	010201003001	混凝土灌注桩	钻孔灌注桩共4根，Φ900mm，桩长18m，桩顶标高-3.08m，自然地面标高-0.45m，砼为商品水下混凝土C25(40)，凿灌注桩桩头	m	82.52	515.60	42547	4119	14587	
2	010201003002	混凝土灌注桩	钻孔灌注桩共27根，Φ900mm，桩长18m，桩顶标高-1.8m，自然地面标高-0.45m，砼为商品水下混凝土C25(40)，凿灌注桩桩头	m	522.45	505.80	264255	26096	92374	
3	010201003003	混凝土灌注桩	钻孔灌注桩共37根，Φ700mm，桩长18m，桩顶标高-1.8m，自然地面标高-0.45m，砼为商品水下混凝土C25(40)，凿灌注桩桩头	m	715.95	327.05	234151	27965	81747	
4	010401002001	独立基础	现浇商品(泵送)砼独立基础浇捣~C25，J-1，1000*1000*200	m3	0.40	367.82	147	6	0	
5	010401002002	独立基础	现浇商品(泵送)砼独立基础浇捣~C25，CT-1，1400*1400*700	m3	31.56	307.17	9694	366	8	
6	010401002003	独立基础	现浇商品(泵送)砼独立基础浇捣~C25，CT-2，1800*1800*700	m3	29.48	307.17	9055	342	8	
7	010401002004	独立基础	现浇商品(泵送)砼独立基础浇捣~C25，CT-3，3500*1400*1300	m3	44.59	307.17	13697	518	12	
8	010401002005	独立基础	现浇商品(泵送)砼独立基础浇捣~C25，CT-4，4500*1800*1500	m3	85.05	307.17	26125	987	22	
9	010401002006	独立基础	现浇商品(泵送)砼独立基础浇捣~C25，CT-5，4090*4140*1000	m3	16.93	307.17	5200	197	4	
10	010404001001	直形墙	现浇商品(泵送)砼墙浇捣~C25(20)，厚度240mm	m3	4.78	335.71	1605	163	2	

图 9-77

① 区：选择群体工程的单位或专业节点，节点不同，显示打印报表的表格和数据也不同。

② 区：在这里根据群体工程结构显示各张报表，双击可以预览。

③ 区：报表内容预览区域。

【打印】和【批量打印】：将选中的一张或多张表格进行打印。

导出 Excel 和批量导出 Excel：将选中的一张或多张表格导出到 Excel 中。

如需要对软件中存在的报表模板进行修改编辑，双击预览报表后单击预览区域上方的【报表设计】按钮。

9.5.3 报表编辑

擎洲广达软件在报表编辑方面更加简便、灵活。在用各地区模板新建文件后，软件都有提供当地报表格式，供用户选择打印，一般不再需要进行修改。如果需要其他地区报表格式或者格式稍有不符，需要修改，软件提供以下几种解决方案。

（1）打开、另存报表方案。

（2）打开、另存单张报表。

（3）编辑、修改报表。

在报表页面单击右键，会弹出如图 9-78 所示的菜单。以上三种方式在右键菜单中都可以找到。

其中报表设计、数据设计、新建报表、插入报表四个选项默认是灰色，不能选择。需要在右边将“编辑”前面的复选框打钩才能激活。具体操作方法在讲到编辑、修改报表时会做详细介绍。

下面我们就对这三种解决方案进行详细介绍。

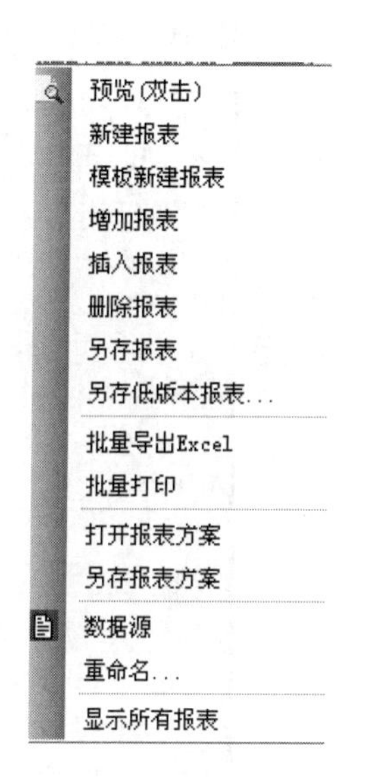

图 9-78

1. 打开、另存报表方案

擎洲广达软件提供了强大的报表方案功能，软件中集成了全省各地市的报表格式，并将其转化为报表方案，供用户选择。

在右键菜单中选择“打开报表方案”，弹出对话框，如图 9-79 所示。

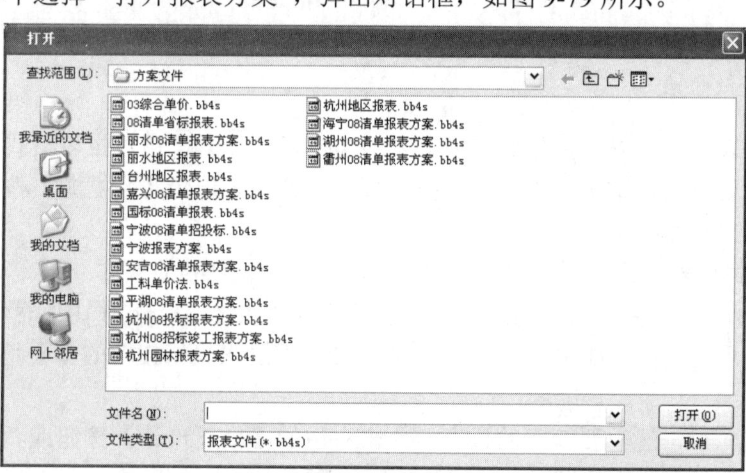

图 9-79

选择需要的报表方案，打开即可。

在擎洲广达软件中，报表的修改都只对本工程文件起效。如果我们修改完报表以后，在其他文件中需要调用此方案，可以在右键菜单中选择另存报表方案，在弹出的窗口中选择存储路径、设置方案名称，然后单击【保存】按钮。

2. 打开、另存单张报表

擎洲广达软件中也可以对单张报表进行打开和另存。在右键菜单中选择“增加报表”，弹出对话框，如图 9-80 所示。

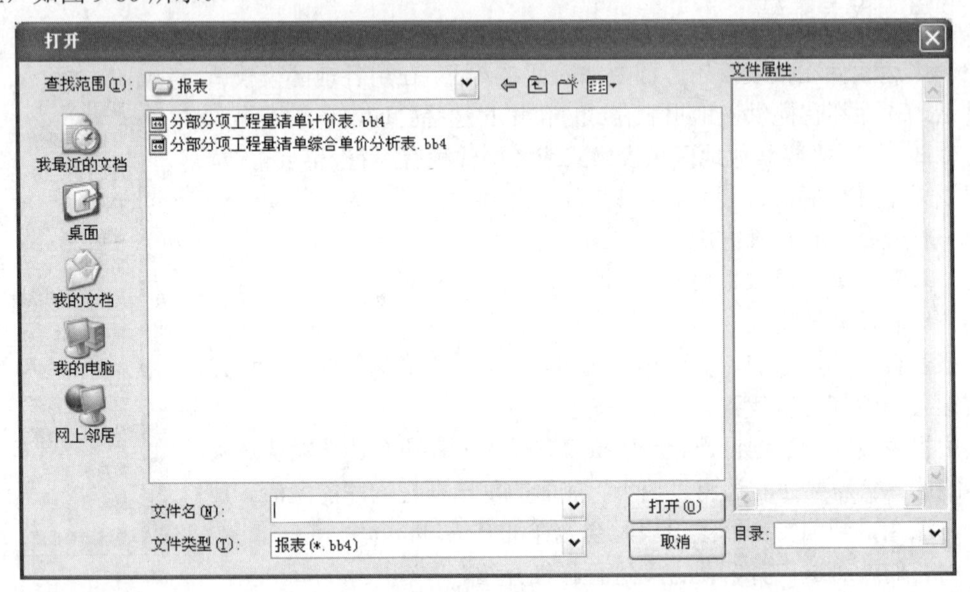

图 9-80

选择需要的报表后单击【打开】按钮即可。

同样，如果我们修改完一张报表后，也可以对单张报表进行存储。鼠标左键单击需要存储的报表，然后单击右键，在菜单中选择另存报表，选择存储路径、设置需要存储的报表名称即可。

3. 编辑、修改报表

双击预览报表后，可以选择预览区域上方的【报表设计】按钮对报表格式进行修改。编辑一张报表，首先要对数据源进行设置，在报表预览区域上方选择【数据源】按钮，会弹出一个选择数据源的窗口，如图 9-81 所示。

1 区用来选择报表的数据源，如是分部分项、费用表还是其他数据。

2 区用来选择前面数据源中的指定项目。如上图中在 2 区中选择了 P1，就说明这张表格中提取的是分部分项的数据。如果 2 区中选择的是 P2，那这张表格提取的将会是技术措施项目的数据。

设置好数据源后，选中要编辑的报表，单击右边的【报表设计】按钮或者单击鼠标右键，选择报表编辑，软件会弹出如图 9-82 所示的报表编辑页面。

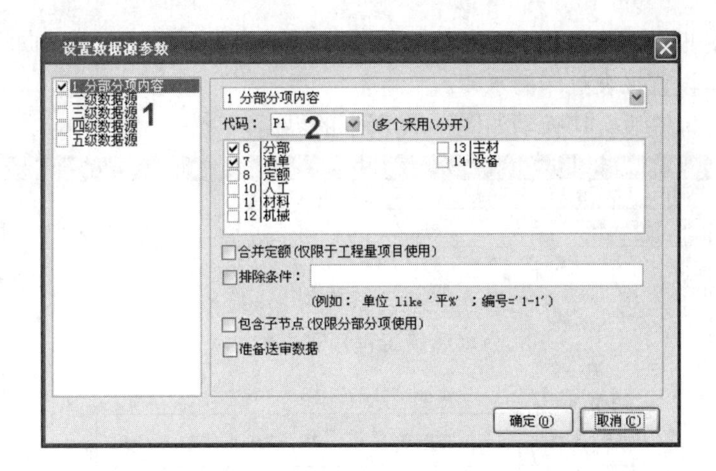

图 9-81

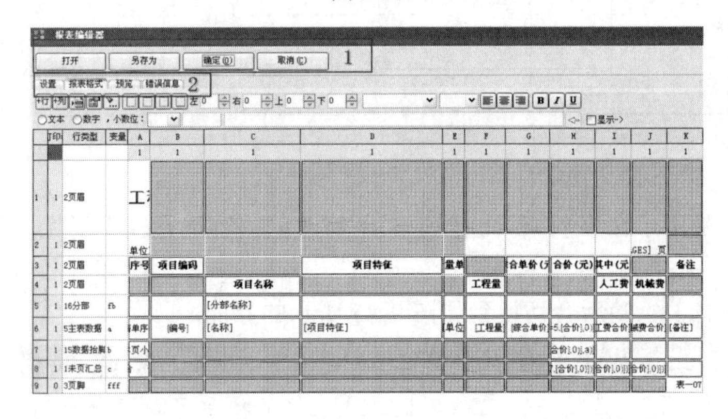

图 9-82

1 区中的打开、另存为分别可以打开保存好的报表样式和另存当前报表样式。报表编辑完成如果需要保留修改内容，可以单击【确定】按钮，如果不保留，单击【取消】按钮即可。

2 区中，分为设置、报表格式、预览和错误信息等标签。下面的区域是报表修改的主页面。单击“设置”标签后会切换到如图 9-83 所示的界面。

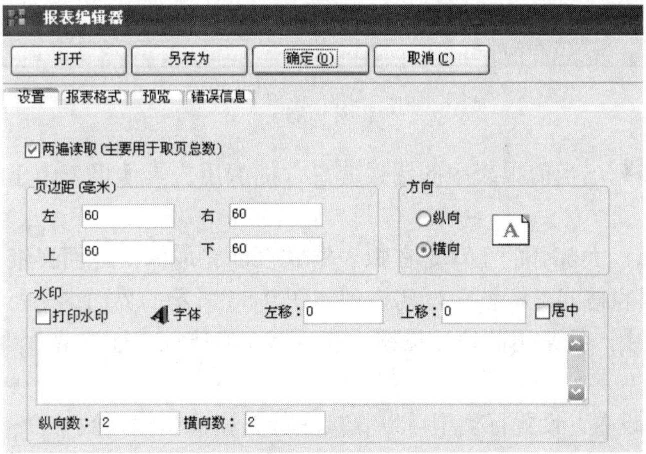

图 9-83

这里主要是对报表的页面格式进行设置，主要是页边距，横向或者纵向格式可以在这里选择。还可以在这里设置报表打印的水印。

单击“预览”标签后会切换到如图 9-84 所示的界面。

报表编辑器

打开 另存为 确定(O) 取消(C)

设置 报表格式 预览 错误信息

建筑工程预算书

工程名称：标准厂房（03）　　　　第 1 页 共 6 页

序号	项目编码	项目名称	单位	数量	单价	合价
		土石方工程				
1	1-2	综合挖槽抗三类土 深3m内	m³	536.160	33.95	18202.63
2	1-2	人工综合挖三类土 深3m内	m³	898.010	33.95	30487.44
		小计				48690.07
		打桩工程				

图 9-84

预览页面主要是用于在报表编辑过程中对所修改的内容进行查看对比，查看是否达到预期效果。

单击【错误信息】标签后会切换到如图 9-85 所示的界面。

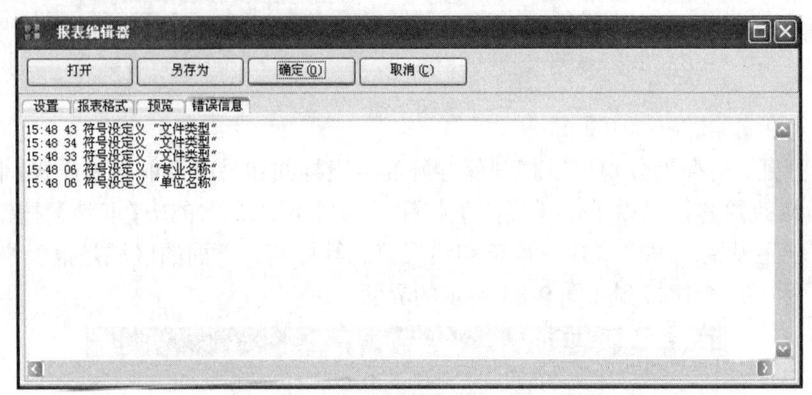

图 9-85

错误信息页面会列出当前报表中的错误信息，提醒用户具体报表中出错的因素，以方便查找、修改。

一张报表的编辑，大部分的工作是在报表格式页面完成的，下面详细介绍一下报表格式页面的内容。单击“报表格式”标签后，切换到如图 9-86 所示的界面。

1 区是报表编辑中一些常用的快捷按钮，包括单元格属性、行类型，以及行增加、列增加等功能的快捷按钮。

2 区是行类型的设置。设置行类型可以直接在行类型一列输入数字 0～22，也可以在当前行单击鼠标右键，选择行属性设置，在如图 9-87 所示的界面中选择行类型。

图 9-86

图 9-87

3 区是变量列，变量可以自己设置，行类型相同时变量必须相同。变量主要用来做数据汇总。

4 区是报表设计主页面。

图中黄色区域是用来控制行打印和列打印的，写 1 表示打印，写 0 表示不打印。

右键菜单功能如图 9-88 所示，各项功能介绍如下。

选择变量：选择本单元格需要的数据变量。

单元格属性：设置本单元格属性。

行属性设置：打开行属性设置页面。

设置行高：设置本行行高。

定块首、定块尾、取消块、定块尾并设置单元格：四个功能主要是用来片选单元格。进行单元格属性批量设置。

增加列：在最后一列后增加一个空列。
插入列：在当前列前插入一个空列。
删除列：删除当前列。
增加行：在最后一行后面增加一个空行。
插入行：在当前行前插入一个空行。
删除行：删除当前行。
分组条件：输入分组条件。

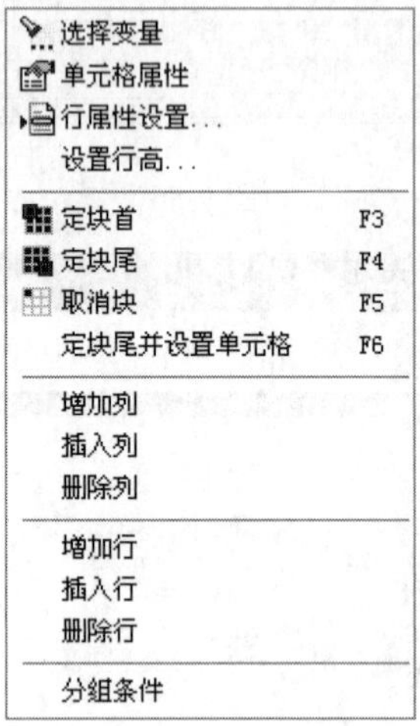

选择变量
单元格属性
行属性设置...
设置行高...
定块首 F3
定块尾 F4
取消块 F5
定块尾并设置单元格 F6
增加列
插入列
删除列
增加行
插入行
删除行
分组条件

图 9-88

快捷按钮介绍如下。

+行 +列：增加行，增加列。

行属性设置。

单元格属性设置，单击后会弹出单元格设置窗口。

变量选择。

单元格边框设置。

左 0 右 0 上 0 下 0：单元格合并设置。例如，左 2 就是将当前单元格左边 2 个单元格合并至当前单元格，其他以此类推。被合并的单元格会以阴影显示。

宋体 10 B I U：字体、大小、居位设置。

文本 数字 ，小数位：2：单元格文字类型及小数位设置。

阳光提醒

有些表格编辑比较复杂，当无法编制时，请联系客服协助编辑表格。

参 考 文 献

[1] 张国栋．一图一算之装饰装修工程造价[M]．北京：机械工业出版社，2014.

[2] 张国栋．清单详列定额细算之装饰装修工程造价[M]．北京：化学工业出版社，2013.

[3]《看范例快速学预算之装饰装修工程预算（第 3 版）》编委会．看范例快速学预算之装饰装修工程预算[M]．北京：机械工业出版社，2013.

[4] 张国栋．图解装饰装修工程工程量清单计价手册北京：机械工业出版社，2009

[5] 李蔚，张文举，丁扬．建设工程工程量清单与计价[M]．北京：化学工业出版社，2011.

[6] 全国一级建造师执业考试用书编委委员会．建设工程项目管理[M]．北京：中国建筑工业出版社，2007.

[7] 宋少沪，汪德江，等．装饰工程预算[M]．北京：中国铁道出版社，2001.

[8] 李飞．装饰工程预算速成手册[M]．北京：中国水利水电出版社，2002.

[9] [美]斯比蒂．工程管理原理：计划、进度与控制[M]．陈玉雄，蒋孔昭，译．长沙：湖南科学技术出版社，1986.

[10] 王海平，董少峰．室内装饰工程手册[M]．北京：中国建筑工业出版社，1992.

[11] [美]阿诺德•M．拉斯金，[美]W．尤金•埃斯特斯．工程管理[M]．张鹏飞，周依龄，译．北京：电子工业部第六研究所，1985.

[12] 吴锐．建筑装饰工程预算[M]．北京：人民交通出版社，2007.

[13] 薛淑萍．建筑装饰工程计量与计价[M]．北京：电子工业出版社，2006.

[14] 车春鹏、杜春艳．工程造价管理[M]．北京：北京大学出版社，2006.

[15] 刘钟莹、李蓉．装饰工程造价与投标报价[M]．南京：东南大学出版社，2004.

[16] 卜龙章，等．装饰工程造价 [M]．南京：东南大学出版社，2007.

[17] 吴现立，冯占红．工程造价控制与管理[M]．武汉：武汉理工大学出版社，2004.

[18] 中国建设工程造价管理协会．全国造价工程师执业资格考试复习指南[M]．北京：机械工业出版社，2006.

[19] 福建省建设工程造价总站．福建省建筑装饰工程消耗量定额[M]．北京：中国计划出版社，2005.

[20] 福建省建设工程造价总站．福建省建筑装饰工程预算定额(2001)[M]．北京：中国计划出版社，2001.

[21] 朱志杰．建筑装饰工程参考定额与报价[M]．北京：中国计划出版社，1997.

[22] 中华人民共和国建设部．建设工程工程量清单计价规范(GB 50500—2013)[S]．北京：中国计划出版社，2013.

[23] 陈建国．工程计量与造价管理[M]．上海：同济大学出版社，2001.

[24] 曹吉鸣，林知炎．工程施工组织与管理[M]．上海：同济大学出版社，2002.

[25] 武育秦，廖天平．装饰工程预算与报价[M]．重庆：重庆大学出版社，1997.

[26] 李书田，等．建筑装饰装修施工技术与质量控制[M]．北京：机械工业出版社，2006.

[27] 陈祖建，谢志忠，林金国．室内装饰工程预算[M]．北京：北京大学出版社，2008.

参考文献